21世纪全国本科院校电气信息类创新型应用人才培养规划教材

数 字 电 子 技 术

主　编　刘金华

副主编　高红亮　冯　震　高海洲

北京大学出版社
PEKING UNIVERSITY PRESS

内容简介

本书以应用为目的，采用最新的标准，融入了最新的知识，以分立元件为基础，中规模集成电路芯片为主线讲述了有关数字电子技术的方方面面。全书共8章，内容包括：逻辑代数基础知识，门电路，组合逻辑电路，集成触发器，时序逻辑电路，存储器与可编程逻辑器件，脉冲产生与整形电路，D/A与A/D转换电路。

本书在写作中用工程的观点删繁就简，并通过案例教学的方式提高实用性和可操作性。每章均有典型例题，章后附有自我检测题和习题。为便于教师教学使用，本书还配有完整系统的课件、习题解答等教辅材料。

本书适用于普通高等院校电气工程及其相关专业教学使用，也可供相关科技人员参考。

图书在版编目(CIP)数据

数字电子技术/刘金华主编. —北京：北京大学出版社，2010.2
(21世纪全国本科院校电气信息类创新型应用人才培养规划教材)
ISBN 978-7-301-16932-2

Ⅰ. 数… Ⅱ. 刘… Ⅲ. 数字电路—电子技术—高等学校—教材 Ⅳ. TN79

中国版本图书馆CIP数据核字(2010)第021059号

书　　名：数字电子技术
著作责任者：刘金华　主编
策划编辑：李　虎
责任编辑：程志强
标准书号：ISBN 978-7-301-16932-2/TN·0056
出　版　者：北京大学出版社
地　　址：北京市海淀区成府路205号　100871
网　　址：http://www.pup.cn　http://www.pup6.cn
电　　话：邮购部62752015　发行部62750672　编辑部62750667　出版部62754962
电子邮箱：pup_6@163.com
印　刷　者：北京世知印务有限公司
发　行　者：北京大学出版社
经　销　者：新华书店
787毫米×1092毫米　16开本　18.75印张　432千字
2010年2月第1版　2012年5月第2次印刷
定　　价：30.00元

前　言

随着电子技术的迅速发展和教学改革的不断深入，高等教育课程建设也将不断地改革。为了适应创新型应用人才培养需要，根据北京大学出版社本科院校电气信息类创新型应用人才培养规划的编写思想和目标，编写组组织从事本课程教学的教师，在总结多年教学实践的基础上，参照多种参考文献编写了本书。本书的主要特点如下：

1. 以应用为目的，用工程的观点删繁就简，提高实用性和可操作性；
2. 引入案例以引起学生的学习兴趣，增强学习效果；
3. 采用最新的标准，以新的知识充实教材；
4. 以分立元件为基础，中规模集成电路芯片为主线进行编写；
5. 选取典型的例题，每章末附有自我检测题和习题；
6. 为便于教师教学使用，另配有完整系统的课件、习题解答等教辅材料；
7. 本着“风格创新、内容创新、突出实用性”的写作目的进行编写。

本书由湖北师范学院刘金华任主编，湖北师范学院高红亮、冯震和黄石理工学院高海洲任副主编，刘金华负责统稿。本书编写分工为：刘金华编写绪论、第 5 章、第 6 章；高红亮编写第 3 章、第 4 章；冯震编写第 1 章、第 2 章；高海洲编写第 7 章、第 8 章。

由于编者时间和水平的限制，书中难免有不妥之处，欢迎读者批评指正。

编　者

2009 年 12 月

目　录

绪　论

随着信息时代的到来，“数字”这两个字正以越来越高的频率出现在各个领域：数字手表、数字电视、数字通信、数字控制……数字化已成为当今电子技术的发展潮流。数字电路是数字电子技术的核心，是计算机和数字通信的硬件基础。

1. 模拟信号和数字信号

电子电路中的信号可以分为两大类：模拟信号和数字信号。

(1) 模拟信号——时间连续、数值也连续的信号，如模拟语音的音频信号和模拟图像的视频信号等，如图 0.1 所示。

对模拟信号进行传输、处理的电子电路称为模拟电路。

(2) 数字信号——时间上和数值上均是离散的信号，如电子秒表的信号、生产流水线上记录零件个数的计数信号等。这些信号的变化发生在一系列离散的瞬间，其值也是离散的。

数字信号只有两个离散值，常用数字 0 和 1 来表示。注意，这里的 0 和 1 没有大小之分，只代表两种对立的状态，称为逻辑 0 和逻辑 1，也称为二值数字逻辑。

数字信号在电路中往往表现为突变的电压或电流，如图 0.2 所示。

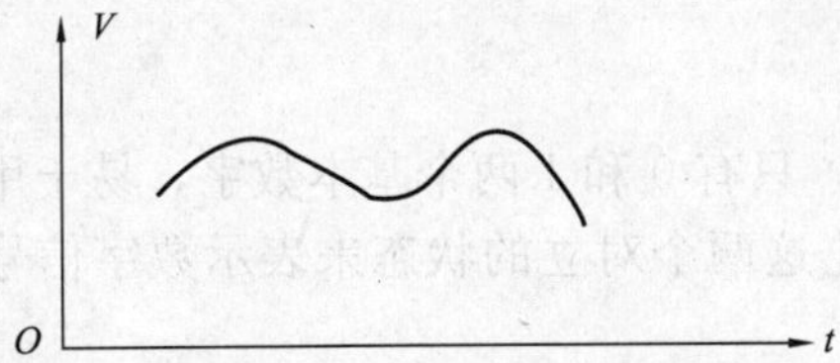

图 0.1　模拟信号

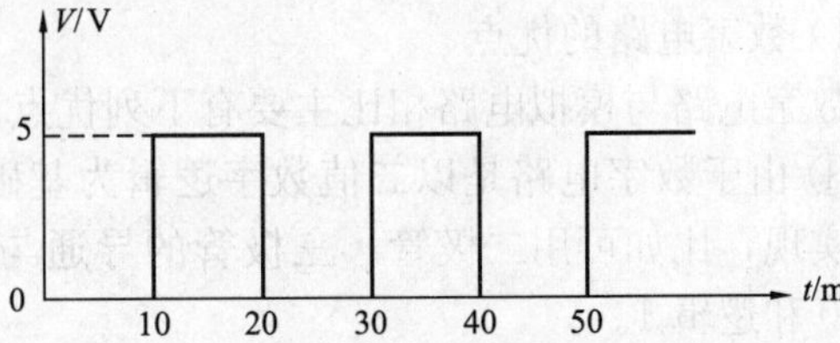

图 0.2　典型的数字信号

该信号有以下两个特点。

① 信号只有两个电压值：5V 和 0V。可以用 5V 来表示逻辑 1，用 0V 来表示逻辑 0；当然也可以用 0V 来表示逻辑 1，用 5V 来表示逻辑 0。因此这两个电压值又常被称为逻辑电平。5V 为高电平，0V 为低电平。

② 信号从高电平变为低电平，或者从低电平变为高电平是一个突然变化的过程，这种信号又称为脉冲信号。

2. 正逻辑与负逻辑

如上所述，数字信号是一种二值信号，用两个电平(高电平和低电平)来表示两个逻辑值(逻辑 1 和逻辑 0)。那么究竟是用哪个电平来表示哪个逻辑值呢？

有以下两种逻辑体制。

(1) 正逻辑体制规定：高电平为逻辑 1，低电平为逻辑 0。

(2) 负逻辑体制规定：低电平为逻辑 1，高电平为逻辑 0。

如果采用正逻辑，图 0.2 所示的数字电压信号可表示为图 0.3 所示的逻辑信号。

3. 数字信号的主要参数

一个理想的周期性数字信号可用以下几个参数来描绘，如图 0.4 所示。

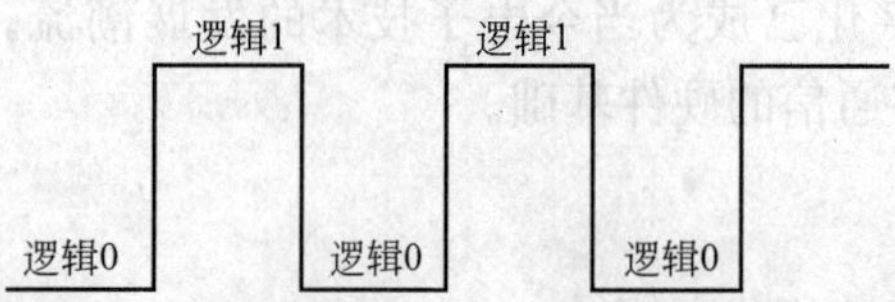

图 0.3　逻辑信号

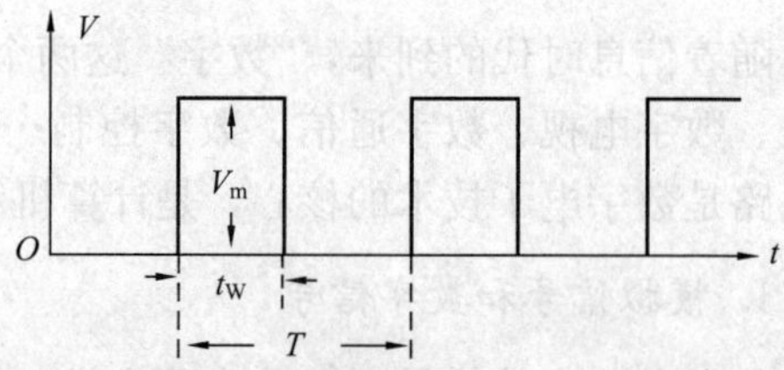

图 0.4　理想的周期性数字信号

V_m——信号幅度。表示电压波形变化的最大值。

T——信号的周期。信号的频率 $f=1/T$。

t_W——脉冲宽度。表示脉冲的作用时间。

q——占空比。表示脉冲宽度 t_W 占整个周期 T 的百分比，其定义为

$$q(\%)=\frac{t_W}{T}\times 100\%$$

4. 数字电路

传递与处理数字信号的电子电路称为数字电路。

1) 数字电路的优点

数字电路与模拟电路相比主要有下列优点。

① 由于数字电路是以二值数字逻辑为基础的，只有 0 和 1 两个基本数字，易于用电路来实现，比如可用二极管、三极管的导通与截止这两个对立的状态来表示数字信号的逻辑 0 和逻辑 1。

② 由数字电路组成的数字系统工作可靠，精度较高，抗干扰能力强。它可以通过整形很方便地去除叠加于传输信号上的噪声与干扰，还可利用差错控制技术对传输信号进行查错和纠错。

③ 数字电路不仅能完成数值运算，而且能进行逻辑判断和运算，这在控制系统中是不可缺少的。

④ 数字信息便于长期保存，比如可将数字信息存入磁盘、光盘等长期保存。

⑤ 数字集成电路产品系列多、通用性强、成本低。

由于具有一系列优点，数字电路在电子设备或电子系统中得到了越来越广泛的应用，计算机、计算器、电视机、音响系统、视频记录设备、光盘、长途电信及卫星系统等，无一不采用了数字系统。

2) 数字电路的分类

① 按电路结构不同：数字电路可分为分立元件电路和集成电路两大类。

② 按所用器件制作工艺的不同：数字电路可分为双极型(TTL 型)和单极型(MOS

型)两类。

③ 按集成密度不同：数字集成电路可分为小规模(SSI，每片数十器件)、中规模(MSI，每片数百器件)、大规模(LSI，每片数千器件)和超大规模(VLSI，每片器件数目大于 1 万)数字集成电路。

④ 按应用角度的不同：集成电路又可分为通用型和专用型两大类型。

⑤ 按电路的结构和工作原理的不同：数字电路可分为组合逻辑电路和时序逻辑电路两类。组合逻辑电路没有记忆功能，其输出信号只与当时的输入信号有关，而与电路以前的状态无关。时序逻辑电路具有记忆功能，其输出信号不仅和当时的输入信号有关，而且与电路以前的状态有关。

3) 数字电路的学习方法

① 逻辑代数是分析和设计数字电路的重要工具，应熟练掌握。

② 重点掌握各种常用数字逻辑电路的逻辑功能、外部特性及典型应用。对其内部电路结构和工作原理不必过于深究。

③ 掌握基本的分析方法。

④ 本课程实践性很强，应重视习题、基础实验和综合实训等实践性环节。

⑤ 注意培养和提高查阅有关技术资料和数字集成电路产品手册的能力。

4) 当前数字电路设计的趋势

① 越来越大的设计规模。

② 越来越短的推广时间。

③ 越来越低的价格。

④ 大量使用计算机辅助设计工具(EDA 技术)。

⑤ 多层次的设计表述。

⑥ 大量使用复用技术。

5. 进位计数制

进位制：就是一种按进位方式实现计数的制度。表示数时，仅用一位数码往往不够用，必须用进位计数的方法组成多位数码。多位数码每一位的构成以及从低位到高位的进位规则称为进位计数制，简称进位制。

基数：进位制的基数，就是在该进位制中可能用到的数码个数。

位权：位的权数。在某一进位制的数中，每一位的大小都对应着该位上的数码乘上一个固定的数，这个固定的数就是这一位的权数。权数是一个幂。

常用的进位制有十进制(Decimal)、二进制(Binary)、八进制(Octal)和十六进制(Hexadecimal)。

1) 十进制

十进制(Decimal)的计数规则是由低位向高位“逢十进一”。

2) 二进制

二进制(Binary)的计数规则是“逢二进一”，即每位计数满 2 就向高位进 1。

3) 八进制与十六进制

八进制(Octal)的计数规则为从低位向高位“逢八进一”。

十六进制(Hexadecimal)的计数规则为从低位向高位“逢十六进一”。

任意一个 r 进制数均可用位置计数法的形式和按权展开式的形式来表示。

位置计数法的形式为

$$(N)_r=(a_{n-1}a_{n-2}\cdots a_1a_0\cdot a_{-1}a_{-2}\cdots a_{-m})r$$

按权展开式的形式为

$$(N)_r=a_{n-1}\times r^{n-1}+a_{n-2}\times r^{n-2}+\cdots+a_1\times r^1+a_0\times r^0+a_{-1}\times r^{-1}+a_{-2}\times r^{-2}+\cdots+a_{-m}\times r^{-m}$$

$$=\sum_{l=-m}^{n-1}a_i\times r^i$$

【例 0-1】 $(385.64)_{10}=3\times10^2+8\times10^1+5\times10^0+6\times10^{-1}+4\times10^{-2}$

$(1011.11)_2=1\times2^3+0\times2^2+1\times2^1+1\times2^0+1\times2^{-1}+1\times2^{-2}$

$(573.46)_8=5\times8^2+7\times8^1+3\times8^0+4\times8^{-1}+6\times8^{-2}$

$(5EC.D4)_{16}=5\times16^2+14\times16^1+12\times16^0+13\times16^{-1}+4\times16^{-2}$

常用的进位制对照见表 0-1。

表 0-1 常用的进位制对照表

十进制	二进制	八进制	十六进制	十进制	二进制	八进制	十六进制
0	0000	0	0	8	1000	10	8
1	0001	1	1	9	1001	11	9
2	0010	2	2	10	1010	12	A
3	0011	3	3	11	1011	13	B
4	0100	4	4	12	1100	14	C
5	0101	5	5	13	1101	15	D
6	0110	6	6	14	1110	16	E
7	0111	7	7	15	1111	17	F

6. 不同数制间的转换

1) 非十进制数转换为十进制数

任何一个数都可以将其按权展开式来表示。将一非十进制数按权展开成一多项式，每项是该位数码与相应权值之积，把此多项式中的数码和权用等值十进制数表示，所得结果就是转换后该数的十进制数。

【例 0-2】 将$(10011.101)_2$、$(637.34)_8$、$(8ED.C7)_{16}$转换为十进制数。

解：

$(10011.101)_2=1\times2^4+0\times2^3+0\times2^2+1\times2^1+1\times2^0+1\times2^{-1}+0\times2^{-2}+1\times2^{-3}=(19.625)_{10}$

$$(637.34)_8=6\times8^2+3\times8^1+7\times8^0+3\times8^{-1}+4\times8^{-2}=(415.4375)_{10}$$

$$(8ED.C7)_{16}=8\times16^2+14\times16^1+13\times16^0+12\times16^{-1}+7\times16^{-2}=(2285.7773)_{10}$$

2) 十进制数转换为非十进制数

十进制数转换为非十进制数时，要将其整数部分和小数部分分别转换，再将结果合并为目的数制形式。

① 整数部分的转换采用基数除法。即用目的数制的基数去除十进制整数，第一次除得的余数为目的数的最低位，所得到的商再除以该基数，所得余数为目的数的次低位，依次类推，继续上面的过程，直到商为 0 时，所得余数为目的数的最高位。此法称为除基取余法。

② 小数部分的转换采用基数乘法进行。即用该小数乘目的数制的基数，第一次乘得的结果的整数部分为目的数小数的最高位，其小数部分再乘基数，所得的结果的整数部分为目的数小数的次最高位，依次类推，继续上面的过程，直到小数部分为 0 或达到要求精度为止。此法称为乘基取整法。

【例 0-3】 将十进制数 23.59375 转换为八进制数、二进制数和十六进制数。

解：

```
8 | 23                    0.59375
  -----                 ×       8
8 | 2    …7             ---------
  -----                   4.75000    …4
    0    …2             ×       8
   (↑)                  ---------
                          6.00       …6
                                    (↓)
```

故 $$(23.59375)_{10}=(27.46)_8$$

又 $$(27.46)_8=(10111.10011)_2=(17.98)_{16}$$

因此 $$(23.59375)_{10}=(10111.10011)_2=(17.98)_{16}$$

7. 二进制代码

由于数字系统是以二值数字逻辑为基础的，因此数字系统中的信息(包括数值、文字、控制命令等)都是用一定位数的二进制码表示的，将若干个二进制数码 0 和 1 按一定规则排列起来表示某种特定含义的代码称为二进制代码，简称二进制码。

在计算机中，数除采用按“值”表示外，还采用按“形”表示，这就是对数进行编码。所谓编码就是用一定规则组合而成的若干位二进制码来表示数或字符(字母或符号)。

二进制编码方式有多种，二-十进制码，又称 BCD 码(Binary-Coded-Decimal)，是其中一种常用的码。

1) 二-十进制代码

BCD 码：用 4 位二进制数 $b_3b_2b_1b_0$ 来表示十进制数中的 0～9 这 10 个数码。

4 位二进制数有 16 种组合，可从这 16 种组合中选择 10 种组合分别来表示十进制的 0～9这 10 个数。选哪 10 种组合，有多种方案，这就形成了不同的 BCD 码。具有一定规律的常用的 BCD 码见表 0-2。

8421 码用 4 位自然二进制码中的前 10 个码字来表示十进制数码，因各位的权值依次为 8、4、2、1，故称 8421 码。

2421 码的权值依次为 2、4、2、1；余 3 码由 8421 码加 0011 得到。

表 0-2 常用 BCD 码

十进制数	有权码				无权码
	8421 码	2421(A)码	2421(B)码	5421 码	余 3 码
0	0000	0000	0000	0000	0011
1	0001	0001	0001	0001	0100

（续）

十进制数	有权码				无权码
	8421码	2421(A)码	2421(B)码	5421码	余3码
2	0010	0010	0010	0010	0101
3	0011	0011	0011	0011	0110
4	0100	0100	0100	0100	0111
5	0101	0101	1011	1000	1000
6	0110	0110	1100	1001	1001
7	0111	0111	1101	1010	1010
8	1000	1110	1110	1011	1011
9	1001	1111	1111	1100	1100
权	8421	2421	2421	5421	

注：BCD码不是二进制数的大小，而是十进制数的二进制代码，是人与数字系统联系的一种中间表示。BCD码用4位二进制码表示的只是十进制数的一位。如果是多位十进制数，应先将每一位用BCD码表示，然后组合起来。

2）可靠性代码

① 格雷码(循环码)。在一组数的编码中，若任意两个相邻的代码只有一位二进制数不同，则称这种编码为格雷码。其编码表见表0-3，可用图0.5所示卡洛图帮助记忆格雷码的编码方式。

表0-3 格雷码

十进制数	$G_3G_2G_1G_0$	十进制数	$G_3G_2G_1G_0$
0	0 0 0 0	8	1 1 0 0
1	0 0 0 1	9	1 1 0 1
2	0 0 1 1	10	1 1 1 1
3	0 0 1 0	11	1 1 1 0
4	0 1 1 0	12	1 0 1 0
5	0 1 1 1	13	1 0 1 1
6	0 1 0 1	14	1 0 0 1
7	0 1 0 0	15	1 0 0 0

图0.5

② 奇偶校验码。奇偶校验码是在计算机存储器中广泛采用的可靠性代码，由若干个

信息位加一个校验位所构成，其中校验位的取值(0或1)将使整个代码(包括信息位和校验位)中“1”的个数为奇数或偶数。若“1”的个数为奇数称为奇校验；若“1”的个数为偶数，称为偶校验。8421奇偶校验码见表0-4。

表0-4　8421奇偶校验码

十进制数	8421奇校验码		8421偶校验码	
	信息码	校验码	信息码	校验码
0	0000	1	0000	0
1	0001	0	0001	1
2	0010	0	0010	1
3	0011	1	0011	0
4	0100	0	0100	1
5	0101	1	0101	0
6	0110	1	0110	0
7	0111	0	0111	1
8	1000	0	1000	1
9	1001	1	1001	0

小　结

1. 数字电路是传递和处理数字信号的电子电路。它有分立元件电路和集成电路两大类，集成电路发展很快，目前多采用中大规模以上的集成电路。

2. 数字电路的主要优点是便于高度集成化、工作可靠性高、抗干扰能力强和保密性好等。

3. 数字电路中的信号只有高电平和低电平两个取值，通常用1表示高电平，用0表示低电平，正好与二进制数中0和1对应，因此，数字电路中主要采用二进制。

4. 常用的计数进制有十进制、二进制、八进制和十六进制。

5. r进制数转换为十进制数方法：按权展开后求和。

6. 十进制数转换为r进制数方法：整数“除r取余”法，小数“乘r取整”法。写出转换结果时需注意读数的顺序。

7. 编码是用数码的特定组合表示特定信息的过程。BCD码指用以表示十进制数0～9这10个数码的二进制代码。

8. 采用可靠性代码能有效地提高设备的抗扰能力，常用的可靠性代码有格雷码和奇偶校验码。奇偶校验码中，使“1”的个数为奇数的称奇校验，为偶数的称偶校验。

第1章 逻辑代数基础知识

本章知识架构

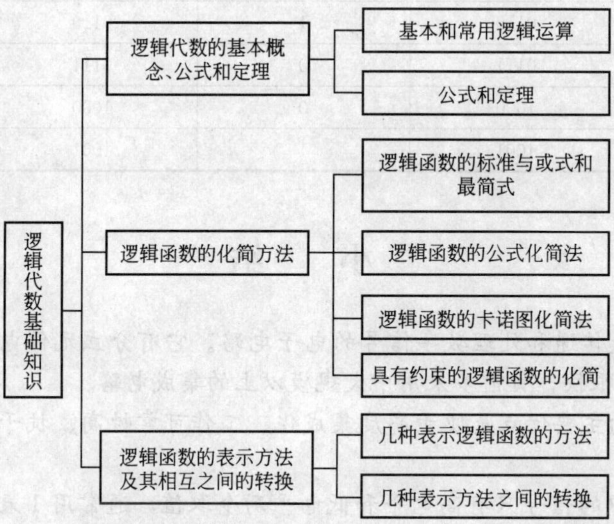

本章教学目标与要求

- 理解与、或、非逻辑函数
- 理解基本和常用逻辑门的工作原理
- 掌握布尔代数描述与门、或门、非门的运算逻辑
- 在与非门和或非门应用布尔代数
- 使用布尔代数描述组合逻辑函数
- 说明如何使用积项和、和项积的形式来实现任意的组合逻辑
- 使用卡诺图简化布尔表达式
- 逻辑函数的表示方法及其相互之间的转换

1.1 概 述

研究逻辑电路的工具是逻辑代数。它的基本概念是由英国数学家乔治·布尔(George Boole)在1847年提出的，故也称为布尔代数。布尔代数是一种较为简单的数学工具，利用布尔代数可以把逻辑电路的输入和输出之间的关系用代数方程(布尔表达式)来描述。

逻辑代数与普通代数相似之处在于它们都用字母表示变量，用代数式描述客观事物间的关系。但不同的是，逻辑代数描述客观事物间的逻辑关系，逻辑函数表示式中逻辑变量的取值和逻辑函数值都只有两个值，即0和1。这两个值不具有数量大小的意义，仅表示事物的两种相反状态。

本章主要介绍逻辑代数的3种基本逻辑运算和与非、与或非、异或等几种导出逻辑运算，以及逻辑代数的基本公式、常用公式和重要定理，并讲述逻辑函数的表示方法，介绍如何应用逻辑代数的公式和定理来化简逻辑函数，以及利用卡诺图化简逻辑函数的方法。最后讲解逻辑函数的表示方法及其相互之间的转换。

1.2 逻辑代数的基本概念、公式和定理

1.2.1 基本和常用逻辑运算

1. 3种基本逻辑运算

(1) 基本的逻辑关系：与、或、非3种逻辑。

(2) 数字系统中所有的逻辑关系均可以用基本的3种逻辑关系来实现（如同十进制数总可以用10个数字和小数点表示出来一样）。

(3) 每一种基本逻辑关系对应一种逻辑运算。

1) 与运算

在日常生活中应用“与”逻辑关系的例子很多。例如，如图1.1(a)所示，开关A、B串联控制灯L。显然，只有当开关A和B均合上时，灯L才亮；两个开关中只要有一个断开，灯L就不亮。这里的开关A、B的“闭合、断开”和灯L“亮、灭”之间的因果关系是“与”逻辑关系。相应的逻辑电路状态表如图1.1(b)所示。“与”的含义在此例中就是开关A、B“闭合”这两个条件同时具备的意思。

通过以上举例分析，可以用文字来叙述“与”逻辑的一般定义，即只有决定一件事的条件都具备时，这件事才成立；如果有一个(或者一个以上)条件不具备，则这件事不成立。这样的关系称为“与”逻辑关系。

“与”运算也叫逻辑乘。两变量A、B的逻辑乘用代数表达式可表示为

$$L = A \cdot B \tag{1.1}$$

式(1.1)称为“与”逻辑函数表达式(简称逻辑函数式，或称逻辑式、函数式)，相应的逻辑真值表如图1.1(c)所示，式中“$A \cdot B$”读为“A与B”或者“A乘B”。“·”表示“与”运算符号，它仅表示“与”的逻辑功能，无数量相乘之意，书写时可把“·”

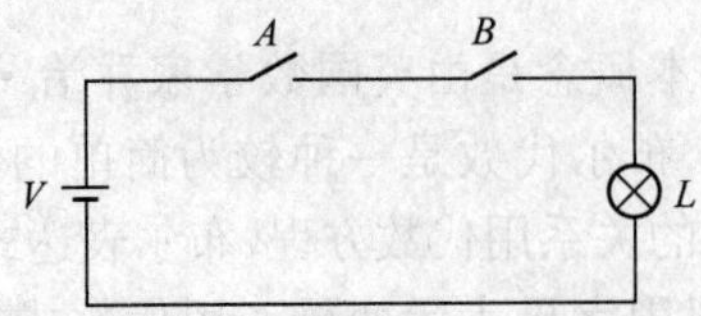

(a) 电路图

A	B	灯L
断开	断开	灭
断开	闭合	灭
闭合	断开	灭
闭合	闭合	亮

(b) 真值表

A	B	L
0	0	0
0	1	0
1	0	0
1	1	1

(c) 逻辑真值表

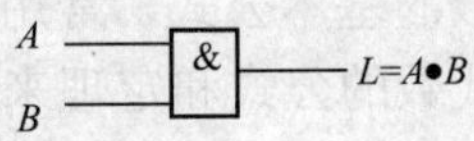

(d) 逻辑符号

图 1.1　与逻辑运算

省掉。

与运算的规则为：输入有 0，输出为 0；输入全 1，输出为 1。

数字电路中能实现与运算的电路称为与门电路，其逻辑符号如图 1.1(d)所示。与运算可以推广到多变量：$L=A\cdot B\cdot C\cdot\cdots$

2）或运算

“或”逻辑关系在日常生活中应用的例子很多。同样如上例所述，如图 1.2(a)所示，开关 A、B 并联控制灯 L。显然，只要有一个开关合上，灯 L 就亮；只有两个开关都断开时，灯 L 才不亮。这里的开关 A、B 的“闭合、断开”和灯 L“亮、灭”之间的因果关系是“或”逻辑关系。相应的逻辑电路状态表如图 1.2(b)所示。“或”运算也叫逻辑加。两变量 A、B 的逻辑加用代数表达式可表示为

$$L=A+B \tag{1.2}$$

式(1.2)称为“或”逻辑函数表达式，相应的逻辑真值表如图 1.2(c)所示，式中“$A+B$”读为“A 或 B”或者“A 加 B”。“+”表示“或”运算符号(有些文献中用符号“$\vee$”或“$\cup$”表示)，它仅表示“或”的逻辑功能，无数量累加之意。

或运算的规则为：输入有 1，输出为 1；输入全 0，输出为 0。

在数字电路中能实现或运算的电路称为或门电路，其逻辑符号如图 1.2(d)所示。或运算也可以推广到多变量：$L=A+B+C+\cdots$

3）非运算

“非”逻辑关系的电路如图 1.3(a)所示。当开关 A 合上时，灯 L 灭；而当开关 A 断开时，则灯 L 亮。这里开关的“闭合、断开”与灯 L 的“亮、灭”之间的因果关系是“非”逻辑关系。相应的逻辑电路状态表如图 1.3(b)所示。

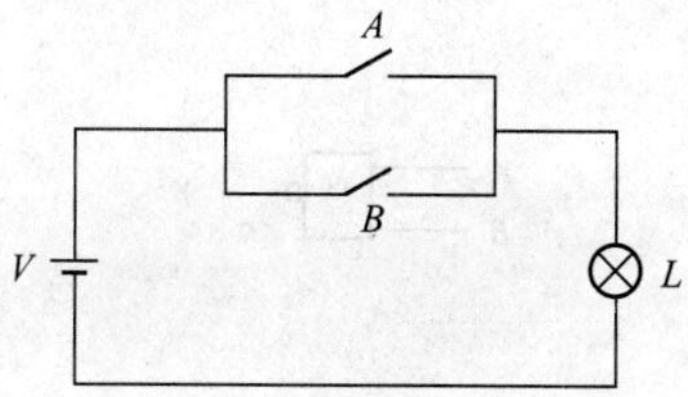

(a) 电路图

开关A	开关B	灯L
断开	断开	灭
断开	闭合	亮
闭合	断开	亮
闭合	闭合	亮

(b) 真值表

A	B	$L=A+B$
0	0	0
0	1	1
1	0	1
1	1	1

(c) 逻辑真值表

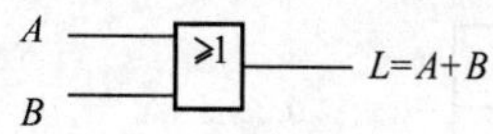

(d) 逻辑符号

图 1.2 或逻辑运算

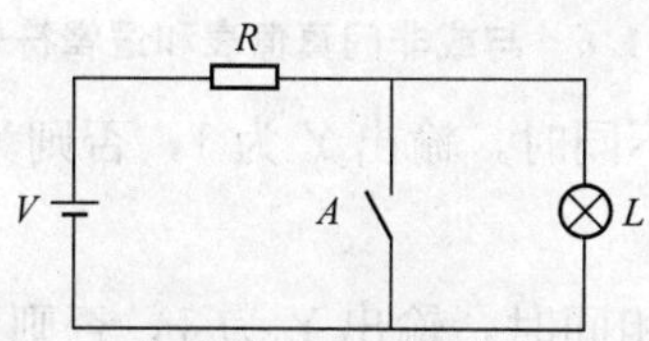

(a) 电路图

开关A	灯L
断开	亮
闭合	灭

(b) 真值表

A	$L=\overline{A}$
0	1
1	0

(c) 逻辑真值表

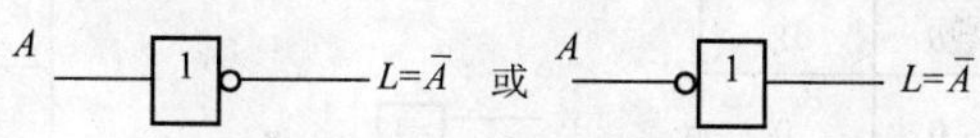

(d) 逻辑符号

图 1.3 非逻辑运算

“非”运算也叫逻辑否定。用代数表达式可表示为

$$L=\overline{A} \tag{1.3}$$

式(1.3)中 $\overline{A}$ 读为“A 非”，变量 A 上面的短横线表示“非”运算符号。A 叫做原变量，$\overline{A}$ 叫做反变量，$\overline{A}$ 和 A 是一个变量的两种形式。相应的逻辑真值表如图 1.3(c)所示。

非运算的规则为：$\overline{0}=1$；$\overline{1}=0$。

在数字电路中实现非运算的电路称为非门电路，其逻辑符号如图 1.3(d)所示。

2. 几种常用的复合逻辑运算

(1) 与非(如图 1.4 所示)：先与后非，逻辑表达式为 $Y=\overline{AB}$。

A	B	Y
0	0	1
0	1	1
1	0	1
1	1	0

(a) 真值表

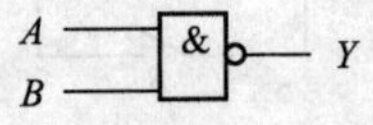

(b) 与非门的逻辑符号

图 1.4　与非门真值表和逻辑符号

(2) 或非(如图 1.5 所示)：先或后非，逻辑表达式为 $Y=\overline{A+B}$。

(3) 与或非(如图 1.6 所示)：先与再或后非，逻辑表达式为 $Y=\overline{AB+CD}$。

A	B	Y
0	0	1
0	1	0
1	0	0
1	1	0

(a) 真值表

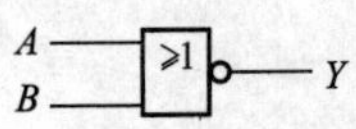

(b) 或非门的逻辑符号

图 1.5　或非门真值表和逻辑符号

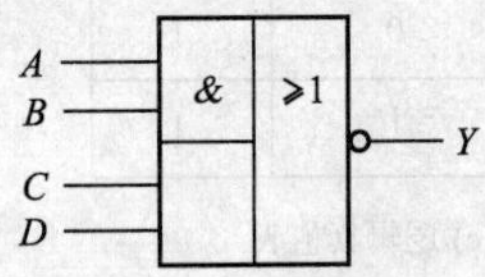

(a) 与或非门的逻辑符号

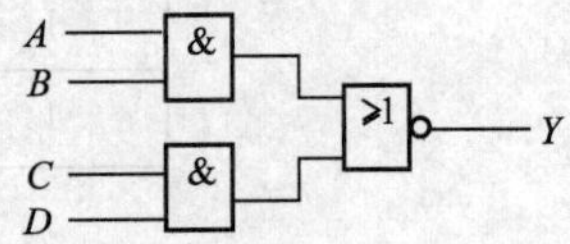

(b) 与或非门的等效符号

图 1.6　与或非门真值表和逻辑符号

(4) 异或(如图 1.7 所示)：输入逻辑变量 A、B 不同时，输出 Y 为 1，否则为 0 。逻辑表达式为 $Y=\overline{A}B+A\overline{B}=A\oplus B$。

(5) 同或(如图 1.8 所示)：输入逻辑变量 A、B 相同时，输出 Y 为 1，否则为 0。逻辑表达式为 $Y=\overline{A}\,\overline{B}+AB=A\cdot B$。

A	B	Y
0	0	0
0	1	1
1	0	0
1	1	1

(a) 真值表

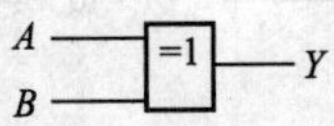

(b) 异或门的逻辑符号

图 1.7　异或门真值表和逻辑符号

A	B	Y
0	0	1
0	1	0
1	0	0
1	1	1

(a) 真值表

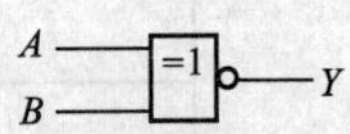

(b) 同或门的逻辑符号

图 1.8　同或门真值表和逻辑符号

比较异或运算和同或运算真值表可知，异或函数与同或函数在逻辑上互为反函数。即

$$A\oplus B=\overline{A\odot B}\quad \text{或者}\quad \overline{A\oplus B}=A\odot B$$

1.2.2　公式和定理

1. 逻辑代数的基本公式

公式即为可直接看出的恒等式。

1）逻辑常量运算公式

① 与运算：$0\cdot 0=0\quad 0\cdot 1=0\quad 1\cdot 0=0\quad 1\cdot 1=1$

② 或运算：$0+0=0\quad 0+1=1\quad 1+0=1\quad 1+1=1$

③ 非运算：$\overline{1}=0\quad \overline{0}=1$

2）逻辑变量、常量运算公式

① 0－1律：$\begin{cases}A+0=A\\A\cdot 1=A\end{cases}\quad\begin{cases}A+1=1\\A\cdot 0=0\end{cases}$

② 互补律：$A+\overline{A}=1\quad A\cdot\overline{A}=0$

③ 等幂律：$A+A=A\quad A\cdot A=A$

④ 双重否定律：$\overline{\overline{A}}=A$

注：分别令 $A=0$ 及 $A=1$ 代入这些公式，即可证明它们的正确性。

2. 逻辑代数的基本定律

1）与普通代数相似的定律

① 交换律：$\begin{cases}A\cdot B=B\cdot A\\A+B=B+A\end{cases}$

② 结合律：$\begin{cases}(A\cdot B)\cdot C=A\cdot(B\cdot C)\\(A+B)+C=A+(B+C)\end{cases}$

③ 分配律：$\begin{cases}A\cdot(B+C)=A\cdot B+A\cdot C\\A+B\cdot C=(A+B)\cdot(A+C)\end{cases}$

利用真值表很容易证明这些公式的正确性。如证明 $A\cdot B=B\cdot A$，见表1－1。

表1－1 真 值 表

A B	A·B	B·A
0 0	0	0
0 1	0	0
1 0	0	0
1 1	1	1

2）吸收律

① 还原律：$\begin{cases}A\cdot B+A\cdot\overline{B}=A\\(A+B)\cdot(A+\overline{B})=A\end{cases}$

② 吸收律：$\begin{cases}A+A\cdot B=A\\A\cdot(A+B)=A\end{cases}\quad\begin{cases}A\cdot(\overline{A}+B)=A\cdot B\\A+\overline{A}\cdot B=A+B\end{cases}$

③ 冗余律：$AB+\overline{A}C+BC=AB+\overline{A}C$

3）摩根定律

反演律(摩根定律)：$\begin{cases}\overline{A\cdot B}=\overline{A}+\overline{B}\\\overline{A+B}=\overline{A}\cdot\overline{B}\end{cases}$

3. 逻辑代数的 3 个重要规则

1）代入规则

任何一个含有变量 A 的等式，如果将所有出现 A 的位置（包括等式两边）都用同一个逻辑函数代替，则等式仍然成立。这个规则称为代入规则。

【例 1-1】 已知等式$\overline{AB}=\overline{A}+\overline{B}$，利用代入规则，用函数 $Y=AC$ 代替等式中的 A。

解： 根据代入规则，等式仍然成立，即有

$$\overline{(AC)B}=\overline{AC}+\overline{B}=\overline{A}+\overline{B}+\overline{C}$$

2）反演规则

对于任何一个逻辑表达式 Y，如果将表达式中的所有"·"换成"+"，"+"换成"·"，"0"换成"1"，"1"换成"0"，原变量换成反变量，反变量换成原变量，那么所得到的表达式就是函数 Y 的反函数 $\overline{Y}$(或称补函数）。这个规则称为反演规则。

【例 1-2】 已知 $Y=A\overline{B}+C\overline{D}E$，$Y=A+\overline{B+\overline{C}+\overline{D+\overline{E}}}$，利用反演规则求$\overline{Y}$。

解：

$$Y=A\overline{B}+C\overline{D}E\longrightarrow\overline{Y}=(\overline{A}+B)(\overline{C}+D+\overline{E})$$

$$Y=A+\overline{B+\overline{C}+\overline{D+\overline{E}}}\longrightarrow\overline{Y}=\overline{A}\cdot\overline{\overline{B}\cdot C\cdot\overline{\overline{D}\cdot E}}$$

3）对偶规则

对于任何一个逻辑表达式 Y，如果将表达式中的所有"·"换成"+"，"+"换成"·"，"0"换成"1"，"1"换成"0"，而变量保持不变，则可得到的一个新的函数表达式 Y'，Y'称为函数 Y 的对偶函数。这个规则称为对偶规则。

【例 1-3】 已知 $Y=A\overline{B}+C\overline{D}E$，$Y=A+\overline{B+\overline{C}+\overline{D+\overline{E}}}$，利用对偶规则求 Y'。

解：

$$Y=A\overline{B}+C\overline{D}E\longrightarrow Y'=(A+\overline{B})(C+\overline{D}+E)$$

$$Y=A+\overline{B+\overline{C}+\overline{D+\overline{E}}}\longrightarrow Y'=A\cdot\overline{B\cdot\overline{C}\cdot\overline{D\cdot\overline{E}}}$$

对偶规则的意义在于：如果两个函数相等，则它们的对偶函数也相等。利用对偶规则，可以使要证明及要记忆的公式数目减少一半。

【例 1-4】 利用反演规则和对偶规则化简 $AB+A\overline{B}=A$，$A(B+C)=AB+AC$。

解：

$$AB+A\overline{B}=A\longrightarrow(A+B)(A+\overline{B})=A$$

$$A(B+C)=AB+AC\longrightarrow A+BC=(A+B)(A+C)$$

注意：在运用反演规则和对偶规则时，必须按照逻辑运算的优先顺序进行，即先算括号，接着与运算，然后或运算，最后非运算，否则容易出错。

1.3 逻辑函数的化简方法

1.3.1 逻辑函数的标准与或式和最简式

1. 最小项与最大项

1）最小项的定义和性质

最小项是一种特殊的乘积项（“与”项），最小项具有以下特点。

① n 变量逻辑函数的最小项，一定包含 n 个因子。

② 在各个最小项中，每个变量以原变量或反变量的形式作为因子仅出现一次。

根据上述特点，容易写出两变量逻辑函数 $F(A，B)$的最小项为 $\overline{A}\,\overline{B}$、$\overline{A}B$、$A\overline{B}$、$AB$；三变量逻辑函数 $F(A，B，C)$的所有最小项为 $\overline{A}\,\overline{B}\,\overline{C}$、$\overline{A}\,\overline{B}C$、$\overline{A}B\overline{C}$、$\overline{A}BC$、$A\overline{B}\,\overline{C}$、$A\overline{B}C$、$AB\overline{C}$、$ABC$ 共 8 项。不难看出，n 变量逻辑函数最多有 2^n 个最小项。一般常对最小项进行编号，记为 m_i。这里 m 表示最小项，i 是代号，且 $i=0，1，2，\cdots，2^n-1$，n 为变量个数。三变量 A、B、C 构成的全部最小项的编号表和真值表见表 1-2 和表 1-3。

表 1-2 三变量最小项编号表

最 小 项	使最小项为 1 的变量取值			对应的十进制数	编 号
	A	B	C		
$\overline{A}\,\overline{B}\,\overline{C}$	0	0	0	0	m_0
$\overline{A}\,\overline{B}C$	0	0	1	1	m_1
$\overline{A}B\overline{C}$	0	1	0	2	m_2
$\overline{A}BC$	0	1	1	3	m_3
$A\overline{B}\,\overline{C}$	1	0	0	4	m_4
$A\overline{B}C$	1	0	1	5	m_5
$AB\overline{C}$	1	1	0	6	m_6
ABC	1	1	1	7	m_7

表 1-3 三变量最小项真值表

A	B	C	m_0	m_1	m_2	m_3	m_4	m_5	m_6	m_7
			$\overline{A}\,\overline{B}\,\overline{C}$	$\overline{A}\,\overline{B}C$	$\overline{A}B\overline{C}$	$\overline{A}BC$	$A\overline{B}\,\overline{C}$	$A\overline{B}C$	$AB\overline{C}$	ABC
0	0	0	1	0	0	0	0	0	0	0
0	0	1	0	1	0	0	0	0	0	0
0	1	0	0	0	1	0	0	0	0	0
0	1	1	0	0	0	1	0	0	0	0
1	0	0	0	0	0	0	1	0	0	0
1	0	1	0	0	0	0	0	1	0	0
1	1	0	0	0	0	0	0	0	1	0
1	1	1	0	0	0	0	0	0	0	1

由表 1-2 可以看出最小项具有以下性质。

① 每个最小项只有对应的一组变量取值能使其值为 1。例如最小项 $\overline{A}\,\overline{B}C$（$m_1$）只和“001”这组取值对应，即只有当 ABC 取值为 001 时，最小项 $\overline{A}\,\overline{B}C$ 才为 1；变量取其他各组值时，最小项 $\overline{A}\,\overline{B}C$ 的值皆为 0。正因为这种“与”函数真值表中 1 的个数最少，所以

“最小项”由此得名。

② n 个变量的全体最小项(共有 2^n 个)之和恒为 1，即 $\sum_{i=0}^{2^n-1} m_i = 1$ 。

③ n 个变量的任意两个不同的最小项之积恒为 0，即 $m_i \cdot m_j = 0$，$i \neq j$。这是因为变量的每组取值对于任何两个不同的最小项不能同时为 1。

④ 相邻的两个最小项之和，可以合并成一项(等于相同因子之积)，并消去一对因子。

这里的“相邻”不是几何位置的相邻，而是指逻辑上的相邻，即两个最小项中只有一个因子不同。

2）最大项的定义和性质

最大项是一种特殊的和项(“或”项)，最大项具有以下特点。

① n 个变量构成的每个最大项，一定是包含 n 个因子的和项。

② 在各个最大项中，每个变量以原变量（或反变量）形式作为一个因子仅出现一次。

同样，n 个变量最多可以构成 2^n 个最大项。一个函数的最大项记为 M_i，这里 M 表示最大项，i 是代号。三变量 A、B、C 构成的全部最大项的编号表和真值表见表 1-4 和表 1-5。

表 1-4　三变量最大项编号表

最　小　项	使最小项为 1 的变量取值			对应的十进制数	编　　号
	A	B	C		
$A+B+C$	0	0	0	0	M_0
$A+B+\overline{C}$	0	0	1	1	M_1
$A+\overline{B}+C$	0	1	0	2	M_2
$A+\overline{B}+\overline{C}$	0	1	1	3	M_3
$\overline{A}+B+C$	1	0	0	4	M_4
$\overline{A}+B+\overline{C}$	1	0	1	5	M_5
$\overline{A}+\overline{B}+C$	1	1	0	6	M_6
$\overline{A}+\overline{B}+\overline{C}$	1	1	1	7	M_7

表 1-5　三变量最大项真值表

A　B　C	M_0	M_1	M_2	M_3	M_4	M_5	M_6	M_7
	$A+B+C$	$A+B+\overline{C}$	$A+\overline{B}+C$	$A+\overline{B}+\overline{C}$	$\overline{A}+B+C$	$\overline{A}+B+\overline{C}$	$\overline{A}+\overline{B}+C$	$\overline{A}+\overline{B}+\overline{C}$
0　0　0	0	1	1	1	1	1	1	1
0　0　1	1	0	1	1	1	1	1	1
0　1　0	1	1	0	1	1	1	1	1
0　1　1	1	1	1	0	1	1	1	1
1　0　0	1	1	1	1	0	1	1	1
1　0　1	1	1	1	1	1	0	1	1
1　1　0	1	1	1	1	1	1	0	1
1　1　1	1	1	1	1	1	1	1	0

由表1-5可知最大项具有以下性质。

① 每个最大项只有对应的一组变量取值能使其值为0。例如最小项$A+\overline{B}+C$，即M_2只和“010”这组取值对应，即只有当ABC取值为010时，最大项$A+\overline{B}+C$才为0；变量取其他各组值时，最大项$A+\overline{B}+C$的值皆为1。正因为这种“或”函数真值表中1的个数最多，所以“最大项”由此得名。

② n个变量的全体最大项(共有2^n个)之积恒为0，即$\prod\limits_{i=0}^{2^n-1} M_i = 0$。从表1-4中看出，变量的每组取值，总有一个相应的最大项为0，所以全部最小项之积必为0。

③ n个变量的任意两个不同的最大项之和恒为1，即$M_i+M_j=1$，$i\neq j$。这是因为变量的每组取值对于任何两个不同的最大项不能同时为0。

④ 相邻的两个最大项之积，可以合并成一项(等于相同因子之和)，并消去一对因子。

2. 标准与或表达式和或与表达式

1）标准与或式

如果一个逻辑函数式是积之和形式(与或式)，而且其中每个乘积项(与项)都是最小项，则称该函数式为标准与或式(也称标准积之和形式，或称最小项之和形式)。

【例1-5】 已知$F(A,B,C)=\overline{A}BC+A\overline{B}\overline{C}+AB\overline{C}$是一个标准与或式。为简明起见，写出该式的其他标准表达方式。

解：上式还可写为

$$F(A,B,C)=m_3+m_4+m_6=\sum m(3,4,6)=\sum(3,4,6)$$

任何一种逻辑函数式都可以展开为标准与或式，而且是唯一的。

2）标准或与式

如果一个逻辑函数式是和之积形式(或与式)，而且其中每个和项(或项)都是最大项，则称该函数式为逻辑函数的标准或与式(也称标准和之积形式，或称为最大项之积形式)。

【例1-6】 已知$F(A,B,C)=(A+B+\overline{C})(A+\overline{B}+C)(\overline{A}+B+C)$是一个标准或与式。写出该式的其他标准表达方式。

解：上式还可写为

$$F(A,B,C)=M_1\cdot M_2\cdot M_4=\prod M(1,2,4)=\prod(1,2,4)$$

任何一种逻辑函数式都可以展开为标准或与式，而且是唯一的。

1.3.2 逻辑函数的公式化简法

1. 化简的意义与标准

1）化简逻辑函数的意义

逻辑函数化简的意义：在逻辑设计中，逻辑函数最终都要用逻辑电路来实现，若逻辑表达式越简单，则实现它的电路越简单，电路工作越稳定可靠，故化简是必要的。

2）逻辑函数式的基本形式和变换

对于同一个逻辑函数，其逻辑表达式不是唯一的。常见的逻辑形式有5种：与或表达式、或与表达式、与非-与非表达式、或非-或非表达式、与或非表达式，举例如下。

① 与或表达式：$Y=\bar{A}B+AC$。

② 或与表达式：$Y=(A+B)(\bar{A}+C)$。

③ 与非-与非表达式：$Y=\overline{\overline{\bar{A}B}\cdot\overline{AC}}$。

④ 或非-或非表达式：$Y=\overline{\overline{A+B}+\overline{\bar{A}+C}}$。

⑤ 与或非表达式：$Y=\overline{\bar{A}\bar{B}+A\bar{C}}$。

一种形式的函数表达式相应于一种逻辑电路。尽管一个逻辑函数表达式的各种表示形式不同，但逻辑功能是相同的。各种形式之间可以相互转换。

3）逻辑函数的最简形式

① 最简与或表达式：乘积项(与项)的个数最少，并且每个乘积项中的变量数也最少的与或表达式。

【例 1-7】 已知 $Y=\bar{A}B\bar{E}+\bar{A}B+A\bar{C}+A\bar{C}E+B\bar{C}+B\bar{C}D$，写出该式的最简与或表达式。

解：

$$
\begin{aligned}
Y&=\bar{A}B\bar{E}+\bar{A}B+A\bar{C}+A\bar{C}E+B\bar{C}+B\bar{C}D=\bar{A}B+A\bar{C}+B\bar{C}\\
&=\bar{A}B+A\bar{C}
\end{aligned}
$$

② 最简或与表达式：括号最少，并且每个括号内相加的变量也最少的或与表达式。

③ 最简与非-与非表达式：非号最少，并且每个非号下面乘积项中的变量也最少的与非-与非表达式。

④ 最简或非-或非表达式：非号最少，并且每个非号下面相加的变量也最少的或非-或非表达式。

⑤ 最简与或非表达式：非号下面相加的乘积项最少，并且每个乘积项中相乘的变量也最少的与或非表达式。

2. 逻辑函数的公式化简法

逻辑函数的公式化简法就是运用逻辑代数的基本公式、定理和规则来化简逻辑函数的方法。

1）并项法

利用公式 $A+\bar{A}=1$，将两项合并为一项，并消去一个变量。

【例 1-8】 已知 $Y_1=ABC+\bar{A}BC+B\bar{C}$，$Y_2=ABC+A\bar{B}+A\bar{C}$，利用并项法化简。

解：

$$
\begin{aligned}
Y_1&=ABC+\bar{A}BC+B\bar{C}=(A+\bar{A})BC+B\bar{C}\\
&=BC+B\bar{C}=B(C+\bar{C})=B\\
Y_2&=ABC+A\bar{B}+A\bar{C}=ABC+A(\bar{B}+\bar{C})\\
&=ABC+A\overline{BC}=A(BC+\overline{BC})=A
\end{aligned}
$$

若两个乘积项中分别包含同一个因子的原变量和反变量，而其他因子都相同时，则这两项可以合并成一项，并消去互为反变量的因子。

2）吸收法

利用公式 $A+AB=A$，消去多余的项。

【例 1-9】 已知 $Y_1=\overline{A}B+\overline{A}BCD(E+F)$，$Y_2=A+\overline{\overline{B}+\overline{CD}}+\overline{\overline{AD}\,\overline{B}}$，利用吸收法化简。

解：

$$Y_1=\overline{A}B+\overline{A}BCD(E+F)=\overline{A}B$$

$$Y_2=A+\overline{\overline{B}+\overline{CD}}+\overline{\overline{AD}\,\overline{B}}=A+BCD+AD+B$$
$$=(A+AD)+(B+BCD)=A+B$$

如果某一乘积项是另外一个乘积项的因子，则这另外一个乘积项是多余的。

3）消因子法

利用公式 $A+\overline{A}B=A+B$，消去多余的变量因子 $\overline{A}$。

【例 1-10】 已知 $Y_1=AB+\overline{A}C+\overline{B}C$，$Y_2=A\overline{B}+C+\overline{A}\,\overline{C}D+B\overline{C}D$，利用消因子法化简。

解：

$$Y_1=AB+\overline{A}C+\overline{B}C=AB+(\overline{A}+\overline{B})C=AB+\overline{AB}C=AB+C$$

$$Y_2=A\overline{B}+C+\overline{A}\,\overline{C}D+B\overline{C}D=A\overline{B}+C+\overline{C}(\overline{A}+B)D=A\overline{B}+C+(\overline{A}+B)D$$
$$=A\overline{B}+C+\overline{A\overline{B}}D=A\overline{B}+C+D$$

4）消项法

利用冗余律 $AB+\overline{A}C+BC=AB+\overline{A}C$，将冗余项 BC 消去。

【例 1-11】 已知 $Y_1=A\overline{B}+AC+AD+\overline{C}D$，$Y_2=AB+\overline{B}C+AC(DE+FG)$，利用消项法化简。

解： $Y_1=A\overline{B}+AC+AD+\overline{C}D=A\overline{B}+(AC+\overline{C}D+AD)=A\overline{B}+AC+\overline{C}D$

$$Y_2=AB+\overline{B}C+AC(DE+FG)=AB+\overline{B}C$$

5）配项消项法

利用 $A\cdot 1=A$ 和 $A+\overline{A}=1$，为某项配上一个变量，以便用其他方法进行化简。

【例 1-12】 已知 $Y=AB+\overline{A}C+BC$，利用 $A\cdot 1=A$ 和 $A+\overline{A}=1$ 配项消项法化简。

解：

$$Y=AB+\overline{A}C+BC=AB+\overline{A}C+(A+\overline{A})BC$$
$$=AB+\overline{A}C+ABC+\overline{A}BC=(AB+ABC)+(\overline{A}C+\overline{A}BC)$$
$$=AB+\overline{A}C$$

还可利用公式 $A+A=A$，为某项配上其所能合并的项。

【例 1-13】 已知 $Y=ABC+AB\overline{C}+A\overline{B}C+\overline{A}BC$，利用公式 $A+A=A$ 配项消项法化简。

解：

$$Y=ABC+AB\overline{C}+A\overline{B}C+\overline{A}BC=(ABC+A\overline{B}C)+$$
$$(ABC+AB\overline{C})+(ABC+\overline{A}BC)=AB+AC+BC$$

以上介绍了几种常用方法。在实际应用中可能遇到比较复杂的函数式，只要熟练掌握逻辑代数的公式和定理，灵活运用上述方法，总能把函数化成最简。下面是几个综合运用上述方法化简逻辑函数的例子。

【例 1-14】 已知 $Y_1=A\overline{B}+B\overline{C}+\overline{B}C+\overline{A}B$，利用以上几种常用方法化简。

解：

$$Y_1=A\overline{B}+B\overline{C}+\overline{B}C+\overline{A}B$$

$$=A\overline{B}+B\overline{C}+(A+\overline{A})\overline{B}C+\overline{A}B(C+\overline{C}) \quad \text{（配项法）}$$

$$=(A\overline{B}+A\overline{B}C)+(B\overline{C}+\overline{A}B\overline{C})+(\overline{A}\overline{B}C+\overline{A}BC)$$

$$=A\overline{B}+B\overline{C}+\overline{A}C \quad \text{（吸收法）}$$

【例 1-15】 已知 $Y_2=AD+A\overline{D}+AB+\overline{A}C+BD+ACEF+\overline{B}EF+DEFG$，利用以上几种常用方法化简。

解：

$$Y_2=AD+A\overline{D}+AB+\overline{A}C+BD+ACEF+\overline{B}EF+DEFG$$

$$=A+AB+\overline{A}C+BD+ACEF+\overline{B}EF+DEFG \quad \text{（并项法）}$$

$$=A+\overline{A}C+BD+\overline{B}EF+DEFG \quad \text{（吸收法）}$$

$$=A+C+BD+\overline{B}EF+DEFG \quad \text{（消因子法）}$$

$$=A+C+BD+\overline{B}EF \quad \text{（消项法）}$$

由上面的介绍可以看出，公式化简法不仅使用不方便，而且难以判断所得结果是否为最简。因此，公式化简法一般适用于函数表达式较为简单的情况。

1.3.3 逻辑函数的卡诺图化简法

卡诺图化简法是将逻辑函数用一种称为“卡诺图”的图形来表示，然后在卡诺图上进行函数化简的方法。这种方法简单、直观，可很方便地将逻辑函数化成最简。

1. 卡诺图的构成

卡诺图是一种包含一些小方块的几何图形。卡诺图中的每一个小方块称为一个单元，每个单元对应一个最小项。当输入变量有 n 个时，最小项有 2^n 个，单元数也是 2^n 个。最小项在卡诺图中的位置不是任意的，它必须满足相邻性规则。所谓相邻性规则是指任意两个相邻的最小项(两最小项中仅有一个变量不相同)，它们在卡诺图中也必须是相邻的。卡诺图中的相邻有两层含义：①几何相邻性，即几何位置上相邻，也就是左右紧挨着或者上下相接；②对称相邻性，即认为图形中两位置对称的单元是相邻的。下面介绍几种卡诺图。

(1) 二变量卡诺图，如图 1.9 所示。

每个二变量的最小项有两个最小项与它相邻。

(2) 三变量卡诺图，如图 1.10 所示。

B \ A	0	1
0	m_0	m_2
1	m_1	m_3

图 1.9 二变量卡诺图

C \ AB	00	01	11	10
0	m_0	m_2	m_6	m_4
1	m_1	m_3	m_7	m_5

图 1.10 三变量卡诺图

每个三变量的最小项有 3 个最小项与它相邻。

(3) 四变量卡诺图，如图 1.11 所示。

① 每个四变量的最小项有 4 个最小项与它相邻。

② 最左列的最小项与最右列的相应最小项也是相邻的。

③ 最上面一行的最小项与最下面一行的相应最小项也是相邻的。

④ 对角的两个最小项也是相邻的。

两个相邻最小项可以合并消去一个变量，如下

$$A\overline{B}C+A\overline{B}\,\overline{C}=A\overline{B}(C+\overline{C})=A\overline{B},\quad AB\overline{C}\,\overline{D}+A\overline{B}\,\overline{C}\,\overline{D}=A\overline{C}\,\overline{D}$$

逻辑函数化简的实质就是相邻最小项的合并。

2. 逻辑函数的卡诺图表示法

先回顾一下逻辑函数的真值表表示法。例如，逻辑函数

$$Y(A, B, C)=A\overline{B}\,\overline{C}+A\overline{B}C+ABC=m_4+m_5+m_7$$

当用真值表来表示该函数时，直接根据 ABC 的取值，写出 Y 的值。当 ABC 取值为 100、101 和 111 时，$Y=1$；否则 $Y=0$。

类似地，用卡诺图来表示逻辑函数时，只需把各组变量取值所对应的逻辑函数 F 的值，填在对应的小方格中，就构成了该逻辑函数的卡诺图。

【例 1-16】 画出 $Y(A, B, C)=A\overline{B}\,\overline{C}+A\overline{B}C+ABC$ 的卡诺图。

解：首先画出三变量卡诺图，然后在 ABC 变量取值为 100、101、111 所对应的 3 个小方格中填入 1（即在这 3 种取值时函数 Y 的值），在其他位置填入 0，如图 1.12 所示。

CD \ AB	00	01	11	10
00	m_0	m_4	m_{12}	m_8
01	m_1	m_5	m_{13}	m_9
11	m_3	m_7	m_{15}	m_{11}
10	m_2	m_6	m_{14}	m_{10}

图 1.11 四变量卡诺图

C \ AB	00	01	11	10
0	0	0	0	1
1	0	0	1	1

图 1.12 卡诺图

3. 在卡诺图上合并最小项的规则

前面讨论最小项的性质时已指出，两相邻的最小项相加，可合并成一项，并可消去一个因子。利用卡诺图化简逻辑函数的基本原理就是利用人的直观阅读能力，去识别卡诺图中最小项之间的相邻关系，并利用合并最小项的规则，将逻辑函数化为最简。

在卡诺图上合并最小项具有下列规则。

(1) 2 个相邻的最小项结合，可以消去 1 个取值不同的变量而合并为 1 项，如图 1.13(a)所示。

(2) 4 个相邻的最小项结合，可以消去 2 个取值不同的变量而合并为 1 项，如图 1.13(b)所示。

(3) 8 个相邻的最小项结合，可以消去 3 个取值不同的变量而合并为 1 项，如图 1.13(c)所示。

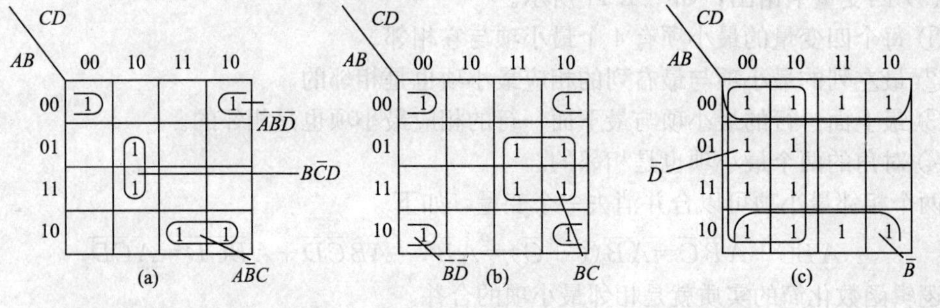

图 1.13　卡诺图

总之，2^n 个相邻的最小项结合，可以消去 n 个取值不同的变量而合并为 1 项。

4. 用卡诺图化简逻辑函数

化简的步骤如下。

首先，画卡诺图，标出函数所包含的全部最小项，即将函数移植到卡诺图上。

其次，进行相邻项的合并。卡诺图圈愈大，消去的变量愈多，并有可能以较少的合并项来包括函数的全部最小项。

由于任何一个方格可以多次被圈用，因而卡诺图之间会发生部分重叠现象。如果卡诺图中所有的 1 方格都被别的圈圈过，这样的卡诺图相当于函数中的多余项，组成新函数时，要去掉这种多余项。为了避免冗余，在画卡诺图时应按以下顺序进行。

(1) 首先，找没有相邻项的 1 方格，它只能单独画圈，称之为孤立圈。

(2) 其次，寻找只能按一条路径合并的两个相邻的 1 方格，而对于那些多于一条路径合并成一组的两个相邻 1 方格，则暂不管它。这样做，保证卡诺图圈中肯定有一个方格没有被别的圈圈过。

(3) 再次，寻找只能按一条路径合并的 4 个相邻的 1 方格组，而且其中至少有一个 1 方格未被别的圈圈过，对于那些多于一条路径合并的 4 个相邻 1 方格组，也暂时不去管它。

(4) 对于 8 个相邻的 1 方格组，重复以上步骤。

(5) 在上述步骤之后，若还留有一些方格未被覆盖，它们可以彼此结合，或者同其他已经用过的 1 方格以任意的方式结合，当然还是希望以较少的合并项来包括剩下的 1 方格。

由于画圈的路径可以多于一条，因此，为了圈进某个 1 方格而画出的卡诺图不止一种，化简的结果也就不止一种，这一点必须注意。下面通过例子来说明上述化简过程。

【例 1-17】 用卡诺图化简函数

$$Y=y(A, B, C, D)=\sum m(0, 1, 3, 5, 6, 9, 11, 12, 13, 15)$$

解： 画出卡诺图，将函数移植到卡诺图上，对应于给定的最小项，在相应的方格填 1，其余填 0，如图 1.14(a)所示。

合并相邻项，按以下步骤进行。

首先，找孤立的没有相邻项的 1 方格。因 m_6 不能同其他方格合并，把它圈起来，如图 1.14(b)所示。

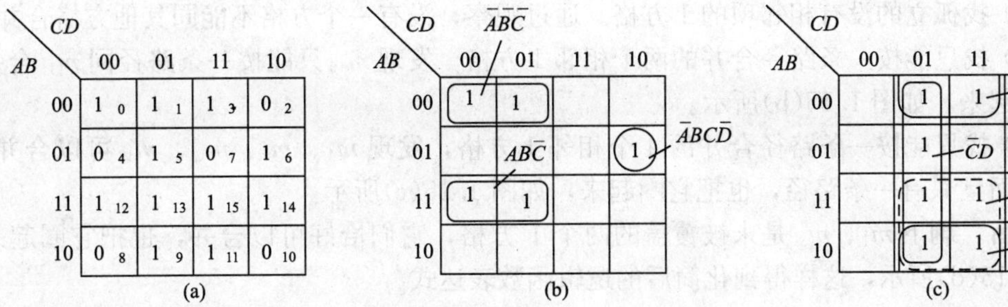

图 1.14 【例 1-17】卡诺图

其次，找只能按一条路径合并的两个相邻 1 方格。m_0 和 m_1，m_{12} 和 m_{13}，只能按一条路径合并，把它们两个各分为一组，分别圈起来，如图 1.14(b)所示。

再次，只能按一条路径合并的 4 个相邻 1 方格。包含 m_5、m_3、m_{15} 的 3 个 4 方格组，都只有一条合并路径，因此，把它们分别圈起来，得到 3 个 4 方格组，如图 1.14(c)所示。

最后将所有卡诺图加起来，可以看到全部 1 方格都已考虑到，最后得到化简后的逻辑函数为

$$Y=\bar{A}BC\bar{D}+\bar{A}\bar{B}\bar{C}+AB\bar{C}+\bar{B}D+\bar{C}D+AD$$

【例 1-18】 化简函数

$$Y=\bar{B}CD+B\bar{C}+\bar{A}\bar{C}D+A\bar{B}C$$

解：首先，画卡诺图，将函数移植到卡诺图上。$\bar{B}CD$ 包含 $\bar{A}\bar{B}CD$、$A\bar{B}CD$（m_3、m_{11}），同理，$B\bar{C}$ 包含 m_4、m_5、m_{12}、m_{13}，$\bar{A}\bar{C}D$ 包含 m_1、m_5，$A\bar{B}C$ 包含 m_{10}、m_{11}，画出卡诺图如图 1.15(a)所示。

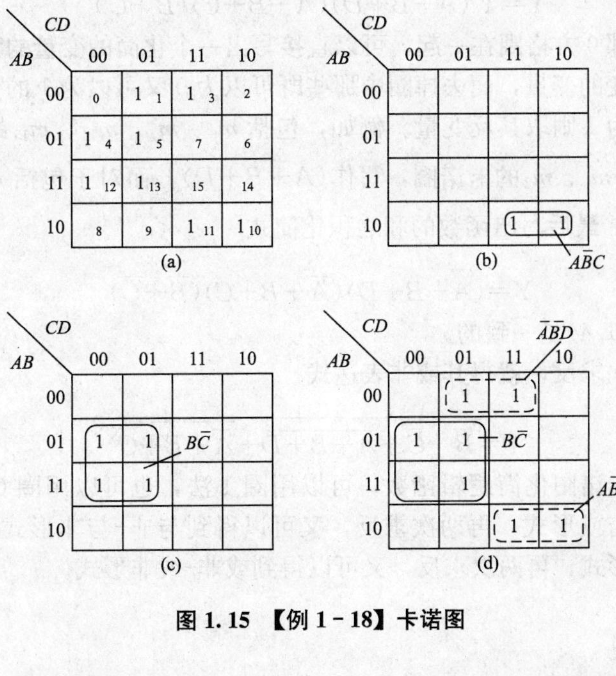

图 1.15 【例 1-18】卡诺图

合并相邻项，按以下步骤进行。

(1) 找孤立的没有相邻项的 1 方格。通过观察，没有一个方格不能同其他方格合并。

(2) 找只能按一条路径合并的两个相邻 1 方格。发现 m_{10} 只能按一条路径同 m_{11} 合并，把它圈起来，如图 1.15(b)所示。

(3) 找只能按一条路径合并的 4 个相邻 1 方格，发现 m_4、m_5、m_{12}、m_{13} 可以合并成一组，而且只有一条路径，也把它圈起来，如图 1.15(c)所示。

最后，剩下 m_1、m_3 是未被覆盖的两个 1 方格，它们恰好可以合并，也把它圈起来，如图 1.15(d)所示，这样得到化简后的逻辑函数表达式

$$Y=A\overline{B}C+B\overline{C}+\overline{A}\overline{B}D$$

通过以上实例，可以看到这种方法的要领是依次找一个与其他方格不相邻的孤立的 1 方格，只能按一条路径圈起来的两个 1 方格组、4 个 1 方格组及 8 个 1 方格组，并把它们圈起来，而对于那些能够按多条路径圈起来的 1 方格组，则暂时不去管它。最后剩下的方格，可以彼此结合起来，或者同其他已经覆盖过的 1 方格结合成尽可能大的卡诺图，并且希望用尽可能少的圈来包括剩下的 1 方格。

5. 函数的圈 0 化简法

如前熟知，卡诺图中由所有的 1 方格组成函数 Y，而所有的 0 方格将组成反函数 $\overline{Y}$。因此将最小项为 0 的相邻方格圈在一起，可以得到 $\overline{Y}$ 的最简形式。仍以【例 1-18】为例，采用类似的办法，根据图 1.15(a)的 0 方格(即未填 1 的方格)，可得

$$\overline{Y}=\overline{A}\,\overline{B}\,\overline{D}+A\overline{B}\,\overline{C}+BC$$

再按反演法则，写出

$$Y=\overline{\overline{Y}}(A+B+D)(\overline{A}+B+C)(\overline{B}+\overline{C}) \tag{1.4}$$

事实上，把相邻 0 方格圈在一起，可以直接写出一个化简的变量的和式。和式中只保留在相邻方格中不变的变量，而去掉圈中那些既可以为 0 又可以为 1 的变量，变量为 0 则取变量本身，变量为 1 则取其反变量。例如，包括 m_6、m_7、m_{14}、m_{15} 的卡诺圈，应写作 $(\overline{B}+\overline{C})$，对于包括 m_0、m_2 的卡诺圈，写作 $(A+B+D)$，而对于包括 m_8、m_9 的卡诺圈，则写作 $(\overline{A}+B+C)$，最后写出函数的和之积化简式

$$Y=(A+B+D)(\overline{A}+B+C)(\overline{B}+\overline{C})$$

这同上面的结果式(1.4)是一致的。

将以上函数两次求反，就得其或非表达式

$$Y=\overline{\overline{\overline{B}+\overline{C}}+\overline{A+B+D}+\overline{\overline{A}+B+C}}$$

综上所述，用卡诺图化简逻辑函数，可以用圈 1 法，也可以用圈 0 法。用圈 1 化简法，得到的是最简与或形式，再两次求反，又可以得到与非-与非形式；用圈 0 化简法，得到的是最简或与形式，再两次求反，又可以得到或非-或非形式。

1.3.4 具有约束的逻辑函数的化简

1. 约束的概念和约束的条件

1) 约束的概念

约束是指在逻辑函数中各个变量之间相互制约的一种关系。在分析具体的逻辑函数时，通常都会碰到这种情况，即输入变量的取值不是任意的，相互之间存在一定的制约，这种对输入变量取值所加的限制就叫约束。

例如，有一个用声光控制开关的灯，用 3 个输入逻辑变量 A、B、C 分别表示光的强弱、是否有声音和开关是否闭合，一个输出逻辑变量 Y 表示电灯的亮灭。其中 $A=1$ 表示光强、$B=1$ 表示有声音、$C=1$ 表示开关闭合、$Y=1$ 表示电灯亮。在所有器件没有损坏的情况下，按照控制逻辑关系，列出其功能表，见表 1-6。

表 1-6 声光控制开关功能表

光强度	声音	开关	电灯	说明
弱	无	开	灭	
弱	无	关		无该情况
弱	有	开		无该情况
弱	有	关	亮	
强	无	开	灭	
强	无	关		无该情况
强	有	开	灭	
强	有	关		无该情况

按照逻辑变量的定义，将以上功能表转换成真值表，见表 1-7。

表 1-7 声光控制开关真值表 1

A	B	C	Y	说明
0	0	0	0	
0	0	1		不会出现
0	1	0		不会出现
0	1	1	1	
1	0	0	0	
1	0	1		不会出现
1	1	0	0	
1	1	1		不会出现

从表 1-7 可见，逻辑变量 A、B、C 的取值只可能出现 000、011、100、110 这 4 种

情况，而其他4种取值001、010、101、111则不可能出现。在光强或光弱而无声音时，灯应该灭，即不会闭合灯的开关；在光弱而有声音时，则一定要闭合开关以使灯亮。这说明 A、B、C 之间有一定的制约关系，则这3个变量是一组有约束的变量。由有约束的变量所决定的逻辑函数，叫做有约束的逻辑函数。

2）约束项和约束条件

在一组逻辑变量中，把不可能出现的变量取值所对应的最小项称为约束项。在表1-7中的约束项就是 $\overline{A}\,\overline{B}C$、$\overline{A}B\overline{C}$、$A\overline{B}C$ 和 ABC。由最小项的性质可知，当最小项对应变量取值出现时，其值为1。但约束项对应的变量取值是不会出现的，所以约束项的值总是为0。

由约束项加起来所构成的值为0的逻辑表达式，就叫做约束条件。由于约束项的值恒为0，则不论多少个约束项加起来的值还是0，所以约束条件是一个恒为0的条件等式。

3）约束条件的表示方法

① 在真值表中，用叉号(×)表示约束项。表1-7所示的逻辑函数，可以表示成表1-8的形式。只要在约束项对应的函数值处画上“×”，以区别于其他取值。

表1-8　声光控制开关真值表2

A	B	C	Y
0	0	0	0
0	0	1	×
0	1	0	×
0	1	1	1
1	0	0	0
1	0	1	×
1	1	0	0
1	1	1	×

② 在逻辑真值表达式中，用等于0的条件等式表示。表1-8所示的约束条件可以表示为：$\overline{A}\,\overline{B}C=0$、$\overline{A}B\overline{C}=0$、$A\overline{B}C=0$、$ABC=0$。也可以写成最小项之和表达式：$\overline{A}\,\overline{B}C+\overline{A}B\overline{C}+A\overline{B}C+ABC=0$ 或 $\sum d(1,2,5,7)=0$。式中以 d 表示无关项，d 后面括号内的数字是无关项的最小项编号。

A \ BC	00	01	11	10
0	0	×	1	×
1	0	×	×	0

图1.16　表1-8所对应的逻辑函数的卡诺图

③ 在卡诺图中，在对应约束项的最小项小方块处用叉号(×)来标记，以区别于其他最小项的取值。表1-8所对应的逻辑函数的卡诺图如图1.16所示。

在有约束项的情况下，由于其值始终为0，所以既可以写进逻辑函数式中，也可以从逻辑函数式中删去，不会影响输出函数值。

另外，在有些场合下，还会遇到另外一种情况，即在输入变量的某些取值下函数值是0还是1都可以，都不会影响电路的功能。在这些变量取值下，其值等于 1 的那些最小项叫做任意项。任意项对函数值没有任何影响，同样既可以写进逻辑函数式中，也可以从逻辑函数式中删去。所以任意项的表示方式完全可以和约束项一样。因此，可以把约束项和任意项统称为无关项，即它们是否写入到逻辑函数中都无关紧要，对函数值也没有影响。

2. 具有约束条件的逻辑函数的化简

化简具有约束条件的逻辑函数，如果能够合理利用约束条件，常常可以得到更加简单的化简结果。

1）约束条件在公式法化简时的应用

在应用公式法进行化简时，可以根据化简的需要加入或去掉约束条件，加入的约束项要与函数式中尽可能多的最小项(包括已有的最小项和写入的无关项)具有逻辑相邻性。约束项的值总为 0，所以不会影响函数的值。

【例 1-19】 化简表 1-8 所示的逻辑函数。

解： 由表 1-8 可知，不考虑无关项的输出逻辑函数表达式是 $Y=\bar{A}BC$，已经是一个比较简单的形式。当考虑无关项时，将无关项 $\bar{A}\bar{B}C$、$A\bar{B}C$、ABC 添加到函数式中有

$$\begin{aligned}Y&=\bar{A}BC+\bar{A}\bar{B}C+A\bar{B}C+ABC\\&=(\bar{A}BC+ABC)+(\bar{A}\bar{B}C+A\bar{B}C)\\&=BC+\bar{B}C\\&=C\end{aligned}$$

可见，利用无关项进行化简以后，得到了一个更为简单的表达式。

【例 1-20】 用公式法化简函数 $Y=AC+\bar{A}\bar{B}C$，已知约束条件为 $\bar{B}\bar{C}=0$。

解： 将约束条件加入逻辑函数表达式有

$$\begin{aligned}Y&=AC+\bar{A}\bar{B}C+\bar{B}\bar{C}\\&=C\cdot(A+\bar{A}\bar{B})+\bar{B}\bar{C}\\&=AC+\bar{B}C+\bar{B}\bar{C}\\&=AC+\bar{B}\end{aligned}$$

2）约束条件在卡诺图法化简时的应用

在卡诺图中用“×”来表示无关项，由于无关项的值恒为 0，卡诺图中的“×”是作为 1 还是作为 0 来对待，对函数没有影响。合并最小项时，应该合理利用无关项，以得到的相邻最小项矩形组合最大，而且矩形组合最少为原则。

【例 1-21】 用卡诺图法化简逻辑函数 $Y=\bar{A}C\bar{D}+\bar{A}B\bar{C}\bar{D}+A\bar{B}\bar{C}\bar{D}$，已知约束条件为：$\sum d(10, 11, 12, 13, 14, 15)=0$。

解： 画出逻辑函数 Y 的卡诺图，如图 1.17 所示。

由图 1.17 可知，若把约束项 m_{10}、m_{12}、m_{14} 当成 1，而约束项 m_{11}、m_{13}、m_{15} 当成 0 来处理，则可以将 m_2、m_6、m_{10} 和 m_{14} 合并成 $C\bar{D}$，将 m_4、m_6、m_{12} 和 m_{14} 合并成 $B\bar{D}$，将 m_8、m_{12}、m_{10} 和 m_{14} 合并成 $A\bar{D}$，则可以得到

$$Y=C\overline{D}+B\overline{D}+A\overline{D}$$

【例 1-22】 用卡诺图法化简逻辑函数

$$Y=\sum m(0,2,3,7,8,9)$$

已知约束条件为：$A\overline{B}C\overline{D}+A\overline{B}C\overline{D}+AB\overline{CD}+AB\overline{C}D+ABC\overline{D}+ABCD=0$

解： 画出逻辑函数 Y 的卡诺图，如图 1.18 所示。

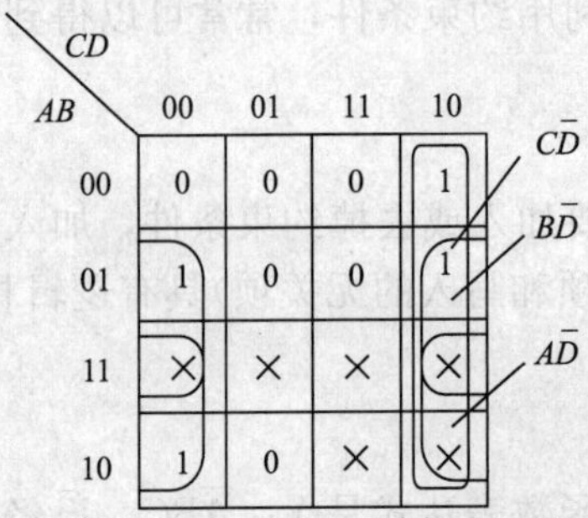

图 1.17 【例 1-21】的卡诺图

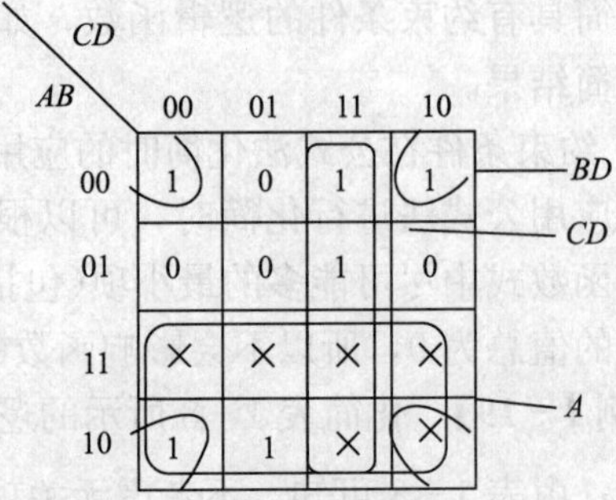

图 1.18 【例 1-22】的卡诺图

由图 1.18 可见，若把约束项 m_{10}、m_{11}、m_{12}、m_{13}、m_{14}、m_{15} 都当成 1，则可以将约束项 m_{11}、m_{15} 和 m_3、m_7 合并成 CD，将 m_{10} 和 m_0、m_2、m_8 合并成 $\overline{BD}$，将 m_{10}、m_{11}、m_{12}、m_{13}、m_{14}、m_{15} 和 m_8、m_9 合并成 A，则可以得到

$$Y=CD+\overline{BD}+A$$

1.4 逻辑函数的表示方法及其相互之间的转换

1.4.1 逻辑函数的表示方法

在数字电路中，逻辑真值表(简称真值表)、逻辑函数式(也称逻辑式或函数式)、逻辑图是常用的逻辑函数表示方法。

1. 真值表

将输入变量所有的取值组合下对应的输出值找出来，列成表格，即可得到真值表。

例如图 1.19 是楼上楼下都可控制的楼梯照明灯电路。单刀双掷开关 A 装在楼上，B 装在楼下。设开关向上合为 1，向下合为 0；灯 Y 亮为 1，灯灭为 0。根据电路的工作原理不难知道，只有 A、B 同时为 1 或同时为 0 时，Y 才等于 1；否则 Y 等于 0。于是可以列出图 1.19 的真值表，见表 1-9。

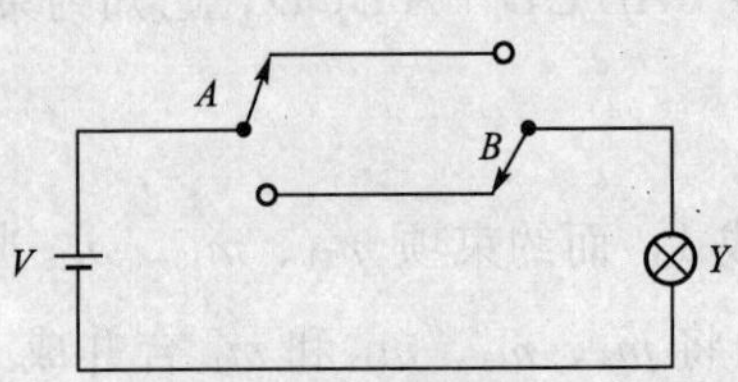

图 1.19 楼梯照明灯电路

表 1-9 图 1.19 电路的真值表

A	B	Y
0	0	1
0	1	0
1	0	0
1	1	1

2. 逻辑函数式

把输入和输出之间的逻辑关系用与、或、非的组合式表达出来，即得到了该逻辑关系的逻辑函数式。在图 1.19 中，灯 Y 的状态（亮与灭）是开关 A、B 状态（向上合与向下合）的函数，根据对电路功能的要求和与、或、非的逻辑定义，“A 和 B 同时向上合，或 A 和 B 同时向下合时，灯 Y 亮；否则灯 Y 灭”，因此得到的输出逻辑函数式为

$$Y=AB+\overline{A}\,\overline{B}$$

3. 逻辑图

将逻辑函数中各变量之间的与、或、非关系用图形符号表示出来，就可以画出表示函数关系的逻辑图。

为了画出图 1.19 所示电路的逻辑图，只要用逻辑运算的图形符号代替逻辑函数式中的代数运算符号便可得到如图 1.20 所示的逻辑图。

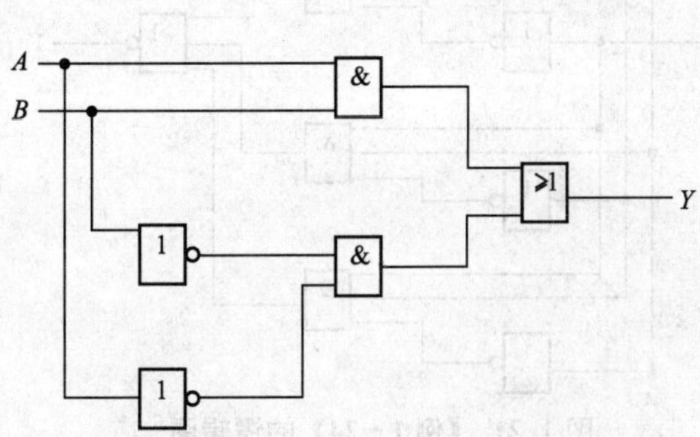

图 1.20 图 1.19 电路的逻辑图

1.4.2 逻辑函数表达式转换

同一个逻辑函数可以用多种方法来表示，各种方法之间可以相互转换。其中最常用的转换方式有如下几种。

1. 由逻辑函数式到真值表的转换

将输入变量取值的所有组合状态逐一代入逻辑式求出函数值，列出表，即可得到真值表。

【例 1-23】 已知逻辑函数式 $Y=\overline{A}BC+AC+\overline{B}C$，求出它对应的真值表。

解： 将 A、B、C 的各种取值逐一带入函数式中计算 Y 的值，将计算的结果列表，即得真值表，见表 1-10。

表 1-10 【例 1-23】的真值表

A B C	$\overline{A}BC$	AC	$\overline{B}C$	Y
0 0 0	0	0	0	0
0 0 1	0	0	1	1
0 1 0	0	0	0	0
0 1 1	1	0	0	1
1 0 0	0	0	0	0
1 0 1	0	1	1	1
1 1 0	0	0	0	0
1 1 1	0	1	0	1

2. 从逻辑函数式画出逻辑电路图

将逻辑函数式中所有的与、或、非运算符号用图形符号代替，并依据运算的优先顺序把这些图形符号连接起来，就可以画出逻辑图了。

【例 1-24】 已知逻辑函数 $Y=\overline{A}BC+A\overline{B}C+AB\overline{C}$，画出对应的逻辑电路图。

解： 根据“先括号，然后乘，最后加”的运算优先次序，依次连接图形符号即可得到图 1.21 所示的逻辑图。

3. 从逻辑图写出逻辑式

从输入端到输出端逐级写出每个图形符号对应的逻辑式，就可以得到最后的逻辑式了。

【例 1-25】 已知函数的逻辑图如图 1.22 所示，试写出它的逻辑函数式。

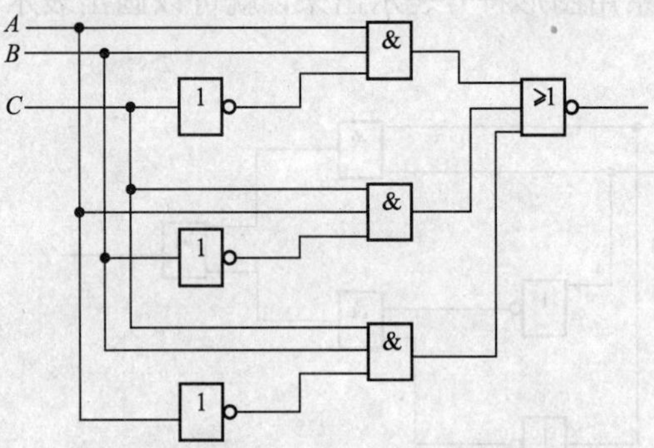

图 1.21 【例 1-24】的逻辑图

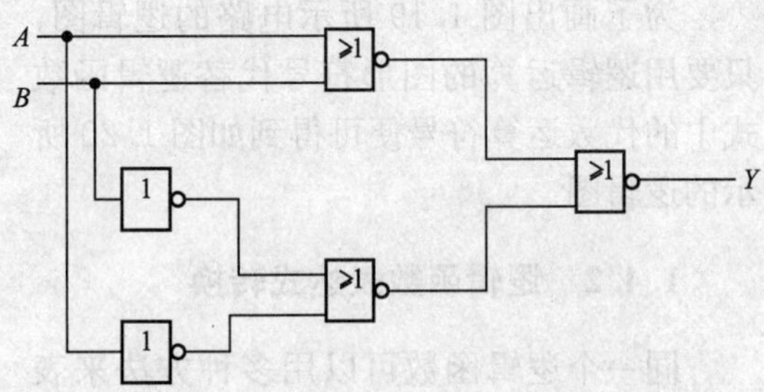

图 1.22 【例 1-25】的逻辑图

解： 从输入端 A、B 开始逐个写出每个图形符号输出端的逻辑式，即得到

$$Y=\overline{\overline{A+B}+\overline{\overline{A}+\overline{B}}}$$

将该式变换后得到

$$Y=\overline{\overline{A+B}+\overline{\overline{A}+\overline{B}}}=(A+B)(\overline{A}+\overline{B})=\overline{A}B+A\overline{B}=A\oplus B$$

可见，Y 和输入 A、B 之间是异或逻辑关系。

4. 从真值表写出逻辑函数式

【例 1-26】 已知一个奇偶判别函数的真值表见表 1-11，试写出它的逻辑函数式。

表 1-11 【例 1-26】的函数真值表

A	B	C	Y
0	0	0	0
0	0	1	0
0	1	0	0
0	1	1	1
1	0	0	0
1	0	1	1
1	1	0	1
1	1	1	0

解：由真值表可见，只有当 A、B、C 这 3 个输入变量中两个同时为 1 时，Y 才为 1。因此，在输入变量取值为以下 3 种情况时，Y 将等于 1。

$$A=0、\quad B=1、\quad C=1$$
$$A=1、\quad B=0、\quad C=1$$
$$A=1、\quad B=1、\quad C=0$$

而当 $A=0$、$B=1$、$C=1$ 时，必然使乘积项 $\overline{A}BC=1$，当 $A=1$、$B=0$、$C=1$ 时，必然使乘积项 $A\overline{B}C=1$；当 $A=1$、$B=1$、$C=0$ 时，必然使 $AB\overline{C}=1$，因此 Y 的逻辑函数应当等于这 3 个乘积项之和，即

$$Y=\overline{A}BC+A\overline{B}C+AB\overline{C}$$

通过【例 1-26】可以总结出从真值表写出逻辑函数式的一般方法如下。

(1) 找出真值表中使逻辑函数 $Y=1$ 的那些输入变量取值的组合。

(2) 每组输入变量取值的组合对应一个乘积项，其中取值为 1 的写成原变量，取值为 0 的写成反变量。

(3) 将这些乘积项相加，即得 Y 的逻辑函数式。

本章小结

1. 逻辑代数是分析和设计数字电路的重要工具。利用逻辑代数可以把实际逻辑问题抽象为逻辑函数来描述，并且可以用逻辑运算的方法解决逻辑电路的分析和设计问题。

与、或、非是 3 种基本逻辑关系，也是 3 种基本逻辑运算。与非、或非、与或非、异或则是由与、或、非 3 种基本逻辑运算复合而成的 4 种常用逻辑运算。逻辑代数的公式和定理是推演、变换及化简逻辑函数的依据。

2. 逻辑函数的化简有公式法和图形法等。公式法利用逻辑代数的公式、定理和规则来对逻辑函数化简，这种方法适用于各种复杂的逻辑函数，但需要熟练地运用公式和定理，且具有一定的运算技巧。图形法利用函数的卡诺图来对逻辑函数化简，这种方法简单直观，容易掌握，但变量太多时卡诺图太复杂，图形法已不适用。在对逻辑函数化简时，充分利用随意项可以得到十分简单的结果。

自我检测题

一、选择题

1. 以下表达式中符合逻辑运算法则的是______。

A. $C \cdot C=C^2$　　B. $1+1=10$　　C. $0<1$　　D. $A+1=1$

2. 逻辑变量的取值 1 和 0 可以表示______。

A. 开关的闭合、断开　B. 电位的高、低　C. 真与假　D. 电流的有、无

3. 当逻辑函数有 n 个变量时，共有______个变量取值组合。

A. n　　B. $2n$　　C. n^2　　D. 2^n

4. 逻辑函数的表示方法中具有唯一性的是______。

A. 真值表　　B. 表达式　　C. 逻辑图　　D. 卡诺图

5. $F=A\overline{B}+BD+CDE+\overline{A}D=$______。

A. $A\overline{B}+D$　　B. $(A+\overline{B})D$

C. $(A+D)(\overline{B}+D)$　　D. $(A+D)(B+\overline{D})$

6. 逻辑函数 $F=A\oplus(A\oplus B)=$______。

A. B　　B. A　　C. $A\oplus B$　　D. $\overline{\overline{A}\oplus B}$

7. 求一个逻辑函数 F 的对偶式，可将 F 中的______。

A．“·”换成“+”，“+”换成“·”

B. 原变量换成反变量，反变量换成原变量

C. 变量不变

D. 常数中“0”换成“1”，“1”换成“0”

E. 常数不变

8. $A+BC=$______。

A. $A+B$　　B. $A+C$

C. $(A+B)(A+C)$　　D. $B+C$

9. 在何种输入情况下，“与非”运算的结果是逻辑 0? ______

A. 全部输入是 0　　B. 任一输入是 0　　C. 仅一输入是 0　　D. 全部输入是 1

10. 在何种输入情况下，“或非”运算的结果是逻辑 0? ______

A. 全部输入是 0　　B. 全部输入是 1

C. 任一输入为 0，其他输入为 1　　D. 任一输入为 1

二、判断题(正确的打√，错误的打×)

1. 逻辑变量的取值，1 比 0 大。　　(　　)

2. 异或函数与同或函数在逻辑上互为反函数。　　(　　)

3. 若两个函数具有相同的真值表，则两个逻辑函数必然相等。　　(　　)

4. 因为逻辑表达式 $A+B+AB=A+B$ 成立，所以 $AB=0$ 成立。　　(　　)

5. 若两个函数具有不同的真值表，则两个逻辑函数必然不相等。　　(　　)

6. 若两个函数具有不同的逻辑函数式，则两个逻辑函数必然不相等。　　(　　)

7. 逻辑函数两次求反则还原，逻辑函数的对偶式再作对偶变换也还原为它本身。　　(　　)

8. 逻辑函数 $Y=A\overline{B}+\overline{A}B+\overline{B}C+B\overline{C}$ 已是最简与或表达式。　　(　　)

9. 因为逻辑表达式 $A\overline{B}+\overline{A}B+AB=A+B+AB$ 成立，所以 $A\overline{B}+\overline{A}B=A+B$ 成立。　　(　　)

10. 对逻辑函数 $Y=A\overline{B}+\overline{A}B+\overline{B}C+B\overline{C}$ 利用代入规则，令 $A=BC$ 代入，得 $Y=BC\overline{B}+\overline{BC}B+\overline{B}C+B\overline{C}=\overline{B}C+B\overline{C}$ 成立。　　(　　)

三、填空题

1. 逻辑代数又称为______代数。最基本的逻辑关系有____、____、____ 3 种。常用的几种导出的逻辑运算为______、______、______、______、______。

2. 逻辑函数的常用表示方法有______、______、________。

3. 逻辑代数中与普通代数相似的定律有______、______、______。摩根定律又称为________。

4. 逻辑代数的 3 个重要规则是__________、__________、__________。

5. 逻辑函数 $F=\overline{A}+B+\overline{C}D$ 的反函数 $\overline{F}=$__________。

6. 逻辑函数 $F=A(B+C)\cdot 1$ 的对偶函数是__________。

7. 添加项公式 $AB+\overline{A}C+BC=AB+\overline{A}C$ 的对偶式为__________。

8. 逻辑函数 $F=\overline{A}\,\overline{B}\,\overline{C}\,\overline{D}+A+B+C+D=$__________。

9. 逻辑函数 $F=\overline{A\overline{B}+\overline{A}B}+\overline{A}\,\overline{B}+AB=$__________。

10. 已知函数的对偶式为 $\overline{A\overline{B}}+\overline{\overline{C}D+BC}$，则它的原函数为______。

四、思考题

1. 逻辑代数与普通代数有何异同?
2. 逻辑函数的 3 种表示方法如何相互转换?
3. 为什么说逻辑等式都可以用真值表证明?
4. 对偶规则有什么用处?

习　题

【1.1】 证明下列各等式。

(1) $A+\overline{A}C+CD=A+C$。

(2) $AB+\overline{B}C+AC=AB+\overline{B}C$

(3) $A\oplus\overline{B}=\overline{A}\,\overline{B}+AB$

(4) $A\overline{B}+\overline{A}C+B\overline{C}=A\overline{C}+\overline{B}C+\overline{A}B$

【1.2】 用公式法化简下列逻辑函数。

(1) $Y1=A+B+C+\overline{A}\,\overline{B}\,\overline{C}D$

(2) $Y2=A\overline{B}\,\overline{C}+\overline{A}\,\overline{B}C+A\overline{B}C+\overline{A}BC$

(3) $Y3=\overline{A}\,\overline{B}\,\overline{C}+\overline{A}\,\overline{B}\,\overline{D}+\overline{B}\,\overline{C}\,\overline{D}+A\overline{B}\,\overline{D}+A\overline{B}C$

(4) $\begin{cases}Y4=\overline{B}\,\overline{C}D+\overline{A}C\overline{D}\\AB+AC=0\end{cases}$

【1.3】 写出图 1.23 和表 1-12 给出的各函数的最简与或式。

表 1-12

A	B	C	Y_3
0	0	0	0
0	0	1	0
0	1	0	0

(续)

A	B	C	Y_3
0	1	1	1
1	0	0	0
1	0	1	1
1	1	0	1
1	1	1	1

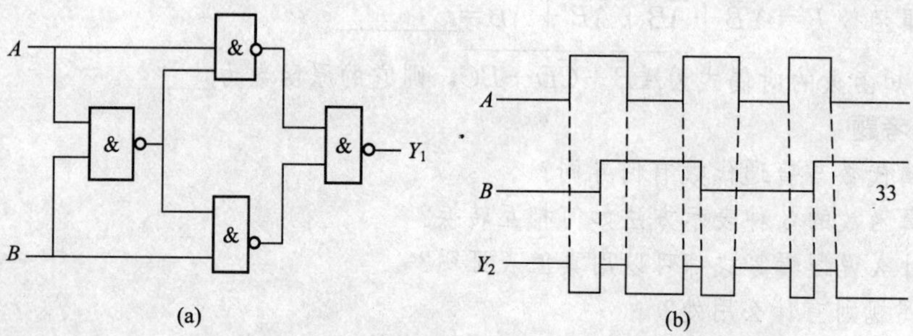

图 1.23

【1.4】 利用公式和定理证明下列等式。

(1) $\overline{A+BC+D}=\overline{A}\cdot(\overline{B}+\overline{C})\cdot\overline{D}$

(2) $\overline{AB+\overline{A}\,\overline{B}+\overline{C}}=(A\oplus B)C$

(3) $A+\overline{\overline{A}(B+C)}=A+\overline{B}\,\overline{C}$

(4) $\overline{A}\,\overline{B}+\overline{A}B+A\overline{B}+AB=1$

【1.5】 列出下列各函数的真值表，说明 Y_1 和 Y_2 有何关系。

(1) $\begin{cases} Y_1=A\overline{B}+B\overline{C}+C\overline{A} \\ Y_2=\overline{A}B+\overline{B}C+\overline{C}A \end{cases}$

(2) $\begin{cases} Y_1=ABC+\overline{A}\,\overline{B}\,\overline{C} \\ Y_2=\overline{A\overline{B}+B\overline{C}+C\overline{A}} \end{cases}$

(3) $\begin{cases} Y_1=\overline{A\oplus B\oplus C} \\ Y_2=ABC+A\overline{B}\,\overline{C}+\overline{A}B\overline{C}+\overline{A}\,\overline{B}C \end{cases}$

(4) $\begin{cases} Y_1=A\overline{C}D+\overline{A}\,\overline{B}+BC \\ Y_2=A\overline{B}C+\overline{A}B\overline{C}+A\overline{C}\,\overline{D} \end{cases}$

【1.6】 逻辑函数 $Y_1\sim Y_5$ 的真值表见表 1-13，试分别写出它们各自的标准与或式。

表 1-13

A	B	C	Y_1	Y_2	Y_3	Y_4	Y_5
0	0	0	0	0	0	0	1
0	0	1	1	0	1	1	0
0	1	0	1	0	1	1	0
0	1	1	0	1	0	1	1
1	0	0	1	0	1	1	0
1	0	1	0	1	0	0	0
1	1	0	0	1	0	0	1
1	1	1	1	1	0	1	0

【1.7】 将下列函数展开成最小项表达式。

(1) $Y_1=AB+BC+CA$

(2) $Y_2=S+\overline{R}Q$

(3) $Y_3=J\overline{Q}+\overline{K}Q$

(4) $Y_4=\overline{AB+AD+\overline{B}C}$

(5) $Y_5=\overline{A\overline{B}\overline{C}\overline{D}+\overline{ABC}}$

【1.8】 用公式法将下列函数化简成为最简与或式。

(1) $Y=A\overline{B}+B+\overline{A}B$

(2) $Y=A\overline{B}C+\overline{A}+B+\overline{C}$

(3) $Y=\overline{\overline{A}BC}+\overline{A\overline{B}}$

(4) $Y=A\overline{B}CD+ABD+A\overline{C}D$

(5) $Y=A\overline{B}(\overline{A}CD+\overline{AD+\overline{B}\overline{C}})(\overline{A}+B)$

(6) $Y=AC(\overline{C}D+\overline{A}B)+BC(\overline{\overline{\overline{B}+AD}+CE})$

(7) $Y=A\overline{C}+ABC+AC\overline{D}+CD$

(8) $Y=A+\overline{(B+\overline{C})}(A+\overline{B}+C)(A+B+C)$

(9) $Y=B\overline{C}+AB\overline{C}E+\overline{B}(\overline{\overline{A}\overline{D}+AD})+B(A\overline{D}+\overline{A}D)$

【1.9】 求下列函数的反函数（用德·摩根定理），并将求出的反函数化简成为最简与或式。

(1) $(A+\overline{B})\overline{C+\overline{D}}$

(2) $(\overline{AB}+\overline{BD})(AC+BD)$

(3) $A\cdot\overline{B+\overline{C}}+\overline{A}D$

(4) $AB+B\overline{D}+\overline{B}C+\overline{C}D$

(5) $D[\overline{C}+(AD+B)E]$

(6) $A \oplus B \oplus C$

(7) $(A \oplus B)C + \overline{B \oplus C} \cdot D$

(8) $\overline{\overline{A+B}+CD}+\overline{\overline{C+D}+AB}$

【1.10】 用图形法将下列函数化简成最简与或式。

(1) $Y_1 = \overline{A}\,\overline{B}\,\overline{C}D + \overline{A}\overline{B}CD + \overline{A}\overline{B}C\,\overline{D} + A\overline{B}CD + A\overline{B}C\,\overline{D}$

(2) $Y_2 = \overline{A}\overline{C}D + \overline{A}B\,\overline{D} + ABD + A\overline{C}\overline{D}$

(3) $Y_3 = A\overline{B} + B\overline{C}\overline{D} + ABD + \overline{A}B\,\overline{C}D$

(4) $Y_4 = \overline{A}\overline{B}C + AD + \overline{B}\overline{D} + \overline{C}\overline{D} + \overline{A}\overline{C} + \overline{A}\overline{D}$

(5) $Y_5 = A\overline{B}\overline{C}\overline{D} + \overline{A}B + \overline{A}\overline{B}\overline{D} + B\overline{C} + BCD$

(6) $Y_6 = \overline{A}\overline{B}D + \overline{A}B\,\overline{C} + BCD + A\overline{B}\overline{C}D + \overline{A}\overline{B}C\,\overline{D}$

【1.11】 用图形法将下列函数化简成最简与或式。

(1) $F(A, B, C, D) = \sum m(0, 1, 4, 6, 8, 9, 10, 12, 13, 14, 15)$

(2) $F(A, B, C, D) = \sum m(0, 2, 3, 4, 5, 6, 8, 9, 10, 11, 12, 13, 14, 15)$

(3) $F(A, B, C, D) = \sum m(2, 4, 5, 6, 7, 11, 12, 14, 15)$

【1.12】 用图形法将下列具有约束条件的函数化简成最简与或式。约束条件：$AB + AC = 0$。

(1) $F(A, B, C, D) = \sum m(0, 1, 2, 3, 4, 5, 6, 8, 9)$

(2) $F(A, B, C, D) = \sum m(0, 2, 4, 5, 7, 8)$

(3) $F(A, B, C, D) = \sum m(0, 1, 3, 5, 8, 9)$

(4) $F(A, B, C, D) = \sum m(0, 1, 2, 3, 4, 5, 6)$

【1.13】 用图形法将下列具有约束条件$\sum d$ 的函数化简成最简与或式($\sum d$ 为约束项之和)。

(1) $F(A, B, C, D) = \sum m(0, 1, 2, 3, 6, 8) + \sum d(10, 11, 12, 13, 14, 15)$

(2) $F(A, B, C, D) = \sum m(3, 6, 8, 9, 11, 12) + \sum d(0, 1, 2, 13, 14, 15)$

(3) $F(A, B, C, D) = \sum m(0, 1, 4, 9, 12, 13) + \sum d(2, 3, 6, 10, 11, 14)$

(4) $F(A, B, C, D) = \sum m(0, 1, 2, 3, 4, 7, 15) + \sum d(8, 9, 10, 11, 12, 13)$

(5) $F(A, B, C, D) = \sum m(0, 2, 4, 5, 7, 13) + \sum d(8, 9, 10, 11, 14, 15)$

(6) $F(A, B, C, D) = \sum m(2, 4, 6, 7, 12, 15) + \sum d(0, 1, 3, 8, 9, 11)$

(7) $F(A, B, C, D) = \sum m(1, 2, 4, 12, 14) + \sum d(5, 6, 7, 8, 9, 10)$

(8) $F(A, B, C, D) = \sum m(0, 2, 3, 4, 5, 6, 11, 12) + \sum d(8, 9, 10, 13, 14, 15)$

【1.14】 将下列各函数式化为最小项之和的形式。

(1) $Y = \overline{A}BC + AC + \overline{B}C$

(2) $Y = A\overline{B}\overline{C}D + BCD + \overline{A}D$

(3) $Y = A + B + CD$

(4) $Y = AB + \overline{\overline{BC}(\overline{C} + \overline{D})}$

(5) $Y = L\overline{M} + M\overline{N} + N\overline{L}$

【1.15】 将下列各式化为最大项之积的形式。

(1) $Y=(A+B)(\overline{A}+\overline{B}+\overline{C})$

(2) $Y=A\overline{B}+C$

(3) $Y=\overline{A}B\overline{C}+\overline{B}C+A\overline{B}C$

(4) $Y=BC\overline{D}+C+\overline{A}D$

(5) $Y(A, B, C)=\sum(m_1, m_2, m_4, m_6, m_7)$

第2章 门电路

本章知识架构

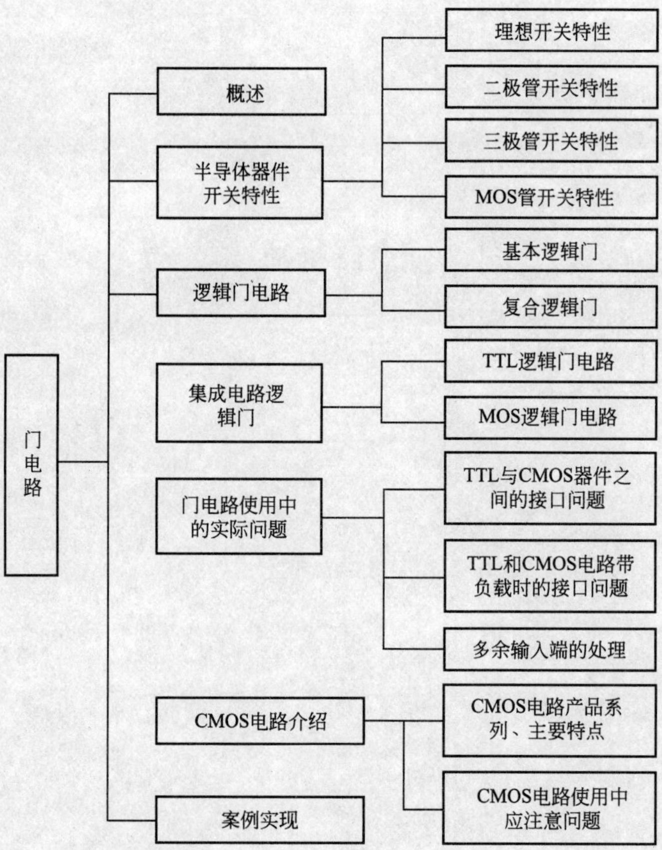

本章教学目标与要求

- 理解半导体器件的开关特性、开关条件
- 熟悉 3 种基本逻辑关系
- 掌握各种门电路的逻辑功能
- 掌握 TTL 系列逻辑门(如与非门)来完成逻辑功能的原理特性、参数
- 熟悉 OC 门、三态门及特点参数
- 掌握 CMOS 逻辑门及特点
- 理解正负逻辑及使用中的实际问题

2.1 概　　述

2.1.1 门电路简介

逻辑门电路：用以实现基本和常用逻辑运算的电子电路，简称门电路。基本和常用门电路有与门、或门、非门(反相器)、与非门、或非门、与或非门和异或门等。

用逻辑 1 和 0 分别来表示电子电路中的高、低电平的逻辑赋值方式，称为正逻辑，目前在数字技术中，大都采用正逻辑工作；若用 1 和 0 分别来表示低、高电平，则称为负逻辑。本课程采用正逻辑。

获得高、低电平的基本方法：利用半导体开关元件的导通、截止(即开、关)两种工作状态分别来获得高、低电平。

注意：数字电路中，只要能明确区分高电平和低电平两个状态就可以了，所以，高电平和低电平都允许有一定的范围。

在数字集成电路的发展过程中，同时存在着两种类型器件的发展：一种是由三极管组成的双极型集成电路，例如三极管-三极管逻辑(Transistor - Transistor Logic，TTL)电路及射极耦合逻辑(Emitter Coupled Logic，ECL)电路；另一种是由 MOS 管(Metal - Oxide - Semiconductor Field - Effect Transistor，金属-氧化物-半导体场效应管)组成的单极型集成电路，例如 N - MOS(N 沟道 MOS) 逻辑电路和 CMOS(互补 MOS)逻辑电路。

TTL 系列逻辑电路出现在 19 世纪 60 年代，它在 19 世纪 90 年代以前占据了数字集成电路的主导地位。随着计算技术和半导体技术的发展，19 世纪 80 年代中期出现了 CMOS 电路。虽然它出现晚一些，但因为它有效地克服了 TTL 和 ECL 集成电路中存在的单元电路结构复杂、器件之间需要外加电隔离，以及功耗大、影响电路集成密度等的严重缺点，因而在各种大规模和超大规模集成电路的发展中已占有统治地位，而且这一优势将继续延续到本世纪。

2.1.2 案例介绍：住宅防盗报警器

对于每一个门电路来说，它们的功能都是比较单一的，如果将它们组合在一起会有什么样的效果呢？比如后面要学习的触发器、寄存器等都离不开门电路。随着现在电子

图 2.1　住宅防盗报警器实物图

技术的发展，许多芯片都具有很强大的功能，这对于技术人员的设计是非常方便的。但这些芯片也是由基本的门电路和一些晶体管组合而成的。实际的电路中也经常使用门电路实现各种功能。各种门电路根据实际需要进行组合，就可以设计出具有某种功能的、结构简单的、性价比高的产品，并且应用在实际生活中。例如，随着经济的飞速发展和人们生活水平的显著提高，人们在享受生活的同时也越来越注重住宅的安全问题。因此由门电路构成的住宅防盗报警器应运而生。具体实物图如图 2.1 所示。该报警器主要用与门控制来实现，后面的案例分析中将详细介绍它的构成。

2.2　半导体器件开关特性

2.2.1　理想开关

理想开关具有如下特性。

1. 静态特性

断开时，无论电压如何，开关电阻 $R_{off}=\infty$、电流 $I_{off}=0$；

闭合时，无论电流如何，开关电阻 $R_{on}=0$、电压 $U_{on}=0$。

2. 动态特性

开通时间 $t_{on}=0$，关断时间 $t_{off}=0$。

但理想开关是不存在的。实际中的机械开关静态特性很接近理想开关，但动态特性很差，根本不能满足每秒钟开关很多次的需要。

半导体器件(二极管、三极管、场效应管)充当开关时，静态特性虽不太好，但动态特性比较理想，特别适合于每秒钟开关很多次的需要。

2.2.2　二极管开关特性

二极管两极之间相当于开关，如图 2.2 所示为二极管开关电路及波形图，其正向导通及反向截止状态相当于开关的闭合及断开。

1. 静态特性

1) 导通条件及导通特性

二极管两端所加电压 $u_D>0.7V$ 时，二极管导通，近似看作具有 0.7V 压降的闭合开关(当所加电压很高时，可近似认为压降为 0，即忽略二极管压降)。

2) 截止条件及截止特性

二极管两端所加电压 $u_D<0.5V$ 时，二极管截止，近似看作 $i_D=0$ 的截止开关。

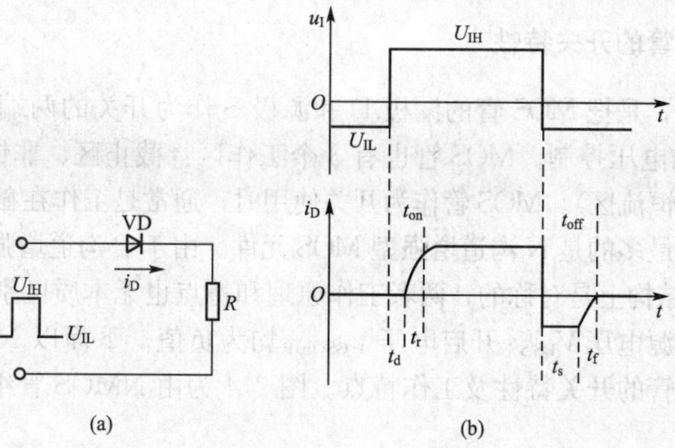

图 2.2 二极管开关电路及波形图

2. 动态特性

由于二极管结电容的存在，在开通及关断的过程中，伴随着电容的充、放电，因此二极管开关要经过一定时间的延迟才能达到开通或关断。

其中，开通时间 $t_{on}=t_d+t_r$(导通延迟时间 t_d、上升时间 t_r)，关断时间 $t_{off}=t_s+t_f$(存储时间 t_s、下降时间 t_f)。关断时间较小，只有几个纳秒，而开通时间比关断时间短得多，相比可忽略不计。

2.2.3 三极管开关特性

以 NPN 管为例。

三极管 c、e 两极之间相当于开关，如图 2.3 三极管开关电路所示，其饱和及截止状态相当于开关的闭合及断开。

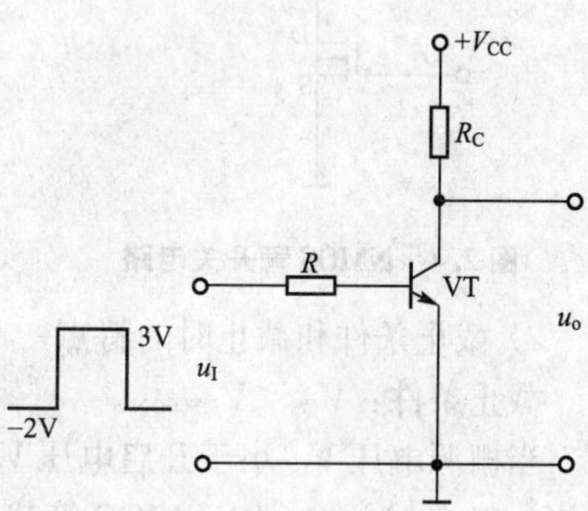

图 2.3 三极管开关电路

1. 静态特性

1) 饱和条件及导通特性

三极管基极电流 i_B 大于临界饱和电流 I_{BS} 时，三极管饱和，c、e 两极之间电流较大、压降较小(等于饱和压降 U_{CES})，近似看作具有 U_{CES}(Si 管 0.3V、Ge 管 0.1V)压降的闭合开关。

2) 截止条件及截止特性

基极-射极间电压 $U_{BE}<U_{on}$(开启电压，Si 管 0.5V、Ge 管 0.1V)时，三极管截止，此时 $i_B=0$、$i_C=0$，相当于断开的开关。

2. 动态特性

三极管结电容的存在，使得三极管开关要经过一定时间的延迟才能达到开通或关断。

其中，开通时间 $t_{on}=t_d+t_r$(导通延迟时间 t_d、上升时间 t_r)，关断时间 $t_{off}=t_s+t_f$(存储时间 t_s、下降时间 t_f)。关断时间在几～几十纳秒，而开通时间比关断时间要短。

2.2.4 MOS 管的开关特性

在数字电路中，是把 MOS 管的漏极 D 和源极 S 作为开关的两端接在电路里，开关的通、断受栅极 G 的电压控制。MOS 管也有 3 个工作区：截止区、非饱和区(也称可变电阻区)、饱和区(也称恒流区)。MOS 管作为开关使用时，通常是工作在截止区和非饱和区。在数字电路中，用得最多的是 N 沟道增强型 MOS 元件。由于 P 沟道增强型 MOS 管和 N 沟道增强型 MOS 管在结构上是对称的，两者工作原理和特点也无本质区别，只是在 PMOS 中，栅源电压 V_{GS}、漏源电压 V_{DS}、开启电压 $V_{GS(th)P}$ 均为负值。下面以 N 沟道增强型 MOS 管为例，说明 MOS 管的开关特性及工作特点。图 2.4 为由 NMOS 管组成的开关电路。

1. 静态特性

1) 导通条件和导通时的特点

导通条件：$V_{GS} > V_{GS(th)N}$。

当栅源电压 V_{GS} 大于开启电压 $V_{GS(th)N}$ 时，MOS 管导通。在数字电路中，MOS 管导通时，一般都工作于非饱和区(必须 $V_{GS} > V_{GS(th)N} + V_{DS}$)，导通电阻 R_{DS} 都为几百欧姆。图 2.5(a)为 NMOS 管导通时的等效电路，由图可知，当 MOS 管工作在导通区时，如果 $R_{DS} \ll R_D$，则 $V_{DS} \approx 0$，这就是开关导通时的特点。

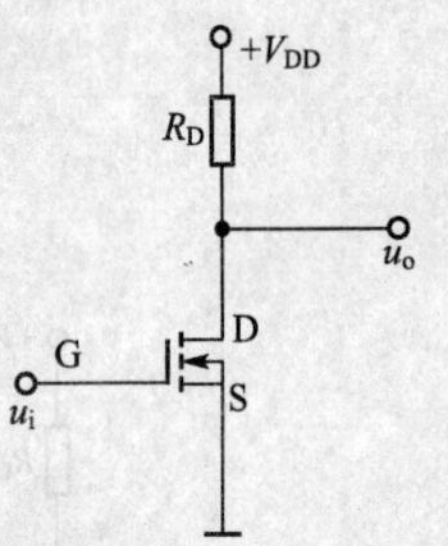

图 2.4　NMOS 管开关电路

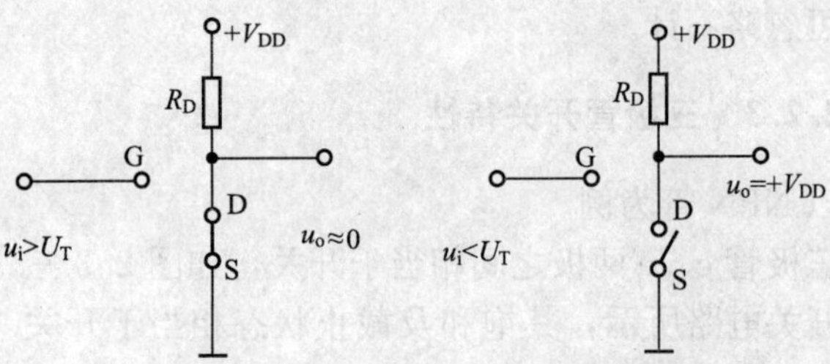

(a) 导通状态　(b) 截止状态

图 2.5　NMOS 管开关近似直流等效电路

2) 截止条件和截止时的特点

截止条件：$V_{GS} < V_{GS(th)N}$。

当栅源电压 V_{GS} 小于开启电压 $V_{GS(th)N}$ 时，漏源之间没有形成导电沟道，呈高阻状态，阻值一般为 $10^9 \sim 10^{10}\Omega$，MOS 管截止。此时的等效电路如图 2.5(b)所示。由图可知，截止时 $I_{DS} \approx 0$，$V_{DS} \approx V_{DD}$，如同断开了的开关，这就是开关截止时的特点。

2. 动态特性

双极型三极管由于饱和时有超量存储电荷存在，所以使其开关时间变长；而 MOS 管是单极型器件，它只有一种截流子参与导电，没有超量存储电荷存在，也不存在存储时间，因而 MOS 管本身固有的开关时间是很小的，它与由寄生电容造成的影响相比，完全可以忽略。

布线电容和管子极间电容等寄生电容构成了 MOS 管的输入和输出电容。虽然这些电容很小，但是由于 MOS 管输入电阻很高，导通电阻达几百欧 [姆]，负载的等效电阻也很大，因而输入、输出电容的充放电时间常数较大。因此 MOS 管开关电路的开关时间，主要取决于输入和输出电路的充、放电时间。和双极型三极管开关相比，MOS 管开关的开关时间要长一些。

2.3 逻辑门电路

2.3.1 基本逻辑门

能够实现逻辑运算的电路称为逻辑门电路。在用电路实现逻辑运算时，用输入端的电压或电平表示自变量，用输出端的电压或电平表示因变量。

1. 二极管与门电路

二极管与门的电路及逻辑符号如图 2.6 所示。

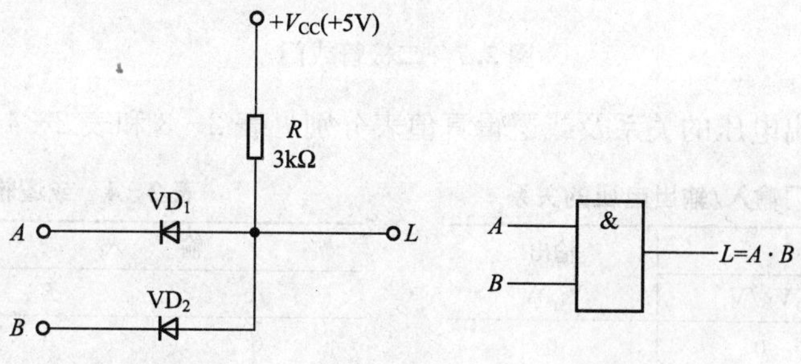

(a) 电路　　(b) 逻辑符号

图 2.6 二极管与门

(1) $V_A=V_B=0V$。此时二极管 VD_1 和 VD_2 都导通，由于二极管正向导通时的钳位作用，$V_L\approx 0V$。

(2) $V_A=0V$，$V_B=5V$。此时二极管 VD_1 导通，由于钳位作用，$V_L\approx 0V$，VD_2 受反向电压而截止。

(3) $V_A=5V$，$V_B=0V$。此时 VD_2 导通，$V_L\approx 0V$，VD_1 受反向电压而截止。

(4) $V_A=V_B=5V$。此时二极管 VD_1 和 VD_2 都截止，$V_L=V_{CC}=5V$。

把上述分析结果归纳起来列入表 2 - 1 中，如果采用正逻辑体制，很容易看出它实现逻辑运算

$$L=A\cdot B$$

相应真值表见表 2 - 2。

表 2 - 1 与门输入/输出电压的关系

输　入		输出
V_A/V	V_B/V	V_L/V
0	0	0
0	5	0
5	0	0
5	5	5

表 2 - 2 与逻辑真值表

输　入		输出
A	B	L
0	0	0
0	1	0
1	0	0
1	1	1

增加一个输入端和一个二极管，就可变成三输入端与门。按此办法可构成更多输入端的与门。

2. 二极管或门电路

二极管或门的电路及逻辑符号如图 2.7 所示。

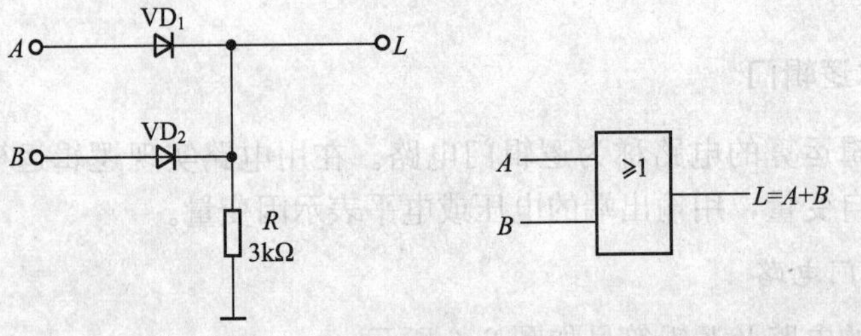

(a) 电路　　(b) 逻辑符号

图 2.7　二极管或门

或门输入/输出电压的关系及或逻辑真值表分别见表 2－3 和表 2－4。

表 2－3　或门输入/输出电压的关系

输　入		输出
V_A/V	V_B/V	V_L/V
0	0	0
0	5	5
5	0	5
5	5	5

表 2－4　或逻辑真值表

输　入		输出
A	B	L
0	0	0
0	1	1
1	0	1
1	1	1

可见，它实现逻辑运算

$$L=A+B$$

同样，可用增加输入端和二极管的方法，构成更多输入端的或门。

3. 三极管非门电路

图 2.8(a)是由三极管组成的非门电路，非门又称反相器。三极管的开关特性已在 2.2 节中作过详细讨论，这里重点分析它的逻辑关系。仍设输入信号为＋5V 或 0V。此电路只有以下两种工作情况。

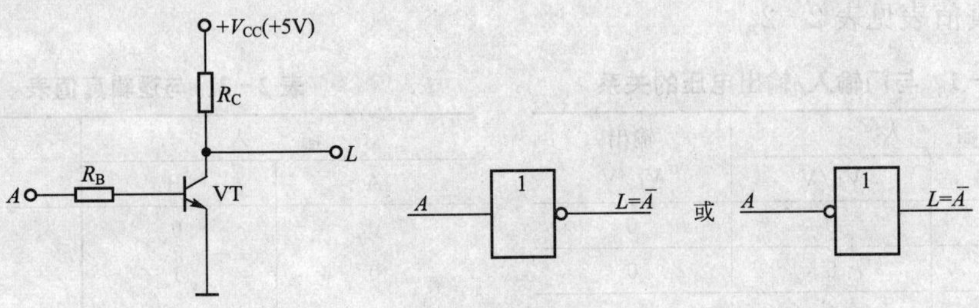

(a) 电路　　(b) 逻辑符号

图 2.8　三极管非门

(1) $V_A=0V$。此时三极管的发射结电压小于死区电压，满足截止条件，所以管子截止，$V_L=V_{CC}=5V$。

(2) $V_A=5V$。此时三极管的发射结正偏，管子导通，只要合理选择电路参数，使其满足饱和条件 $I_B>I_{BS}$，则管子工作于饱和状态，有 $V_L=V_{CES}\approx 0V(0.3V)$。

把上述分析结果列入表 2-5 中，此电路不管采用正逻辑体制还是负逻辑体制，都满足非运算的逻辑关系

$$L=\overline{A}$$

非逻辑真值表见表 2-6。

表 2-5　非门输入/输出电压的关系

输入 V_A/V	输出 V_L/V
0	5
5	0

表 2-6　非逻辑真值表

输　入　A	输　出　L
0	1
1	0

2.3.2　复合逻辑门

1. 与非门

一种与-非逻辑门电路，只要有一个输入是低电平，输出就是高电平。

与非门的逻辑符号如图 2.9(a)所示，对与非门符号的研究可知，与符号表示两个输入先进行与运算，而水泡符号表示对与运算的结果求反后再输出。因此，与非门的输出正好是与门输出的逆或补，这一点可以从图 2.9(b)所示的 2 输入与非门的真值表中看出。如果将“与非门”真值表与“与门”真值表进行比较，可以看出它们之间的唯一区别是输出被倒置了。

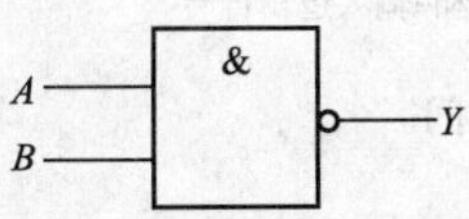

(a) 逻辑符号

A	B	Y
0	0	1
0	1	1
1	0	1
1	1	0

(b) 真值表

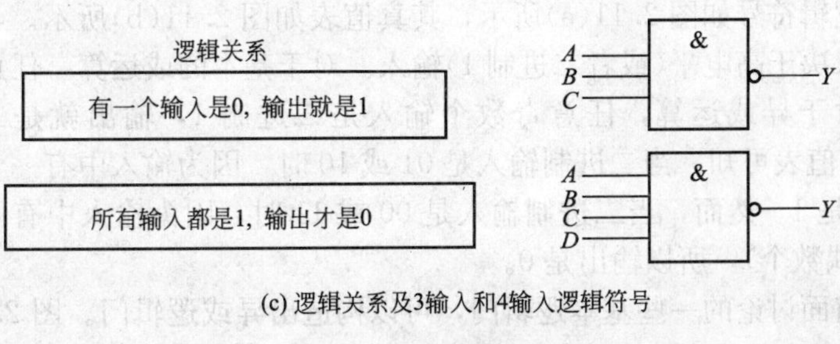

(c) 逻辑关系及3输入和4输入逻辑符号

图 2.9　与非门

与门：有一个输入是0，输出就是0；只有当两个输入都是1时，输出才是1。

与非门：有一个输入是0，输出就是1；只有当两个输入都是1时，输出才是0。

图2.9(c)给出了与非门的逻辑关系，以及3输入和4输出与非门的基本表示符号。

2. 或非门

一种或-非逻辑门电路，只要有一个输入是高电平，输出就是低电平。

或非门的逻辑符号如图2.10(a)所示，对或非门符号的研究可知，与符号表示两个输入先进行或运算，而水泡符号表示对或运算的结果求反后再输出。因此，或非门的输出正好是或门输出的逆或补，这一点可以从图2.10(b)所示的2输入或非门的真值表中看出。如果将“或非门”真值表与“或门”真值表进行比较，可以看出它们之间的唯一区别是输出被倒置了。

或门：只有当两个输入都是0时，输出才是0；当有一个输入是1时，输出才是1。

或非门：有一个输入是1时，输出是0；只有当两个输入都是0时，输出才是1。

图2.10(c)给出了或非门的逻辑关系，以及3输入和4输出或非门的基本表示符号。

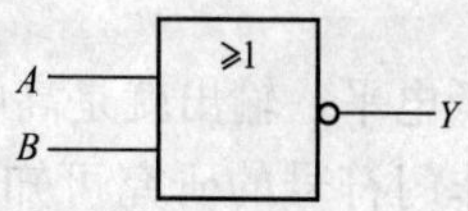

(a) 逻辑符号

A	B	Y
0	0	1
0	1	0
1	0	0
1	1	0

(b) 真值表

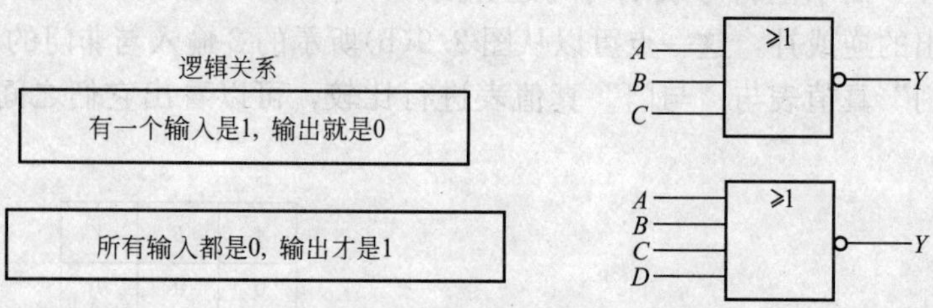

(c) 逻辑关系及3输入和4输入逻辑符号

图2.10 或非门

3. 异或门

异或门的逻辑符号如图2.11(a)所示，其真值表如图2.11(b)所示。与基本的或门一样，异或运算取决于高电平(或者二进制1)输入。对于基本的或运算，任意一个输入是1，输出就是1。对于异或运算，任意奇数个输入是二进制1，输出就是二进制1。分析图2.11(b)中真值表可知，当二进制输入是01或10时，因为输入中有一个二进制1(奇数个)，所以输出是1。然而，当二进制输入是00或11时，因为输入中有两个二进制0或两个二进制1(偶数个)，所以输出是0。

通过组合前面讨论的一些基本逻辑门，可以构造出异或逻辑门。图2.11(c)表示通过连接2个非门、2个与门和1个或门可以构成一个异或门。如果输入A和B都是高电平或低电平(偶数个输入)，则两个与门的输入中有一个是低电平，使或门的两个输入都是低电平，因此，最终的输出是低电平。另一方面，如果 A 是高电平、B 是低电平，或者 A 是低电平、B 是高电平(奇数个输入)，则其中一个与门的两个输入都是高电平，使或门的一个输入是高电平，因此，最终的输出是高电平。异或门的运算规则总结如下：只有奇数个输入是高电平时，输出才是高电平。

图 2.11(d)列出了异或门的逻辑关系，图 2.11(e)说明了如何用 2 输入异或门构造具有两个以上输入的异或门。

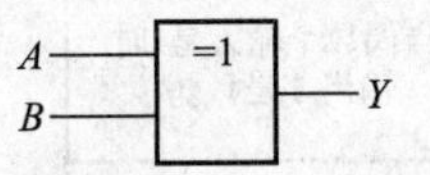

(a) 异或门的逻辑符号

	A	B	Y
偶数	0	0	0
奇数	0	1	1
奇数	1	0	1
偶数	1	1	0

(b) 异或门真值表

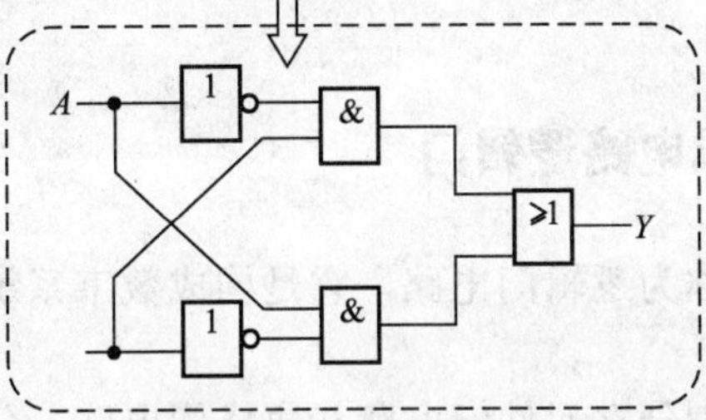

(c) 基本的异或门电路

逻辑关系

奇数个输入是1，输出就是1

(d) 逻辑关系

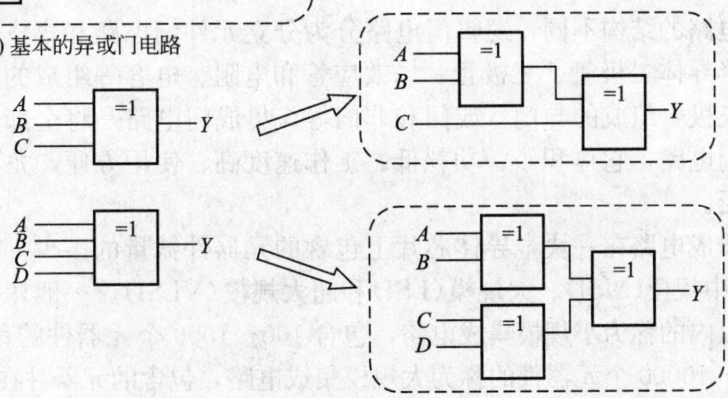

(e) 3输入和4输入异或门

图 2.11 异或门

4. 同或门

一种非-异或门，偶数个输入是高电平时，输出才是高电平。

同或门只是在异或门后面加上一个非门，如图 2.12(a)所示。图 2.12(b)给出了同或门的逻辑符号，除了输出端有一个水泡外与异或门的逻辑表示符号相同，输出端的水泡表示异或运算的结果取反之后再输出。同与非门和或非门一样，同或门也不是一种新门，而只是前面讨论的异或门的反相输出。同或门的真值表如图 2.12(c)所示。比较异或门与同或门可知：只有奇数个输入是高电平时，异或门的输出才是高电平；而对于同或门，只有偶数个输入是高电平或低电平时，输出才是高电平。同或门的逻辑关系如图 2.12(d)所示。

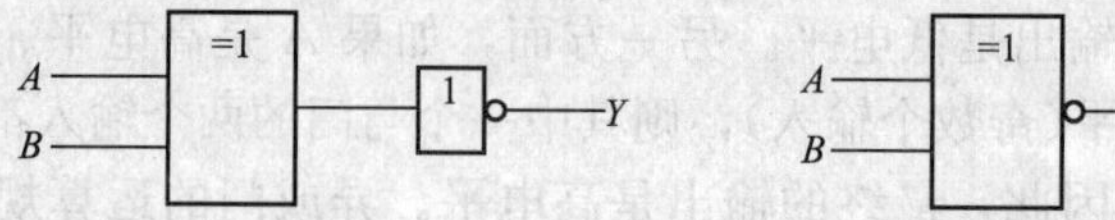

(a) 电路　　(b) 逻辑符号

A	B	Y
0	0	1
0	1	0
1	0	0
1	1	1

(c) 真值表

逻辑关系

只有当偶数个输入是1时，输出才是1

(d) 逻辑关系

图 2.12　同或门

2.4　集成电路逻辑门

能够实现各种逻辑运算的单元电路统称为逻辑门电路，它是构成数字系统的最基本的单元电路。

按照电路的结构不同，逻辑门电路分为分立元件门电路和集成门电路。分立元件门电路是由半导体二极管、三极管、场效应管和电阻、电容等组成的门电路，如由半导体二极管、三极管组成的与门、或门和非门等。集成门电路是将全部元器件制作在同一块硅片上的门电路，它体积小、功耗低、工作速度高、使用方便，尤其在数字系统中，使用非常广泛。

根据集成电路在一块半导体芯片上包含的元器件数量的多少，把集成电路分为小规模(SSI)、中规模(MSI)、大规模(LSI)和超大规模(VLSI)。一般认为，包含的元器件数在 100 个以内的称为小规模集成电路，包含 100～1000 个元器件的称为中规模集成电路，包含 1000～10000 个元器件的称为大规模集成电路，包含的元器件在 10000 个以上的称为超大规模集成电路。

集成门电路按内部有源器件的不同分为两大类：一类是双极型晶体管集成电路，主要有三极管-三极管逻辑(TTL)、射极耦合逻辑(ECL)和集成注入逻辑 IIL 电路等几种类型；另一类是单极型 MOS 集成电路，包括 NMOS、PMOS 和 CMOS 等几种类型。常用的是 TTL 和 CMOS 集成电路。

2.4.1　TTL 逻辑门电路

TTL 电路问世几十年来，经过电路结构的不断改进和集成工艺的逐步完善，至今仍被广泛应用，几乎占据着数字集成电路领域的半壁江山。

1. TTL 与非门的基本结构及工作原理

1) TTL 与非门的基本结构

以 DTL(Diodo - Transistor Logic，二极管-三极管逻辑)与非门电路为基础，根据提高电路功能的需要，从以下几个方面加以改进，从而引出TTL与非门的电路结构。TTL与非门电路如图2.13所示。

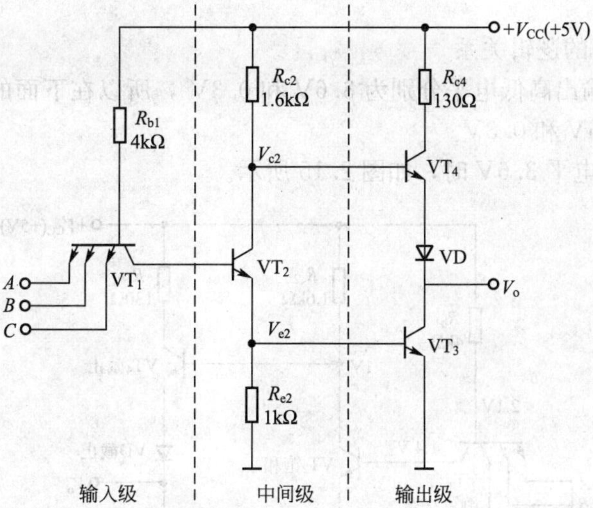

图2.13 TTL与非门电路

① 首先考虑输入级，DTL是用二极管与门做输入级，速度较低。如图2.14(a)所示。仔细分析可以发现电路中的VD_1、VD_2、VD_3、VD_4的P区是相连的，可用集成工艺将它们做成一个多发射极三极管，如图2.14（b）所示。这样它既是4个PN结，不改变原来的逻辑关系，又具有三极管的特性。一旦满足了放大的外部条件，它就具有放大作用，为迅速消散VT_2饱和时的超量存储电荷提供足够大的反向基极电流，从而大大提高了关闭速度。详细情况后面再讲。

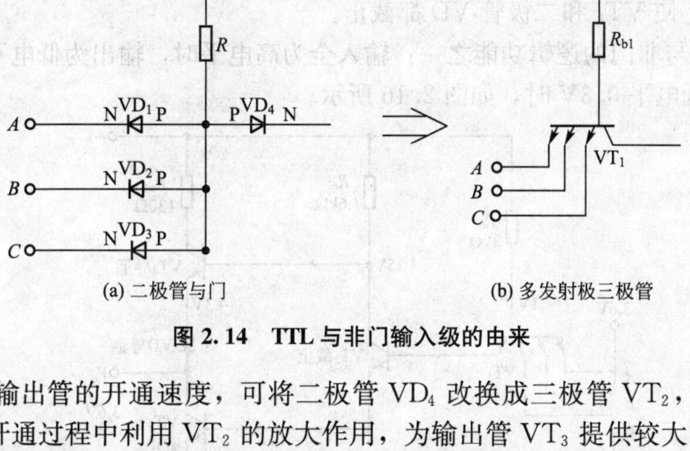

图2.14 TTL与非门输入级的由来

② 为提高输出管的开通速度，可将二极管VD_4改换成三极管VT_2，逻辑关系不变。同时在电路的开通过程中利用VT_2的放大作用，为输出管VT_3提供较大的基极电流，加速了输出管的导通。另外VT_2和电阻R_{c2}、R_{e2}组成的放大器有两个反相的输出端V_{c2}和V_{e2}，以产生两个互补的信号去驱动VT_3、VT_4组成的推拉式输出级。

③ 再分析输出级。输出级应有较强的负载能力，为此将三极管的集电极负载电阻R_c

换成由三极管 VT_4、二极管 VD 和 R_{c4} 组成的有源负载。由于 VT_3 和 VT_4 受两个互补信号 V_{e2} 和 V_{c2} 的驱动，所以在稳态时，它们总是一个导通，另一个截止，这种结构，称为推拉式输出级。

2）TTL 与非门的逻辑关系

因为该电路的输出高低电平分别为 3.6V 和 0.3V，所以在下面的分析中假设输入高低电平也分别为 3.6V 和 0.3V。

① 输入全为高电平 3.6V 时，如图 2.15 所示。

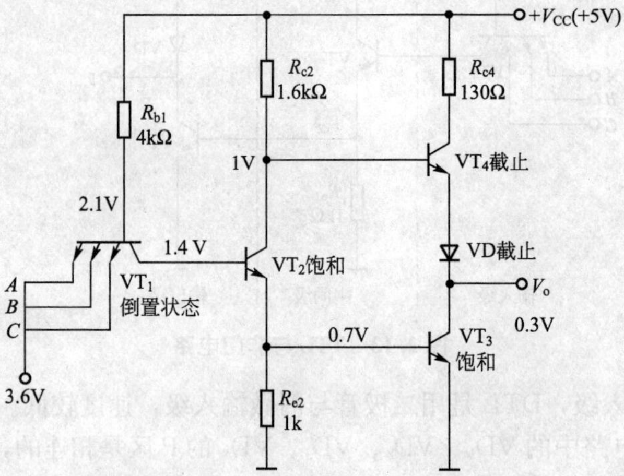

图 2.15　输入全为高电平时的工作情况

VT_2、VT_3 导通，$V_{B1}=0.7\times3=2.1(V)$，从而使 VT_1 的发射结因反偏而截止。此时 VT_1 的发射结反偏，而集电结正偏，称为倒置放大工作状态。

由于 VT_3 饱和导通，输出电压为：$V_0=V_{CES3}\approx0.3V$

这时 $V_{E2}=V_{B3}=0.7V$，而 $V_{CE2}=0.3V$，故有 $V_{C2}=V_{E2}+V_{CE2}=1V$。1V 的电压作用于 VT_4 的基极，使 VT_4 和二极管 VD 都截止。

可见实现了与非门的逻辑功能之一：输入全为高电平时，输出为低电平。

② 输入有低电平 0.3V 时，如图 2.16 所示。

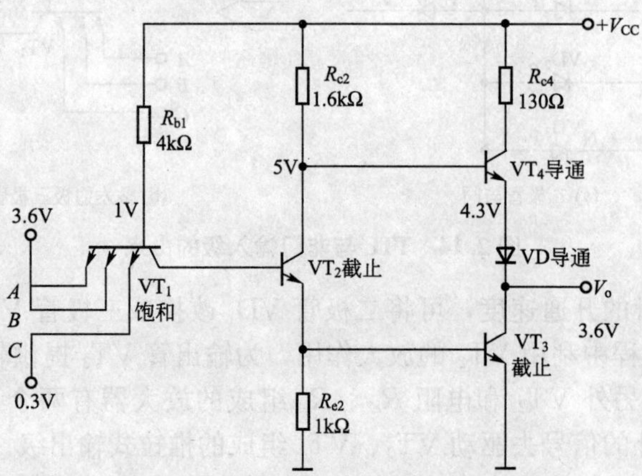

图 2.16　输入有低电平时的工作情况

低电平对应的发射结导通，VT_1 的基极电位被钳位到 $V_{B1}=1V$。VT_2、VT_3 都截止。由于 VT_2 截止，流过 R_{c2} 的电流仅为 VT_4 的基极电流，这个电流较小，在 R_{c2} 上产生的压降也较小，可以忽略，所以 $V_{B4}\approx V_{CC}=5V$，使 VT_4 和 VD 导通，则有：

$$V_0\approx V_{CC}-V_{BE4}-V_D=5-0.7-0.7=3.6(V)$$

可见实现了与非门的逻辑功能的另一方面：输入有低电平时，输出为高电平。

综合上述两种情况，该电路满足与非的逻辑功能，是一个与非门。

2. TTL 与非门的开关速度

1) TTL 与非门提高工作速度的原理

采用多发射极三极管加快了存储电荷的消散过程，如图 2.17 所示设电路原来输出低电平，当电路的某一输入端突然由高电平变为低电平，VT_1 的一个发射结导通，V_{B1} 变为 1V。由于 VT_2、VT_3 原来是饱和的，基区中的超量存储电荷还来不及消散，V_{B2} 仍维持 1.4V。在这个瞬间，VT_1 为发射结正偏，集电结反偏，工作于放大状态，其基极电流 $i_{B1}=(V_{CC}-V_{B1})/R_{b1}$，集电极电流 $i_{C1}=\beta_1 i_{B1}$。这个 i_{C1} 正好是 VT_2 的反向基极电流 i_{B2}，可将 VT_2 的存储电荷迅速拉走，促使 VT_2 管迅速截止。VT_2 管迅速截止又使 VT_4 管迅速导通，而使 VT_3 管的集电极电流加大，使 VT_3 的超量存储电荷从集电极消散而达到截止。

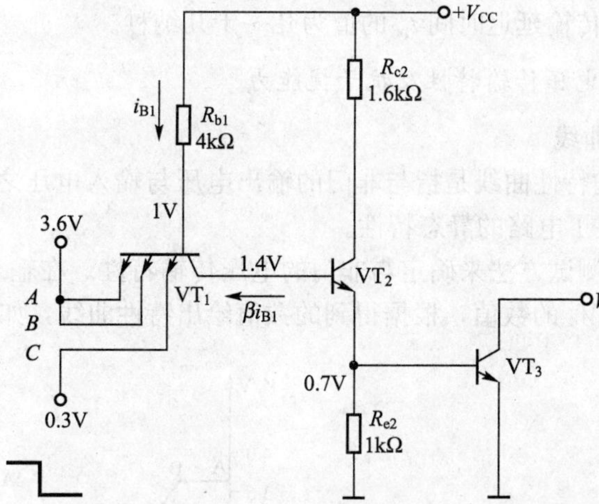

图 2.17 多发射极三极管消散 VT_2 存储电荷的过程

采用推拉式输出级，输出阻抗比较小，可迅速给负载电容充放电，如图 2.18 所示。

2) TTL 与非门传输延迟时间 t_{pd}

当与非门输入一个脉冲波形时，其输出波形有一定的延迟，如图 2.19 所示。定义了以下两个延迟时间。

导通延迟时间 t_{PHL}——从输入波形上升沿的中点到输出波形下降沿的中点所经历的时间。

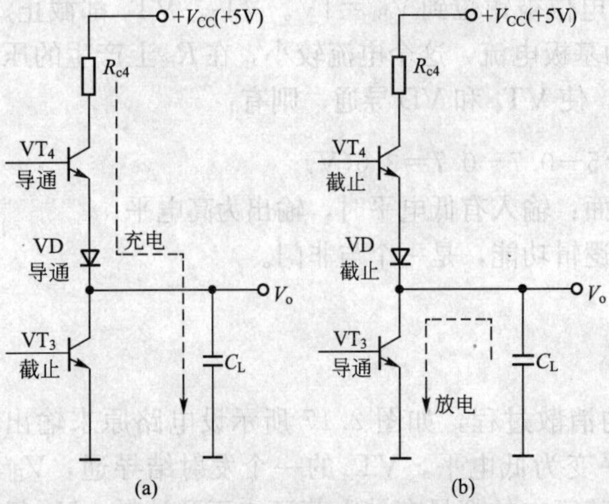

图 2.18 推拉式输出级电容充放电

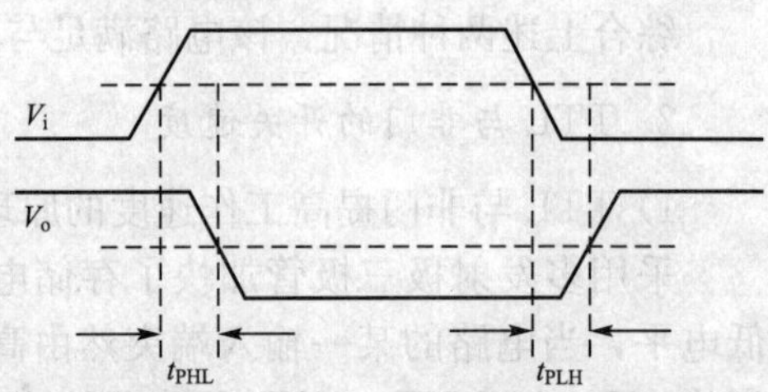

图 2.19 TTL 与非门的传输时间

截止延迟时间 t_{PLH}——从输入波形下降沿的中点到输出波形上升沿的中点所经历的时间。

与非门的传输延迟时间 t_{pd}是 t_{PHL}和 t_{PLH}的平均值。即

$$t_{pd}=\frac{t_{PLH}+t_{PHL}}{2}$$

一般 TTL 与非门传输延迟时间 t_{pd}的值为几～十几纳秒。

3. TTL 与非门的电压传输特性及抗干扰能力

1）电压传输特性曲线

与非门的电压传输特性曲线是指与非门的输出电压与输入电压之间的对应关系曲线，即 $V_o=f(V_i)$，它反映了电路的静态特性。

可以用图 2.20 的测试方法来确定与非门的电压传输特性。在输入端和输出端分别加一电压表用来测 V_i 和 V_o 的数值，根据得到的数值绘出特性曲线，如图 2.21 所示。

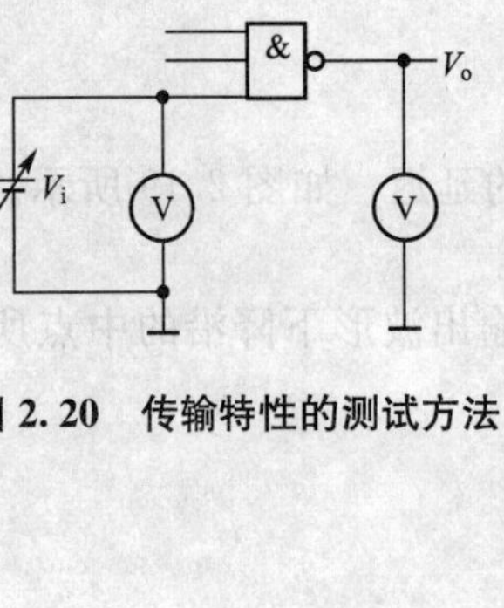

图 2.20 传输特性的测试方法

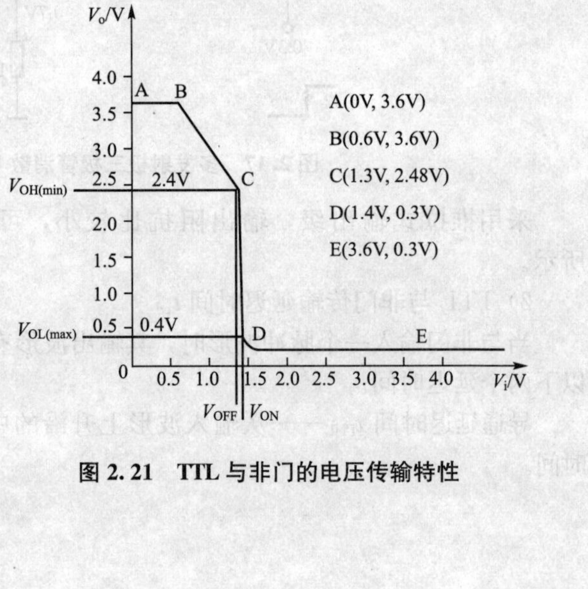

图 2.21 TTL 与非门的电压传输特性

① AB段(截止区)。

② BC段(线性区)。

③ CD段(过渡区)。

④ DE段(饱和区)。

2) 几个重要参数

从TTL与非门的电压传输特性曲线上，可以定义几个重要的电路指标。

① 输出高电平电压V_{OH}——V_{OH}的理论值为3.6V，产品规定输出高电压的最小值$V_{OH(min)}=2.4V$，即大于2.4V的输出电压就可称为输出高电压V_{OH}。

② 输出低电平电压V_{OL}——V_{OL}的理论值为0.3V，产品规定输出低电压的最大值$V_{OL(max)}=0.4V$，即小于0.4V的输出电压就可称为输出低电压V_{OL}。

由上述规定可以看出，TTL门电路的输出高低电压都不是一个值，而是一个范围。

③ 关门电平电压V_{OFF}——是指输出电压下降到$V_{OH(min)}$时对应的输入电压。显然只要$V_i<V_{OFF}$，V_o就是高电压，所以V_{OFF}就是输入低电压的最大值，在产品手册中常称为输入低电平电压，用$V_{IL(max)}$表示。从电压传输特性曲线上看$V_{IL(max)}(V_{OFF})\approx1.3V$，产品规定$V_{IL(max)}=0.8V$。

④ 开门电平电压V_{ON}——是指输出电压下降到$V_{OL(max)}$时对应的输入电压。显然只要$V_i>V_{ON}$，V_o就是低电压，所以V_{ON}就是输入高电压的最小值，在产品手册中常称为输入高电平电压，用$V_{IH(min)}$表示。从电压传输特性曲线上看$V_{IH(min)}(V_{ON})$略大于1.3V，产品规定$V_{IH(min)}=2V$。

⑤ 阈值电压V_{th}——决定电路截止和导通的分界线，也是决定输出高、低电压的分界线。从电压传输特性曲线上看，V_{th}的值界于V_{OFF}与V_{ON}之间，而V_{OFF}与V_{ON}的实际值又差别不大，所以，近似为$V_{th}\approx V_{OFF}\approx V_{ON}$。$V_{th}$是一个很重要的参数，在近似分析和估算时，常把它作为决定与非门工作状态的关键值，即$V_i<V_{th}$，与非门开门，输出低电平；$V_i>V_{th}$，与非门关门，输出高电平。V_{th}又常被形象化地称为门槛电压。V_{th}的值为1.3～1.4V。

3) 抗干扰能力

TTL门电路的输出高低电平不是一个值，而是一个范围，如图2.22所示。同样，它的输入高低电平也有一个范围，即它的输入信号允许一定的容差，称为噪声容限，如图2.23所示。

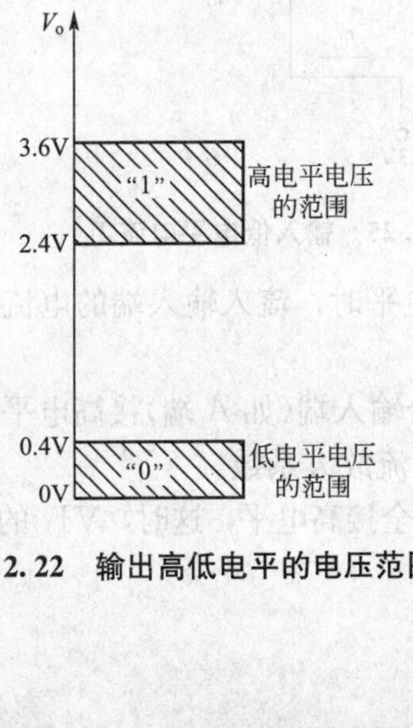

图2.22 输出高低电平的电压范围

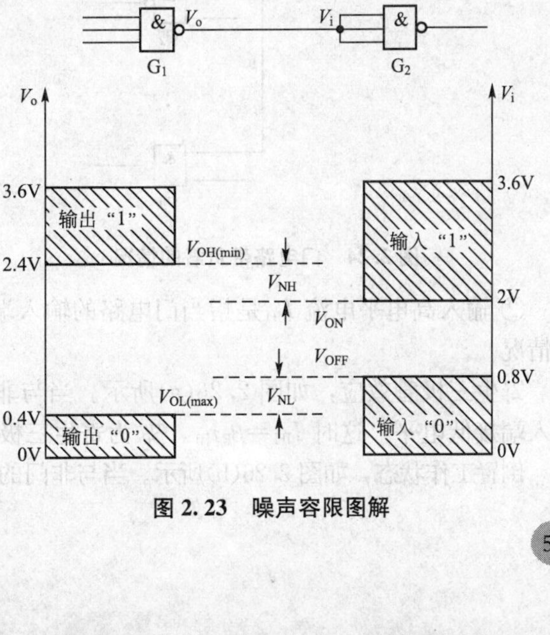

图2.23 噪声容限图解

在图 2.23 中，若前一个门 G_1 输出为低电压，则后一个门 G_2 输入也为低电压。如果由于某种干扰，使 G_2 的输入低电压高于输出低电压的最大值 $V_{OL(max)}$，从电压传输特性曲线上看，只要这个值不大于 V_{OFF}，G_2 的输出电压仍大于 $V_{OH(min)}$，即逻辑关系仍是正确的。因此在输入低电压时，把关门电压 V_{OFF} 与 $V_{OL(max)}$ 之差称为低电平噪声容限，用 V_{NL} 来表示，即

低电平噪声容限 $$V_{NL}=V_{OFF}-V_{OL(max)}=0.8-0.4=0.4(V)$$

若前一个门 G_1 输出为高电压，则后一个门 G_2 输入也为高电压。如果由于某种干扰，使 G_2 的输入低电压低于输出高电压的最小值 $V_{OH(min)}$，从电压传输特性曲线上看，只要这个值不小于 V_{ON}，G_2 的输出电压仍小于 $V_{OL(max)}$，逻辑关系仍是正确的。因此在输入高电压时，把 $V_{OH(min)}$ 与开门电压 V_{ON} 与之差称为高电平噪声容限，用 V_{NH} 来表示，即

高电平噪声容限 $$V_{NH}=V_{OH(min)}-V_{ON}=2.4-2.0=0.4(V)$$

噪声容限表示门电路的抗干扰能力。显然，噪声容限越大，电路的抗干扰能力越强。通过这一段的讨论，也可看出二值数字逻辑中的“0”和“1”都是允许有一定的容差的，这也是数字电路的一个突出的特点。

4. TTL 与非门的带负载能力

在数字系统中，门电路的输出端一般都要与其他门电路的输入端相连，称为带负载。门电路带负载情况如图 2.24 所示。一个门电路最多允许带几个同类的负载门，就是这一部分要讨论的问题。

1) 输入低电平电流 I_{IL} 与输入高电平电流 I_{IH}

这是两个与带负载能力有关的电路参数。

① 输入低电平电流 I_{IL} 是指当门电路的输入端接低电平时，从门电路输入端流出的电流，如图 2.25 所示。可以算出 $I_{IL}=\frac{V_{CC}-V_{B1}}{R_{b1}}=\frac{5-1}{4}=1(mA)$，产品规定 $I_{IL}<1.6mA$。

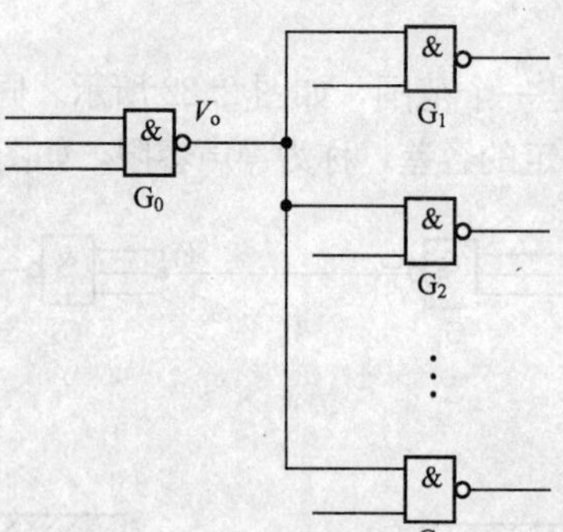

图 2.24　门电路带负载的情况

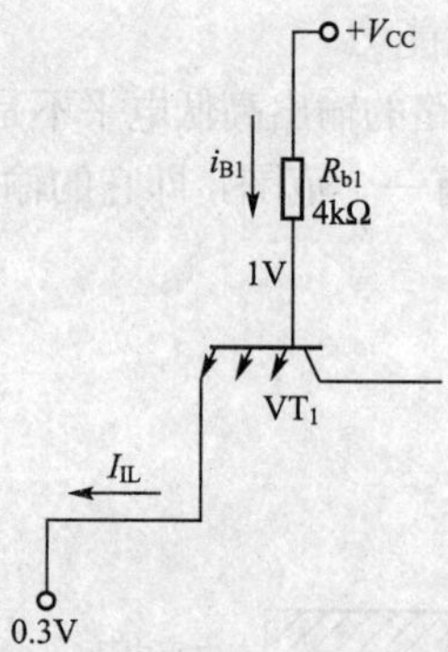

图 2.25　输入低电平电流 I_{IL}

② 输入高电平电流 I_{IH} 是指当门电路的输入端接高电平时，流入输入端的电流。有两种情况。

寄生三极管效应，如图 2.26(a)所示。当与非门一个输入端(如 A 端)接高电平，其他输入端接低电平，这时 $I_{IH}=\beta_P i_{B1}$，β_P 为寄生三极管的电流放大系数。

倒置工作状态，如图 2.26(b)所示。当与非门的输入端全接高电平，这时，VT_1 的发射结

反偏，集电结正偏，工作于倒置的放大状态。这时 $I_{IH}=\beta_i i_{B1}$，β_i 为倒置放大的电流放大系数。

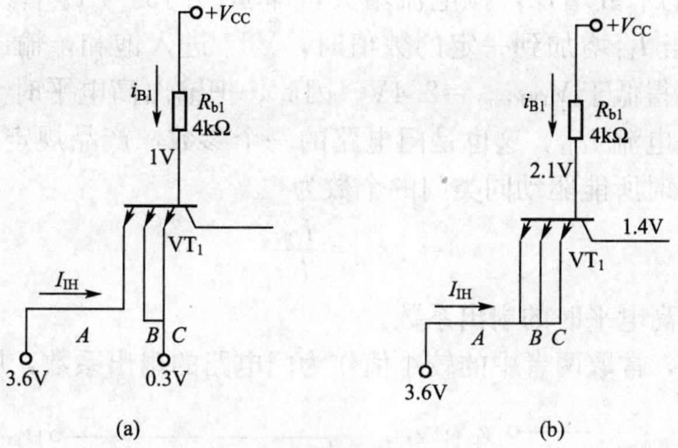

图 2.26　输入高电平电流 I_{IH}

由于 β_p 和 β_i 的值都远小于 1，所以 I_{IH}的数值比较小，产品规定 $I_{IH}<40\mu A$。

2）带负载能力

① 灌电流负载，如图 2.27 所示。当驱动门输出低电平时，驱动门的 VT_4、VD 截止，VT_3 导通。这时有电流从负载门的输入端灌入驱动门的 VT_3 管，“灌电流”由此得名。灌电流的来源是负载门的输入低电平电流 I_{IL}。很显然，负载门的个数增加，灌电流增大，即驱动门的 VT_3 管集电极电流 I_{C3}增加。当 $I_{C3}>\beta I_{B3}$时，VT_3 脱离饱和，输出低电平升高。前面提到过输出低电平不得高于 $V_{OL(max)}=0.4V$。因此，把输出低电平时允许灌入输出端的电流定义为输出低电平电流 I_{OL}，这是门电路的一个参数，产品规定 $I_{OL}=16mA$。由此可得出，输出低电平时所能驱动同类门的个数为

$$N_{OL}=\frac{I_{OL}}{I_{IL}}$$

式中，N_{OL}称为输出低电平时的扇出系数。

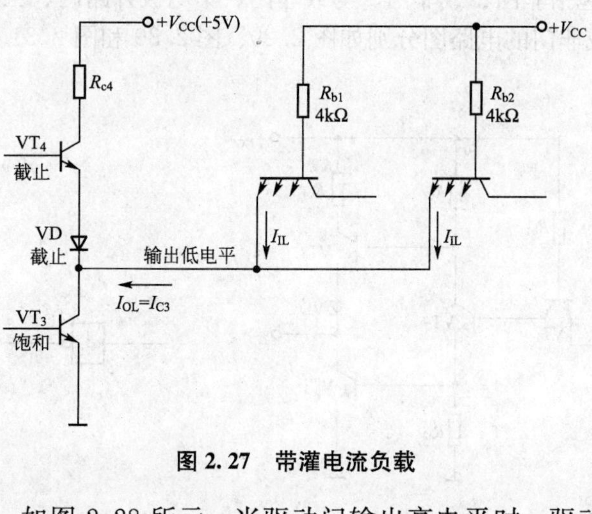

图 2.27　带灌电流负载

② 拉电流负载，如图 2.28 所示。当驱动门输出高电平时，驱动门的 VT_4、VD 导通，VT_3 截止。这时有电流从驱动门的 VT_4、VD 拉出而流至负载门的输入端，“拉电流”

由此得名。由于拉电流是驱动门 VT_4 的发射极电流 I_{E4}，同时又是负载门的输入高电平电流 I_{IH}，所以负载门的个数增加，拉电流增大，即驱动门的 VT_4 管发射极电流 I_{E4} 增加，R_{C4} 上的压降增加。当 I_{E4} 增加到一定的数值时，VT_4 进入饱和，输出高电平降低。前面提到过输出高电平不得低于 $V_{OH(min)}=2.4V$。因此，把输出高电平时允许拉出输出端的电流定义为输出高电平电流 I_{OH}，这也是门电路的一个参数，产品规定 $I_{OH}=0.4mA$。由此可得出，输出高电平时所能驱动同类门的个数为

$$N_{OH}=\frac{I_{OH}}{I_{IH}}$$

式中，N_{OH} 称为输出高电平时的扇出系数。

一般 $N_{OL}\neq N_{OH}$，常取两者中的较小值作为门电路的扇出系数，用 N_O 表示。

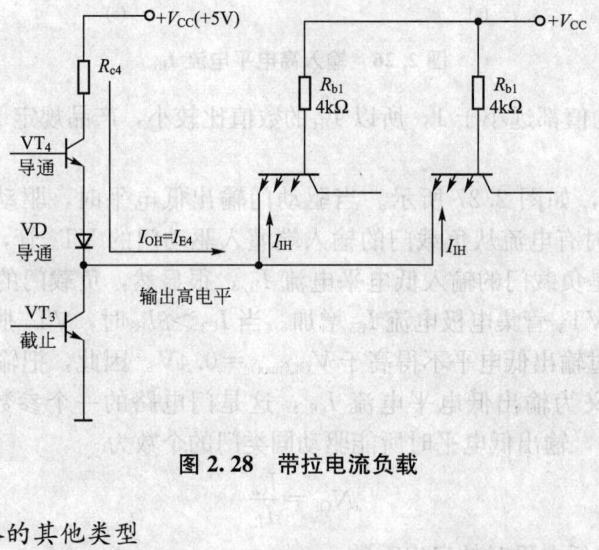

图 2.28　带拉电流负载

5. TTL 门电路的其他类型

TTL 门电路还包括非门、或非门、与或非门、集电极开路门、三态输出门等。其中，非门、或非门、与或非门的电路图分别如图 2.29、图 2.30 和图 2.31 所示。

1) 非门

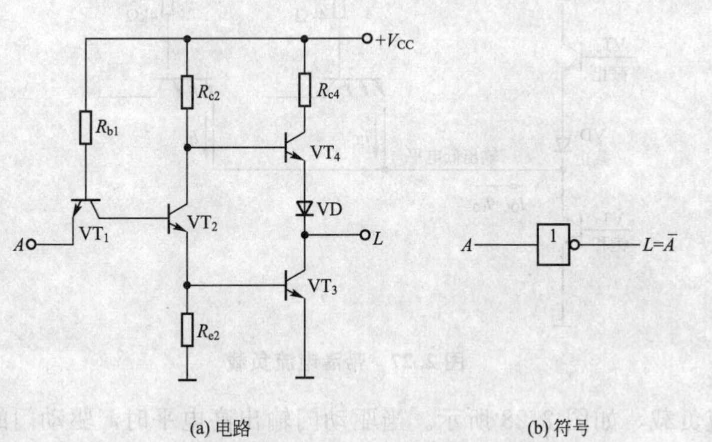

图 2.29　TTL 非门电路

2）或非门

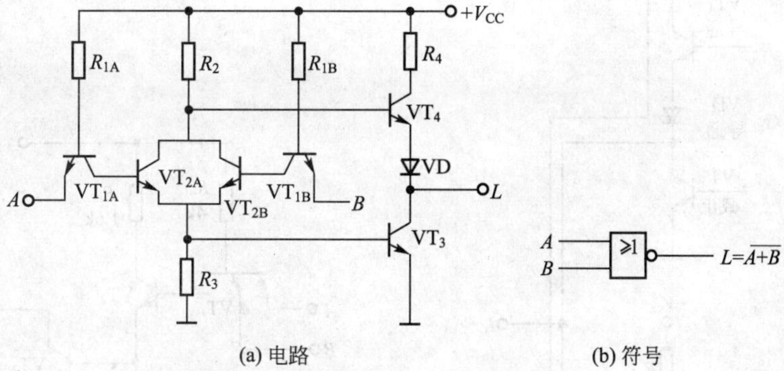

图 2.30　TTL 或非门电路

3）与或非门

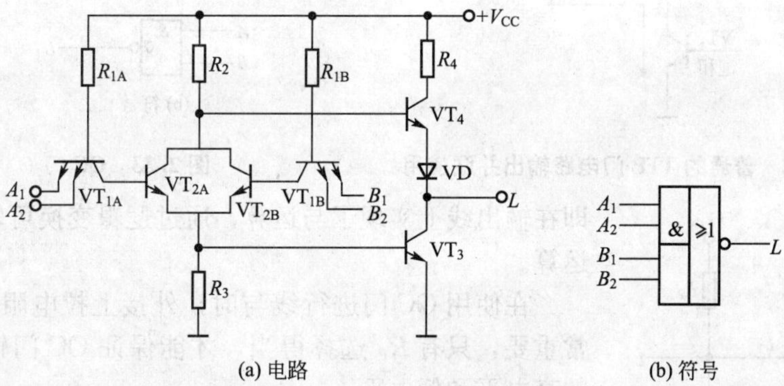

图 2.31　TTL 与或非门电路

4）集电极开路门

在工程实践中，有时需要将几个门的输出端并联使用，以实现与逻辑，称为线与。TTL 门电路的输出结构决定了它不能进行线与。

如果将 G_1、G_2 两个 TTL 与非门的输出直接连接起来，如图 2.32 所示，当 G_1 输出为高，G_2 输出为低时，从 G_1 的电源 V_{CC} 通过 G_1 的 VT_4、VD 到 G_2 的 VT_3，形成一个低阻通路，产生很大的电流，输出既不是高电平也不是低电平，逻辑功能将被破坏，还可能烧毁器件。所以普通的 TTL 门电路是不能进行线与的。

为满足实际应用中实现线与的要求，专门生产了一种可以进行线与的门电路——集电极开路门，简称 OC(Open Collector)门，其电路结构及符号如图 2.33 所示。

OC 门主要有以下几方面的应用。

① 实现线与。

2 个 OC 门实现线与时的电路如图 2.34 所示。此时的逻辑关系为

$$L=L_1\cdot L_2=\overline{AB}\cdot\overline{CD}=\overline{AB+CD}$$

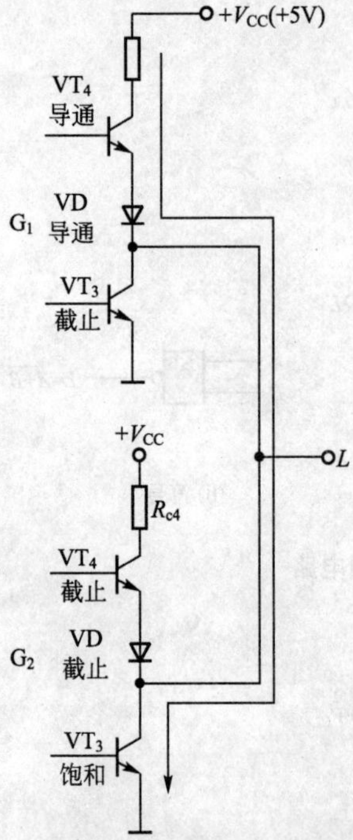

图 2.32 普通的 TTL 门电路输出并联使用

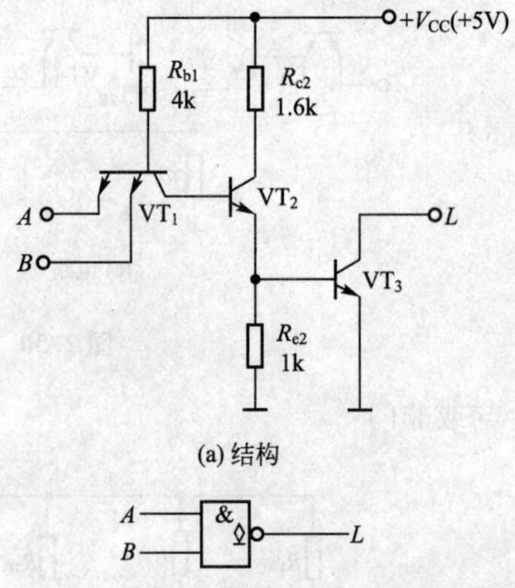

图 2.33 OC 门

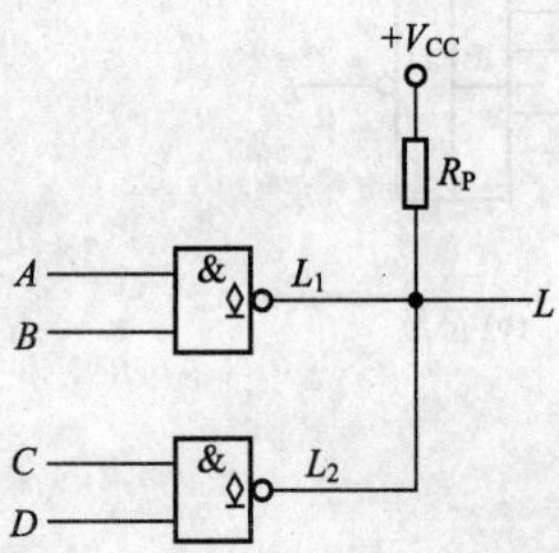

图 2.34 2 个 OC 门实现线与

即在输出线上实现了与运算，通过逻辑变换可转换为与或非运算。

在使用 OC 门进行线与时，外接上拉电阻 R_P 的选择非常重要，只有 R_P 选择得当，才能保证 OC 门输出满足要求的高电平和低电平。

假定有 n 个 OC 门的输出端并联，后面接 m 个普通的 TTL 与非门作为负载，如图 2.35 所示，则 R_P 的选择按以下两种最坏情况考虑。

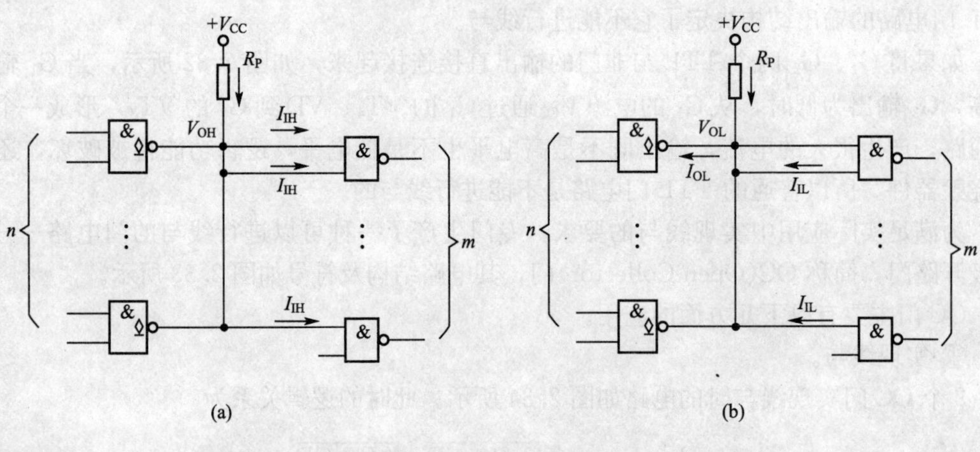

图 2.35 外接上拉电阻 R_P 的选择

当所有的 OC 门都截止时，输出 V_o 应为高电平，如图 2.35(a)所示。这时 R_P 不能太大，如果 R_P 太大，则其上压降太大，输出高电平就会太低。因此当 R_P 为最大值时要保证输出电压为 $V_{OH(min)}$，

由
$$V_{CC}-V_{OH(min)}=m'\cdot I_{IH}\cdot R_{P(max)}$$

得
$$R_{P(max)}=\frac{V_{CC}-V_{OH(min)}}{m'\cdot I_{IH}}$$

式中，$V_{OH(min)}$ 是 OC 门输出高电平的下限值，I_{IH} 是负载门的输入高电平电流，m' 是负载门输入端的个数(不是负载门的个数)。因 OC 门中的 VT_3 管都截止，可以认为没有电流流入 OC 门。

当 OC 门中至少有一个导通时，输出 V_o 应为低电平。考虑最坏情况，即只有一个 OC 门导通，如图 2.35(b)所示。这时 R_P 不能太小，如果 R_P 太小，则灌入导通的那个 OC 门的负载电流超过 $I_{OL(max)}$，就会使 OC 门的 VT_3 管脱离饱和，导致输出低电平上升。因此当 R_P 为最小值时要保证输出电压为 $V_{OL(max)}$，由

$$I_{OL(max)}=\frac{V_{CC}-V_{OL(max)}}{R_{P(min)}}+m\cdot I_{IL}$$

得
$$R_{P(min)}=\frac{V_{CC}-V_{OL(max)}}{I_{OL(max)}-m\cdot I_{IL}}$$

式中，$V_{OL(max)}$ 是 OC 门输出低电平的上限值，$I_{OL(max)}$ 是 OC 门输出低电平时的灌电流能力，I_{IL} 是负载门的输入低电平电流，m 是负载门输入端的个数。

综合以上两种情况，R_P 可由式（2.1）确定。一般，R_P 应选 1kΩ 左右的电阻。

$$R_{P(min)}<R_P<R_{P(max)} \tag{2.1}$$

② 实现电平转换。

在数字系统的接口部分(与外部设备相连接的地方)需要有电平转换时，常用 OC 门来完成。如图 2.36 所示，把上拉电阻接到 10V 电源上，这样在 OC 门输入普通的 TTL 电平，而输出高电平就可以变为 10V。

③ 用做驱动器。

可用它来驱动发光二极管、指示灯、继电器和脉冲变压器等。图 2.37 是用来驱动发光二极管的电路。

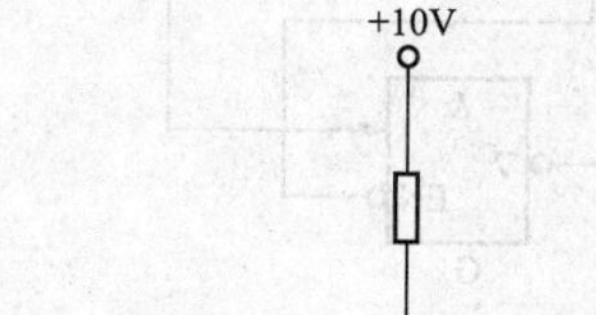

图 2.36　实现电平转换

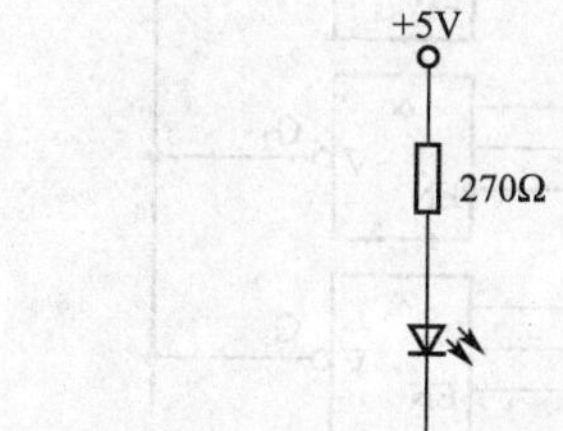

图 2.37　驱动发光二极管

5）三态输出门

① 三态输出门的结构及工作原理。

三态输出门电路图如图 2.38(a)所示

当 $EN=0$ 时，G 输出为 1，VD_1 截止，与 P 端相连的 VT_1 的发射结也截止。三态门相当于一个正常的二输入端与非门，输出 $L=\overline{AB}$，称为正常工作状态。

当 $EN=1$ 时，G 输出为 0，即 $V_P=0.3V$，这一方面使 VD_1 导通，$V_{C2}=1V$，VT_4、VD 截止；另一方面使 $V_{B1}=1V$，VT_2、VT_3 也截止。这时从输出端 L 看进去，对地和对电源都相当于开路，呈现高阻。所以称这种状态为高阻态，或禁止态。

这种 $EN=0$ 时为正常工作状态的三态门称为低电平有效的三态门，如图 2.38(b)所示。如果将图 2.38(a)中的非门 G 去掉，则使能端 $EN=1$ 时为正常工作状态，$EN=0$ 时为高阻状态，这种三态门称为高电平有效的三态门，逻辑符号如图 2.38(c)所示。

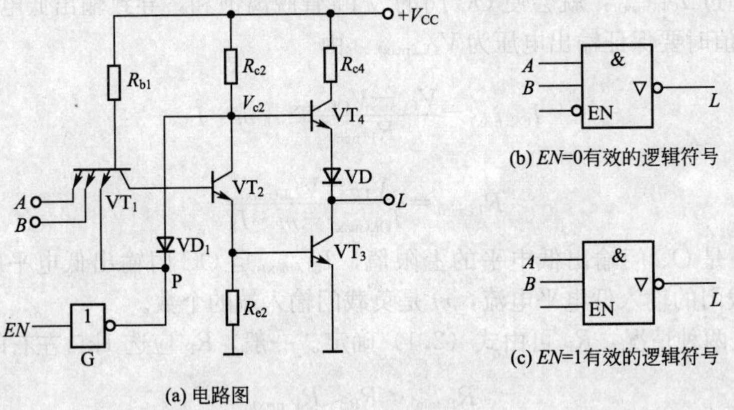

图 2.38 三态输出门

② 三态门的应用。

三态门在计算机总线结构中有着广泛的应用。图 2.39(a)所示为三态门组成的单向总线，可实现信号的分时传送。

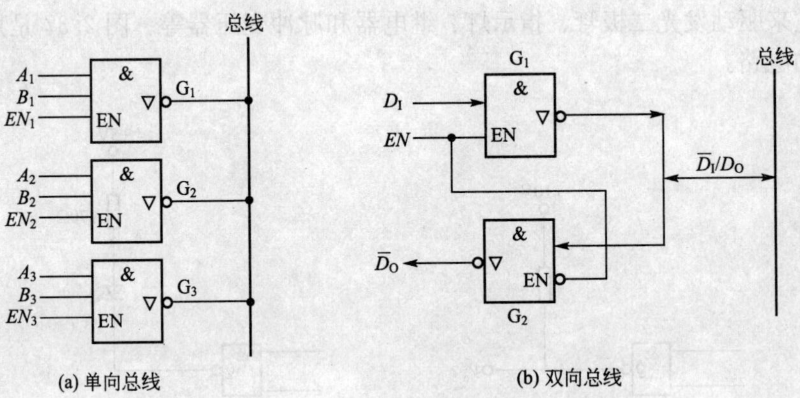

图 2.39 三态门组成的总线

图 2.39(b)所示为三态门组成的双向总线。当 EN 为高电平时，G_1 正常工作，G_2 为高阻态，输入数据 D_I 经 G_1 反相后送到总线上；当 EN 为低电平时，G_2 正常工作，G_1 为高阻态，总线上的数据 D_O 经 G_2 反相后输出$\overline{D_O}$。这样就实现了信号的分时双向传送。

6. 集成逻辑门电路系列简介

(1) 74 系列。又称标准 TTL 系列，属中速 TTL 器件，其平均传输延迟时间约为 10ns，平均功耗约为 10mW/门。

(2) 74L 系列。为低功耗 TTL 系列，又称 LTTL 系列。用增加电阻阻值的方法将电路的平均功耗降低为 1mW/门，但平均传输延迟时间较长，约为 33ns。

(3) 74H 系列。为高速 TTL 系列，又称 HTTL 系列。与 74 标准系列相比，电路结构上主要作了两点改进：一是输出级采用了达林顿结构；二是大幅度地降低了电路中的电阻的阻值，从而提高了工作速度和负载能力，但电路的平均功耗增加了。该系列的平均传输延迟时间为 6ns，平均功耗约为 22mW/门。

(4) 74S 系列。为肖特基 TTL 系列，又称 STTL 系列。图 2.40 为 74S00 与非门的电路，与 74 系列与非门相比较，为了进一步提高速度主要作了以下 3 点改进。

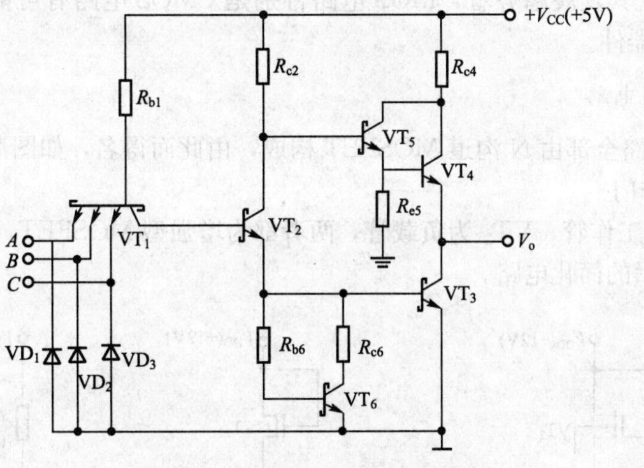

图 2.40　74S00 与非门的电路

① 输出级采用了达林顿结构，VT_4、VT_5 组成复合管电路，降低了输出高电平时的输出电阻，有利于提高速度，也提高了负载能力。

② 采用了抗饱和三极管(如图 2.41 所示)。

③ 用 VT_6、R_{b6}、R_{C6} 组成的“有源泄放电路”代替了原来的 R_{e2}。

另外输入端的 3 个二极管 VD_1、VD_2、VD_3 用于抑制输入端出现的负向干扰，起保护作用。

由于采取了上述措施，74S 系列的延迟时间缩短为 3ns，但电路的平均功耗较大，约为 19mW。

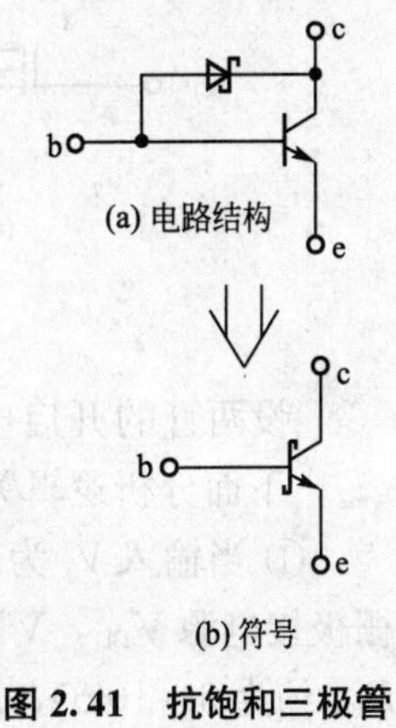

(a) 电路结构

(b) 符号

图 2.41　抗饱和三极管

(5) 74LS系列。为低功耗肖特基系列，又称LSTTL系列。电路中采用了抗饱和三极管和专门的肖特基二极管来提高工作速度，同时通过加大电路中电阻的阻值来降低电路的功耗，从而使电路既具有较高的工作速度，又有较低的平均功耗。其平均传输延迟时间为9ns，平均功耗约为2mW/门。

(6) 74AS系列。为先进肖特基系列，又称ASTTL系列，它是74S系列的后继产品，是在74S的基础上大大降低了电路中的电阻阻值，从而提高了工作速度。其平均传输延迟时间为1.5ns，但平均功耗较大，约为20mW/门。

(7) 74ALS系列。为先进低功耗肖特基系列，又称ALSTTL系列，是74LS系列的后继产品。是在74LS的基础上通过增大电路中的电阻阻值、改进生产工艺和缩小内部器件的尺寸等措施，降低了电路的平均功耗、提高了工作速度。其平均传输延迟时间约为4ns，平均功耗约为1mW/门。

2.4.2 MOS逻辑门电路

MOS逻辑门电路是继TTL之后发展起来的另一种应用广泛的数字集成电路。由于它功耗低，抗干扰能力强，工艺简单，几乎所有的大规模、超大规模数字集成器件都采用MOS工艺。就其发展趋势看，MOS电路特别是CMOS电路有可能超越TTL成为占统治地位的逻辑器件。

1. NMOS门电路

NMOS门电路全部由N沟道MOSFET构成，由此而得名，如图2.42(a)所示。

1) NMOS非门

其中VT_1为工作管，VT_2为负载管，两者都为增强型MOSFET，为简化起见，采用如图2.42(b)所示的简化电路。

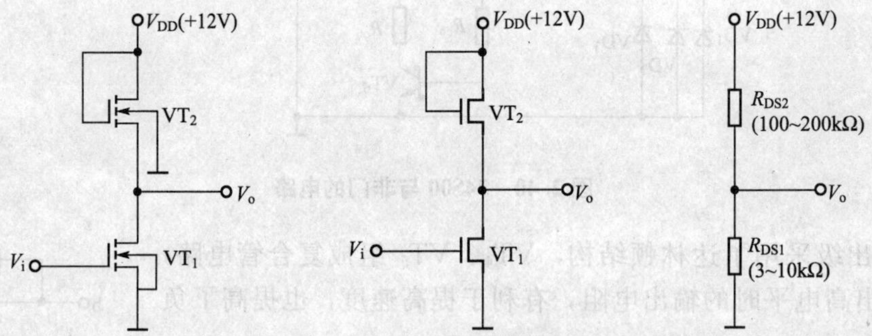

图2.42 NMOS非门电路

设两管的开启电压为$V_{T1}=V_{T2}=4V$，且VT_1管的跨导g_{m1}远大于VT_2管的跨导g_{m2}，下面分析逻辑关系。

① 当输入V_i为高电平8V(高电平要大于管子的开启电压)时，VT_1导通，由于VT_2栅极接电源V_{DD}，VT_2也导通。因为$g_{m1}\gg g_{m2}$，所以两管的导通电阻$R_{DS1}\ll R_{DS2}$，通常R_{DS1}约为3～10kΩ，R_{DS2}约为100～200kΩ，等效电路如图2.42(c)所示，输出电压为

$$V_{OL}=\frac{R_{DS1}}{R_{DS1}+R_{DS2}}V_{DD}\leqslant 1\text{V}$$

所以输出为低电平。

② 当输入 V_i 为低电平 0V 时，VT_1 截止，由于 VT_2 栅极接电源 V_{DD}，VT_2 总是导通的。所以输出电压为 $V_{OL}=V_{DD}-V_T=8\text{V}$，即输出为高电平。

所以电路实现了非逻辑。

2）NMOS 门电路

NMOS 门电路是在 NMOS 非门的基础上实现的。

① 与非门，如图 2.43 所示。

② 或非门，如图 2.44 所示。

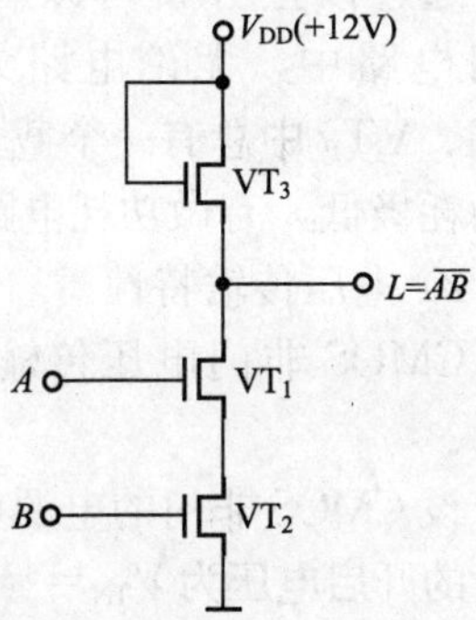

图 2.43　NMOS 与非门电路

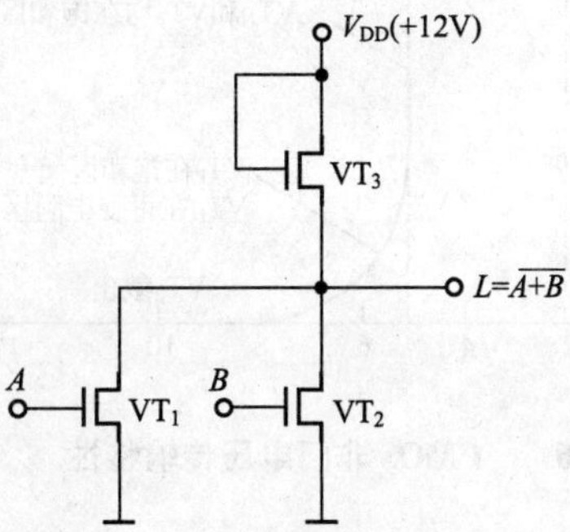

图 2.44　NMOS 或非门电路

由于与非门的工作管是串联的，增加变量的个数，即增加工作管的个数，输出低电平会随之增高；而或非门的工作管是并联的，增加变量的个数，即增加工作管的个数，输出低电平基本稳定。所以，NMOS 门电路是以或非门为基础的。这种门电路主要用于大规模集成电路中，而不做成小规模的单个器件。

2. CMOS 非门

CMOS 逻辑门电路是由 N 沟道 MOSFET 和 P 沟道 MOSFET 互补而成，通常称为互补型 MOS 逻辑电路，简称 CMOS 逻辑电路，如图 2.45 所示。

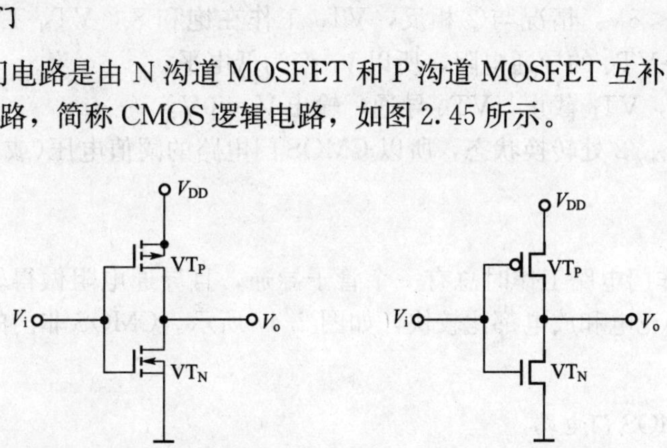

(a) 电路图　　(b) 简化电路

图 2.45　CMOS 非门电路

CMOS逻辑电路要求电源V_{DD}大于两管开启电压绝对值之和，即$V_{DD}>(V_{TN}+|V_{TP}|)$，且$V_{TN}=|V_{TP}|$。

1）逻辑关系

① 当输入为低电平，即$V_i=0V$时，VT_N截止，VT_P导通，VT_N的截止电阻约为500MΩ，VT_P的导通电阻约为750Ω，所以输出$V_o \approx V_{DD}$，即V_o为高电平。

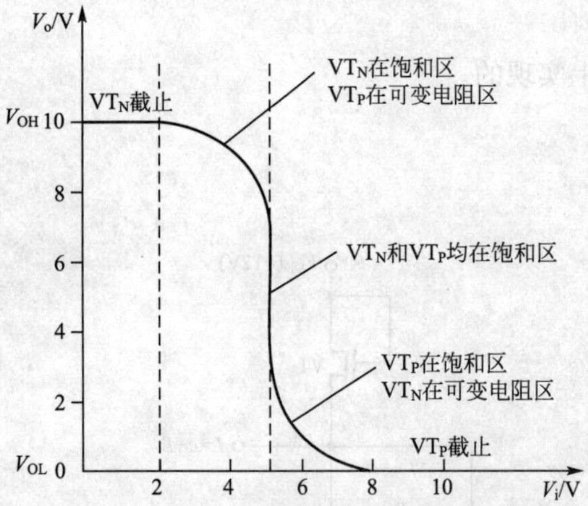

图2.46　CMOS非门电压传输特性

② 当输入为高电平，即$V_i=V_{DD}$时，VT_N导通，VT_P截止，VT_N的导通电阻约为750Ω，VT_P的截止电阻约为500MΩ，所以输出$V_o \approx 0V$，即V_o为低电平。所以该电路实现了非逻辑。

通过以上分析可以看出，在CMOS非门电路中，无论电路处于何种状态，VT_N、VT_P中总有一个截止，所以它的静态功耗极低，有微功耗电路之称。

2）电压传输特性

CMOS非门电压传输特性如图2.46所示。

设CMOS非门的电源电压$V_{DD}=10V$，两管的开启电压为$V_{TN}=|V_{TP}|=2V$。

① 当$V_i<2V$，VT_N截止，VT_P导通，输出$V_o \approx V_{DD}=10V$。

② 当$2V<V_i<5V$，VT_N和VT_P都导通，但VT_N的栅源电压<VT_P栅源电压绝对值，即VT_N工作在饱和区，VT_P工作在可变电阻区，VT_N的导通电阻>VT_P的导通电阻，所以，这时V_o开始下降，但下降不多，输出仍为高电平。

③ 当$V_i=5V$，VT_N的栅源电压=VT_P栅源电压绝对值，两管都工作在饱和区，且导通电阻相等，所以，$V_o=(V_{DD}/2)=5V$。

④ 当$5V<V_i<8V$，情况与②相反，VT_P工作在饱和区，VT_N工作在可变电阻区，VT_P的导通电阻>VT_N的导通电阻，所以V_o变为低电平。

⑤ 当$V_i>8V$，VT_P截止，VT_N导通，输出$V_o=0V$。

可见两管在$V_i=V_{DD}/2$处转换状态，所以CMOS门电路的阈值电压(或称门槛电压)$V_{th}=V_{DD}/2$。

3）工作速度

由于CMOS非门电路工作时总有一个管子导通，且导通电阻做得较小，所以当带电容负载时，给电容充电和放电都比较快，如图2.47所示。CMOS非门的平均传输延迟时间约为10ns。

3. 其他的CMOS门电路

1）CMOS与非门和或非门电路

① 与非门，如图2.48所示。

② 或非门，如图2.49所示。

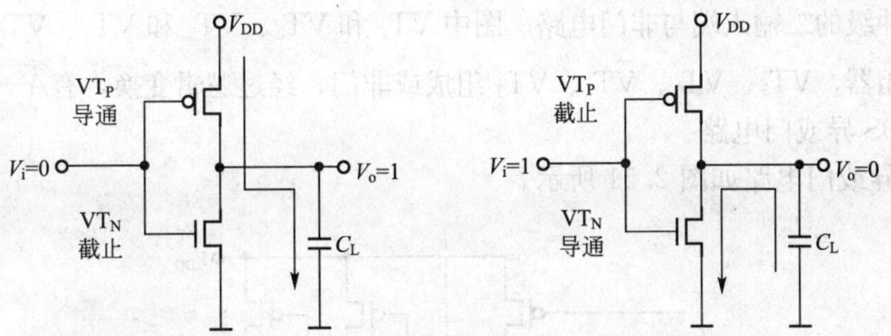

(a) 负载电容充电　　(b) 负载电容放电

图 2.47　CMOS 非门带电容负载的情况

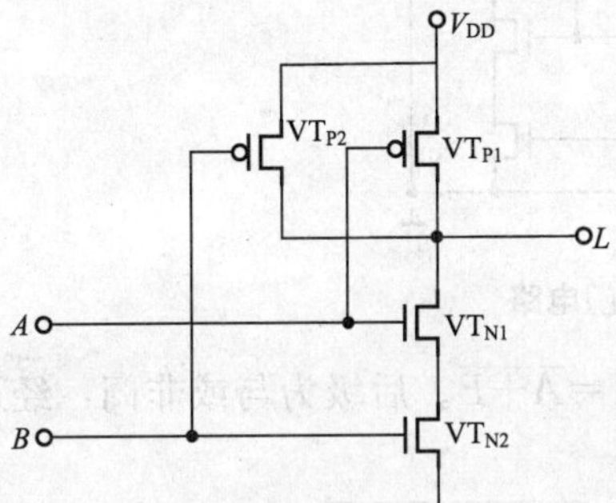

图 2.48　CMOS 与非门电路

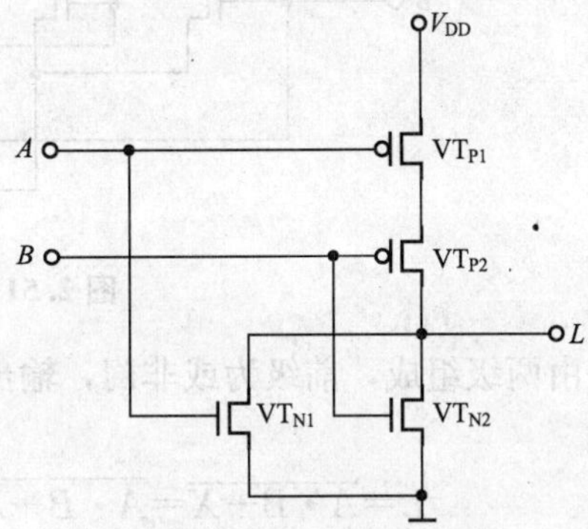

图 2.49　CMOS 或非门电路

③ 带缓冲级的门电路。

图 2.48 和图 2.49 所示的 CMOS 与非门和或非门电路的输入端数目都可以增加。但是当输入端数目增加时，对于与非门电路来说，串联的 NMOS 管数目要增加，并联的 PMOS 管数目也要增加，这样会引起输出低电平变高；对于或非门电路来说，并联的 NMOS 管数目要增加，串联的 PMOS 管数目也要增加，这样会引起输出高电平变低。为了稳定输出高低电平，在目前生产的 CMOS 门电路中，在输入、输出端分别加了反相器作缓冲级，图 2.50

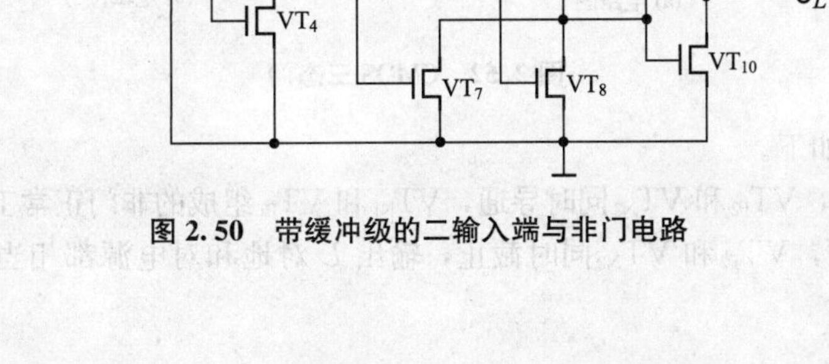

图 2.50　带缓冲级的二输入端与非门电路

所示为带缓冲级的二输入端与非门电路。图中 VT_1 和 VT_2、VT_3 和 VT_4、VT_9 和 VT_{10} 分别组成 3 个反相器，VT_5、VT_6、VT_7、VT_8 组成或非门，经过逻辑变换，有 $\overline{\overline{\overline{A}+\overline{B}}}=\overline{A\cdot B}$。

2）CMOS 异或门电路

CMOS 异或门电路如图 2.51 所示。

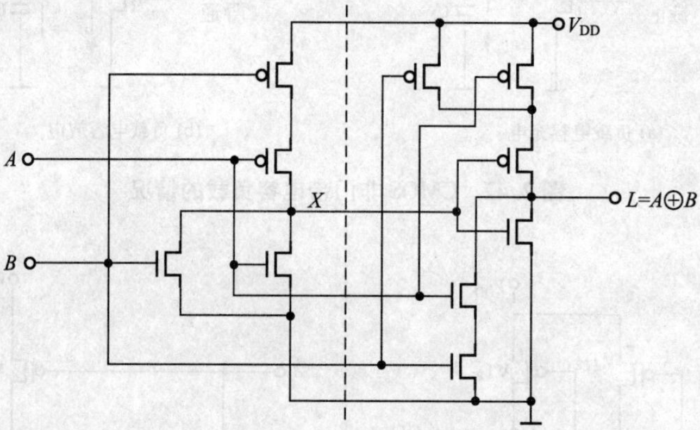

图 2.51　异或门电路

它是由两级组成，前级为或非门，输出为 $X=\overline{A+B}$。后级为与或非门，经过逻辑变换，可得

$$L=\overline{A\cdot B+X}=\overline{A\cdot B+\overline{A+B}}=\overline{A\cdot B+\overline{A}\cdot\overline{B}}=A\oplus B$$

即输出 L 为输入 A、B 的异或。

3）CMOS 三态输出门电路

CMOS 三态输出门电路图及逻辑符号如图 2.52 所示。

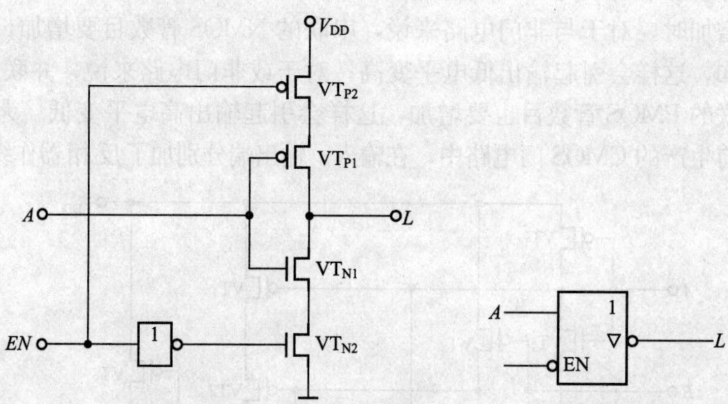

(a) 电路图　　(b) 逻辑符号

图 2.52　CMOS 三态门

其工作原理如下。

当 $EN=0$ 时，VT_{P2} 和 VT_{N2} 同时导通，VT_{N1} 和 VT_{P1} 组成的非门正常工作，输出 $L=\overline{A}$。

当 $EN=1$ 时，VT_{P2} 和 VT_{N2} 同时截止，输出 L 对地和对电源都相当于开路，为高阻状态。所以，这是一个低电平有效的三态门，逻辑符号如图 2.52(b)所示。

4) CMOS 传输门

CMOS 传输门电路及逻辑符号分别如图 2.53(a)和图 2.53(b)所示。

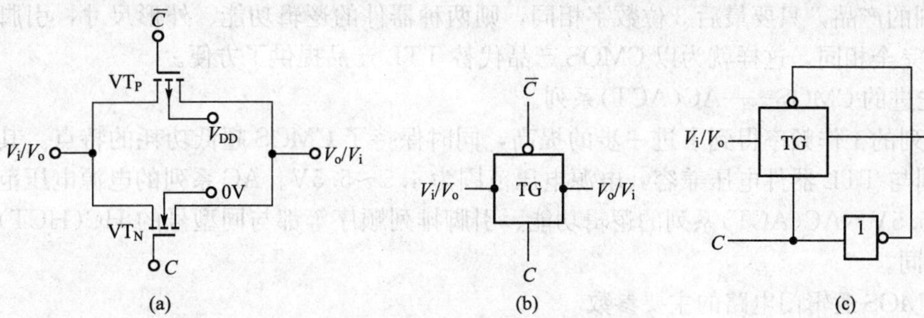

图 2.53　CMOS 传输门及模拟开关

CMOS 传输门电路由一个 NMOS 管 VT_N 和一个 PMOS 管 VT_P 组成，C 和 $\overline{C}$ 为控制端，使用时总是加互补的信号。CMOS 传输门可以传输数字信号，也可以传输模拟信号，其工作原理如下。

设两管的开启电压 $V_{TN}=|V_{TP}|$。如果要传输的信号 V_i 的变化范围为 0V～V_{DD}，则将控制端 C 和 $\overline{C}$ 的高电平设置为 V_{DD}，低电平设置为 0。并将 VT_N 的衬底接低电平 0V，VT_P 的衬底接高电平 V_{DD}。

当 C 接高电平 V_{DD}，$\overline{C}$ 接低电平 0V 时，若 $0V<V_i<(V_{DD}-V_{TN})$，VT_N 导通；若 $|V_{TP}|\leqslant V_i\leqslant V_{DD}$，$VT_P$ 导通。即 V_i 在 0V～V_{DD} 的范围变化时，至少有一管导通，输出与输入之间呈低电阻，将输入电压传到输出端，$V_o=V_i$，相当于开关闭合。

当 C 接低电平 0V，$\overline{C}$ 接高电平 V_{DD}，V_i 在 0V～V_{DD} 的范围变化时，VT_N 和 VT_P 都截止，输出呈高阻状态，输入电压不能传到输出端，相当于开关断开。

可见 CMOS 传输门实现了信号的可控传输。将 CMOS 传输门和一个非门组合起来，由非门产生互补的控制信号，如图 2.53(c)所示，称为模拟开关。

4. CMOS 逻辑门电路的系列及主要参数

1) CMOS 逻辑门电路的系列

CMOS 集成电路诞生于 20 世纪 60 年代末，经过制造工艺的不断改进，在应用的广度上已与 TTL 平分秋色，它的技术参数从总体上说，已经达到或接近 TTL 的水平，其中功耗、噪声容限、扇出系数等参数优于 TTL。CMOS 集成电路主要有以下几个系列。

① 基本的 CMOS——4000 系列。

这是早期的 CMOS 集成逻辑门产品，工作电源电压范围为 3～18V，由于具有功耗低、噪声容限大、扇出系数大等优点，已得到普遍使用。缺点是工作速度较低，平均传输延迟时间为几十纳秒，最高工作频率小于 5MHz。

② 高速的 CMOS——HC(HCT)系列。

该系列电路主要从制造工艺上作了改进，使其大大提高了工作速度，平均传输延迟时间小于 10ns，最高工作频率可达 50MHz。HC 系列的电源电压范围为 2～6V。HCT 系列的主要特点是与 TTL 器件电压兼容，它的电源电压范围为 4.5～5.5V。它的输入电压参数为 $V_{IH(min)}=2.0V$；$V_{IL(max)}=0.8V$，与 TTL 完全相同。另外，74HC/HCT 系列与 74LS 系列的产品，只要最后 3 位数字相同，则两种器件的逻辑功能、外形尺寸，引脚排列顺序也完全相同，这样就为以 CMOS 产品代替 TTL 产品提供了方便。

③ 先进的 CMOS——AC(ACT)系列。

该系列的工作频率得到了进一步的提高，同时保持了 CMOS 超低功耗的特点。其中 ACT 系列与 TTL 器件电压兼容，电源电压范围为 4.5～5.5V。AC 系列的电源电压范围为 1.5～5.5V。AC(ACT)系列的逻辑功能、引脚排列顺序等都与同型号的 HC(HCT)系列完全相同。

2) CMOS 逻辑门电路的主要参数

CMOS 门电路主要参数的定义同 TTL 电路，下面主要说明 CMOS 电路主要参数的特点。

① 输出高电平 V_{OH} 与输出低电平 V_{OL}。CMOS 门电路 V_{OH} 的理论值为电源电压 V_{DD}，$V_{OH(min)}=0.9V_{DD}$；V_{OL} 的理论值为 0V，$V_{OL(max)}=0.01V_{DD}$。所以 CMOS 门电路的逻辑摆幅(即高低电平之差)较大，接近电源电压 V_{DD} 值。

② 阈值电压 V_{th}。从 CMOS 非门电压传输特性曲线中看出，输出高低电平的过渡区很陡，阈值电压 V_{th} 约为 $V_{DD}/2$。

③ 抗干扰容限。CMOS 非门的关门电平 V_{OFF} 为 $0.45V_{DD}$，开门电平 V_{ON} 为 $0.55V_{DD}$。因此，其高、低电平噪声容限均达 $0.45V_{DD}$。其他 CMOS 门电路的噪声容限一般也大于 $0.3V_{DD}$，电源电压 V_{DD} 越大，其抗干扰能力越强。

④ 传输延迟与功耗。CMOS 电路的功耗很小，一般小于 1mW/门，但传输延迟较大，一般为几十纳秒每门，且与电源电压有关，电源电压越高，CMOS 电路的传输延迟越小，功耗越大。前面提到 74HC 高速 CMOS 系列的工作速度已与 TTL 系列相当。

⑤ 扇出系数。因 CMOS 电路有极高的输入阻抗，故其扇出系数很大，一般额定扇出系数可达 50。但必须指出的是，扇出系数是指驱动 CMOS 电路的个数，若就灌电流负载能力和拉电流负载能力而言，CMOS 电路远远低于 TTL 电路。

2.5 门电路使用中的几个实际问题

2.5.1 TTL 与 CMOS 器件之间的接口问题

两种不同类型的集成电路相互连接，驱动门必须要为负载门提供符合要求的高低电平和足够的输入电流，即要满足下列条件。

驱动门的 $V_{OH(min)}\geqslant$ 负载门的 $V_{IH(min)}$

驱动门的 $V_{OL(max)}\leqslant$ 负载门的 $V_{IL(max)}$

驱动门的 $I_{OH(max)}\geqslant$ 负载门的 $I_{IH(总)}$

驱动门的 $I_{OL(max)} \geqslant$ 负载门的 $I_{IL(总)}$

下面分别讨论 TTL 门驱动 CMOS 门和 CMOS 门驱动 TTL 门的情况。

1. TTL 门驱动 CMOS 门

由于 TTL 门的 $I_{OH(max)}$ 和 $I_{OL(max)}$ 远远大于 CMOS 门的 I_{IH} 和 I_{IL}，所以 TTL 门驱动 CMOS 门时，主要考虑 TTL 门的输出电平是否满足 CMOS 门输入电平的要求。

1) TTL 门驱动 4000 系列和 74HC 系列

当都采用 5V 电源时，TTL 的 $V_{OH(min)}$ 为 2.4V 或 2.7V，而 CMOS4000 系列和 74HC 系列电路的 $V_{IH(min)}$ 为 3.5V，显然不满足要求。这时可在 TTL 电路的输出端和电源之间，接一上拉电阻 R_P，如图 2.54(a)所示。R_P 的阻值取决于负载器件的数目及 TTL 和 CMOS 器件的电流参数，一般在几百～几千欧［姆］。

如果 TTL 和 CMOS 器件采用的电源电压不同，则应使用 OC 门，同时使用上拉电阻 R_P，如图 2.54(b)所示。

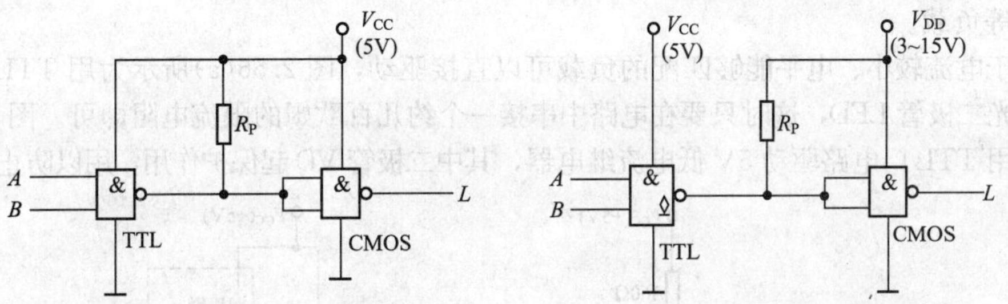

(a) 电源电压都为5V时的接口　　(b) 电源电压不同时的接口

图 2.54　TTL 驱动 CMOS 门电路

2) TTL 门驱动 74HCT 系列

前面提到 74HCT 系列与 TTL 器件电压兼容。它的输入电压参数为 $V_{IH(min)}=2.0\text{V}$，而 TTL 的输出电压参数 $V_{OH(min)}$ 为 2.4V 或 2.7V，因此两者可以直接相连，不需外加其他器件。

2. CMOS 门驱动 TTL 门

当都采用 5V 电源时，CMOS 门的 $V_{OH(min)}>$ TTL 门的 $V_{IH(min)}$，CMOS 门的 $V_{OL(max)}<$ TTL 门的 $V_{IL(max)}$，两者电压参数相容。但是 CMOS 门的 I_{OH}、I_{OL} 参数较小，所以，这时主要考虑 CMOS 门的输出电流是否满足 TTL 门输入电流的要求。

【例 2-1】　一个 74HC00 与非门电路能否驱动 4 个 7400 与非门？能否驱动 4 个 74LS00 与非门？

解： 74 系列门的 $I_{IL}=1.6\text{mA}$，74LS 系列门的 $I_{IL}=0.4\text{mA}$，4 个 74 门的 $I_{IL(总)}=4\times1.6=6.4(\text{mA})$，4 个 74LS 门的 $I_{IL(总)}=4\times0.4=1.6(\text{mA})$。而 74HC 系列门的 $I_{OL}=4\text{mA}$，所以不能驱动 4 个 7400 与非门，可以驱动 4 个 74LS00 与非门。

要提高 CMOS 门的驱动能力，可将同一芯片上的多个门并联使用，如图 2.55(a)所示。也可在 CMOS 门的输出端与 TTL 门的输入端之间加一 CMOS 驱动器，如图 2.55(b)所示。

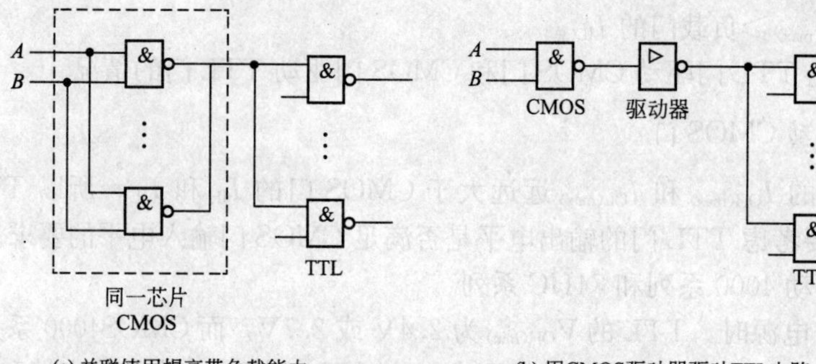

(a) 并联使用提高带负载能力　　(b) 用CMOS驱动器驱动TTL电路

图 2.55　CMOS 门驱动 TTL 门电路

2.5.2　TTL 和 CMOS 电路带负载时的接口问题

在工程实践中，常常需要用 TTL 或 CMOS 电路去驱动指示灯、发光二极管 LED、继电器等负载。

对于电流较小、电平能够匹配的负载可以直接驱动，图 2.56(a)所示为用 TTL 门电路驱动发光二极管 LED，这时只要在电路中串接一个约几百欧姆的限流电阻即可。图 2.56(b)所示为用 TTL 门电路驱动 5V 低电流继电器，其中二极管 VD 起保护作用，用以防止过电压。

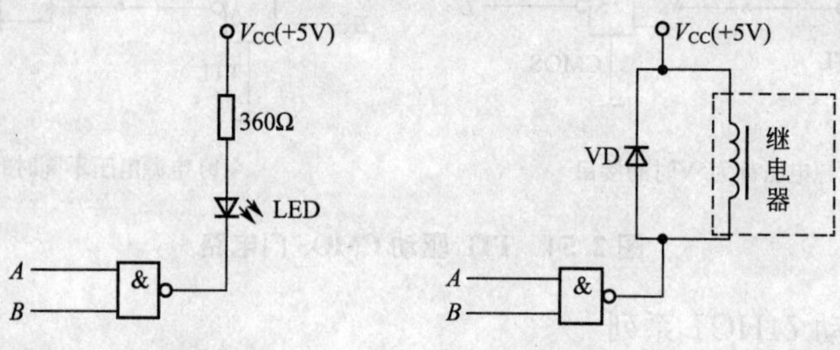

(a) 驱动发光二极管　　(b) 驱动低电流继电器

图 2.56　门电路带小电流负载

如果负载电流较大，可将同一芯片上的多个门并联作为驱动器，如图 2.57(a)所示。也可在门电路输出端接三极管，以提高负载能力，如图 2.57(b)所示。

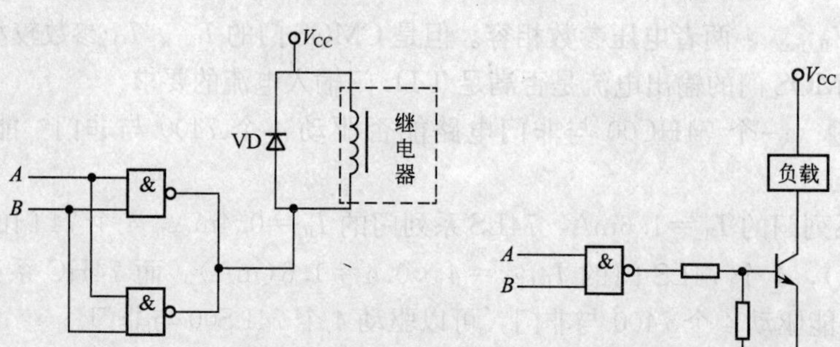

(a) 门电路并联使用　　(b) 加驱动三极管

图 2.57　门电路带大电流负载

2.5.3 多余输入端的处理

多余输入端的处理应以不改变电路逻辑关系及稳定可靠为原则。通常采用下列方法。

(1) 对于与非门及与门，多余输入端应接高电平，比如直接接电源正端，或通过一个上拉电阻(1～3kΩ)接电源正端，如图 2.58(a)所示；在前级驱动能力允许时，也可以与有用的输入端并联使用，如图 2.58(b)所示。

(2) 对于或非门及或门，多余输入端应接低电平，比如直接接地，如图 2.59(a)所示；也可以与有用的输入端并联使用，如图 2.59(b)所示。

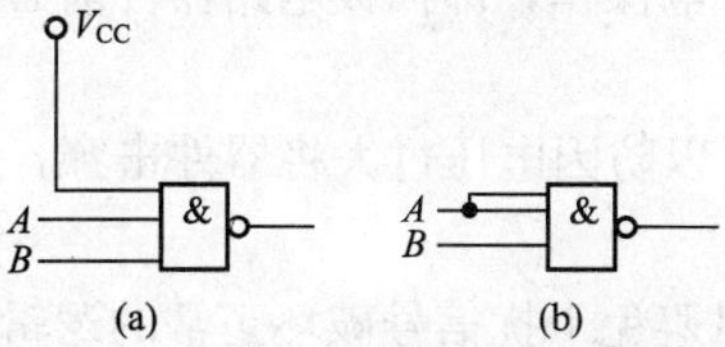

图 2.58 与非门多余输入端的处理

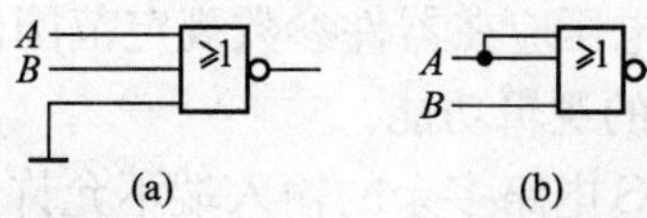

图 2.59 或非门多余输入端的处理

2.6 CMOS 电路产品系列及主要特点和使用中应注意的几个问题

2.6.1 CMOS 电路产品系列及主要特点

CMOS 逻辑门器件有三大系列：4000 系列、74C××系列和硅-氧化铝系列。前两个系列被广泛应用，而硅-氧化铝系列因价格昂贵目前尚未普及。下面介绍前两个系列的特点。

1. 4000 系列

这是早期的基本的 CMOS 集成逻辑门产品，应用十分广泛。工作电源电压范围宽为 3～18V，选择电源的余地比较大，电源设计要求比较低。而且功耗低，噪声容限、扇出系数等参数都优于 TTL 逻辑门。该系列电路的缺点是工作速度低，平均传输延迟时间为几十纳秒，最高工作频率小于 5MHz。表 2-7 列出了 4000 系列 CMOS 器件型号组成符号及意义。

表 2-7 4000 系列 CMOS 器件型号组成符号及意义

第一部分 产品制造单位		第二部分 器件系列		第三部分 器件品种		第四部分 工作温度范围	
符号	意义	符号	意义	符号	意义	符号	意义
CC CD TC	中国制造的 CMOS 类型 美国无线电公司产品 日本东芝公司产品	40 45 145	系列符号	阿拉伯数字	器件功能	C E R M	0～70℃ −40～85℃ −55～85℃ −55～125℃

2. 74C××系列

74C××系列有：普通 74C××系列、高速 CMOS74HC××/HCT××系列及先进的

CMOS74AC××/ACT××系列。而且，高速 CMOS74HCT××和 74ACT××系列可直接与 TTL 相兼容。该系列电路主要从制造工艺上作了改进，使其大大提高了工作速度，平均传输延迟时间小于 10ns，最高工作频率可达 50MHz，并且保持了 4000 系列功耗低和噪声容限大等优点。

2.6.2 CMOS 电路使用中应注意的问题

(1) 焊接时使用小于 20W 的电烙铁，电烙铁要有良好的接地线。焊接时间不宜过长，禁止在电路通电的情况下焊接。

(2) U_{DD}接电源正极，U_{SS}接电源负极，严禁带电操作，即插拔电路器件前必须先切断电源。

(3) 电源电压应在器件参数规定范围内工作，以防因电压过大将器件击穿，或因电源过低影响电路的逻辑功能。

(4) CMOS 电路多余的输入端不允许悬空，以避免干扰信号破坏正常的逻辑功能，造成逻辑混乱。与门或与非门的多余输入端应接到U_{DD}或高电平上；或门和或非门的多余输入端应接到U_{SS}或低电平上。

(5) 输入电压必须处于U_{DD}和U_{SS}之间，或者说输入端电流不得超过 10mA，否则，必须在输入端串联起保护作用的限流电阻。

(6) 测试 CMOS 电路时，应先接通电源电压，然后再输入信号，关断电源之前，应先去掉输入信号。若信号源和线路板使用两组电源供电，开机时应先接通电路板电源，再接通信号源，关机时应先断开信号源，然后断开电路电源。

(7) 存放及运输 CMOS 集成电路时，应将器件放在金属屏蔽容器内或用金属铝箔纸包装。

(8) 为了防止脉冲信号窜入电源引起高频和低频干扰，可在印制电路板的电源和地之间并接 10μF 和 0.1μF 两个电容器。

(9) 导线应尽可能短，否则会造成信号畸变。若有多路并行的输入线，则相互间应留有一定距离，或在中间加地线进行屏蔽。

(10) CMOS 电路装在印制电路插板上时，各输入端要接入限流保护电阻，以避免电路板从机器中拔出时造成 CMOS 器件输入端悬空。

2.7 案例实现：住宅防盗报警器设计

用与门控制的报警器实现：如图 2.60 所示是用与门控制的住宅防盗报警器电路示意图。分别由控制电路、振荡器电路和报警器三部分组成。当与门的报警控制开关 A 为低电平时(处于 OFF 状态)，输出 L 为低电平，不受输入 B 的控制，报警器输出固定电平，扬声器不响。外出时使与门的报警控制开关 A 为高电平(处于 ON 状态)，输出 L 受输入 B 的控制：房门关闭时，使输入 B 为低电平，输出 L 仍为低电平，报警器输出仍为固定电平，扬声器不响；外人开门闯入时，使输入 B 为高电平，输出 L 变成高电平，VT 导通，报警器输出为振荡信号，扬声器发出报警响声。

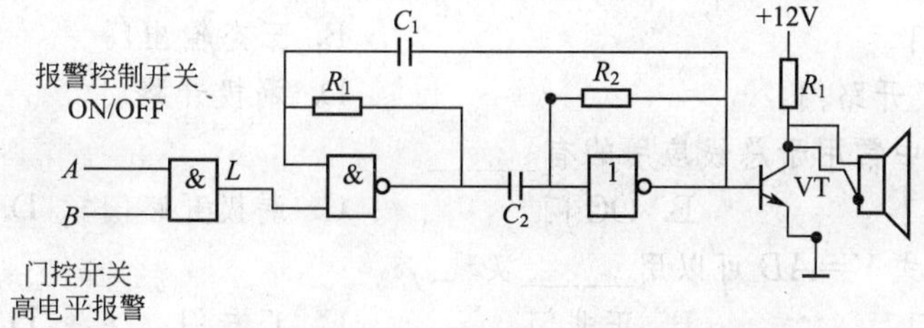

图 2.60 与门控制的报警器示意图

本章小结

1. 最简单的门电路是用二极管组成的与门、或门和三极管组成的非门电路。它们是集成逻辑门电路的基础。

2. 目前普遍使用的数字集成电路主要有两大类：一类由 NPN 型三极管组成，简称 TTL 集成电路；另一类由 MOSFET 构成，简称 MOS 集成电路。

3. TTL 集成逻辑门电路的输入级采用多发射极三级管、输出级采用达林顿结构，这不仅提高了门电路的开关速度，也使电路有较强的驱动负载的能力。

4. 在 TTL 系列中，除了有实现各种基本逻辑功能的门电路以外，还有集电极开路门和三态门，它们能够实现“线与”，还可用来驱动需要一定功率的负载。三态门还可用来实现总线结构。

5. MOS 集成电路常用的是两种结构：一种是由 N 沟道 MOSFET 构成的 NMOS 门电路，它结构简单，易于集成化，因而常在大规模集成电路中应用，但没有单片集成门电路产品；另一类是由增强型 N 沟道和 P 沟道 MOSFET 互补构成的 CMOS 门电路，这是 MOS 集成门电路的主要结构。与 TTL 门电路相比，它的优点是功耗低、扇出系数大(指带同类门负载能力大)、噪声容限大、开关速度与 TTL 接近，已成为数字集成电路的发展方向。

6. 为了更好地使用数字集成芯片，应熟悉 TTL 和 CMOS 各个系列产品的外部电气特性及主要参数，还应能正确处理多余输入端，能正确解决不同类型电路间的接口问题及抗干扰问题。

7. 在逻辑体制中有正、负逻辑两种规定，一般情况下，人们习惯于采用正逻辑。同样一个逻辑门电路，利用正、负逻辑等效变换原则，可以使逻辑关系更明确。

自我检测题

一、选择题

1. 三态门输出高阻状态时，______是正确的说法。

A. 用电压表测量指针不动　　　　B. 相当于悬空

C. 电压不高不低　　　　D. 测量电阻指针不动

2. 以下电路中可以实现“线与”功能的有______。
A. 与非门　　B. 三态输出门
C. 集电极开路门　　D. 漏极开路门
3. 以下电路中常用于总线应用的有______。
A. TSL 门　　B. OC 门　　C. 漏极开路门　　D. CMOS 与非门
4. 逻辑表达式 $Y=AB$ 可以用______实现。
A. 正或门　　B. 正非门　　C. 正与门　　D. 负或门
5. TTL 电路在正逻辑系统中，以下各种输入中______相当于逻辑输入“1”。
A. 悬空　　B. 通过电阻 2.7kΩ 接电源
C. 通过电阻 2.7kΩ 接地　　D. 通过电阻 510Ω 接地
6. 对于 TTL 与非门闲置输入端的处理，可以______。
A. 接电源　　B. 通过电阻 3kΩ 接电源
C. 接地　　D. 与有用输入端并联
7. 要使 TTL 与非门工作在转折区，可使输入端对地外接电阻 R_I ______。
A. $>R_{ON}$　　B. $<R_{OFF}$
C. $R_{OFF}<R_I<R_{ON}$　　D. $>R_{OFF}$
8. 三极管作为开关使用时，要提高开关速度，可______。
A. 降低饱和深度　　B. 增加饱和深度
C. 采用有源泄放回路　　D. 采用抗饱和三极管
9. CMOS 数字集成电路与 TTL 数字集成电路相比其突出的优点是______。
A. 微功耗　　B. 高速度
C. 高抗干扰能力　　D. 电源范围宽
10. 与 CT4000 系列相对应的国际通用标准型号为______。
A. CT74S 肖特基系列　　B. CT74LS 低功耗肖特基系列
C. CT74L 低功耗系列　　D. CT74H 高速系列

二、判断题(正确打√，错误的打×)

1. TTL 与非门的多余输入端可以接固定高电平。（　）
2. 当 TTL 与非门的输入端悬空时相当于输入为逻辑 1。（　）
3. 普通的逻辑门电路的输出端不可以并联在一起，否则可能会损坏器件。（　）
4. 两输入端四与非门器件 74LS00 与 7400 的逻辑功能完全相同。（　）
5. CMOS 或非门与 TTL 或非门的逻辑功能完全相同。（　）
6. 三态门的 3 种状态分别为：高电平、低电平、不高不低的电平。（　）
7. TTL 集电极开路门输出为 1 时由外接电源和电阻提供输出电流。（　）
8. 一般 TTL 门电路的输出端可以直接相连，实现线与。（　）
9. CMOS-OD 门(漏极开路门)的输出端可以直接相连，实现线与。（　）
10. TTL-OC 门(集电极开路门)的输出端可以直接相连，实现线与。（　）

三、填空题

1. 集电极开路门的英文缩写为________门，工作时必须外加______和______。
2. OC 门称为__________门，多个 OC 门输出端并联到一起可实现______功能。

3. TTL与非门电压传输特性曲线分为______区、______区、______区、______区。

4. 国产TTL电路相当于国际SN54/74LS系列，其中LS表示________。

习　题

【2.1】 图2.61(a)～(c)所示均是CMOS门电路，写出各自输出信号的逻辑表达式，并根据图2.61(d)所示A、B的波形图对应画出各Y的波形图。

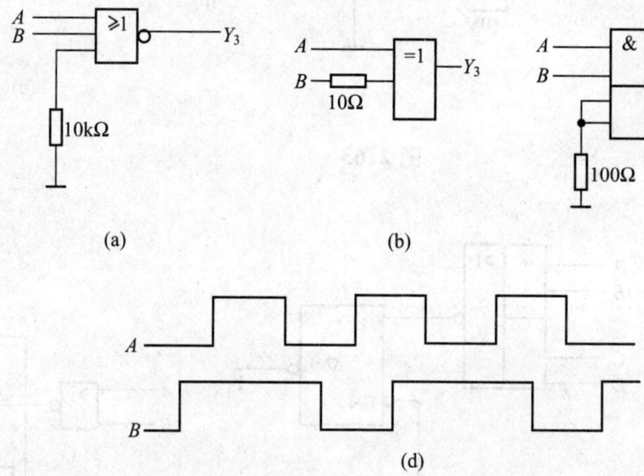

图2.61

【2.2】 二极管门电路如图2.62(a)所示。

(1) 分析输出信号Y_1、Y_2与输入信号A、B、C之间的逻辑关系。

(2) 根据图2.62(b)给出的A、B、C的波形，对应画出Y_1、Y_2的波形。(输入信号频率较低，电压幅度满足逻辑要求。)

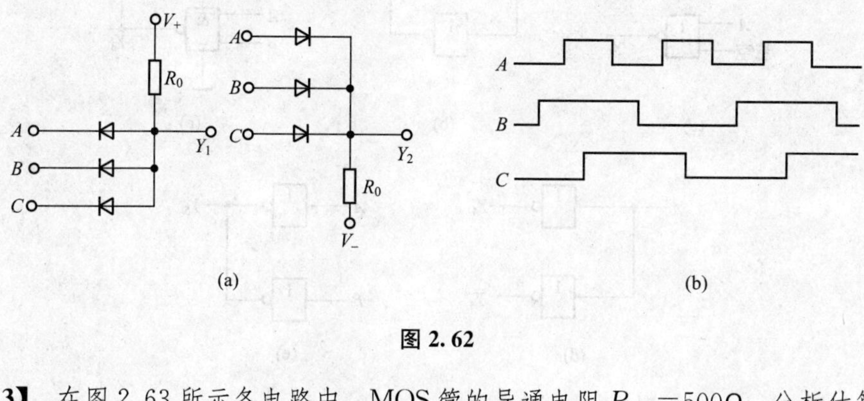

图2.62

【2.3】 在图2.63所示各电路中，MOS管的导通电阻$R_{ON}=500\Omega$，分析估算各自的输出电压U_O，并比较它们的输出电压幅度。

【2.4】 写出图2.64所示各电路输出信号的逻辑表达式。

【2.5】 分析图2.65所示各CMOS门电路，哪些能正常工作，哪些不能。写出能正常工作者输出信号的逻辑表达式。

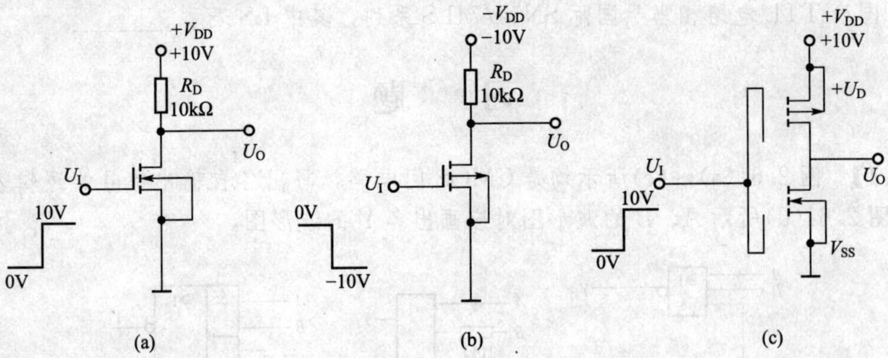

图 2.63

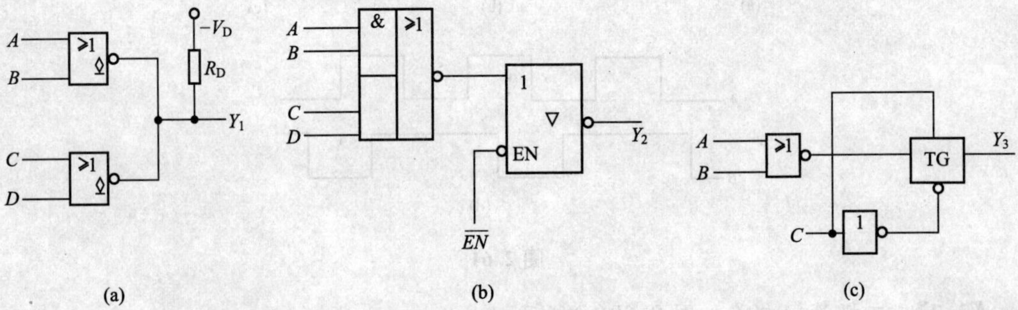

图 2.64

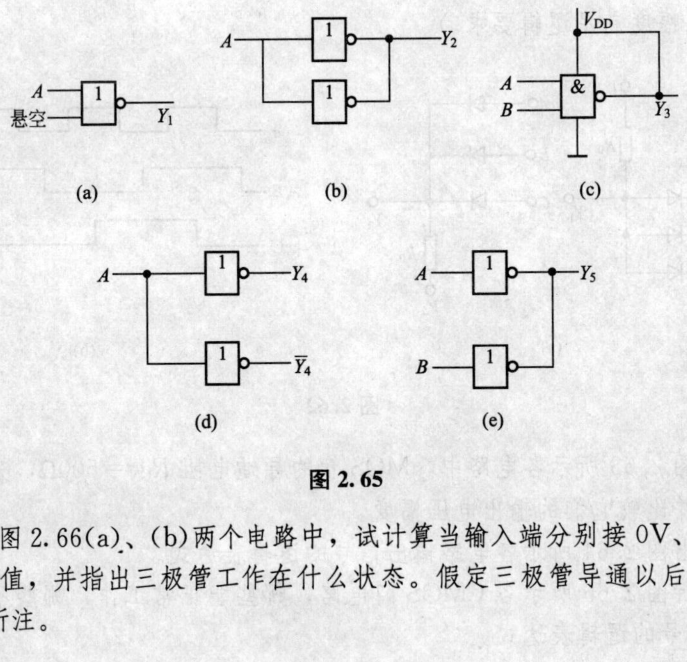

图 2.65

【2.6】 在图 2.66(a)、(b)两个电路中，试计算当输入端分别接 0V、5V 和悬空时输出电压 V_o 的数值，并指出三极管工作在什么状态。假定三极管导通以后 $u_{BE}\approx 0.7V$，电路参数如图中所注。

【2.7】 电路如图 2.67 所示，图中 R_1、R_2 和 C 构成输入滤波电路。当开关 S 闭合时，要求门电路的输入电压 $V_{1L} \leqslant 0.4V$；当开关 S 断开时，要求门电路的输入电压 $V_{1L} \geqslant 4V$，试求 R_1 和 R_2 的最大允许阻值。$G_1 \sim G_5$ 为 $74LS$ 系列 TTL 反向器，它们的高电平输入电流 $I_{1H} \leqslant 20\mu A$，低电平输入电流 $I_{1L} \leqslant -0.4mA$。

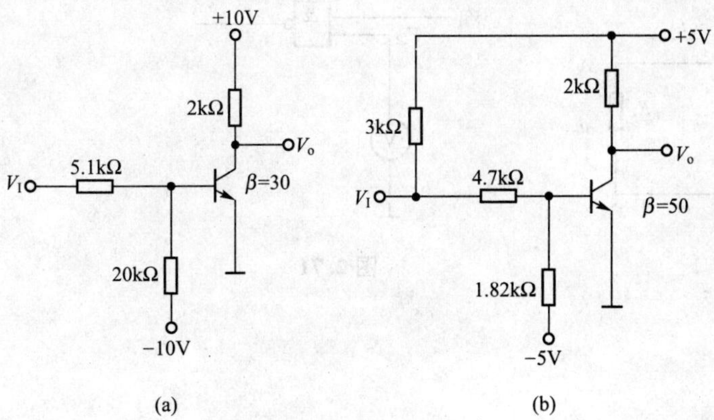

图 2.66

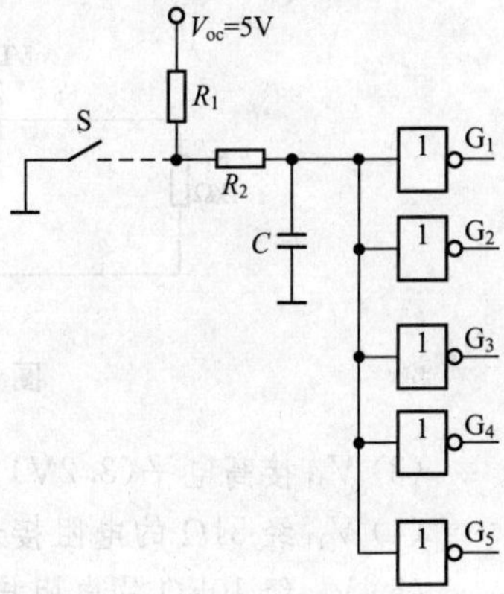

图 2.67

【2.8】 计算图 2.68 电路中的反向器 G_M 能驱动多少个相同的反向器。要求 G_M 输出的高、低电平符合 $V_{OH} \geqslant 3.2V$，$V_{OL} \leqslant 0.25V$。所有的反向器均为 74LS 系列 TTL 电路，输入电流 $I_{IL} \leqslant -0.4mA$，$I_{IH} \leqslant 20\mu A$。$V_{OL} \leqslant 0.25V$ 时输出电流最大值 $I_{OL(MAX)} = 8mA$，$V_{OH} \geqslant 3.2V$ 时输出电流最大值 $I_{OH(MAX)} = -0.4mA$。G_M 的输出电阻可以忽略不计。

【2.9】 图 2.69 所示是某 TTL 与非门的输入端等效电路，试估算 $U_I = 0.3V$ 和 3.6V 时 VT_1 的基极电流 i_{B1}，输出电流 I_{IL} 和 I_{IH}。

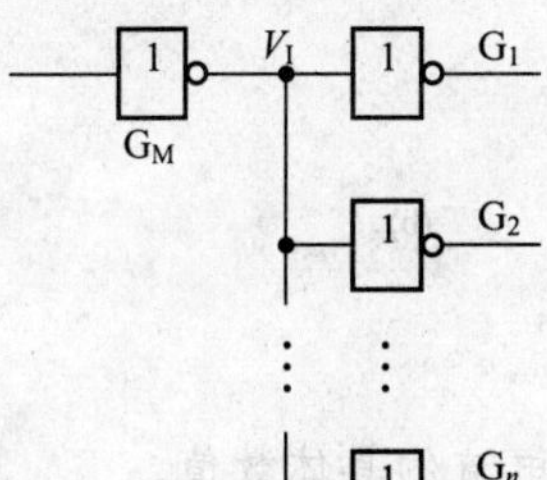

图 2.68

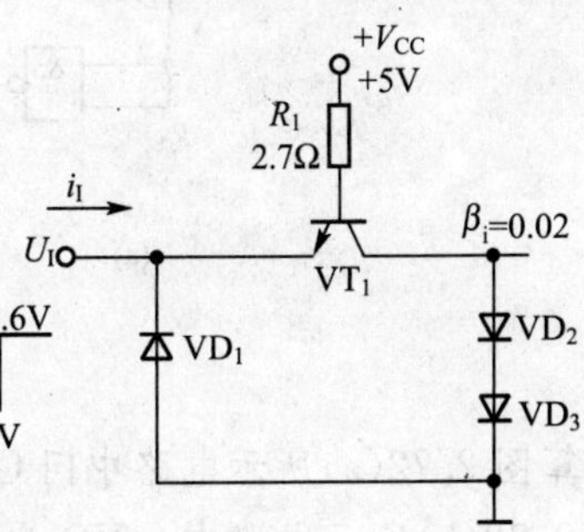

图 2.69

【2.10】 某 TTL 电路输出端的典型电路如图 2.70 所示，试估算当 VT_4 截止、$u_o = 2.8V$ 时的输出电流 i_o。

【2.11】 试说明在下列情况下，用万用电表测量图 2.71 所示 74 系列与非门的 V_{12} 端得到的电压为多少。

(1) V_{11} 悬空。

(2) V_{11} 接低电平(0.2V)。

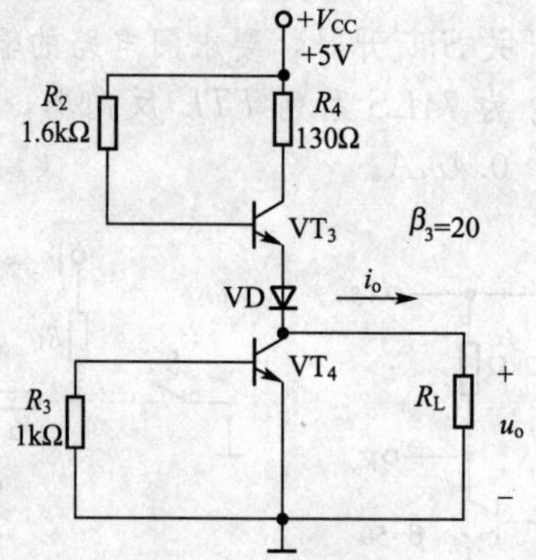

图 2.70

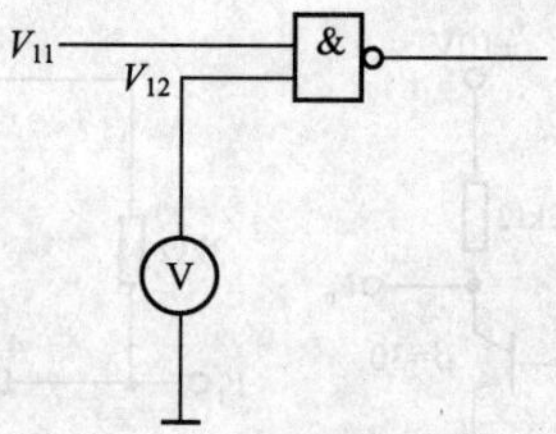

图 2.71

(3) V_{11}接高电平(3.2V)。

(4) V_{11}经 51Ω 的电阻接地。

(5) V_{11}经 10kΩ 的电阻接地。

【2.12】 若将题【2.11】中的与非门改为 74 系列 TTL 或非门，试问在题【2.11】列出的 5 种情况下测得的 v_{12} 各为多少?

【2.13】 如图 2.72 所示 TTL 门电路，其 $I_{IH}=40\mu A$、$I_{IL}=-1mA$、$I_{OL}=10mA$、$I_{OH}=-400\mu A$、$U_{OL}=0.2V$、$U_{OH}=3.6V$。

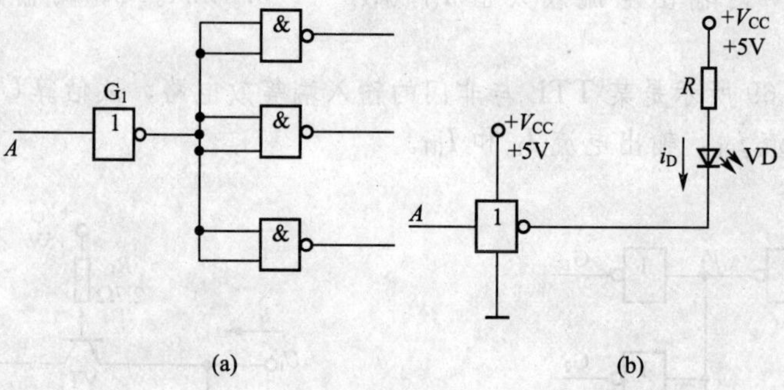

图 2.72

(1) 估算图 2.72(a)所示电路中门 G_1 带拉电流和灌电流的具体数值。

(2) 图 2.72(b)所示电路中，VD 为发光二极管，其导通时的电压降 $U_D=1.8V$，要正常工作，i_D 取值范围应大于 6mA，小于 12mA，估算限流电阻 R 的取值范围。

【2.14】 试说明下列各种门电路中哪些可以将输出端并联使用(输出端的状态不一定相同)。

(1) 具有推拉式输出级的 TTL 电路。

(2) TTL 电路的 OC 门。

(3) TTL 电路的三态输出门。

(4) 普通的 CMOS 门。

(5) 漏级开路输出的 CMOS 门。

(6) CMOS 电路的三态输出门。

【2.15】 已知 CMOS 门电路的电源电压 $V_{DD}=10V$，静态电源电流 $I_{DD}=2\mu A$，输入信号 100kHz 的方波(上升时间和下降时间可以忽略不计)，负载电容 $C_1=200pF$，试计算它的静态功耗和动态功耗，总功耗和电源平均电流。

【2.16】 计算图 2.73 所示电路中接口电路输出端 v_C 的高、低电平，并说明接口电压参数的选择是否合理。CMOS 或非门的电源电压 $V_{DD}=10V$，空载输出的高、低电平分别为 $V_{OH}=9.95V$，$V_{OL}=0.05V$，门电路的输出电阻小于 200Ω。TTL 与非门的高电平输入电流 $I_{IH}=20\mu A$，低电平输入电流 $I_{IL}=-0.4mA$。

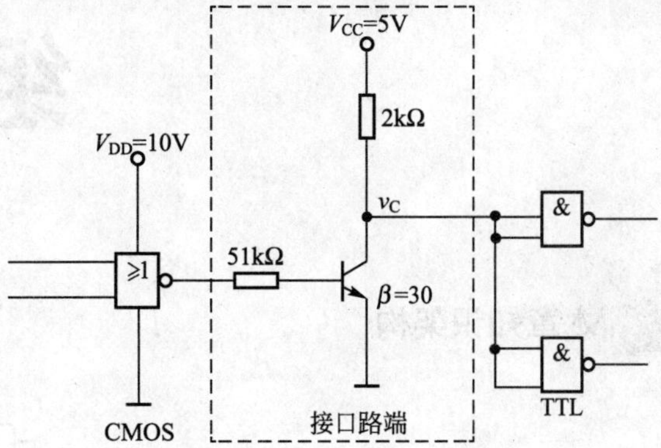

图 2.73

第3章

组合逻辑电路

本章知识架构

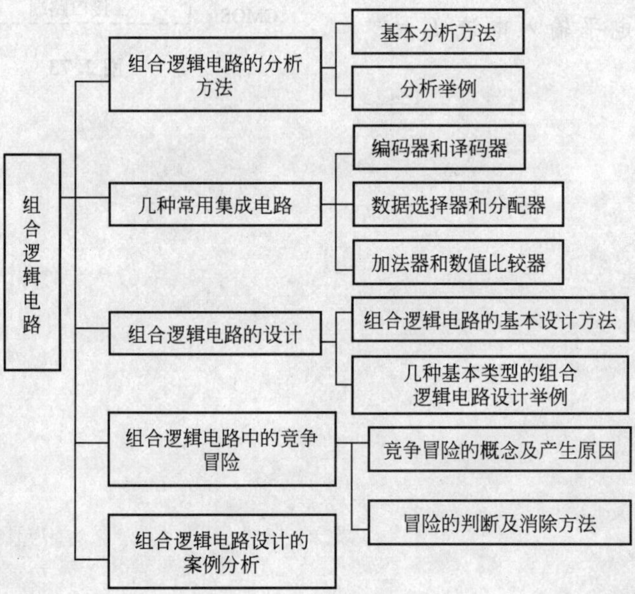

本章教学目标与要求

- 掌握组合逻辑电路的概念
- 熟练掌握组合逻辑电路的分析方法
- 熟练掌握编码器、译码器、数据选择器、分配器、加法器和数值比较器等典型逻辑器件的使用方法
- 熟练掌握组合逻辑电路的设计方法
- 了解组合逻辑设计与组合逻辑电路中的竞争冒险问题,知道克服竞争冒险的一些方法

3.1 概　　述

3.1.1 组合逻辑电路的概念及特点

数字电路按逻辑功能和电路结构的不同特点，可划分为两类。一类为组合逻辑电路(简称组合电路)，另一类为时序逻辑电路(简称时序电路)。

概念：若一个数字逻辑电路在某一时刻的输出，仅仅取决于这一时刻的输入状态，而与电路原来的状态无关，则该电路称为组合逻辑电路。

组合电路是由若干基本门电路构成的电路，如图 3.1 所示，具有如下特点。

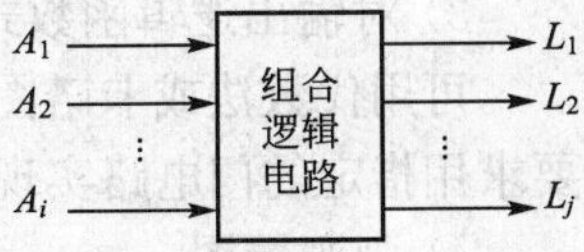

图 3.1 组合逻辑电路框图

1) 逻辑功能特点

电路任一时刻的输出状态只决定于该时刻各输入状态的组合，而与电路的原状态无关。

2) 电路结构特点

组合电路是由门电路组合而成的，电路中没有记忆单元，没有反馈通路。输出与输入间的逻辑关系可以用一组逻辑函数表示。

$$
\begin{cases}
L_1 = f_1(A_1,\ A_2,\ \cdots,\ A_i) \\
L_2 = f_2(A_1,\ A_2,\ \cdots,\ A_i) \\
\vdots \\
L_j = f_j(A_1,\ A_2,\ \cdots,\ A_i)
\end{cases}
$$

3.1.2 组合逻辑电路的分析

组合逻辑电路的分析就是根据给定的逻辑电路，通过分析找出电路的逻辑功能，或是检验所设计的电路是否能实现预定的逻辑功能，并对功能进行描述，其一般步骤如下。

1) 根据逻辑图写出输出逻辑函数表达式

由输入端逐级向后推(或从输出端向前推到输入端)，写出每个门的输出逻辑函数表达式，最后写出组合电路的输出与输入之间的逻辑表达式。有时需要对函数式进行适当的变换，以使逻辑关系简单明了。

2) 列出真值表

列出输入逻辑变量全部取值组合，求出对应的输出取值，列出真值表。

3) 说明电路的逻辑功能

根据逻辑表达式或真值表确定电路的逻辑功能，并对功能进行描述。

3.1.3 组合逻辑电路的设计

根据给定的逻辑功能要求，设计出能实现这一功能要求的最简组合逻辑电路，就是设计组合逻辑电路的任务。

在设计组合逻辑电路时，电路的最简是追求的目标之一。电路的“最简”含义是指所用器件数最少，器件的品种最少，器件间的连线也最少。

组合逻辑电路设计的一般步骤如下。

1）进行逻辑规定

根据设计要求设计逻辑电路时，首先应分析事件的因果关系，确定输入与输出逻辑变量，并规定变量何时取 1 何时取 0，即所谓逻辑状态赋值。

2）列真值表并写出逻辑函数式

根据输入与输出之间的因果关系，列出真值表。至此，便将一个具有因果关系的事件表示为了逻辑函数，并且以真值表的形式给出。真值表中输出为 1 时所对应的各最小项之和就是输出逻辑函数式。

3）对输出逻辑函数式化简

可用代数法或卡诺图法对逻辑函数式化简。输出逻辑函数式一般为与或表达式，如要求用指定的门电路实现，则须将逻辑表达式变换为与门电路种类相应的形式。

4）画逻辑图

将逻辑式用门电路的符号代替，画出逻辑图。

3.1.4　案例介绍：数字抢答器

在各种各样的活动比赛中，很多情况下要判断出第一抢答者。为减少人为的因素，准确、公平、直观地判断出第一抢答者，通常要设置一台抢答器，通过数显、灯光及音响等多种手段指示出第一抢答者。同时，还可以设置记分、犯规及惩罚记录等多种功能，如图 3.2 所示。

图 3.2　抢答器

抢答器是竞赛问答中一种常用的必备装置，从原理上讲，它是一种典型的数字电路，其中包括了组合逻辑电路和时序逻辑电路。

本案例中，可以利用组合逻辑电路设计抢答器，功能要求为：接通电源后，主持人将开关拨到“清除”状态，抢答器处于禁止状态，编号显示器灭灯，定时器显示设定时间；主持人将开关置“开始”状态，宣布“开始”，抢答器工作，定时器倒计时，扬声器给出声响提示。

选手在定时时间内抢答时，抢答器完成：优先判断、编号锁存、编号显示、扬声器提示。当一轮抢答之后，定时器停止，禁止二次抢答，定时器显示剩余时间。

在抢答器设计中，核心的内容是：优先编码电路、锁存器、译码电路将参赛队的输入信号在显示器上输出；通过定时电路和译码电路将秒脉冲产生的信号在显示器上输出，实现计时功能。

3.2　组合逻辑电路的分析方法

3.2.1　组合逻辑电路的基本分析方法

组合逻辑电路的分析就是根据已知的组合逻辑电路，确定其输入与输出之间的逻辑关系，验证和说明该电路逻辑功能的过程。可用下面的过程表示

逻辑图$\xrightarrow{\text{从输入到输出逐级写出}}$逻辑表达式$\xrightarrow{\text{化简}}$最简与或表达式$\longrightarrow$真值表$\longrightarrow$电路的逻辑功能。

3.2.2　分析举例

【例 3-1】 组合电路如图 3.3 所示，分析该电路的逻辑功能。

解：(1) 由逻辑图逐级写出逻辑表达式。为了表达式的书写方便，借助中间变量 P。

$$P=\overline{ABC}$$

$$L=AP+BP+CP=A\,\overline{ABC}+B\,\overline{ABC}+C\,\overline{ABC}$$

(2) 化简与变换。

$$L=\overline{ABC}(A+B+C)=\overline{ABC+\overline{A+B+C}}$$

$$=\overline{ABC+\overline{A}\,\overline{B}\,\overline{C}}$$

(3) 由表达式列出真值表，见表 3-1。

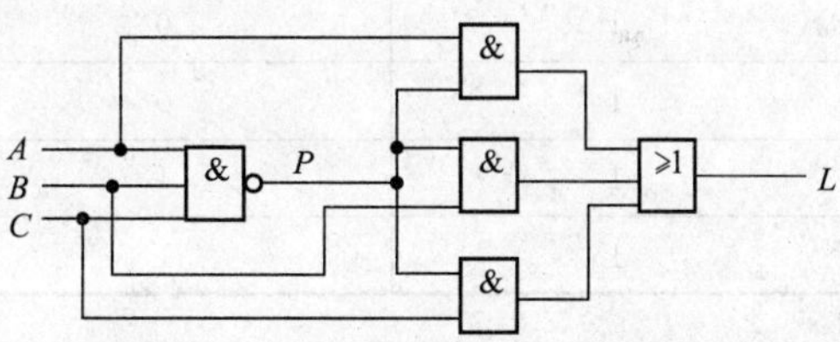

图 3.3　【例 3-1】电路图

表 3-1　【例 3-1】真值表

输　入			输　出
A	B	C	L
0	0	0	0
0	0	1	1
0	1	0	1
0	1	1	1
1	0	0	1
1	0	1	1
1	1	0	1
1	1	1	0

(4) 分析逻辑功能。

当 A、B、C 这 3 个变量不一致时，电路输出为“1”，所以这个电路称为“不一致电路”。

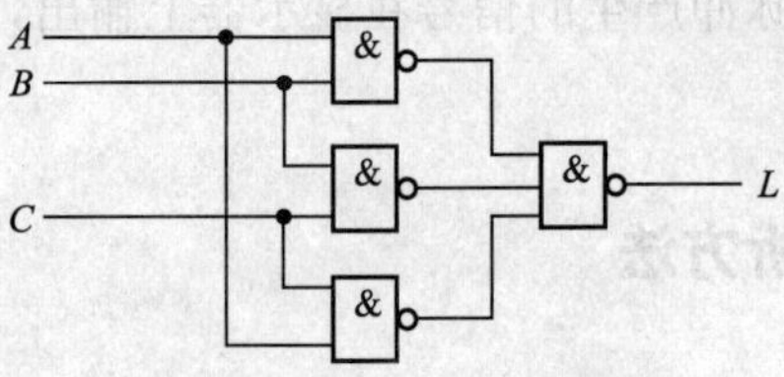

图 3.4 【例 3-2】逻辑图

【例 3-2】 组合电路如图 3.4 所示，试分析其逻辑功能。

解：(1) 由逻辑图写出逻辑表达式。

$$L=\overline{\overline{AB}\cdot\overline{BC}\cdot\overline{AC}}$$

(2) 化简与变换。

$$L=AB+BC+AC$$

(3) 列真值表，见表 3-2。

表 3-2 【例 3-2】真值表

输入			输出
A	B	C	L
0	0	0	0
0	0	1	0
0	1	0	0
0	1	1	1
1	0	0	0
1	0	1	1
1	1	0	1
1	1	1	1

(4) 分析逻辑功能。

由表 3-2 可知，若输入两个或两个以上为 1(或 0)，输出 Y 为 1(或 0)，此电路在实际应用中可作为 3 人表决电路。

【例 3-3】 电路如图 3.5 所示，分析其逻辑功能。

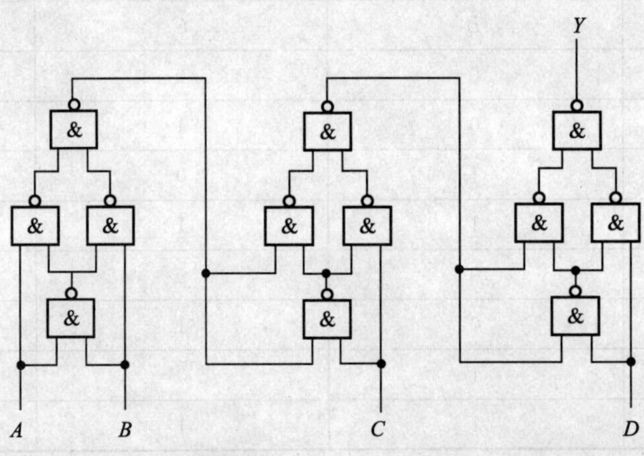

图 3.5 【例 3-3】电路图

解：(1) 写出表达式。

$$Y=\overline{A}\,\overline{B}\,\overline{C}D+\overline{A}\,\overline{B}C\overline{D}+\overline{A}B\overline{C}\,\overline{D}+\overline{A}BCD+A\overline{B}\,\overline{C}\,\overline{D}+A\overline{B}CD+AB\overline{C}D+ABC\overline{D}$$

已经是最简，不再化简。

(2) 列真值表，见到 3-3。

表 3-3 【例 3-3】真值表

输入				输出
A	B	C	D	Y
0	0	0	0	0
0	0	0	1	1
0	0	1	0	1
0	0	1	1	0
0	1	0	0	1
0	1	0	1	0
0	1	1	0	0
0	1	1	1	1
1	0	0	0	1
1	0	0	1	0
1	0	1	0	0
1	0	1	1	1
1	1	0	0	0
1	1	0	1	1
1	1	1	0	1
1	1	1	1	0

(3) 分析逻辑功能。

由真值表看出，4 位二进制数中，1 的个数为奇数时，$Y=1$，否则 $Y=0$。所以，该电路为 4 位检奇电路——检验 4 位二进制数中 1 的个数。

3.3 几种常用中规模集成电路及其应用

3.3.1 编码器和译码器

1. 编码器

编码——将特定含义的输入信号(文字、数字、符号)转换成二进制代码的过程。能够实现编码功能的数字电路称为编码器。

1) 二进制编码器

用 n 位二进制代码对 2^n 个信号进行编码的电路称为二进制编码器。一般来说，N 个

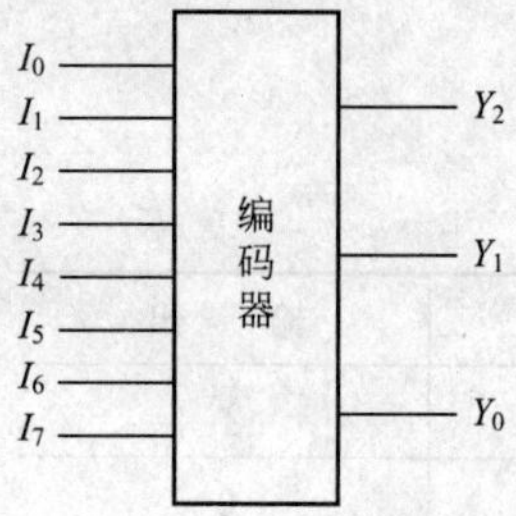

图 3.6　3 位二进制编码器结构图

不同的信号，至少需要 n 位二进制数编码。N 和 n 之间满足下列关系

$$2^n \geqslant N$$

(1) 3 位二进制编码器原理介绍如下。

其结构如图 3.6 所示。

输入是 8 个需要编码的信号(互相排斥)，分别用 I_0、I_1、…、I_7 表示；输出是 3 位二进制编码，分别用 Y_2、Y_1、Y_0 表示。其中，I_0、I_1、…、I_7 是一组互相排斥的变量，其简化编码真值表见表 3-4。

表 3-4　3 位二进制编码器简化真值表

输　入	输　出		
	Y_2	Y_1	Y_0
I_0	0	0	0
I_1	0	0	1
I_2	0	1	0
I_3	0	1	1
I_4	1	0	0
I_5	1	0	1
I_6	1	1	0
I_7	1	1	1

逻辑式为

$$Y_2 = I_4 + I_5 + I_6 + I_7$$
$$Y_1 = I_2 + I_3 + I_6 + I_7$$
$$Y_0 = I_1 + I_3 + I_5 + I_7$$

进一步得到逻辑图，如图 3.7 所示，属或门阵列。

用与非门实现，输入采用非变量形式。

$$Y_2 = I_4 + I_5 + I_6 + I_7 = \overline{\overline{I_4} \cdot \overline{I_5} \cdot \overline{I_6} \cdot \overline{I_7}}$$
$$Y_1 = I_2 + I_3 + I_6 + I_7 = \overline{\overline{I_2} \cdot \overline{I_3} \cdot \overline{I_6} \cdot \overline{I_7}}$$
$$Y_0 = I_1 + I_3 + I_5 + I_7 = \overline{\overline{I_1} \cdot \overline{I_3} \cdot \overline{I_5} \cdot \overline{I_7}}$$

(2) 3 位二进制优先编码器原理介绍如下。

优先编码器——允许同时输入两个以上的编码信号，编码器给所有的输入信号规定了优先顺序，当多个输入信号同时出现时，只对其中优先级最高的一个进行编码。

需编码的 8 个输入信号 I_0、I_1、…、I_7 允许有多个同时输入，但电路只对优先级别最高的进行编码(优先级别可自行设定)。

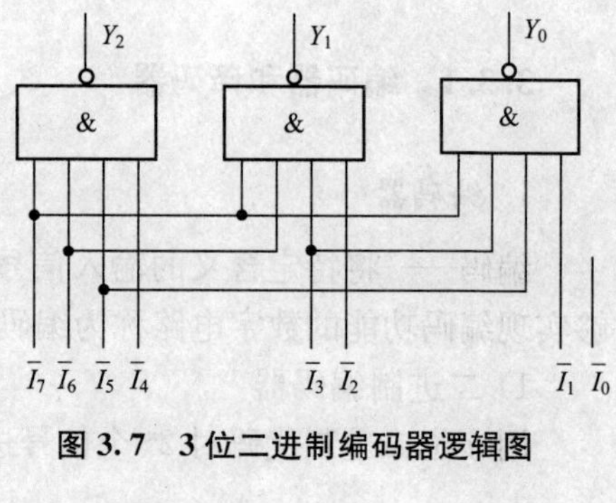

图 3.7　3 位二进制编码器逻辑图

在编码器中，设 I_7 级别最高，I_6 次之，I_5 再次之，……，I_0 最低。其编码真值表见表 3-5。

表 3-5 3位二进制优先编码器真值表

输入								输出		
I_7	I_6	I_5	I_4	I_3	I_2	I_1	I_0	Y_2	Y_1	Y_0
1	×	×	×	×	×	×	×	1	1	1
0	1	×	×	×	×	×	×	1	1	0
0	0	1	×	×	×	×	×	1	0	1
0	0	0	1	×	×	×	×	1	0	0
0	0	0	0	1	×	×	×	0	1	1
0	0	0	0	0	1	×	×	0	1	0
0	0	0	0	0	0	1	×	0	0	1
0	0	0	0	0	0	0	1	0	0	0

逻辑式为

$$Y_2=I_7+\overline{I}_7I_6+\overline{I}_7\overline{I}_6I_5+\overline{I}_7\overline{I}_6\overline{I}_5I_4=I_7+I_6+I_5+I_4$$

$$Y_1=I_7+\overline{I}_7I_6+\overline{I}_7\overline{I}_6\overline{I}_5\overline{I}_4I_3+\overline{I}_7\overline{I}_6\overline{I}_5\overline{I}_4\overline{I}_3I_2=I_7+I_6+\overline{I}_5\overline{I}_4I_3+\overline{I}_5\overline{I}_4I_2$$

$$Y_0=I_7+\overline{I}_7\overline{I}_6I_5+\overline{I}_7\overline{I}_6\overline{I}_5\overline{I}_4I_3+\overline{I}_7\overline{I}_6\overline{I}_5\overline{I}_4\overline{I}_3\overline{I}_2I_1=I_7+\overline{I}_6I_5+\overline{I}_6\overline{I}_4I_3+\overline{I}_6\overline{I}_4\overline{I}_2I_1$$

【例 3-4】 电话室有 3 种电话，按由高到低优先级排序依次是火警电话、急救电话、工作电话，要求电话编码依次为 00、01、10。试设计电话编码控制电路。

解：(1) 根据题意知，同一时间电话室只能处理一部电话，假如用 A、B、C 分别代表火警、急救、工作 3 种电话，设电话铃响用 1 表示，铃没响用 0 表示。当优先级别高的信号有效时，低级别的不起作用，用×表示；用 Y_1，Y_2 表示输出编码。

(2) 列真值表，见表 3-6。

表 3-6 【例 3-4】真值表

输入			输出	
A	B	C	Y_1	Y_2
1	×	×	0	0
0	1	×	0	1
0	0	1	1	0

(3) 写逻辑表达式。

$$Y_1=\overline{A}\overline{B}C$$

$$Y_2=\overline{A}B$$

(4) 画优先编码器逻辑图如图 3.8 所示。

(5) 集成 8 线-3 线优先编码器原理介绍如下。

常见的集成 3 位二进制优先编码器 74LS148 的符号和引脚图如图 3.9 所示。

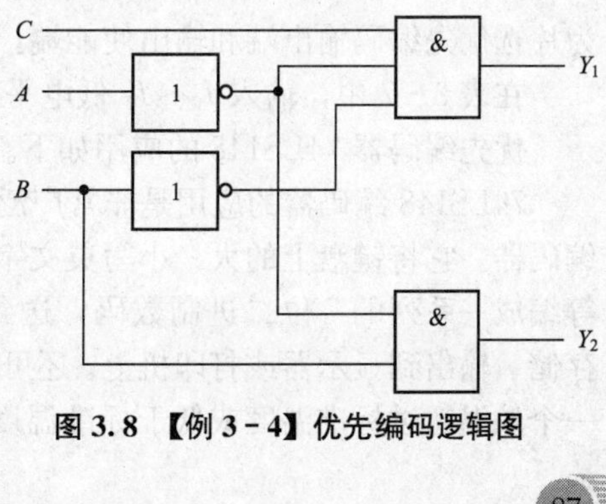

图 3.8 【例 3-4】优先编码逻辑图

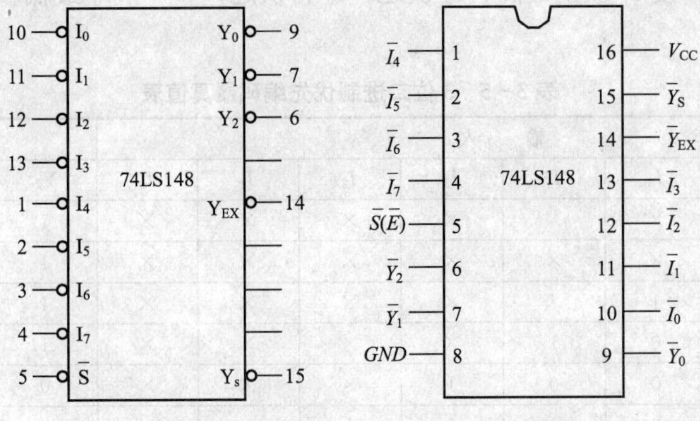

(a) 符号图 (b) 引脚图

图 3.9 74LS148 优先编码器

74LS148 的功能见表 3-7。

表 3-7 优先编码器 74LS148 功能表

输入使能端	输入								输出			扩展	使能输出
$\overline{S}$	$\overline{I}_7$	$\overline{I}_6$	$\overline{I}_5$	$\overline{I}_4$	$\overline{I}_3$	$\overline{I}_2$	$\overline{I}_1$	$\overline{I}_0$	$\overline{Y}_2$	$\overline{Y}_1$	$\overline{Y}_0$	$\overline{Y}_{EX}$	$\overline{Y}_S$
1	×	×	×	×	×	×	×	×	1	1	1	1	1
0	1	1	1	1	1	1	1	1	1	1	1	1	0
0	0	×	×	×	×	×	×	×	0	0	0	0	1
0	1	0	×	×	×	×	×	×	0	0	1	0	1
0	1	1	0	×	×	×	×	×	0	1	0	0	1
0	1	1	1	0	×	×	×	×	0	1	1	0	1
0	1	1	1	1	0	×	×	×	1	0	0	0	1
0	1	1	1	1	1	0	×	×	1	0	1	0	1
0	1	1	1	1	1	1	0	×	1	1	0	0	1
0	1	1	1	1	1	1	1	0	1	1	1	0	1

图中，$\overline{I}_0 \sim \overline{I}_7$ 为输入信号端，$\overline{S}$是使能输入端，$\overline{Y}_0 \sim \overline{Y}_2$ 是 3 个输出端，$\overline{Y}_{EX}$和$\overline{Y}_S$分别为片选优先编码输出端和输出使能端。

在表 3-7 中，输入 $I_0 \sim I_7$ 低电平有效，I_7 为最高优先级，I_0 为最低优先级。

优先编码器 74LS148 的应用如下。

74LS148 编码器的应用是非常广泛的。例如，常用计算机键盘，其内部就是一个字符编码器。它将键盘上的大、小写英文字母和数字及符号还包括一些功能键(回车、空格)等编成一系列的 7 位二进制数码，送到计算机的中央处理单元 CPU，然后再进行处理、存储、输出到显示器或打印机上。还可以用 74LS148 编码器监控炉罐的温度，若其中任何一个炉温超过标准温度或低于标准温度，则检测传感器输出一个 0 电平到 74LS148 编码器的输入端，编码器编码后输出 3 位二进制代码到微处理器进行控制。

2）二-十进制编码器

二-十进制编码器：实现用 4 位二进制数代码对 1 位十进制数码进行编码的电路。亦即将 0～9 这 10 个十进制数转换为二进制代码的电路，简称 BCD 编码器，有多种类型。

(1) 8421BCD 码编码器原理介绍如下。

① 真值表及逻辑式。

逻辑式为

$$Y_3 = I_8 + I_9$$

$$Y_2 = I_4 + I_5 + I_6 + I_7$$

$$Y_1 = I_2 + I_3 + I_6 + I_7$$

$$Y_0 = I_1 + I_3 + I_5 + I_7 + I_9$$

真值表见表 3-8。

表 3-8　8421BCD 码编码器真值表

输　入	输　出			
I_n	Y_3	Y_2	Y_1	Y_0
I_0	0	0	0	0
I_1	0	0	0	1
I_2	0	0	1	0
I_3	0	0	1	1
I_4	0	1	0	0
I_5	0	1	0	1
I_6	0	1	1	0
I_7	0	1	1	1
I_8	1	0	0	0
I_9	1	0	0	1

② 逻辑图如图 3.10 所示。

在输入端及输出端加上非门就构成输入、输出均为反变量的逻辑图。

(2) 8421BCD 优先编码器原理介绍如下。

① 真值表见表 3-9。

② 写出逻辑式(已化简)。

$$Y_3 = I_9 + I_8$$

$$Y_2 = \bar{I}_9 \bar{I}_8 I_7 + \bar{I}_9 \bar{I}_8 I_6 + \bar{I}_9 \bar{I}_8 I_5 + \bar{I}_9 \bar{I}_8 I_4$$

$$Y_1 = \bar{I}_9 \bar{I}_8 I_7 + \bar{I}_9 \bar{I}_8 I_6 + \bar{I}_9 \bar{I}_8 \bar{I}_5 \bar{I}_4 I_3 + \bar{I}_9 \bar{I}_8 \bar{I}_5 \bar{I}_4 I_2$$

$$Y_0 = I_9 + \bar{I}_8 I_7 + \bar{I}_8 \bar{I}_6 I_5 + \bar{I}_8 \bar{I}_6 \bar{I}_4 I_3 + \bar{I}_8 \bar{I}_6 \bar{I}_4 \bar{I}_2 I_1$$

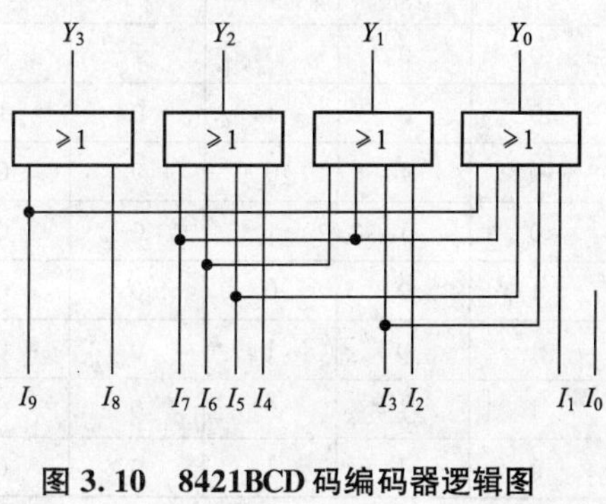

图 3.10　8421BCD 码编码器逻辑图

表 3-9　8421BCD 优先编码器真值表

输　入										输　出			
I_9	I_8	I_7	I_6	I_5	I_4	I_3	I_2	I_1	I_0	Y_3	Y_2	Y_1	Y_0
1	×	×	×	×	×	×	×	×	×	1	0	0	1
0	1	×	×	×	×	×	×	×	×	1	0	0	0
0	0	1	×	×	×	×	×	×	×	0	1	1	1
0	0	0	1	×	×	×	×	×	×	0	1	1	0
0	0	0	0	1	×	×	×	×	×	0	1	0	1
0	0	0	0	0	1	×	×	×	×	0	1	0	0
0	0	0	0	0	0	1	×	×	×	0	0	1	1
0	0	0	0	0	0	0	1	×	×	0	0	1	0
0	0	0	0	0	0	0	0	1	×	0	0	0	1
0	0	0	0	0	0	0	0	0	1	0	0	0	0

③ 逻辑图略。

2. 译码器

译码——将输入代码转换成特定的输出信号的过程。能够实现译码功能的数字电路称为译码器。

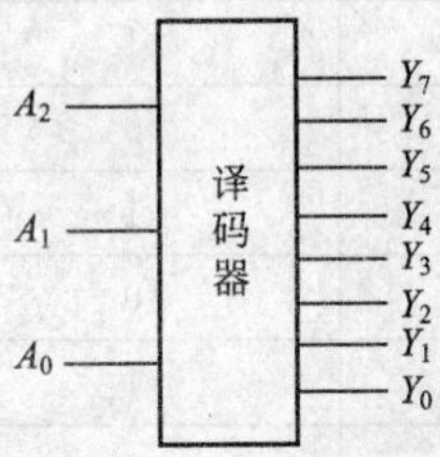

图 3.11 【例 3-5】结构图

假设译码器有 n 个输入信号和 N 个输出信号，如果 $N=2^n$，就称为全译码器，常见的全译码器有 2 线-4 线译码器、3 线-8 线译码器、4 线-16 线译码器等。如果 $N<2^n$，称为部分译码器，如二-十进制译码器(也称作 4 线-10 线译码器)等。

1) 3 位二进制译码器

【例 3-5】 用与非门设计 3 线-8 线译码器。

解： 3 线-8 线译码器结构图如图 3.11 所示。

(1) 列出译码表，见表 3-10。

表 3-10 【例 3-5】译码表

输　入			输　出							
A_2	A_1	A_0	Y_0	Y_1	Y_2	Y_3	Y_4	Y_5	Y_6	Y_7
0	0	0	1	0	0	0	0	0	0	0
0	0	1	0	1	0	0	0	0	0	0
0	1	0	0	0	1	0	0	0	0	0
0	1	1	0	0	0	1	0	0	0	0
1	0	0	0	0	0	0	1	0	0	0
1	0	1	0	0	0	0	0	1	0	0
1	1	0	0	0	0	0	0	0	1	0
1	1	1	0	0	0	0	0	0	0	1

(2) 写出各输出函数表达式。

$$\begin{cases} Y_0=\overline{A}_2\overline{A}_1\overline{A}_0 \\ Y_1=\overline{A}_2\overline{A}_1A_0 \\ Y_2=\overline{A}_2A_1\overline{A}_0 \\ Y_3=\overline{A}_2A_1A_0 \\ Y_4=A_2\overline{A}_1\overline{A}_0 \\ Y_5=A_2\overline{A}_1A_0 \\ Y_6=A_2A_1\overline{A}_0 \\ Y_7=A_2A_1A_0 \end{cases}$$

(3) 画出逻辑电路图如图 3.12 所示。

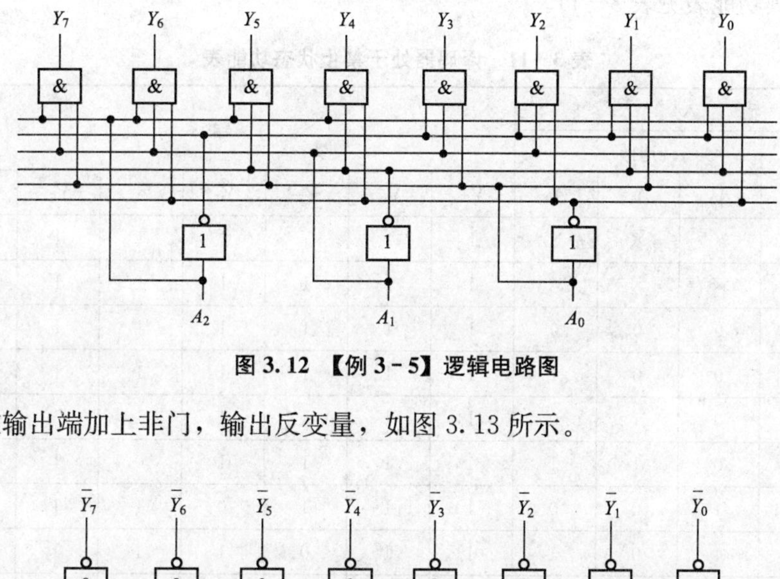

图 3.12 【例 3-5】逻辑电路图

也可在输出端加上非门，输出反变量，如图 3.13 所示。

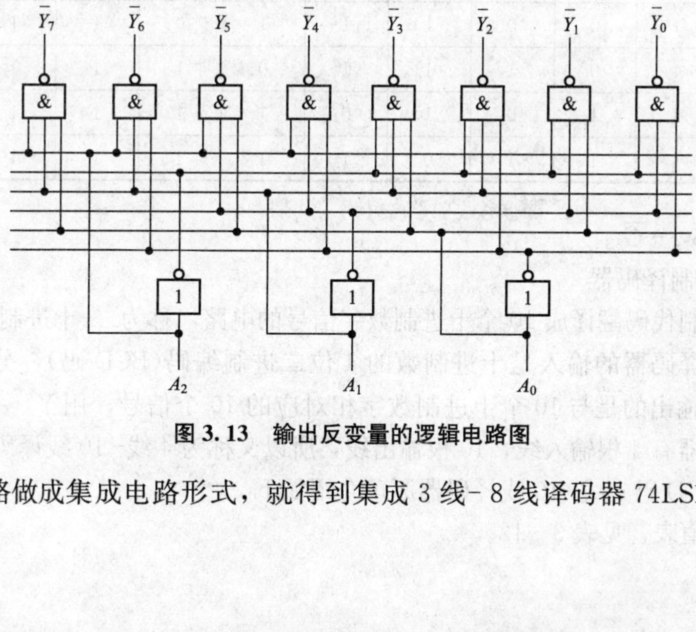

图 3.13 输出反变量的逻辑电路图

将上述电路做成集成电路形式，就得到集成 3 线-8 线译码器 74LS138，如图 3.14 所示。

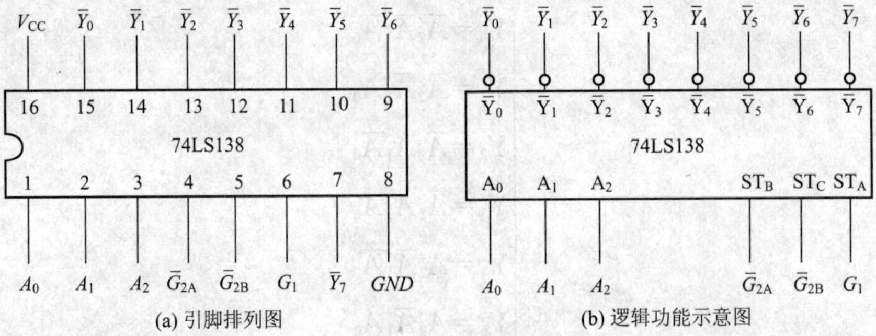

图 3.14　74LS138 芯片图

A_2、A_1、A_0 为二进制译码输入端，$\overline{Y}_7 \sim \overline{Y}_0$ 为译码输出端(低电平有效)，G_1、$\overline{G}_{2A}$、$\overline{G}_{2B}$为使能输入端。当 $G_1=1$、$\overline{G}_{2A}=\overline{G}_{2B}=0$ 时，译码器处于工作状态；否则，译码器处于禁止状态。其功能表见表 3-11。

表 3-11　译码器处于禁止状态功能表

输入					输出							
使能		选择										
G_1	$\overline{G}_2$	A_2	A_1	A_0	$\overline{Y}_7$	$\overline{Y}_6$	$\overline{Y}_5$	$\overline{Y}_4$	$\overline{Y}_3$	$\overline{Y}_2$	$\overline{Y}_1$	$\overline{Y}_0$
×	1	×	×	×	1	1	1	1	1	1	1	1
0	×	×	×	×	1	1	1	1	1	1	1	1
1	0	0	0	0	1	1	1	1	1	1	1	0
1	0	0	0	1	1	1	1	1	1	1	0	1
1	0	0	1	0	1	1	1	1	1	0	1	1
1	0	0	1	1	1	1	1	1	0	1	1	1
1	0	1	0	0	1	1	1	0	1	1	1	1
1	0	1	0	1	1	1	0	1	1	1	1	1
1	0	1	1	0	1	0	1	1	1	1	1	1
1	0	1	1	1	0	1	1	1	1	1	1	1

其中 $\overline{G}_2=\overline{G}_{2A}+\overline{G}_{2B}$。

2) 二-十进制译码器

把二-十进制代码翻译成 10 个十进制数字信号的电路，称为二-十进制译码器。

二-十进制译码器的输入是十进制数的 4 位二进制编码(BCD 码)，分别用 A_3、A_2、A_1、A_0 表示；输出的是与 10 个十进制数字相对应的 10 个信号，用 $Y_9 \sim Y_0$ 表示。由于二-十进制译码器有 4 根输入线，10 根输出线，所以又称为 4 线-10 线译码器。

(1) 8421BCD 码 4 线-10 线译码器原理介绍如下。

① 列出真值表，见表 3-12。

表 3-12 8421BCD 码 4 线-10 线译码器真值表

输入				输出									
A_3	A_2	A_1	A_0	Y_0	Y_1	Y_2	Y_3	Y_4	Y_5	Y_6	Y_7	Y_8	Y_9
0	0	0	0	1	0	0	0	0	0	0	0	0	0
0	0	0	1	0	1	0	0	0	0	0	0	0	0
0	0	1	0	0	0	1	0	0	0	0	0	0	0
0	0	1	1	0	0	0	1	0	0	0	0	0	0
0	1	0	0	0	0	0	0	1	0	0	0	0	0
0	1	0	1	0	0	0	0	0	1	0	0	0	0
0	1	1	0	0	0	0	0	0	0	1	0	0	0
0	1	1	1	0	0	0	0	0	0	0	1	0	0
1	0	0	0	0	0	0	0	0	0	0	0	1	0
1	0	0	1	0	0	0	0	0	0	0	0	0	1
1	0	1	0	×	×	×	×	×	×	×	×	×	×
1	0	1	1	×	×	×	×	×	×	×	×	×	×
1	1	0	0	×	×	×	×	×	×	×	×	×	×
1	1	0	1	×	×	×	×	×	×	×	×	×	×
1	1	1	0	×	×	×	×	×	×	×	×	×	×
1	1	1	1	×	×	×	×	×	×	×	×	×	×

② 写出表达式。

$Y_0=\overline{A}_3\overline{A}_2\overline{A}_1\overline{A}_0 \quad Y_1=\overline{A}_3\overline{A}_2\overline{A}_1A_0 \quad Y_2=\overline{A}_2A_1\overline{A}_0 \quad Y_3=\overline{A}_2A_1A_0$

$Y_4=A_2\overline{A}_1\overline{A}_0 \quad Y_5=A_2\overline{A}_1A_0 \quad Y_6=A_2A_1\overline{A}_0 \quad Y_7=A_2A_1A_0$

$Y_8=A_3\overline{A}_0 \quad Y_9=A_3A_0$

③ 画出逻辑图，如图 3.15 所示。

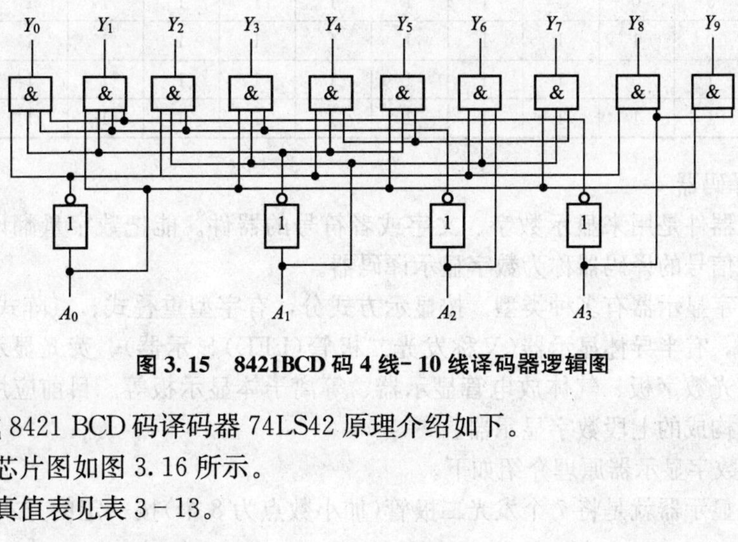

图 3.15 8421BCD 码 4 线-10 线译码器逻辑图

(2) 集成 8421 BCD 码译码器 74LS42 原理介绍如下。

74LS42 芯片图如图 3.16 所示。

74LS42 真值表见表 3-13。

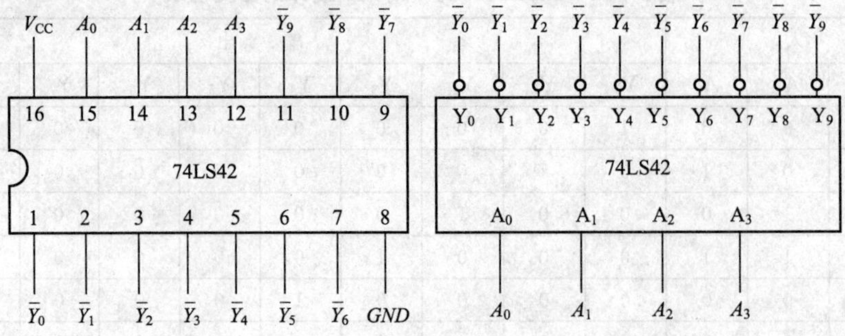

(a) 引脚排列图　　　　(b) 逻辑功能示意图

图 3.16　74LS42 芯片图

表 3-13　74LS42 真值表

输入				输出									
A_3	A_2	A_1	A_0	$\overline{Y}_0$	$\overline{Y}_1$	$\overline{Y}_2$	$\overline{Y}_3$	$\overline{Y}_4$	$\overline{Y}_5$	$\overline{Y}_6$	$\overline{Y}_7$	$\overline{Y}_8$	$\overline{Y}_9$
0	0	0	0	0	1	1	1	1	1	1	1	1	1
0	0	0	1	1	0	1	1	1	1	1	1	1	1
0	0	1	0	1	1	0	1	1	1	1	1	1	1
0	0	1	1	1	1	1	0	1	1	1	1	1	1
0	1	0	0	1	1	1	1	0	1	1	1	1	1
0	1	0	1	1	1	1	1	1	0	1	1	1	1
0	1	1	0	1	1	1	1	1	1	0	1	1	1
0	1	1	1	1	1	1	1	1	1	1	0	1	1
1	0	0	0	1	1	1	1	1	1	1	1	0	1
1	0	0	1	1	1	1	1	1	1	1	1	1	0
1	0	1	0	1	1	1	1	1	1	1	1	1	1
1	0	1	1	1	1	1	1	1	1	1	1	1	1
1	1	0	0	1	1	1	1	1	1	1	1	1	1
1	1	0	1	1	1	1	1	1	1	1	1	1	1
1	1	1	0	1	1	1	1	1	1	1	1	1	1
1	1	1	1	1	1	1	1	1	1	1	1	1	1

3）显示译码器

数字显示器件是用来显示数字、文字或者符号的器件。能把数字量翻译成数字显示器所能识别的信号的译码器称为数字显示译码器。

常用的数字显示器有多种类型。按显示方式分，有字型重叠式、点阵式、分段式等。按发光物质分，有半导体显示器(又称发光二极管(LED)显示器)、荧光显示器、液晶显示器、场致发光数字板、气体放电管显示器、等离子体显示板等。目前应用最广泛的是由发光二极管构成的七段数字显示器。

(1) 七段数字显示器原理介绍如下。

七段数字显示器就是将 7 个发光二极管(加小数点为 8 个)按一定的方式排列起来，7

段a、b、c、d、e、f、g(小数点DP)各对应一个发光二极管，利用不同发光段的组合，显示不同的阿拉伯数字。显示器及发光段组合图分别如图 3.17(a)和图 3.17(b)所示。

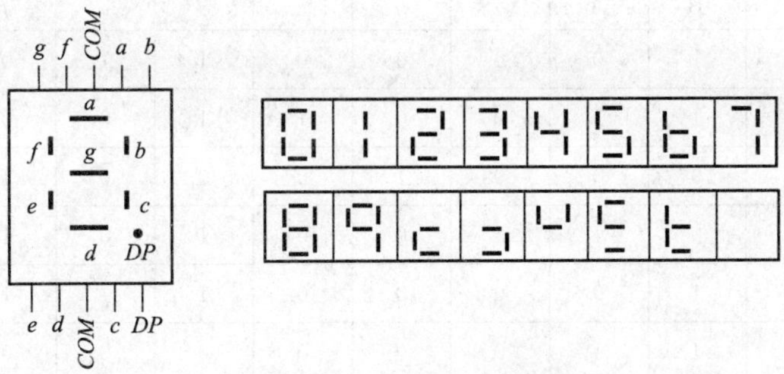

(a) 显示器　　(b) 段组合图

图 3.17　七段数字显示器及发光段组合图

按内部连接方式不同，七段数字显示器分为共阴极和共阳极两种，如图 3.18(a)和图 3.18(b)所示。

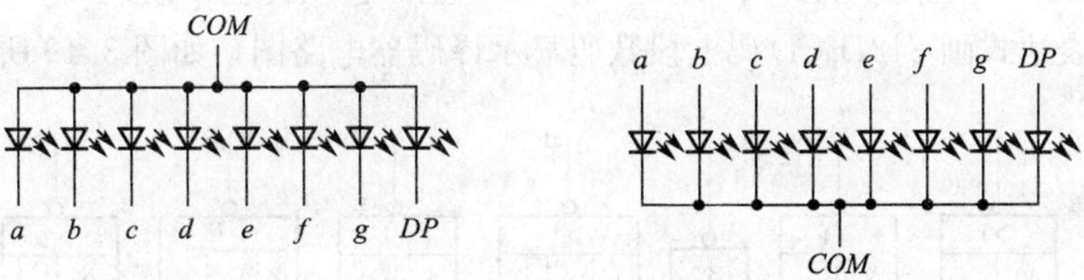

(a) 共阳极接法　　(b) 共阴极接法

图 3.18　半导体数字显示器的内部接法

半导体显示器的优点是工作电压较低(1.5～3V)、体积小、寿命长、亮度高、响应速度快、工作可靠性高。缺点是工作电流大，每个字段的工作电流约为10mA。

(2) 七段数码显示译码器设计如下。

① 真值表(共阴极接法)见表 3-14。

表 3-14　七段数码显示译码器真值表

	输入				输出							显示数字
	D	*C*	*B*	*A*	*a*	*b*	*c*	*d*	*e*	*f*	*g*	
有效码	0	0	0	0	1	1	1	1	1	1	0	0
	0	0	0	1	0	1	1	0	0	0	0	1
	0	0	1	0	1	1	0	1	1	0	1	2
	0	0	1	1	1	1	1	1	0	0	1	3
	0	1	0	0	0	1	1	0	0	1	1	4
	0	1	0	1	1	0	1	1	0	1	1	5
	0	1	1	0	0	0	1	1	1	1	1	6
	0	1	1	1	1	1	1	0	0	0	0	7
	1	0	0	0	1	1	1	1	1	1	1	8
	1	0	0	1	1	1	1	0	0	1	1	9

（续）

	输入				输出							显示数字
	D	C	B	A	a	b	c	d	e	f	g	
无效码	1	0	1	0	0	0	0	1	1	0	1	10
	1	0	1	1	0	0	1	1	0	0	1	11
	1	1	0	0	0	1	0	0	0	1	1	12
	1	1	0	1	1	0	0	1	0	1	1	13
	1	1	1	0	0	0	0	1	1	1	1	14
	1	1	1	1	0	0	0	0	0	0	0	15

② 七段数码显示译码器表达式计算如下。

写出表达式，利用含无关项的卡诺图进行化简，得如下式子

$$a=\overline{C\bar{A}+\bar{D}\bar{C}\bar{B}\bar{A}}\quad b=\overline{C\bar{B}A+CB\bar{A}}\quad c=\overline{\bar{C}B\bar{A}}\quad d=\overline{CBA+C\bar{B}\bar{A}+\bar{C}\bar{B}A}$$

$$e=\overline{A+C\bar{B}}\quad f=\overline{BA+\bar{D}\bar{C}A+\bar{C}B}\quad g=\overline{\bar{D}\bar{C}\bar{B}+CBA}$$

③ 根据表达式画 8421BCD 码七段数码显示译码器电路图，如图 3.19 所示。

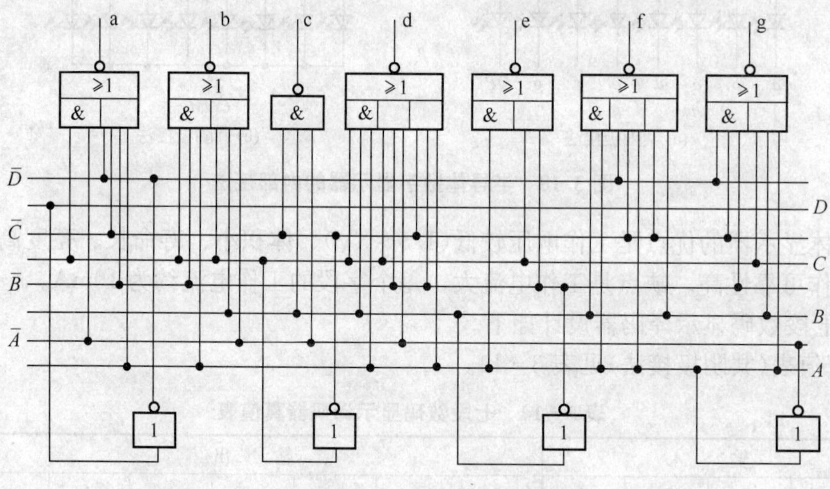

图 3.19　8421BCD 码七段数码显示译码器电路图

(3) 集成七段译码器原理介绍如下。

七段显示译码器 7448 是一种与共阴极数字显示器配合使用的集成译码器，它的功能是将输入的 4 位二进制代码转换成显示器所需要的 7 个段信号 $a\sim g$，如图 3.20 所示。

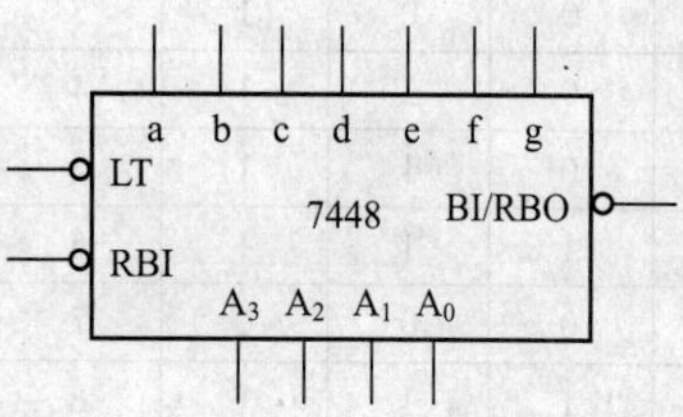

图 3.20　7448 结构图

① 正常译码显示。$LT=1$，$BI/RBO=1$ 时，对输入为十进制数 1～15 的二进制码(0001～1111)进行译码，产生对应的七段显示码。

② 灭零。当输入 $RBI=0$，而输入为 0 的二进制码 0000 时，则译码器的 $a\sim g$ 输出全 0，使显示器全灭；只

有当 $RBI=1$ 时，才产生 0 的七段显示码。所以 RBI 称为灭零输入端。

③ 试灯。当 $LT=0$ 时，无论输入怎样，$a\sim g$ 输出全 1，数码管七段全亮。由此可以检测显示器 7 个发光段的好坏。LT 称为试灯输入端。

④ 特殊控制端 BI/RBO。BI/RBO 可以作输入端，也可以作输出端。

作输入使用时，如果 $BI=0$ 时，不管其他输入端为何值，$a\sim g$ 均输出 0，显示器全灭。因此 BI 称为灭灯输入端。

作输出端使用时，受控于 RBI。当 $RBI=0$，输入为 0 的二进制码 0000 时，$RBO=0$，用以指示该片正处于灭零状态。所以，RBO 又称为灭零输出端。

将 BI/RBO 和 RBI 配合使用，可以实现多位数显示时的"无效 0 消隐"功能。

表 3-15 为它的逻辑功能表。$a\sim g$ 为译码输出端。另外，它还有 3 个控制端：试灯输入端 LT、灭零输入端 RBI、特殊控制端 BI/RBO。其功能如下。

表 3-15 七段显示译码器 7448 的逻辑功能表

功能（输入）	输入						输入输出	输出							显示字形
	LT	RBI	A_3	A_2	A_1	A_0	BI/RBO	a	b	c	d	e	f	g	
fe0f	1	1	0	0	0	0	1	1	1	1	1	1	1	0	
1	1	×	0	0	0	1	1	0	1	1	0	0	0	0	
2	1	×	0	0	1	0	1	1	1	0	1	1	0	1	
3	1	×	0	0	1	1	1	1	1	1	1	0	0	1	
4	1	×	0	1	0	0	1	0	1	1	0	0	1	1	
5	1	×	0	1	0	1	1	1	0	1	1	0	1	1	
6	1	×	0	1	1	0	1	0	0	1	1	1	1	1	
7	1	×	0	1	1	1	1	1	1	1	0	0	0	0	
8	1	×	1	0	0	0	1	1	1	1	1	1	1	1	
9	1	×	1	0	0	1	1	1	1	1	0	0	1	1	
10	1	×	1	0	1	0	1	0	0	0	1	1	0	1	
11	1	×	1	0	1	1	1	0	0	1	1	0	0	1	
12	1	×	1	1	0	0	1	0	1	0	0	0	1	1	
13	1	×	1	1	0	1	1	1	0	0	1	0	1	1	
14	1	×	1	1	1	0	1	0	0	0	1	1	1	1	
15	1	×	1	1	1	1	1	0	0	0	0	0	0	0	
灭灯	×	×	×	×	×	×	0	0	0	0	0	0	0	0	
灭零	1	0	0	0	0	0	0	0	0	0	0	0	0	0	
试灯	0	×	×	×	×	×	1	1	1	1	1	1	1	1	

在多位十进制数码显示时，整数前和小数后的 0 是无意义的，称为"无效 0"。在表 3-15 所示的多位数码显示系统中，就可将无效 0 灭掉。从表中可见，由于整数部分 7448 除最高位的 RBI 接 0、最低位的 RBI 接 1 外，其余各位的 RBI 均接受高位的 RBO

输出信号。所以整数部分只有在高位是 0，而且被熄灭时，低位才有灭零输入信号。同理，小数部分除最高位的 RBI 接 1、最低位的 RBI 接 0 外，其余各位均接受低位的 RBO 输出信号。所以小数部分只有在低位是 0，而且被熄灭时，高位才有灭零输入信号。从而实现了多位十进制数码显示器的"无效 0 消隐"功能。

3.3.2 数据选择器和分配器

1. 数据选择器

在多路数据传送过程中，能够根据需要将其中任意一路挑选出来的电路，叫做数据选择器，也称为多路选择器，其作用相当于多路开关。

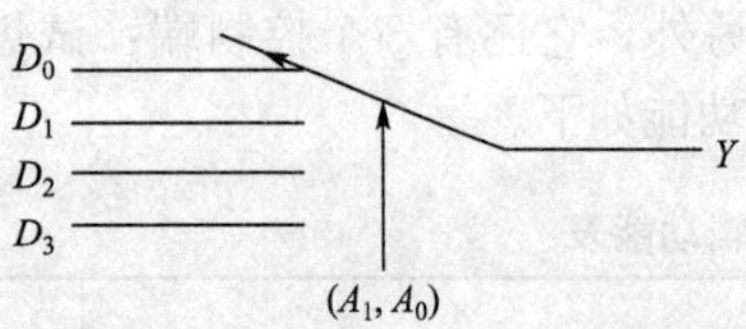

图 3.21 4 选 1 数据选择器结构图

常见的数据选择器有 4 选 1、8 选 1、16 选 1 电路。

1）4 选 1 数据选择器

其结构如图 3.21 所示。

① 真值表见表 3-16。

表 3-16 4 选 1 数据选择器真值表

输入			输出
D	A_1	A_0	Y
D_0	0	0	D_0
D_1	0	1	D_1
D_2	1	0	D_2
D_3	1	1	D_3

② 逻辑表达式如下。

$$Y=D_0\overline{A}_1\overline{A}_0+D_1\overline{A}_1A_0+D_2A_1\overline{A}_0+D_3A_1A_0=\sum_{i=0}^{3}D_im_i$$

③ 逻辑图如图 3.22 所示。

2）集成数据选择器

① 集成 8 选 1 数据选择器 74LS151，其芯片图如图 3.23 所示，真值表见表 3-17。

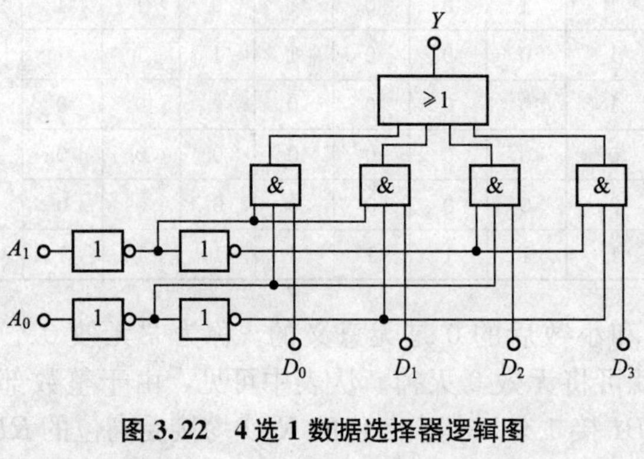

图 3.22 4 选 1 数据选择器逻辑图

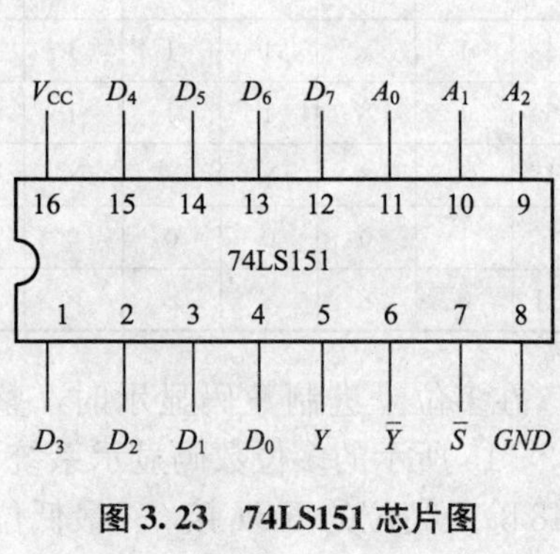

图 3.23 74LS151 芯片图

表 3-17 74LS151 的真值表

输入					输出	
D	A_2	A_1	A_0	$\overline{S}$	Y	$\overline{Y}$
×	×	×	×	1	0	1
D_0	0	0	0	0	D_0	$\overline{D}_0$
D_1	0	0	1	0	D_1	$\overline{D}_1$
D_2	0	1	0	0	D_2	$\overline{D}_2$
D_3	0	1	1	0	D_3	$\overline{D}_3$
D_4	1	0	0	0	D_4	$\overline{D}_4$
D_5	1	0	1	0	D_5	$\overline{D}_5$
D_6	1	1	0	0	D_6	$\overline{D}_6$
D_7	1	1	1	0	D_7	$\overline{D}_7$

$\overline{S}=1$ 时，选择器被禁止，无论地址码是什么，Y 总是等于 0。

$\overline{S}=0$ 时，选择器工作。

$$Y=D_0\overline{A}_2\overline{A}_1\overline{A}_0+D_1\overline{A}_2\overline{A}_1A_0+\cdots+D_7A_2A_1A_0=\sum_{i=0}^{7}D_im_i$$

$$\overline{Y}=\overline{D}_0\overline{A}_2\overline{A}_1\overline{A}_0+\overline{D}_1\overline{A}_2\overline{A}_1A_0+\cdots+\overline{D}_7A_2A_1A_0=\sum_{i=0}^{7}\overline{D}_im_i$$

② 数据选择器的扩展，如图 3.24 所示。

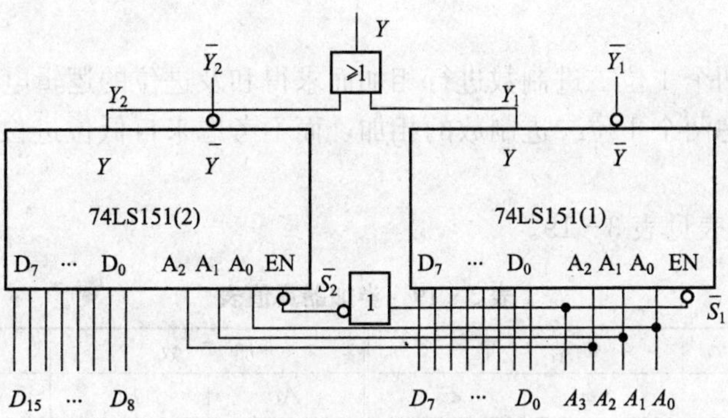

图 3.24 数据选择器的扩展

$A_3=0$ 时，$\overline{S}_1=0$、$\overline{S}_2=1$，片(2)禁止、片(1)工作。

$A_3=1$ 时，$\overline{S}_1=1$、$\overline{S}_2=0$，片(1)禁止、片(2)工作。

2. 数据分配器——1 路-4 路数据分配器

1) 真值表

1 路-4 路数据分配器真值表见表 3-18。

2) 逻辑表达式

$$Y_0=D\overline{A}_1\overline{A}_0 \quad Y_1=D\overline{A}_1A_0$$

表 3-18　1 路-4 路数据分配器真值表

输入			输出			
	A_1	A_0	Y_0	Y_1	Y_2	Y_3
	0	0	D	0	0	0
D	0	1	0	D	0	0
	1	0	0	0	D	0
	1	1	0	0	0	D

$$Y_2 = DA_1\overline{A}_0 \quad Y_3 = DA_1A_0$$

3）逻辑图

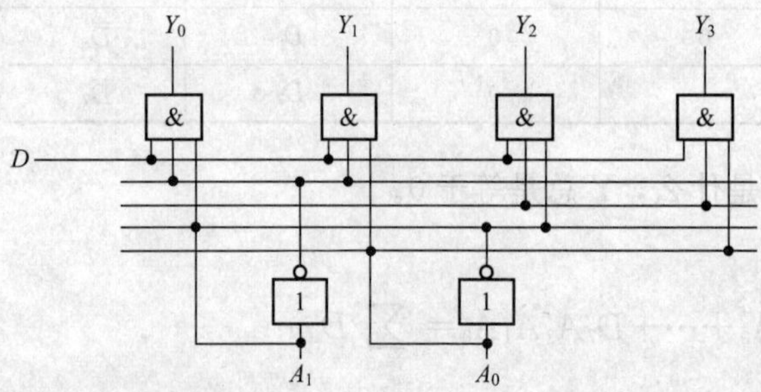

图 3.25　1 路-4 路数据分配器逻辑图

1 路-4 路数据分配器逻辑图如图 3.25 所示。

3.3.3　加法器和数值比较器

加法器是计算机中不可缺少的组成单元，应用十分广泛。此外，计算机中还要经常对两个数的大小进行比较。因此，加法器和数值比较器是常用的中规模集成电路。

1. 加法器

1）半加器

概念 1：能对两个 1 位二进制数进行相加而求得和及进位的逻辑电路称为半加器。

概念 2：只考虑两个 1 位二进制数的相加，而不考虑来自低位进位数的运算电路，称为半加器。

① 半加器真值表见表 3-19。

表 3-19　半加器真值表

加数		结果		加数		结果	
A_i	B_i	S_i	C_i	A_i	B_i	S_i	C_i
0	0	0	0	1	0	1	0
0	1	1	0	1	1	0	1

② 输出逻辑函数如下。

$$S_i = \overline{A}_iB_i + A_i\overline{B}_i = A_i \oplus B_i$$

$$C_i = A_iB_i$$

③ 逻辑图和逻辑符号分别如图 3.26(a)和图 3.26(b)所示。

2）全加器

概念 1：能对两个 1 位二进制数进行相加并考虑低位来的进位，即相当于 3 个 1 位二进制数相加，求得和及进位的逻辑电路称为全加器。

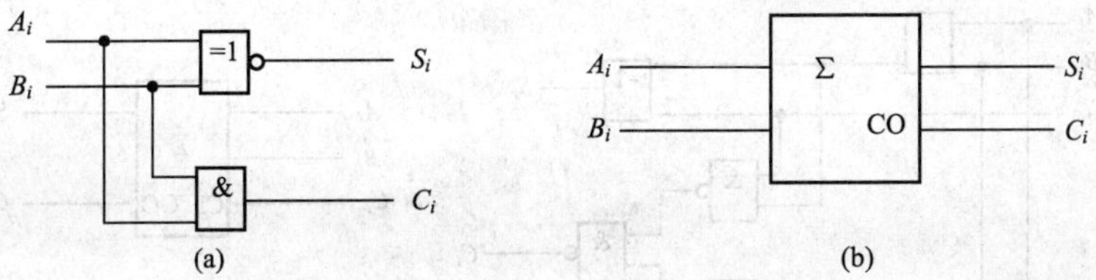

图 3.26 半加器电路图及符号

概念 2：不仅考虑两个 1 位二进制数相加，而且还考虑来自低位进位数相加的运算电路，称为全加器。

① 真值表见表 3-20。A_i、B_i：加数；C_{i-1}：低位来的进位；S_i：本位的和；C_i：向高位的进位。

表 3-20 全加器真值表

输入			输出	
A_i	B_i	C_{i-1}	S_i	C_i
0	0	0	0	0
0	0	1	1	0
0	1	0	1	0
0	1	1	0	1
1	0	0	1	0
1	0	1	0	1
1	1	0	0	1
1	1	1	1	1

② 输出逻辑函数如下。

$$S_i = m_1 + m_2 + m_4 + m_7 = A_i \oplus B_i \oplus C_{i-1}$$

$$C_i = m_3 + m_5 + A_iB_i = (A_i \oplus B_i)C_{i-1} + A_iB_i$$

画出如图 3.27 所示的 S_i 和 C_i 卡诺图。

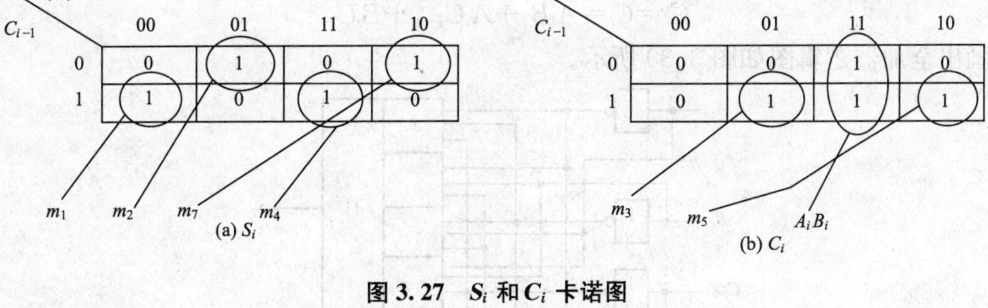

图 3.27 S_i 和 C_i 卡诺图

③ 全加器的逻辑图和逻辑符号分别如图 3.28(a)和图 3.28(b)所示。

表达式如下

$$\begin{aligned} S_i &= m_1 + m_2 + m_4 + m_7 = \overline{A}_i\overline{B}_iC_{i-1} + \overline{A}_iB_i\overline{C}_{i-1} + A_i\overline{B}_i\overline{C}_{i-1} + A_iB_iC_{i-1} \\ &= \overline{A}_i(\overline{B}_iC_{i-1} + B_i\overline{C}_{i-1}) + A_i(\overline{B}_i\overline{C}_{i-1} + B_iC_{i-1}) = \overline{A}_i(B_i \oplus C_{i-1}) + A_i(\overline{B_i \oplus C_{i-1}}) \\ &= A_i \oplus B_i \oplus C_{i-1} \end{aligned}$$

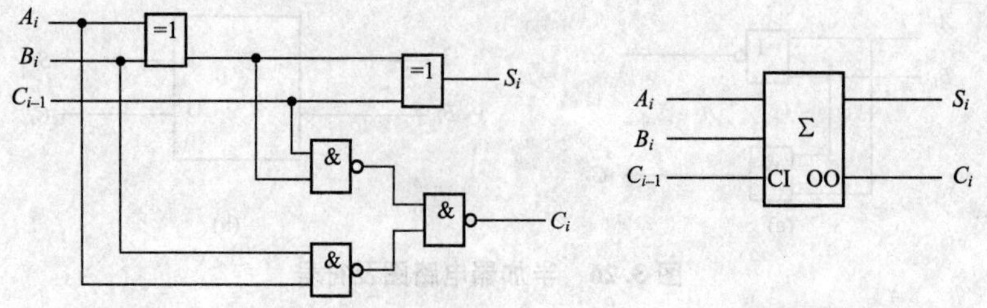

(a) 逻辑图　　　　(b) 逻辑符号

图 3.28　全加器逻辑图及逻辑符号

$$C_i=m_3+m_5+A_iB_i=\overline{A}_iB_iC_{i-1}+A_i\overline{B}_iC_{i-1}+A_iB_i=(\overline{A}_iB_i+A_i\overline{B}_i)C_{i-1}+A_iB_i$$
$$=(A_i\oplus B_i)C_{i-1}+A_iB_i$$

④ 用与或非门实现方法如下。

先求$\overline{S_i}$和$\overline{C}_i$。为此，合并值为 0 的最小项。S_i 和 C_i 的卡诺图分别如图 3.29(a)和图 3.29(b)所示。

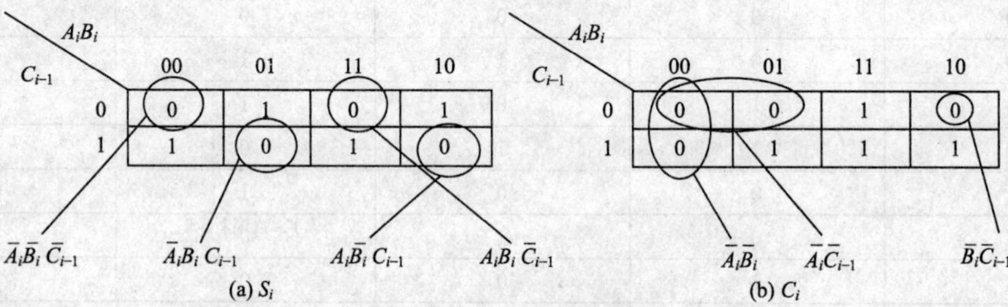

图 3.29　S_i和C_i的卡诺图

$$\overline{S}_i=\overline{A}_i\overline{B}_i\overline{C}_{i-1}+\overline{A}_iB_iC_{i-1}+A_i\overline{B}_iC_{i-1}+A_iB_i\overline{C}_{i-1}$$
$$\overline{C}_i=\overline{A}_i\overline{B}_i+\overline{A}_i\overline{C}_{i-1}+\overline{B}_i\overline{C}_{i-1}$$

再取反，得

$$S_i=\overline{\overline{S}}_i=\overline{\overline{A}_i\overline{B}_i\overline{C}_{i-1}+\overline{A}_iB_iC_{i-1}+A_i\overline{B}_iC_{i-1}+A_iB_i\overline{C}_{i-1}}$$
$$C_i=\overline{\overline{C}}_i=\overline{\overline{A}_i\overline{B}_i+\overline{A}_i\overline{C}_{i-1}+\overline{B}_i\overline{C}_{i-1}}$$

画出全加器逻辑图如图 3.30 所示。

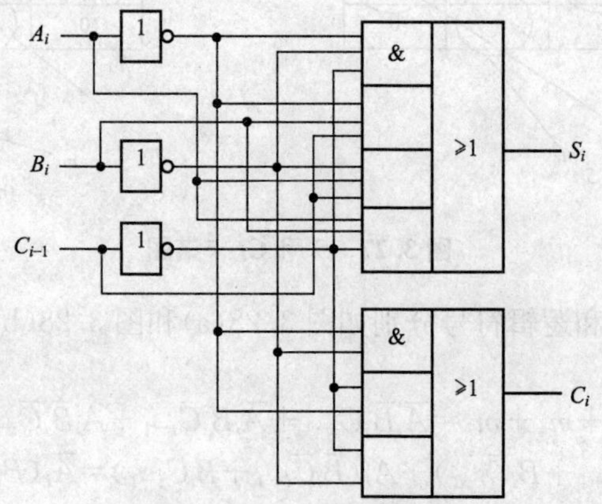

图 3.30　全加器逻辑图

3）加法器

概念：实现多位二进制数相加的电路称为加法器。

① 串行进位加法器工作原理介绍如下。

构成：把 n 位全加器串联起来，低位全加器的进位输出连接到相邻的高位全加器的进位输入。

逻辑电路图如图 3.31 所示。

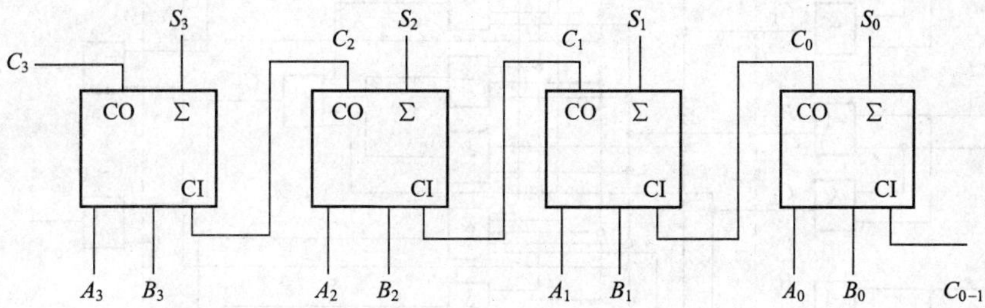

图 3.31 串行进位加法器逻辑图

特点：进位信号是由低位向高位逐级传递的，速度不高。

② 并行进位加法器(超前进位加法器)工作原理介绍如下。

4 位超前进位加法器递推公式如下。

进位生成项 $G_i=A_iB_i$ 进位传递条件 $P_i=A_i\oplus B_i$

进位表达式 $C_i=A_iB_i+(A_i\oplus B_i)C_{i-1}=G_i+P_iC_{i-1}$

和表达式 $S_i=A_i\oplus B_i\oplus C_{i-1}=P_i\oplus C_{i-1}$

$$\begin{cases}S_0=P_0\oplus C_{0-1}\\C_0=G_0+P_0C_{0-1}\end{cases}$$

$$\begin{cases}S_1=P_1\oplus C_0\\C_1=G_1+P_1C_0=G_1+P_1G_0+P_1P_0C_{0-1}\end{cases}$$

$$\begin{cases}S_2=P_2\oplus C_1\\C_2=G_2+P_2C_1=G_2+P_2G_1+P_2P_1G_0+P_2P_1P_0C_{0-1}\end{cases}$$

$$\begin{cases}S_3=P_3\oplus C_2\\C_3=G_3+P_3C_2=G_3+P_3G_2+P_3P_2G_1+P_3P_2P_1G_0+P_3P_2P_1P_0C_{0-1}\end{cases}$$

4 位超前进位加法器逻辑图如图 3.32 所示。

集成二进制 4 位超前进位加法器芯片图如图 3.33 所示。

加法器的级联如图 3.34 所示。

2. 数值比较器

1）一位数值比较器

① 真值表见表 3-21。

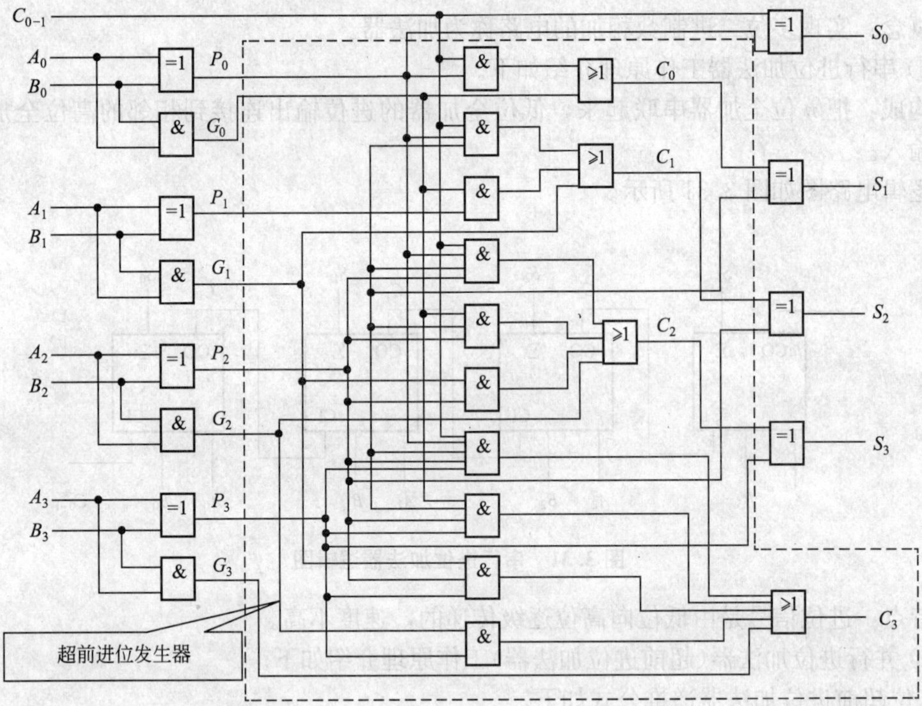

图 3.32　4 位超前进位加法器逻辑图

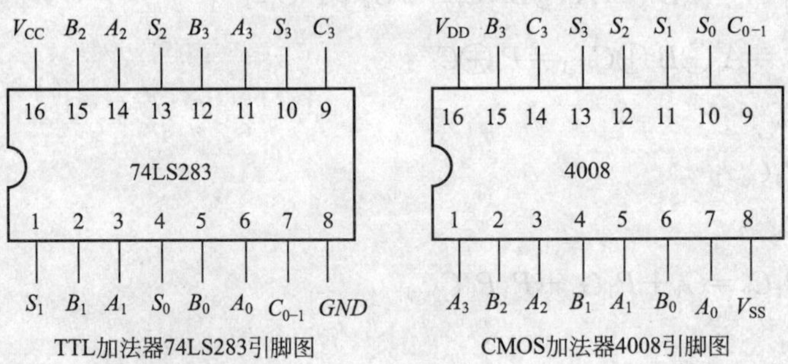

TTL加法器74LS283引脚图　　CMOS加法器4008引脚图

图 3.33　集成二进制 4 位超前进位加法器芯片图

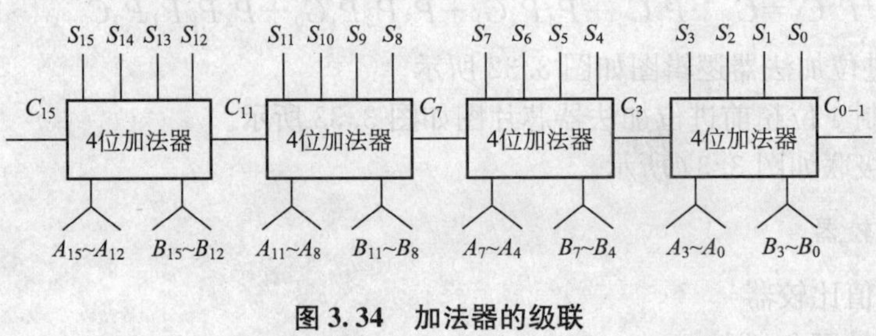

图 3.34　加法器的级联

表 3-21 一位数值比较器真值表

输入		输出		
A	B	$F_{A>B}$	$F_{A<B}$	$F_{A=B}$
0	0	0	0	1
0	1	0	1	0
1	0	1	0	0
1	1	0	0	1

② 表达式如下。

$$F_{A>B}=A\overline{B}$$
$$F_{A<B}=\overline{A}B$$
$$F_{A=B}=\overline{A}\overline{B}+AB$$

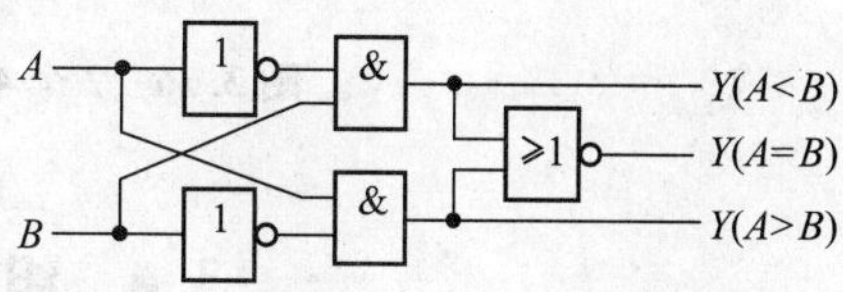

图 3.35 一位数据比较器逻辑图

③ 逻辑电路如图 3.35 所示。

2）集成数值比较器

① 集成数值比较器的结构如下。

有两组数据输入端 A_3、A_2、A_1、A_0 和 B_3、B_2、B_1、B_0。

3 个控制输入端>、=、<。

3 个比较输出端 $A>B$、$A=B$、$A<B$。

② 其功能表见表 3-22。

表 3-22 集成数值比较器真值表

输入信号				控制信号			输出信号		
A_3 B_3	A_2 B_2	A_1 B_1	A_0 B_0	>	<	=	$A>B$	$A<B$	$A=B$
$A_3>B_3$	×	×	×	×	×	×	1	0	0
$A_3<B_3$	×	×	×	×	×	×	0	1	0
$A_3=B_3$	$A_2>B_2$	×	×	×	×	×	1	0	0
$A_3=B_3$	$A_2<B_2$	×	×	×	×	×	0	1	0
$A_3=B_3$	$A_2=B_2$	$A_1>B_1$	×	×	×	×	1	0	0
$A_3=B_3$	$A_2=B_2$	$A_1<B_1$	×	×	×	×	0	1	0
$A_3=B_3$	$A_2=B_2$	$A_1=B_1$	$A_0>B_0$	×	×	×	1	0	0
$A_3=B_3$	$A_2=B_2$	$A_1=B_1$	$A_0<B_0$	×	×	×	0	1	0
$A_3=B_3$	$A_2=B_2$	$A_1=B_1$	$A_0=B_0$	1	0	0	1	0	0
$A_3=B_3$	$A_2=B_2$	$A_1=B_1$	$A_0=B_0$	0	1	0	0	1	0
$A_3=B_3$	$A_2=B_2$	$A_1=B_1$	$A_0=B_0$	0	0	1	0	0	1

3）比较器的扩展

利用 2 个 4 位比较器可构成 1 个 8 位比较器，如图 3.36 所示。

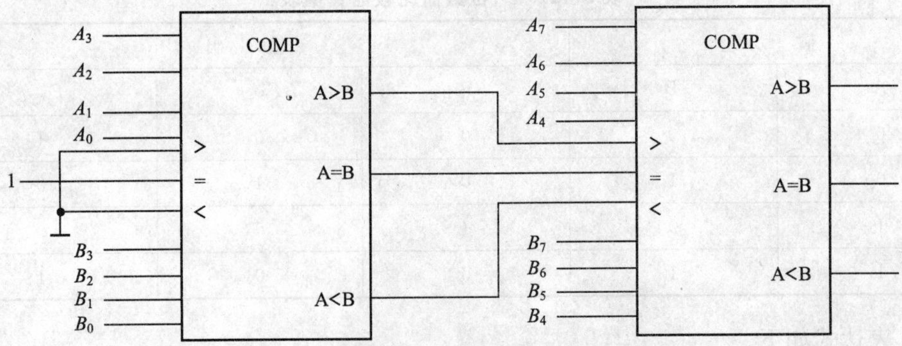

图 3.36　2 个 4 位数据比较器构成 8 位数据比较器

3.4　组合逻辑电路的设计方法

3.4.1　组合逻辑电路的基本设计方法

设计是分析的逆过程，一般组合逻辑电路的设计就是要根据给定的逻辑问题，设计出满足要求的最佳逻辑电路。对于同一设计对象，可以采用不同的设计思路和方法，从而得到不同的设计结果。因此，同一功能的电路可能采用不同的器件和不同的结构来实现，最佳电路的含义因此也各不相同。

图 3.37 给出了组合逻辑电路设计的一般过程。

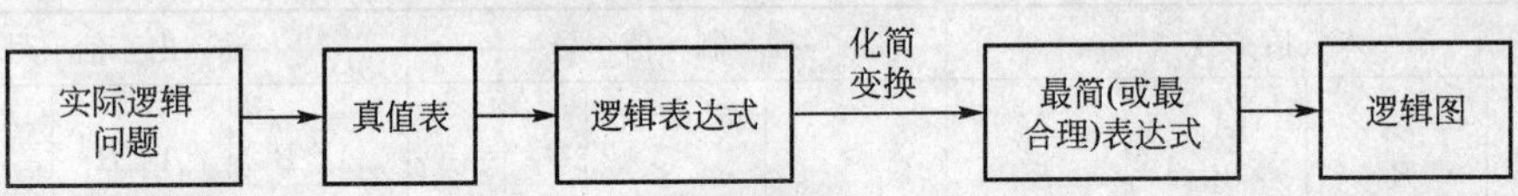

图 3.37　组合逻辑电路设计过程

组合逻辑电路的设计一般应以电路简单、所用器件最少为目标，并尽量减少所用集成器件的种类，因此在设计过程中要用到前面介绍的代数法和卡诺图法来化简或转换逻辑函数。

3.4.2　几种基本类型的组合逻辑电路设计

【例 3-6】 设计一个 3 人表决电路，结果按“少数服从多数”的原则决定。

解：(1) 根据设计要求建立该逻辑函数的真值表。

设 3 人的意见为变量 A、B、C，表决结果为函数 L。对变量及函数进行如下状态赋值：对于变量 A、B、C，设同意为逻辑“1”；不同意为逻辑“0”。对于函数 L，设事情通过为逻辑“1”；没通过为逻辑“0”。

列出真值表见表 3-23。

(2) 由真值表写出逻辑表达式

$$L=\overline{A}BC+A\overline{B}C+AB\overline{C}+ABC$$

表 3-23 【例 3-6】真值表

输入			输出
A	B	C	L
0	0	0	0
0	0	1	0
0	1	0	0
0	1	1	1
1	0	0	0
1	0	1	1
1	1	0	1
1	1	1	1

该逻辑式不是最简。

(3) 化简。

由于卡诺图化简法较方便，故一般用卡诺图进行化简。将该逻辑函数填入卡诺图，如图 3.38 所示。合并最小项，得最简与-或表达式

$$L=AB+BC+AC$$

(4) 画出逻辑图如图 3.39 所示。

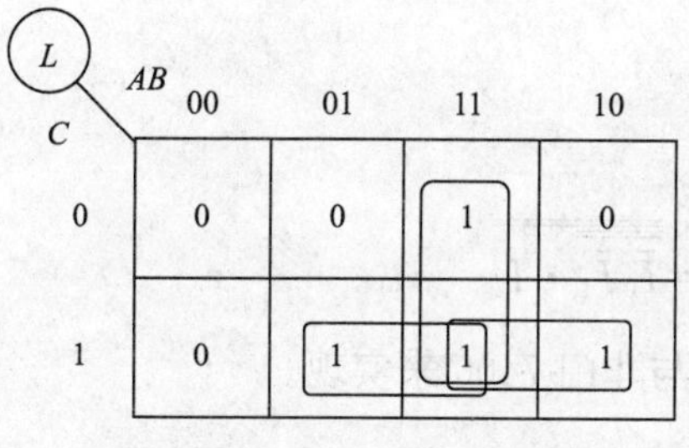

图 3.38 【例 3-6】卡诺图

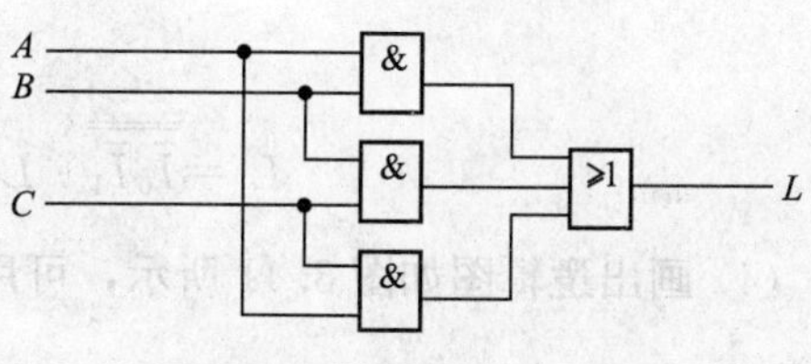

图 3.39 【例 3-6】逻辑图

如果要求用与非门实现该逻辑电路，就应将表达式转换成与非-与非表达式

$$L=AB+BC+AC=\overline{\overline{AB}\cdot\overline{BC}\cdot\overline{AC}}$$

画出逻辑图如图 3.40 所示。

【例 3-7】 设计一个电话机信号控制电路。电路有 I_0（火警）、I_1（盗警）和 I_2（日常业务）3 种输入信号，通过排队电路分别从 L_0、L_1、L_2 输出，在同一时间只能有一个信号通过。如果同时有两个以上信号出现时，应首先接通火警信号，其次为盗警信号，最后是日常业务信号。试按照上述轻重缓急设计该信号控制电路。要求用集成门电路 7400(每片含 4 个 2 输入端与非门)实现。

解：(1) 列真值表。

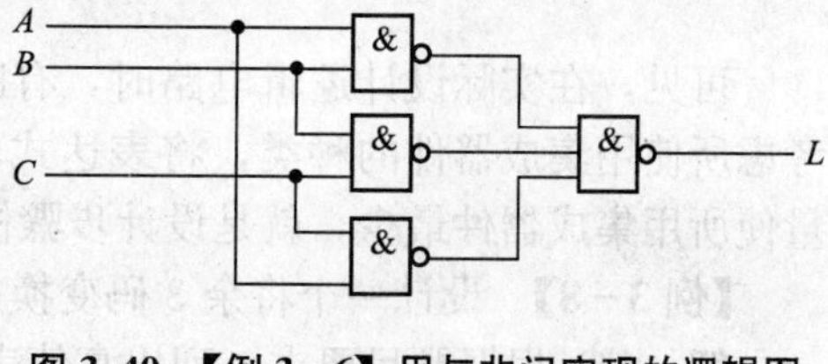

图 3.40 【例 3-6】用与非门实现的逻辑图

真值表见表 3-24。

表 3-24 【例 3-7】真值表

输入			输出		
I_0	I_1	I_2	L_0	L_1	L_2
0	0	0	0	0	0
1	×	×	1	0	0
0	1	×	0	1	0
0	0	1	0	0	1

对于输入，设有信号为逻辑“1”；没信号为逻辑“0”。

对于输出，设允许通过为逻辑“1”；不设允许通过为逻辑“0”。

(2) 由真值表写出各输出的逻辑表达式。

$$L_0 = I_0$$

$$L_1 = \overline{I}_0 I_1$$

$$L_2 = \overline{I}_0 \overline{I}_1 I_2$$

这 3 个表达式已是最简，不需化简。但需要用非门和与门实现，且 L_2 需用 3 输入端与门才能实现，故不符合设计要求。

(3) 根据要求，将上式转换为与非表达式

$$L_0 = I_0$$

$$L_1 = \overline{\overline{\overline{I}_0 I_1}} \quad L_2 = \overline{\overline{\overline{I}_0 \overline{I}_1 I_2}} = \overline{\overline{\overline{\overline{\overline{I}_0 \overline{I}_1}} \cdot I_2}}$$

(4) 画出逻辑图如图 3.41 所示，可用两片集成与非门 7400 来实现。

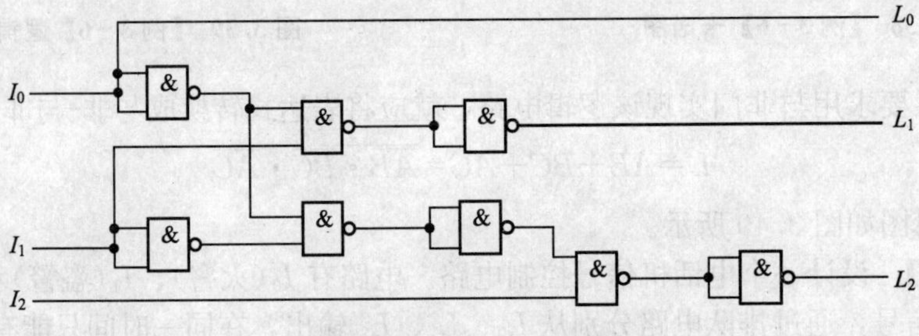

图 3.41 【例 3-7】逻辑图

可见，在实际设计逻辑电路时，有时并不是表达式最简单就能满足设计要求，还应考虑所使用集成器件的种类，将表达式转换为能用所要求的集成器件实现的形式，并尽量使所用集成器件最少，就是设计步骤框图中所说的“最合理表达式”。

【例 3-8】 设计一个将余 3 码变换成 8421BCD 码的组合逻辑电路。

解：(1) 根据题目要求，列出真值表见表 3-25。

表 3-25 余 3 码变换成 8421BCD 码的真值表

输入(余 3 码)				输出(8421 码)			
A_3	A_2	A_1	A_0	L_3	L_2	L_1	L_0
0	0	1	1	0	0	0	0
0	1	0	0	0	0	0	1
0	1	0	1	0	0	1	0
0	1	1	0	0	0	1	1
0	1	1	1	0	1	0	0
1	0	0	0	0	1	0	1
1	0	0	1	0	1	1	0
1	0	1	0	0	1	1	1
1	0	1	1	1	0	0	0
1	1	0	0	1	0	0	1

(2) 用卡诺图进行化简。本题目为 4 个输入量、4 个输出量，故分别画出 4 个 4 变量卡诺图。注意余 3 码中有 6 个无关项，应充分利用，使其逻辑函数尽量简单。卡诺图如图 3.42 所示。

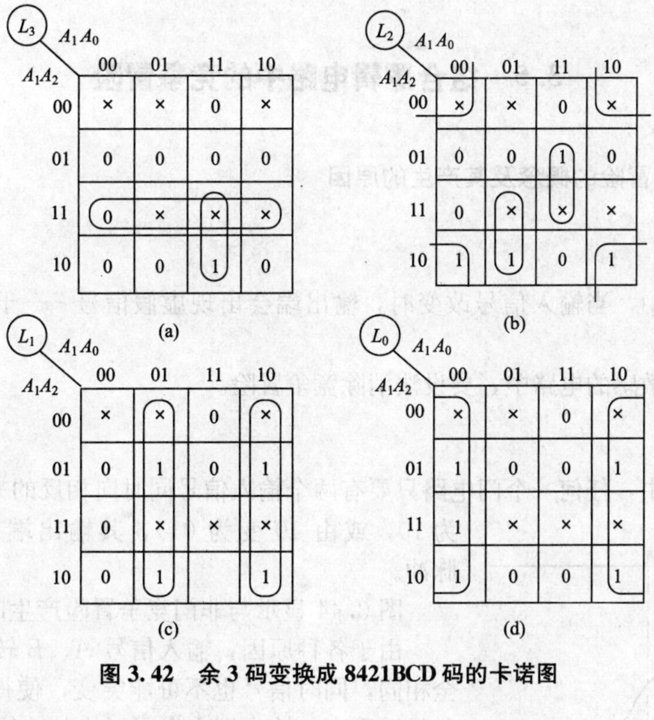

图 3.42 余 3 码变换成 8421BCD 码的卡诺图

化简后得到的逻辑表达式为

$$L_0=\overline{A}_0$$

$$L_1=A_1\overline{A}_0+A_0\overline{A}_1=A_1\oplus A_0$$

$$L_2=\overline{A}_2\overline{A}_0+A_2A_1A_0+A_3\overline{A}_1A_0=\overline{\overline{\overline{A}_2\overline{A}_0}\cdot\overline{A_2A_1A_0}\cdot\overline{A_3\overline{A}_1A_0}}$$

$$L_3=A_3A_2+A_3A_1A_0=\overline{\overline{A_3A_2}\cdot\overline{A_3A_1A_0}}$$

(3) 由逻辑表达式画出逻辑图如图 3.43 所示。

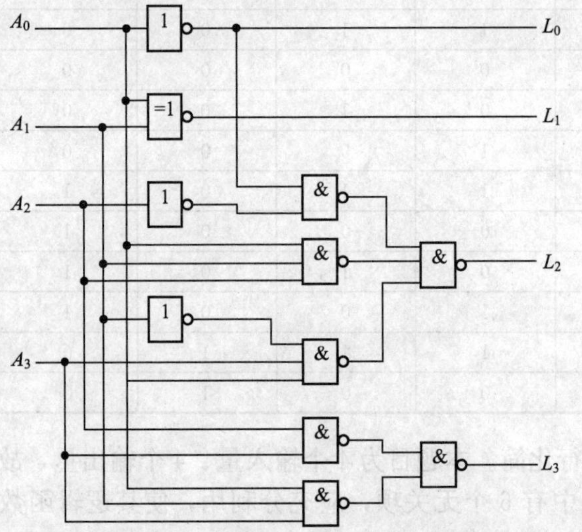

图 3.43　余 3 码变换成 8421BCD 码的逻辑图

3.5　组合逻辑电路中的竞争冒险

3.5.1　竞争冒险的概念及其产生的原因

1. 竞争冒险

在组合电路中，当输入信号改变时，输出端会出现虚假信号——干扰脉冲，这种现象叫做竞争冒险。

在负载十分敏感的电路中，要设法消除竞争冒险。

2. 产生原因

在数字电路中，任何一个门电路只要有两个输入信号同时向相反的方向变换(由 01 变为 10，或由 10 变为 01)，其输出端就可能产生干扰脉冲。

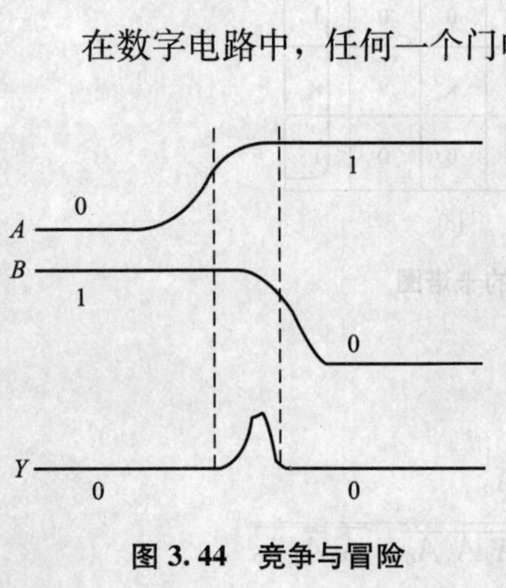

图 3.44　竞争与冒险

图 3.44 显示与非门竞争冒险产生的原因。

由于各种原因，输入信号 A、B 转换过程不可能完全相同，同时信号也不可能突变，使得在 A、B 同时变化的过程中，输出端产生了干扰脉冲信号。

3.5.2　冒险的判断及消除竞争冒险的方法

可采用引入封锁脉冲(在可能产生竞争冒险的过渡过程中引入负脉冲——0)、引入选通脉冲(选通作用时间在输入信号变换的过渡过程之后)、接入滤波电容、修改设计增加冗余项等方法消除竞争冒险，其中较为有效的是修改设计增加冗余项的方法。

1. 有无竞争冒险的判别方法

写出函数表达式，做出卡诺图，若没有几何相邻的乘积项，则无竞争冒险，否则有竞争冒险。

2. 消除竞争冒险的方法

增加冗余项——增加这两个相邻项组成的乘积项即可。

【例 3-9】 $Y=AB+\overline{A}C$。

画出卡诺图如图 3.45 所示。

从其卡诺图看出，两个乘积项 AB、$\overline{A}C$ 之间存在着相邻关系，因而可能出现竞争冒险。增加相邻方格化简组成的冗余项 BC 即可消除竞争冒险。

$$Y=AB+\overline{A}C+BC$$

【例 3-10】 $Y=\overline{A}\overline{B}\overline{C}+BD+AC\overline{D}$。

画出卡诺图如图 3.46 所示。

从其卡诺图看出，3 个乘积项$\overline{A}\overline{B}\overline{C}$、$BD$、$AC\overline{D}$ 之间存在着两个相邻关系，因而可能出现竞争冒险。增加两项冗余项$\overline{A}\overline{C}D$、$ABC$ 即可消除。

$$Y=\overline{A}\overline{B}\overline{C}+BD+AC\overline{D}+ABC$$

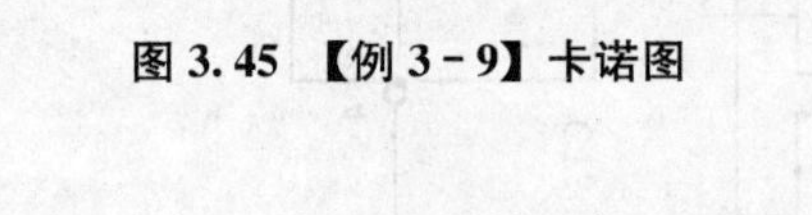

图 3.45 【例 3-9】卡诺图

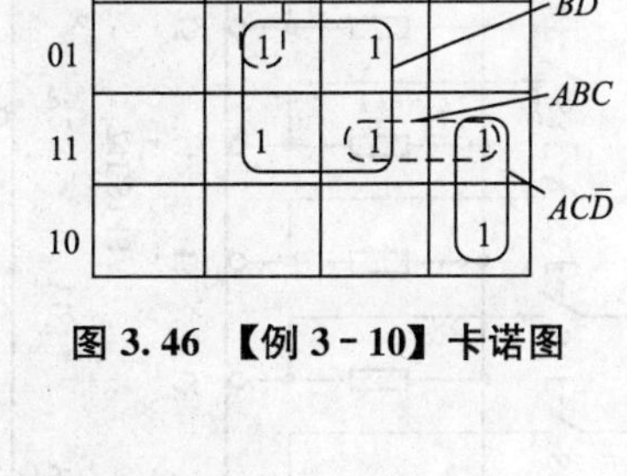

图 3.46 【例 3-10】卡诺图

3.6 案例实现：数字抢答器设计

数字抢答器由主体电路与扩展电路组成。用优先编码电路、锁存器、译码电路将参赛队的输入信号在显示器上输出；用控制电路和主持人开关启动报警电路，以上两部分组成主体电路。通过定时电路和译码电路将秒脉冲产生的信号在显示器上输出，实现计时功能，构成扩展电路。

1. 总体设计

根据数字抢答器的功能要求，总体设计如下。

图 3.47 所示为总体方框图。

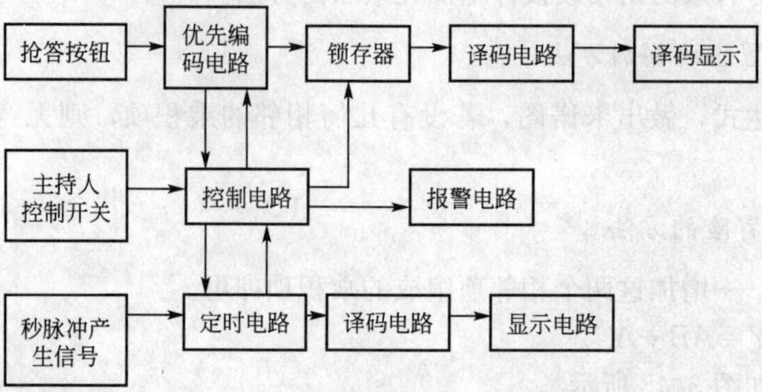

图 3.47　总体设计

2. 参考电路

抢答器电路参考电路如图 3.48 所示，74LS148 为 8 线-3 线优先编码器。

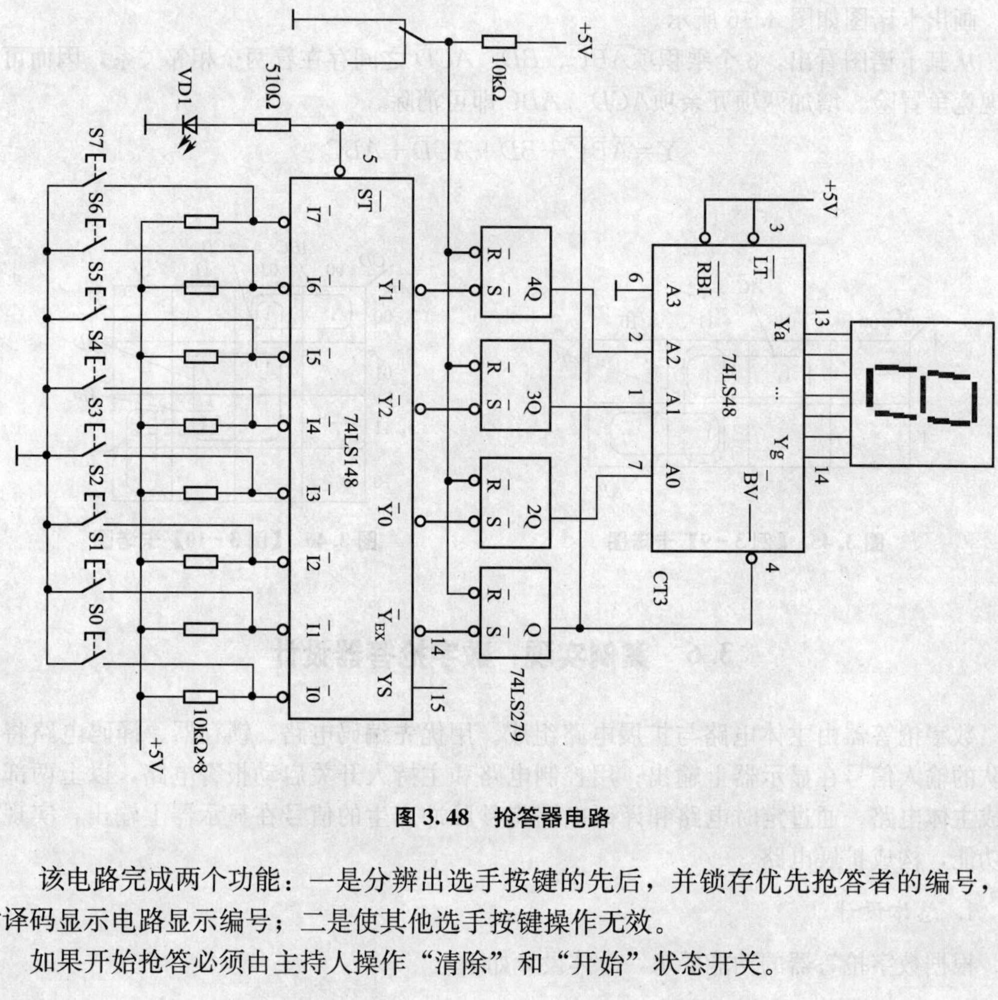

图 3.48　抢答器电路

该电路完成两个功能：一是分辨出选手按键的先后，并锁存优先抢答者的编号，同时译码显示电路显示编号；二是使其他选手按键操作无效。

如果开始抢答必须由主持人操作“清除”和“开始”状态开关。

本章小结

1. 组合逻辑电路的特点是，电路任一时刻的输出状态只决定于该时刻各输入状态的组合，而与电路的原状态无关。组合电路由门电路组合而成，电路中没有记忆单元，没有反馈通路。

2. 组合逻辑电路的分析步骤为：写出各输出端的逻辑表达式→化简和变换逻辑表达式→列出真值表→确定功能。

3. 组合逻辑电路的设计步骤为：根据设计要求列出真值表→写出逻辑表达式(或填写卡诺图)→逻辑化简和变换→画出逻辑图。

4. 常用的中规模组合逻辑器件包括编码器、译码器、数据选择器、数值比较器、加法器等。为了增加使用的灵活性和便于功能扩展，在多数中规模组合逻辑器件中都设置了输入、输出使能端或输入、输出扩展端。它们既可控制器件的工作状态，又便于构成较复杂的逻辑系统。

5. 数据选择器的功能是根据地址选择码从多路输入数据中选择一路，送到输出。在输入数据都为1时，它的输出表达式为地址变量的全部最小项之和，所以它很适合用于实现单输出组合逻辑函数。而二进制译码器的每个输出端分别与一个最小项相对应，因此辅以适当的门电路，便可实现多输出的组合逻辑函数。

6. 组合逻辑电路中存在竞争冒险现象，在电路的输出端会出现尖峰干扰脉冲，这可能会引起负载电路的错误动作。因此，应采取措施消除冒险现象。方法有：引入封锁脉冲、引入选通脉冲、接入滤波电容、修改设计增加冗余项等。

自我检测题

一、选择题

1. 下列表达式中不存在竞争冒险的有______。

A. $Y=\overline{B}+\overline{AB}$　　B. $Y=AB+\overline{B}C$

C. $Y=AB\overline{C}+AB$　　D. $Y=(A+\overline{B})A\overline{D}$

2. 若在编码器中有50个编码对象，则要求输出二进制代码位数为______位。

A. 5　　B. 6　　C. 10　　D. 50

3. 一个16选1的数据选择器，其地址输入(选择控制输入)端有______个。

A. 1　　B. 2　　C. 4　　D. 16

4. 下列各函数等式中无冒险现象的函数式有______。

A. $F=\overline{B}\overline{C}+AC+\overline{A}B$　　B. $F=\overline{A}\overline{C}+BC+A\overline{B}$

C. $F=\overline{A}\overline{C}+BC+A\overline{B}+\overline{A}B$　　D. $F=\overline{B}\overline{C}+AC+\overline{A}B+BC+A\overline{B}+\overline{A}\overline{C}$

E. $F=\overline{B}\overline{C}+AC+\overline{A}B+A\overline{B}$

5. 函数 $F=\overline{A}C+AB+\overline{B}\overline{C}$，当变量的取值为______时，将出现冒险现象。

A. $B=C=1$　　B. $B=C=0$

C. $A=1$，$C=0$　　D. $A=0$，$B=0$

6. 4选1数据选择器的数据输出Y与数据输入X_i和地址码A_i之间的逻辑表达式为$Y=$______。

A. $\overline{A}_1\overline{A}_0X_0+\overline{A}_1A_0X_1+A_1\overline{A}_0X_2+A_1A_0X_3$

B. $\overline{A}_1\overline{A}_0X_0$

C. $\overline{A}_1A_0X_1$

D. $A_1A_0X_3$

7. 一个8选1数据选择器的数据输入端有______个。

A. 1　　B. 2　　C. 3

D. 4　　E. 8

8. 在下列逻辑电路中，不是组合逻辑电路的有______。

A. 译码器　　B. 编码器　　C. 全加器　　D. 寄存器

9. 8路数据分配器，其地址输入端有______个。

A. 1　　B. 2　　C. 3

D. 4　　E. 8

10. 组合逻辑电路消除竞争冒险的方法有______。

A. 修改逻辑设计　　B. 在输出端接入滤波电容

C. 后级加缓冲电路　　D. 屏蔽输入信号的尖峰干扰

11. 101键盘的编码器输出______位二进制代码。

A. 2　　B. 6　　C. 7　　D. 8

12. 用3线-8线译码器74LS138实现原码输出的8路数据分配器，应______。

A. $ST_A=1$，$\overline{ST}_B=D$，$\overline{ST}_C=0$　　B. $ST_A=1$，$\overline{ST}_B=D$，$\overline{ST}_C=D$

C. $ST_A=1$，$\overline{ST}_B=0$，$\overline{ST}_C=D$　　D. $ST_A=D$，$\overline{ST}_B=0$，$\overline{ST}_C=0$

13. 以下电路中，加以适当辅助门电路，______适于实现单输出组合逻辑电路。

A. 二进制译码器　　B. 数据选择器　　C. 数值比较器　　D. 七段显示译码器

14. 用4选1数据选择器实现函数$Y=A_1A_0+\overline{A}_1A_0$，应使______。

A. $D_0=D_2=0$，$D_1=D_3=1$　　B. $D_0=D_2=1$，$D_1=D_3=0$

C. $D_0=D_1=0$，$D_2=D_3=1$　　D. $D_0=D_1=1$，$D_2=D_3=0$

15. 用3线-8线译码器74LS138和辅助门电路实现逻辑函数$Y=A_2+\overline{A}_2\overline{A}_1$，应______。

A. 用与非门，$Y=\overline{\overline{Y}_0\overline{Y}_1\overline{Y}_4\overline{Y}_5\overline{Y}_6\overline{Y}_7}$

B. 用与门，$Y=\overline{\overline{Y}_2\overline{Y}_3}$

C. 用或门，$Y=\overline{Y}_2+\overline{Y}_3$

D. 用或门，$Y=\overline{Y}_0+\overline{Y}_1+\overline{Y}_4+\overline{Y}_5+\overline{Y}_6+\overline{Y}_7$

二、判断题(正确的打√，错误的打×)

1. 优先编码器的编码信号是相互排斥的，不允许多个编码信号同时有效。（　）
2. 编码与译码是互逆的过程。（　）
3. 二进制译码器相当于是一个最小项发生器，便于实现组合逻辑电路。（　）
4. 液晶显示器的优点是功耗极小、工作电压低。（　）

5. 液晶显示器可以在完全黑暗的工作环境中使用。 (　　)

6. 半导体数码显示器的工作电流大，约 10mA，因此，需要考虑电流驱动能力问题。 (　　)

7. 共阴接法发光二极管数码显示器需选用有效输出为高电平的七段显示译码器来驱动。 (　　)

8. 数据选择器和数据分配器的功能正好相反，互为逆过程。 (　　)

9. 用数据选择器可实现时序逻辑电路。 (　　)

10. 组合逻辑电路中产生竞争冒险的主要原因是输入信号受到尖峰干扰。 (　　)

三、填空题

1. 半导体数码显示器的内部接法有两种形式：共________接法和共________接法。

2. 对于共阳接法的发光二极管数码显示器，应采用________电平驱动的七段显示译码器。

3. 消除竞争冒险的方法有________、________、________等。

习　题

【3.1】 写出图 3.49 所示电路中输出 F_1、F_2 和 F_3 的逻辑表达式。

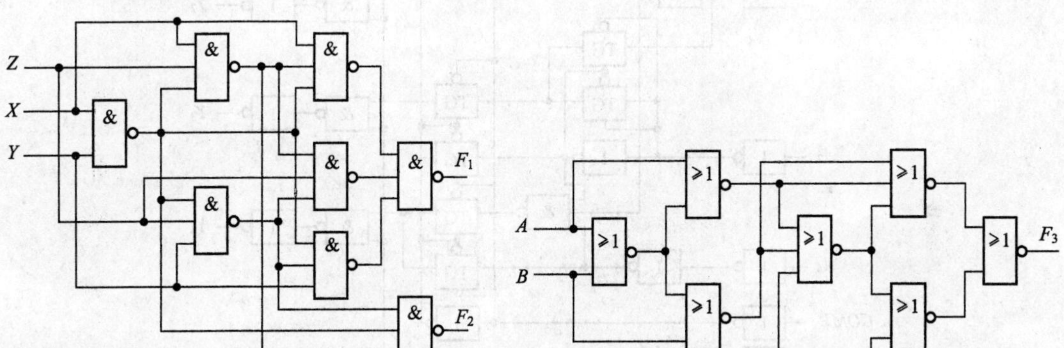

图 3.49

【3.2】 写出图 3.50 所示电路的逻辑函数表达式。其中以 S_3、S_2、S_1、S_0 作为控制信号，A、B 作为数据输入，列表说明输出 F 在 $S_3 \sim S_0$ 作用下与 A、B 的关系。

【3.3】 分析图 3.51 所示电路，写出 $COMP=0$，$z=1$ 及 $COMP=1$，$z=0$ 时 $Y_1 \sim Y_4$ 的函数表达式，列出真值表，指出电路完成什么逻辑功能。

【3.4】 设 $x=AB$ 代表一个两位二进制数。设计满足如下要求的逻辑电路，用与非门实现。

(1) $y=x^2$

(2) $y=x^3$

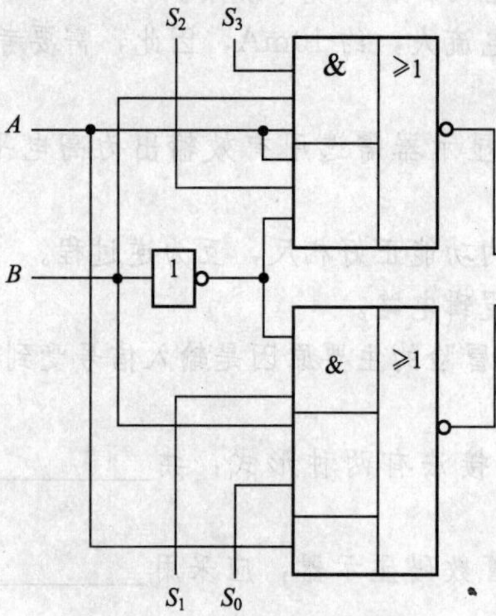

图 3.50

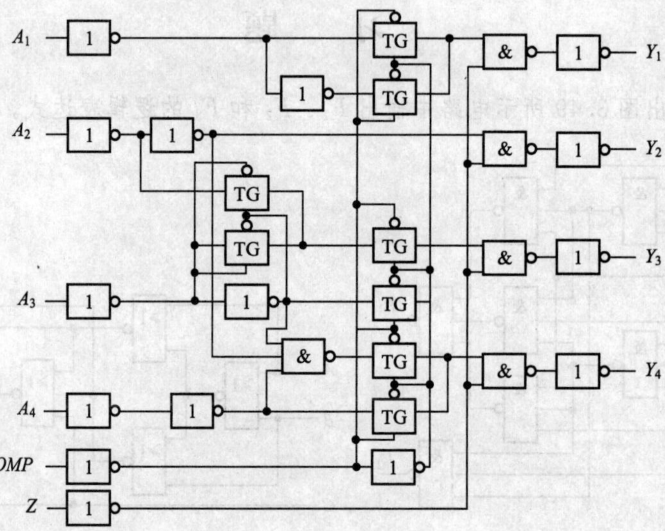

图 3.51

【3.5】 设计一个一位二进制数全减器电路，用与非门和异或门实现。

【3.6】 试分别设计能实现如下功能的组合电路。

(1) 输入是 8421BCD 码，能被 2 整除时输出为 1，否则为 0。

(2) 输入是余 8 码 N，当 $N\leqslant 3$ 或 $N\geqslant 8$ 时输出为 1，否则为 0。

【3.7】 如图 3.52 所示，3 个输入信号中，A 的优先权最高，B 次之，C 最低，它们通过编码器分别由 F_A，F_B，F_C 输出。要求同一时间只有一个信号输出，

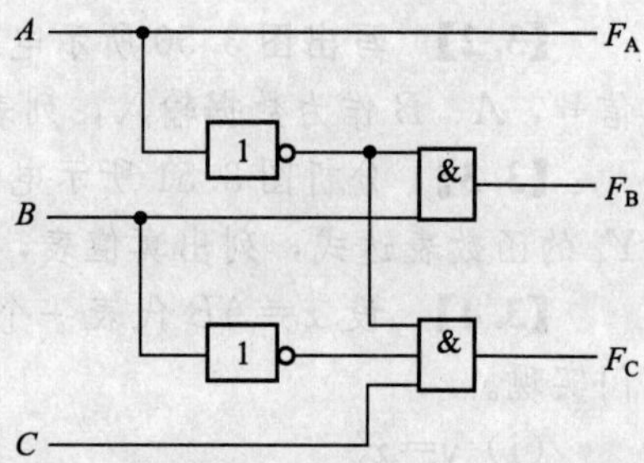

图 3.52

若两个以上信号同时输入时，优先权高的被输出，试求输出表达式和编码器逻辑电路。

【3.8】 设计一个译码器，其真值表见表 3-26(没用状态应作为无关项处理)。

表 3-26 真值表

输入			输出				
A	B	C	F_0	F_1	F_2	F_3	F_4
0	0	0	1	0	0	0	0
0	0	1	0	1	0	0	0
0	1	0	0	0	1	0	0
0	1	1	0	0	0	1	0
1	0	0	0	0	0	0	1

【3.9】 用并行 4 位全加器实现下列代码转换。

(1) 8421BCD 码转换为余 3 码。

(2) 余 3 码转换为 8421BCD 码。

【3.10】 用 2 线-4 线译码器和与非门实现下列多输出函数，画出逻辑电路图。

$$\begin{cases} F_1=AB+\overline{A}\,\overline{B}\,\overline{C} \\ F_2=A+B+\overline{C} \\ F_3=\overline{A}B+A\overline{B} \end{cases}$$

【3.11】 用 8 选 1 数据选择器实现下列函数。

(1) $F=\sum m(1,2,4,7)$

(2) $F=\sum m(0,1,2,3,8,9,10,11)$

(3) $F=\sum m(1,2,3,4,7,8,10,13,14,17,19,20,21,23,24,26,28,30,31)$

【3.12】 用数据选择器组成的电路如图 3.53 所示，试分别写出电路的输出表达式。

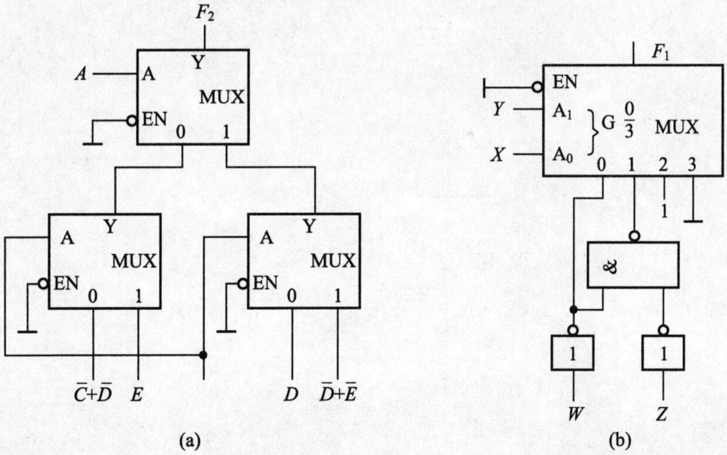

图 3.53

【3.13】 推断下列函数构成的逻辑电路中有无冒险，若有，则设法消除之。

(1) $F=AB+A\overline{B}C$

(2) $F=\overline{ABC}\cdot C+A\cdot\overline{ABC}$

(3) $F=A\overline{B}+\overline{A}B$

(4) $F=\overline{ACD+B\overline{D}}$

(5) $F=(\overline{A}+C)(A+C)$

第4章 集成触发器

本章知识架构

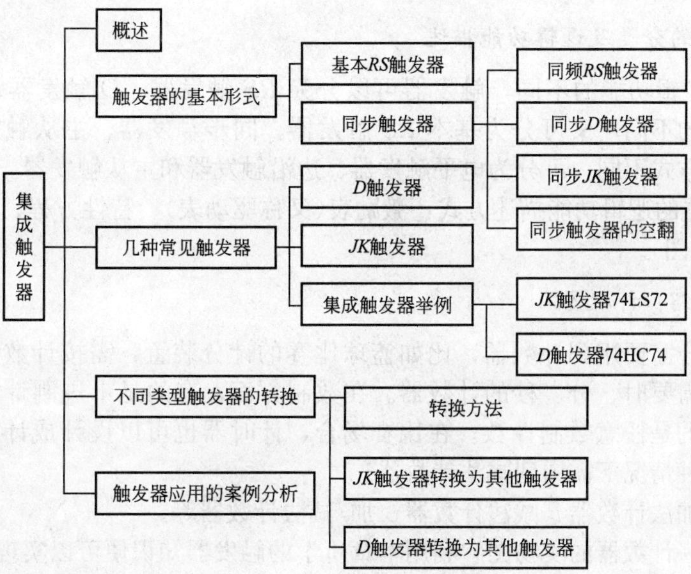

本章教学目标与要求

- 熟悉时钟触发器的功能分类及转换
- 会熟练画出 JK、D、RS、T 触发器在不同输入信号条件下对应 Q 端的波形
- 熟练掌握各种触发器的电路组成、逻辑功能、触发方式、特性方程

4.1 概 述

1. 触发器的概念及特点

触发器是具有记忆功能的逻辑单元电路，是数字逻辑电路不可缺少的基本单元电路。

触发器的基本特点如下。

(1) 有两个稳定状态：高电平、低电平，常用二进制数码 1 和 0 来分别表示高电平和低电平状态。

(2) 数字系统常需要有记忆功能。触发器就是一种具有记忆功能的逻辑部件，触发器可以长期保存所记忆的信息，只有在一定外界触发信号的作用下，它才能从一个稳定状态翻转到另一个稳定状态，即存入新的数码。而门电路无记忆功能，由它构成的电路在某时刻的输出完全取决于该时刻的输入，与电路原来状态无关。

触发器经常作为二进制存储单元应用。触发器方框图如图 4.1 所示。

通常用 Q 端的输出状态代表触发器的状态。

当 $Q=1$、$\overline{Q}=0$ 时，称触发器输出为 1 状态。

当 $Q=0$、$\overline{Q}=1$ 时，称触发器输出为 0 状态。

触发器的作用：它和门电路是构成数字电路的基本单元。

2. 触发器的分类及逻辑功能描述

(1) 根据逻辑功能的不同，触发器可以分为 RS 触发器、D 触发器、JK 触发器等；按照结构形式的不同，又可分为基本 RS 触发器、同步触发器、主从触发器和边沿触发器；根据触发方式不同，可分为电平触发器、边沿触发器和主从触发器。

(2) 触发器的逻辑功能描述方式：激励表(又称驱动表)、特性方程、状态转换图和波形图(又称时序图)。

3. 案例介绍：计数器

在很多场合需要用到计数器，比如篮球比赛的计分装置，需按计数计分，还有自动报时电子钟，需要时、分、秒的计数器。在数制方面，有的是十进制计数，有的是六十进制计数，有的是任意数制计数。在比赛场合，计时器也可以设计成计距离比赛结束的时间，因此这种情况下需用到减法计数器。

计数器有加法计数器、减法计数器、加/减法计数器等。

图 4.2 是一计数器的实物图，利用本章所学的触发器知识便可以实现计数器的设计。

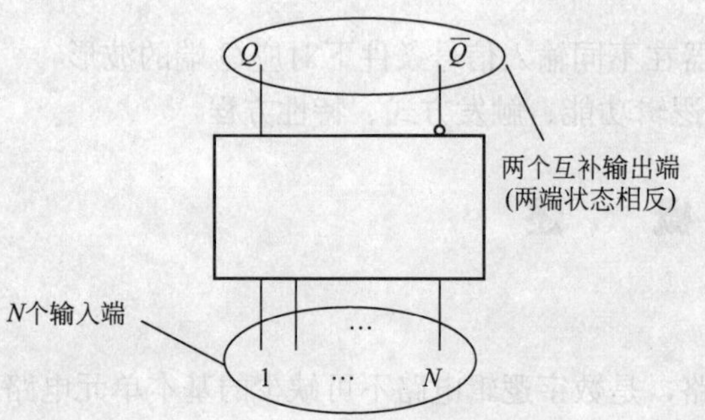

图 4.1 触发器方框图

图 4.2 计数器

4.2 触发器的基本形式

4.2.1 基本 *RS* 触发器

1. 用与非门组成的基本 *RS* 触发器

(1) 电路结构。

用与非门组成的基本 *RS* 触发器由两个与非门的输入输出端交叉耦合。它与组合电路的根本区别在于，电路中有反馈线。其逻辑图和逻辑符号分别如图 4.3(a)和图 4.3(b)所示。

它有两个输入端 R、S，有两个输出端 Q、$\overline{Q}$。一般情况下，Q、$\overline{Q}$ 是互补的。

定义：当 $Q=1$，$\overline{Q}=0$ 时，称为触发器的 1 状态；当 $Q=0$，$\overline{Q}=1$ 时，称为触发器的 0 状态。

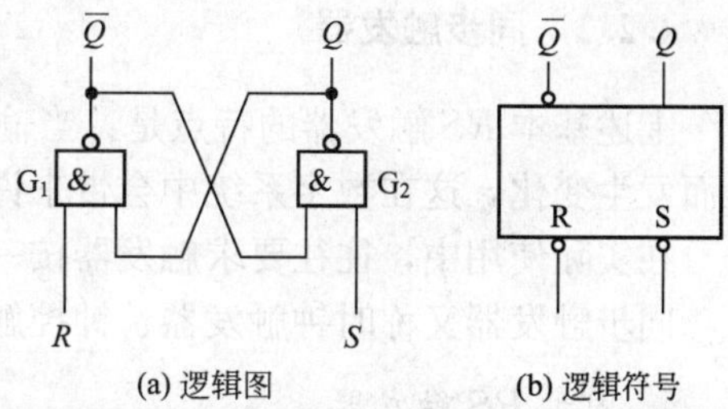

图 4.3 与非门组成的基本 *RS* 触发器

(2) 逻辑功能表。

其逻辑功能表见表 4-1。可见，触发器的新状态 Q^{n+1}(也称次态)不仅与输入状态有关，也与触发器原来的状态 Q^n(也称现态或初态)有关。

表 4-1 与非门组成基本 *RS* 触发器逻辑功能表

R	S	Q^n	Q^{n+1}	功能说明
0	0	0	×	不稳定状态
0	0	1	×	
0	1	0	0	置 0(复位)
0	1	1	0	
1	0	0	1	置 1(置位)
1	0	1	1	
1	1	0	0	保持原状态
1	1	1	1	

触发器的特点如下。

① 有两个互补的输出端，有两个稳态。

② 有复位($Q=0$)、置位($Q=1$)、保持原状态 3 种功能。

③ R 为复位输入端，S 为置位输入端，该电路为低电平有效。

④ 由于反馈线的存在，无论是复位还是置位，有效信号只需作用很短的一段时间，即"一触即发"。

(3) 波形分析。

【例 4-1】 用与非门组成的基本 *RS* 触发器如图 4.3(a)所示，设初始状态为 0，已知输入 R、S 的波形图如图 4.4 所示，画出输出 Q、$\overline{Q}$ 的波形图。

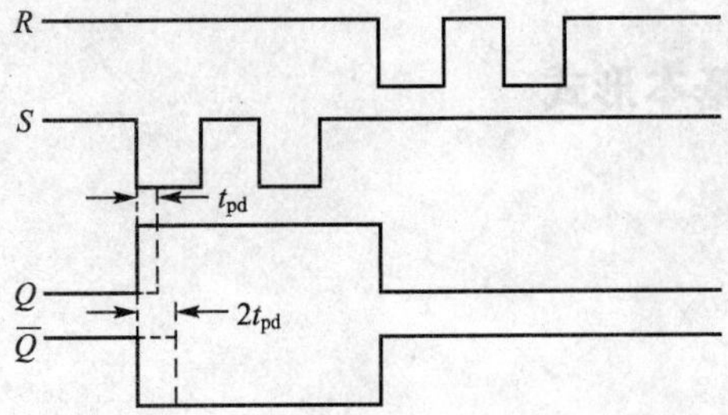

图 4.4 【例 4-1】波形图

解：由表 4-1 可画出输出 Q、$\overline{Q}$ 的波形如图 4.4 所示。

图中虚线所示为考虑门电路的延迟时间的情况。

基本 RS 触发器具有复位($Q=0$)、置位($Q=1$)、保持原状态 3 种功能，R 为复位输入端，S 为置位输入端，可以是低电平有效，也可以是高电平有效，取决于触发器的结构。

4.2.2 同步触发器

上述基本 RS 触发器的特点是：当输入的置 0 或置 1 信号一出现，输出状态就可能随之而发生变化，这在数字系统中会带来许多的不便。

在实际使用中，往往要求触发器按一定的节拍动作，于是产生了同步式触发器。同步触发器又称时钟触发器、钟控触发器。

1. 同步 RS 触发器

1) 电路结构和逻辑符号

其电路结构和逻辑符号分别如图 4.5(a)和图 4.5(b)所示。

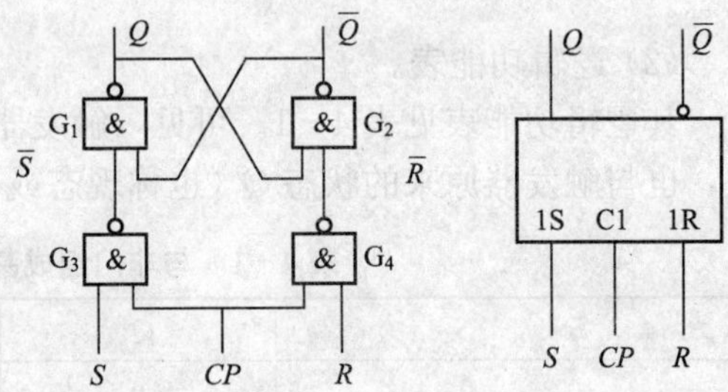

(a) 电路结构　　(b) 逻辑符号

图 4.5 同步 RS 触发器的电路结构和逻辑符号

2. 逻辑功能

(1) $CP=0$ 时，$\overline{R}=1$、$\overline{S}=1$，触发器保持原来状态不变。

(2) $CP=1$ 时，工作情况与基本 RS 触发器相同。

特性表见表 4-2。

表 4-2 同步 RS 触发器的特性表

CP	R	S	Q^n	Q^{n+1}	功能
0	×	×	×	Q^n	$Q^{n+1}=Q^n$ 保持
1	0	0	0	0	$Q^{n+1}=Q^n$ 保持
1	0	0	1	1	
1	0	1	0	1	$Q^{n+1}=1$ 置 1
1	0	1	1	1	
1	1	0	0	0	$Q^{n+1}=0$ 置 0
1	1	0	1	0	
1	1	1	0	不用	不允许
1	1	1	1	不用	

3. 触发器外部逻辑特性的描述方法

触发器外部逻辑特性的描述方法有：真值表(特性表)、驱动表(又称激励表)、符号图、特性方程、状态转换图、时序图(波形图)。

1) 驱动表

概念：根据触发器的现态和次态的转化关系来确定输入信号取值的关系表称为驱动表。

同步 *RS* 触发器的驱动表见表 4-3。

表 4-3 同步 *RS* 触发器的驱动表

Q^n →	Q^{n+1}	R	S
0	0	×	0
0	1	0	1
1	0	1	0
1	1	0	×

2) 特性方程

概念：指描述触发器次态 Q^{n+1} 与 R、S 及现态 Q^n 之间关系的逻辑表达式。

同步 *RS* 触发器的特性方程为

$$\begin{cases} Q^{n+1}=S+\overline{R}Q^n \\ RS=0\text{(约束条件)} \end{cases} \quad (CP=1\text{ 期间有效})$$

3) 状态转换图

概念：它表示触发器从一个状态变化到另一个状态或保持原状态不变时，对输入信号(R、S)提出的要求。

或：描述触发器的状态转换关系及转换条件的图形称为状态图。

状态转换图与真值表是统一的，它是真值表的直观形象表示。

同步 *RS* 触发器的状态转换图如图 4.6 所示。

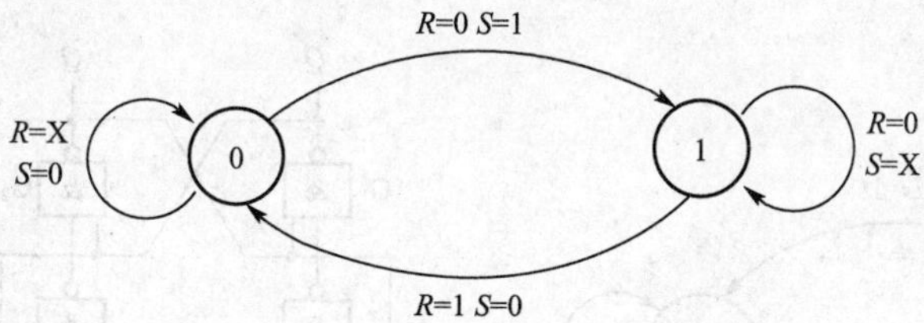

图 4.6 同步 *RS* 触发器的状态转换图

4. 同步 *RS* 触发器的主要特点

(1) 时钟电平控制。在 $CP=1$ 期间接收输入信号，$CP=0$ 时状态保持不变，与基本 *RS* 触发器相比，对触发器状态的转变增加了时间控制。

(2) R、S 之间有约束。不能允许出现 R 和 S 同时为 1 的情况，否则会使触发器处于不确定的状态。

2. 同步 D 触发器(D 锁存器)

为避免同步 RS 触发器同时出现 R 和 S 都为 1 的情况而设计。

1) 电路结构和逻辑符号

同步 D 触发器的电路结构和逻辑符号如图 4.7 所示。

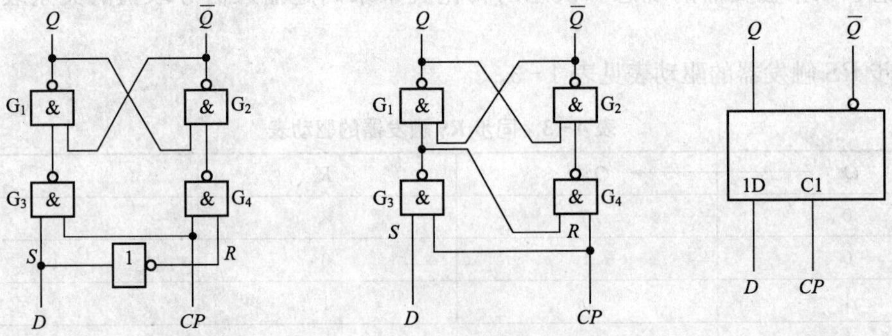

(a) D触发器的构成　(b) D触发器的简化电路　(c) 逻辑符号

图 4.7　同步 D 触发器的电路结构和逻辑符号

2) 逻辑功能

将 $S=D$、$R=\overline{D}$ 代入同步 RS 触发器的特性方程，得同步 D 触发器的特性方程

$$\begin{aligned} Q^{n+1} &= S+\overline{R}Q^n \\ &= D+\overline{\overline{D}}Q^n = D \end{aligned} \quad (CP=1\text{ 期间有效})$$

由此，可得同步 D 触发器的特性表和驱动表。

同步 D 触发器的状态转换图如图 4.8 所示。

3. 同步 JK 触发器

1) 电路结构和逻辑符号

同步 JK 触发器的电路结构和逻辑符号如图 4.9 所示。

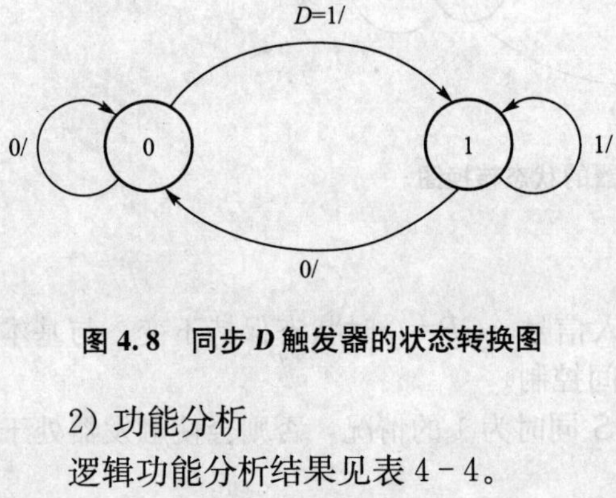

图 4.8　同步 D 触发器的状态转换图

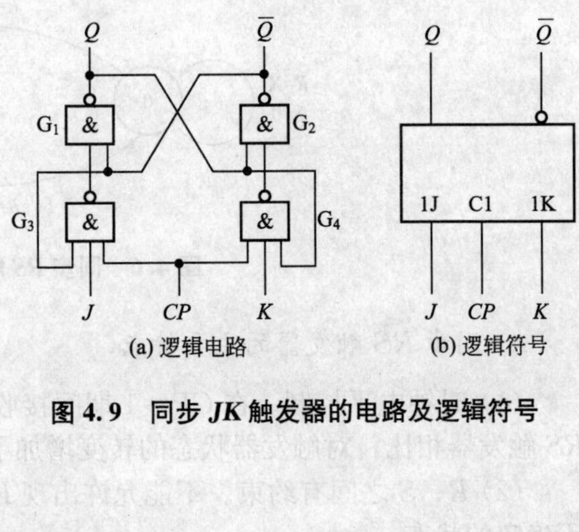

(a) 逻辑电路　(b) 逻辑符号

图 4.9　同步 JK 触发器的电路及逻辑符号

2) 功能分析

逻辑功能分析结果见表 4-4。

表 4-4 同步 *JK* 触发器的特性表

CP	J	K	Q^n	Q^{n+1}	功　能
0	×	×	×	Q^n	$Q^{n+1}=Q^n$ 保持
1	0	0	0	0	$Q^{n+1}=Q^n$ 保持
1	0	0	1	1	
1	0	1	0	0	$Q^{n+1}=0$ 置 0
1	0	1	1	0	
1	1	0	0	1	$Q^{n+1}=1$ 置 1
1	1	0	1	1	
1	1	1	0	1	$Q^{n+1}=\overline{Q}^n$ 翻转
1	1	1	1	0	

$JK=00$ 时不变；$JK=01$ 时置 0；

$JK=10$ 时置 1；$JK=11$ 时翻转。

3）特性方程

将 $S=J\overline{Q}^n$、$R=KQ^n$ 代入同步 RS 触发器的特性方程，得同步 JK 触发器的特性方程

$$
\begin{aligned}
Q^{n+1} &= S+\overline{R}Q^n \\
&= J\overline{Q}^n+\overline{KQ^n}Q^n \quad (CP=1\text{ 期间有效}) \\
&= J\overline{Q}^n+\overline{K}Q^n
\end{aligned}
$$

4）状态转换图

其状态转换图如图 4.10 所示。

在数字电路中，凡在 CP 时钟脉冲控制下，根据输入信号 J、K 情况的不同，具有置 0、置 1、保持和翻转功能的电路，都称为 JK 触发器。

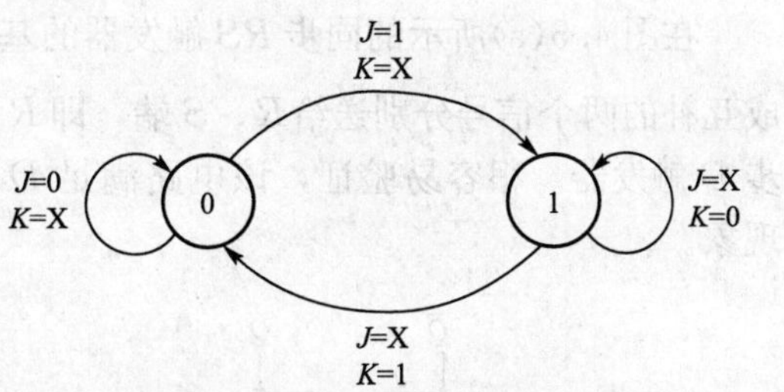

图 4.10　*JK* 触发器状态转换图

4. 同步触发器的空翻

概念：在 $CP=1$ 期间，如同步触发器的输入信号发生多次变化，则触发器的输出状态也会相应地发生多次变化的现象。

同步触发器由于存在空翻，不能用于计数器、移位寄存器和存储器，只能用于数据锁存。

4.3 几种常见触发器

4.3.1 *D* 触发器

1. 主从 D 触发器

主从 D 触发器逻辑符号如图 4.11 所示。

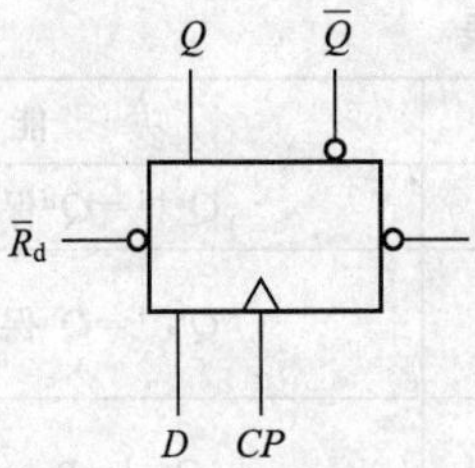

图 4.11　*D* 触发器逻辑符号

主从 D 触发器采用前沿触发工作方式。工作状态表见表 4－5。

特征方程为：$Q^{n+1}=D$。

表 4－5　主从 *D* 触发器功能表

D	状　态
0	0
1	1

2. 维持-阻塞边沿 D 触发器

1) D 触发器的逻辑功能

D 触发器只有一个触发输入端 D，因此，逻辑关系非常简单，见表 4－6。

D 触发器的特性方程为：$Q^{n+1}=D$。

表 4－6　*D* 触发器的功能表

D	Q^n	Q^{n+1}	功能说明
0	0	0	输出状态与 D 状态相同
0	1	0	
1	0	1	
1	1	1	

2) 维持-阻塞边沿 D 触发器的结构及工作原理

在图 4.5(a)所示的同步 RS 触发器的基础上，再加两个门 G_5、G_6，将输入信号 D 变成互补的两个信号分别送给 R、S 端，即 $R=\overline{D}$，$S=D$，如图 4.12 (a)所示，就构成了同步 D 触发器。很容易验证，该电路满足 D 触发器的逻辑功能，但有同步触发器的空翻现象。

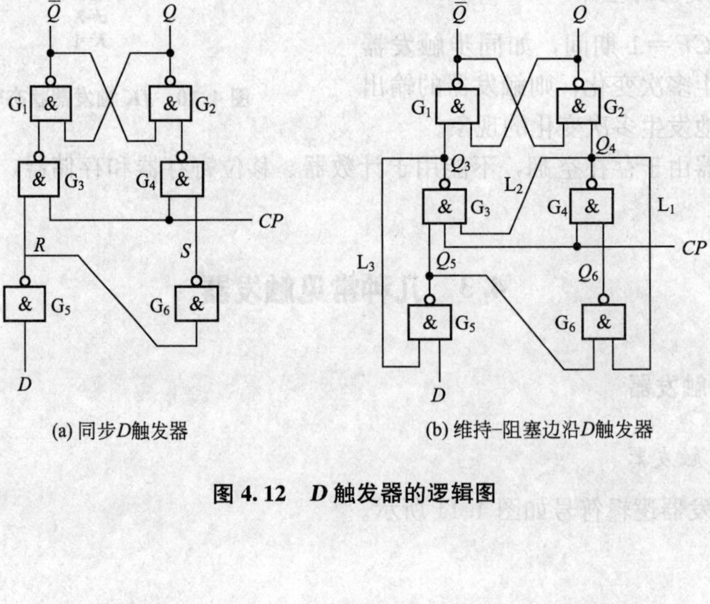

(a) 同步 *D* 触发器　　(b) 维持-阻塞边沿 *D* 触发器

图 4.12　*D* 触发器的逻辑图

为了克服空翻，并具有边沿触发器的特性，在图 4.12(a)电路的基础上引入 3 根反馈线 L_1、L_2、L_3，如图 4.12(b)所示，其工作原理从以下两种情况分析。

(1) 输入 $D=1$。

在 $CP=0$ 时，G_3、G_4 被封锁，$Q_3=1$、$Q_4=1$，G_1、G_2 组成的基本 RS 触发器保持原状态不变。因 $D=1$，G_5 输入全 1，输出 $Q_5=0$，它使 $Q_3=1$，$Q_6=1$。当 CP 由 0 变 1 时，G_4 输入全 1，输出 Q_4 变为 0。继而，Q 翻转为 1，$\overline{Q}$ 翻转为 0，完成了使触发器翻转为 1 状态的全过程。同时，一旦 Q_4 变为 0，通过反馈线 L_1 封锁了 G_6 门，这时如果 D 信号由 1 变为 0，只会影响 G_5 的输出，不会影响 G_6 的输出，维持了触发器的 1 状态。因此，称 L_1 线为置 1 维持线。同理，Q_4 变 0 后，通过反馈线 L_2 也封锁了 G_3 门，从而阻塞了置 0 通路，故称 L_2 线为置 0 阻塞线。

(2) 输入 $D=0$。

在 $CP=0$ 时，G_3、G_4 被封锁，$Q_3=1$、$Q_4=1$，G_1、G_2 组成的基本 RS 触发器保持原状态不变。因 $D=0$，$Q_5=1$，G_6 输入全 1，输出 $Q_6=0$。当 CP 由 0 变 1 时，G_3 输入全 1，输出 Q_3 变为 0。继而，$\overline{Q}$ 翻转为 1，Q 翻转为 0，完成了使触发器翻转为 0 状态的全过程。同时，一旦 Q_3 变为 0，通过反馈线 L_3 封锁了 G_5 门，这时无论 D 信号再怎么变化，也不会影响 G_5 的输出，从而维持了触发器的 0 状态。因此，称 L_3 线为置 0 维持线。

可见，维持-阻塞触发器是利用了维持线和阻塞线，将触发器的触发翻转控制在 CP 上跳沿到来的一瞬间，并接收 CP 上跳沿到来前一瞬间的 D 信号。维持-阻塞触发器因此而得名。

3. 边沿 D 触发器

边沿 D 触发器的逻辑图和逻辑符号分别如图 4.13 和图 4.14 所示。

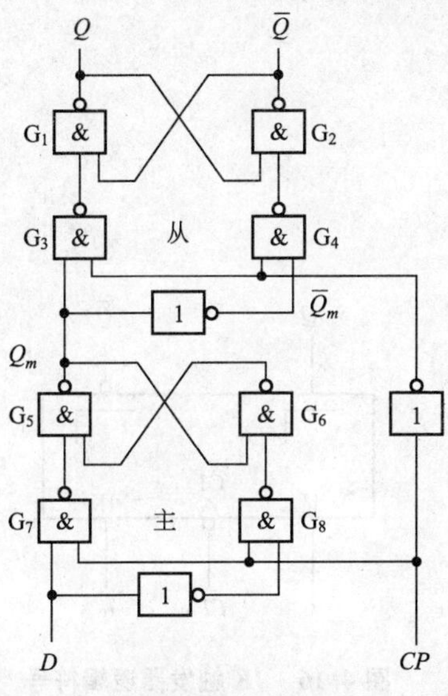

图 4.13 边沿 D 触发器逻辑图

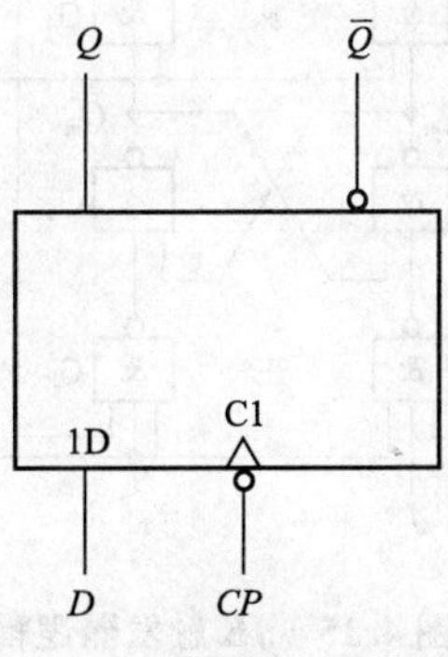

图 4.14 边沿 D 触发器逻辑符号

(1) $CP=0$ 时，门 G_7、G_8 被封锁，门 G_3、G_4 打开，从触发器的状态取决于主触发

器 $Q=Q_m$、$Q=Q_m$，输入信号 D 不起作用。

(2) $CP=1$ 时，门 G_7、G_8 打开，门 G_3、G_4 被封锁，从触发器状态不变，主触发器的状态跟随输入信号 D 的变化而变化，即在 $CP=1$ 期间始终都有 $Q_m=D$。

(3) CP 下降沿到来时，封锁门 G_7、G_8，打开门 G_3、G_4，主触发器锁存 CP 下降时刻 D 的值，即 $Q_m=D$，随后将该值送入从触发器。

(4) CP 下降沿过后，主触发器锁存的 CP 下降沿时刻 D 的值被保存下来，而从触发器的状态也将保持不变。

综上所述，边沿 D 触发器的特性方程为

$$Q^{n+1}=D\quad（下降沿时刻有效）$$

边沿 D 触发器没有一次变化问题。

4.3.2 JK 触发器

1. 主从 JK 触发器

1) 电路结构

RS 触发器的特性方程中有一约束条件 $RS=0$，即在工作时，不允许输入信号 R、S 同时为 1。这一约束条件使得 RS 触发器在使用时，有时感觉不方便。如何解决这一问题呢？可以看到，触发器的两个输出端 Q、$\overline{Q}$ 在正常工作时是互补的，即一个为 1，另一个一定为 0。因此，如果把这两个信号通过两根反馈线分别引到输入端的 G_7、G_8 门，就一定有一个门被封锁，如图 4.15 所示，这时，就不怕输入信号同时为 1 了。这就是主从 JK 触发器的构成思路。

JK 触发器逻辑符号如图 4.16 所示。

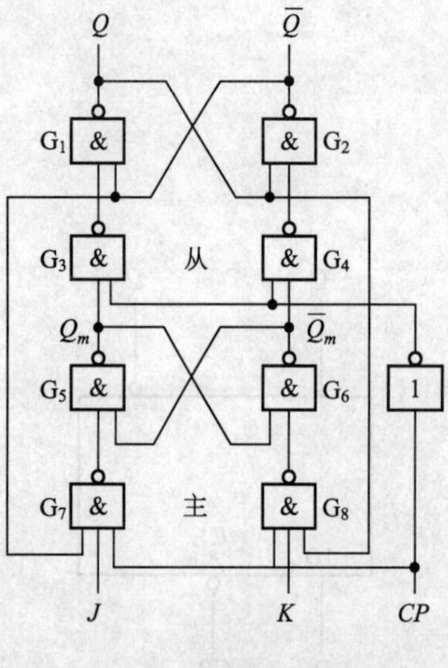

图 4.15 JK 触发器逻辑图

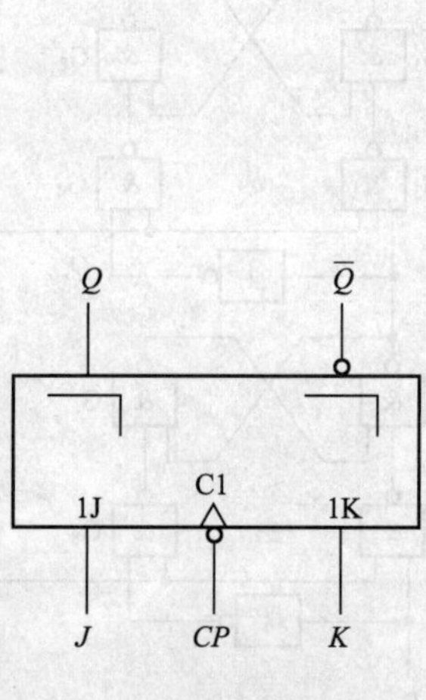

图 4.16 JK 触发器逻辑符号

主从 JK 触发器是在主从 RS 触发器的基础上增加两根反馈线，一根从 Q 端引到 G_7 门的输入端，一根从 $\overline{Q}$ 端引到 G_8 门的输入端，并把原来的 S 端改为 J 端，把原来的 R

端改为K端。

2）逻辑功能

JK触发器的逻辑功能与RS触发器的逻辑功能基本相同，不同之处是JK触发器没有约束条件，在$J=K=1$时，每输入一个时钟脉冲后，触发器向相反的状态翻转一次。表 4-7 为JK触发器的功能表。

表 4-7 同步 *JK* 触发器的功能表

J	K	Q^n	Q^{n+1}	功能说明
0	0	0	0	保持原状态
0	0	1	1	
0	1	0	0	输出状态与J状态相同
0	1	1	0	
1	0	0	1	输出状态与J状态相同
1	0	1	1	
1	1	0	1	每输入一个脉冲输出状态改变一次
1	1	1	0	

将$S=J\bar{Q}^n$，$R=KQ^n$代入主从RS触发器的特性方程，即可得到主从JK触发器的特性方程

$$
\begin{aligned}
Q^{n+1} &= S+\bar{R}Q^n \\
&= J\bar{Q}^n+\overline{KQ^n}Q^n \quad (CP\text{ 下降沿到来时有效}) \\
&= J\bar{Q}^n+\bar{K}Q^n
\end{aligned}
$$

电路属后沿触发。解决了状态不定现象。

工作波形如图 4.17 所示。

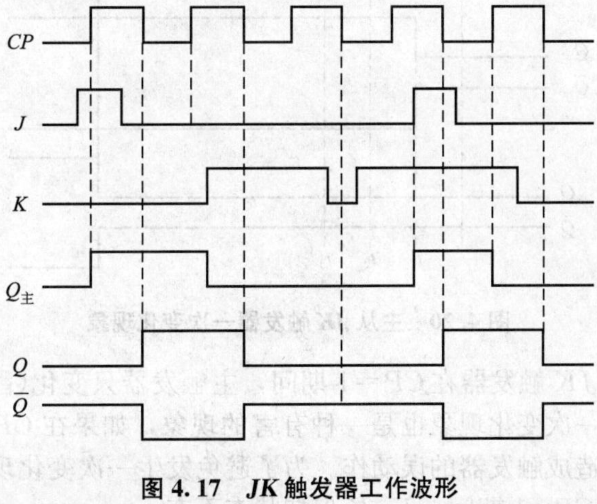

图 4.17 *JK* 触发器工作波形

3）带清零端和预置端的主从JK触发器

其逻辑图和逻辑符号分别如图 4.18 和图 4.19 所示。

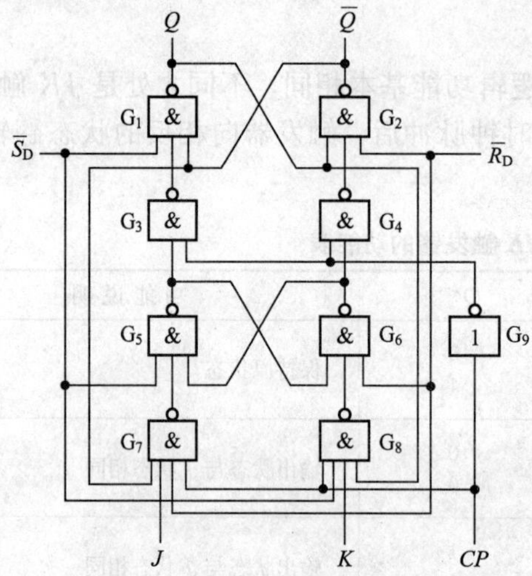

图 4.18　带清零端和预置端的主从 *JK* 触发器逻辑图

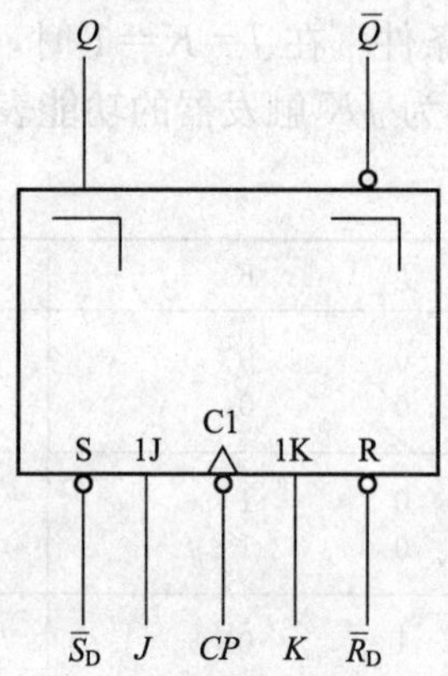

图 4.19　带清零端和预置端的主从 *JK* 触发器逻辑符号

4）主从 JK 触发器存在的问题——一次变化现象

在 $CP=1$ 期间，JK 发生了多次变化，Q_m 只变化一次，所以在 CP 下降沿到来时，Q 状态与此时的 Q_m 相同，并不是由此时的 JK 状态决定，这就是一次变化现象，如图 4.20 所示。

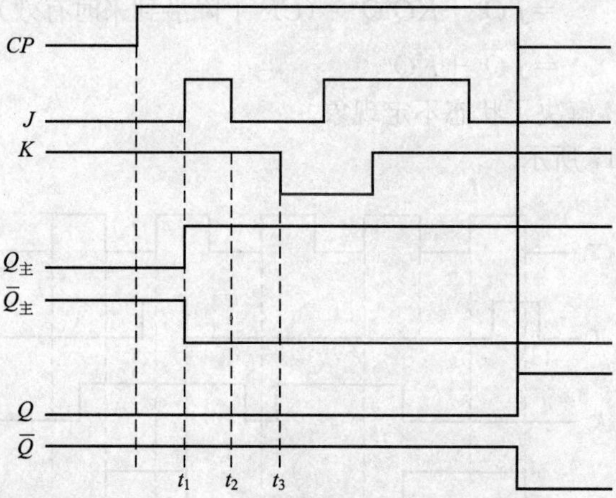

图 4.20　主从 *JK* 触发器一次变化现象

由此看出，主从 JK 触发器在 $CP=1$ 期间，主触发器只变化(翻转)一次，这种现象称为一次变化现象。一次变化现象也是一种有害的现象，如果在 $CP=1$ 期间，输入端出现干扰信号，就可能造成触发器的误动作。为了避免发生一次变化现象，在使用主从 JK 触发器时，要保证在 $CP=1$ 期间，J、K 保持状态不变。

要解决一次变化问题，仍应从电路结构上入手，让触发器只接收 CP 触发沿到来前一瞬间的输入信号。这种触发器称为边沿触发器。

2. 边沿 *JK* 触发器

其逻辑图和逻辑符号分别如图 4.21 和图 4.22 所示。

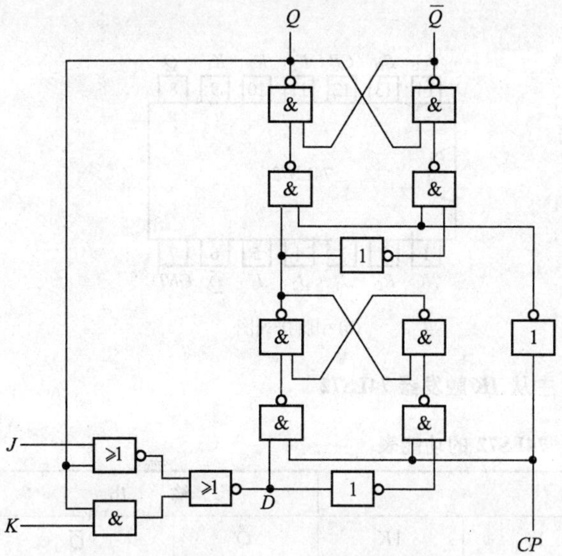

图 4.21 边沿 *JK* 触发器逻辑图

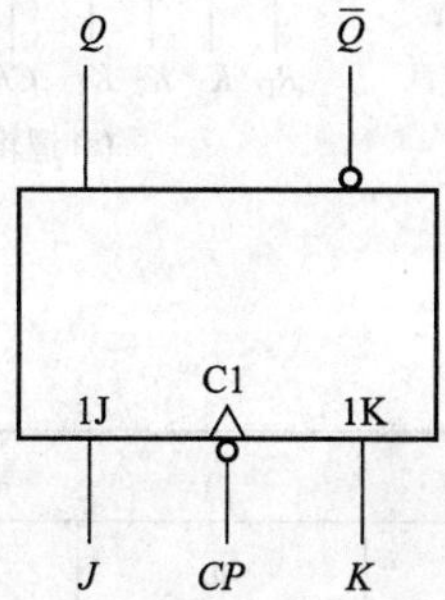

图 4.22 边沿 *JK* 触发器逻辑符号

其特征方程为

$$D=\overline{\overline{J+Q^n}+KQ^n}$$
$$=(J+Q^n)\cdot\overline{KQ^n}$$
$$=(J+Q^n)(\bar{K}+\bar{Q}^n)\quad (CP\text{ 下降沿时刻有效})$$
$$=J\bar{Q}^n+\bar{K}Q^n+J\bar{K}$$
$$=J\bar{Q}^n+\bar{K}Q^n$$
$$Q^{n+1}=D=J\bar{Q}^n+\bar{K}Q^n$$

边沿 *JK* 触发器优点如下。

(1) 边沿触发，无一次变化问题。

(2) 功能齐全，使用方便灵活。

(3) 抗干扰能力极强，工作速度很高。

4.3.3 集成触发器举例

1. TTL 主从 *JK* 触发器 74LS72

74LS72 为多输入端的单 *JK* 触发器，其逻辑符号和引脚排列图分别如图 4.23(a)和图 4.23(b)所示。它有 3 个 *J* 端和 3 个 *K* 端，3 个 *J* 端之间是与逻辑关系，3 个 *K* 端之间也是与逻辑关系。使用中如有多余的输入端，应将其接高电平。该触发器带有直接置 0 端

R_D 和直接置 1 端 S_D，都为低电平有效，不用时应接高电平。74LS72 为主从型触发器，CP 下跳沿触发。

74LS72 的功能表见表 4-8。

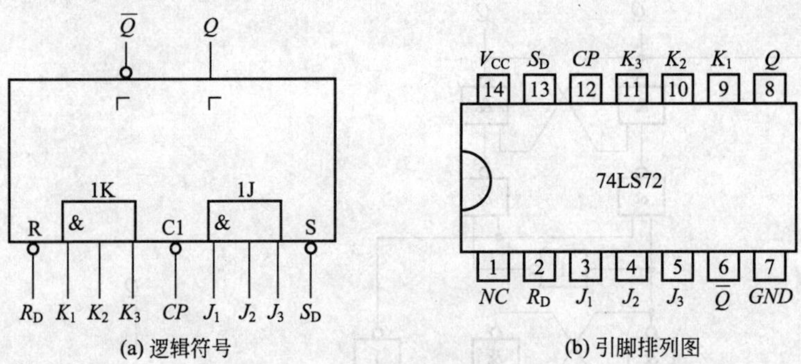

图 4.23 TTL 主从 JK 触发器 74LS72

表 4-8 74LS72 的功能表

输入					输出	
R_D	S_D	CP	$1J$	$1K$	Q	$\overline{Q}$
0	1	×	×	×	0	1
1	0	×	×	×	1	0
1	1	↓	0	0	Q^n	$\overline{Q^n}$
1	1	↓	0	1	0	1
1	1	↓	1	0	1	0
1	1	↓	1	1	$\overline{Q^n}$	Q^n

2. 高速 CMOS 边沿 D 触发器 74HC74

74HC74 为单输入端的双 D 触发器。一个片子里封装着两个相同的 D 触发器，每个触发器只有一个 D 端，它们都带有直接置 0 端 R_D 和直接置 1 端 S_D，都为低电平有效。CP 上升沿触发。74HC74 的逻辑符号和引脚排列分别如图 4.24(a)和图 4.24(b)所示。74HC74 的功能表见表 4-9。

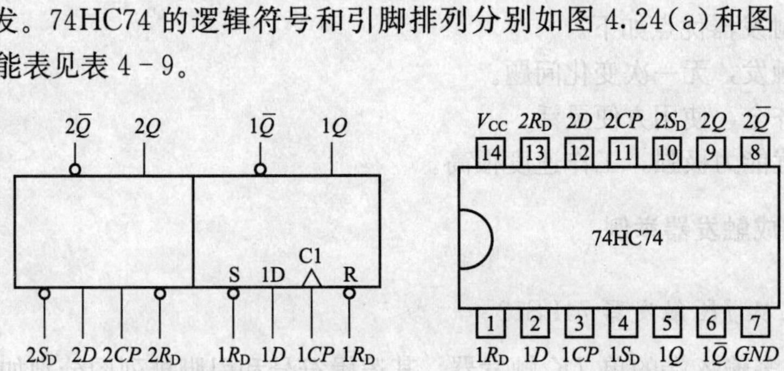

图 4.24 高速 CMOS 边沿 D 触发器 74HC74

表 4-9 74HC74 的功能表

输入				输出	
R_D	S_D	CP	D	Q	$\overline{Q}$
0	1	×	×	0	1
1	0	×	×	1	0
1	1	↑	0	0	1
1	1	↑	1	1	0

4.4 不同类型触发器的相互转换

触发器按功能分有 RS、JK、D、T、T'5 种类型，但最常见的集成触发器是 JK 触发器和 D 触发器。T、T'触发器没有集成产品，如需要时，可用其他触发器转换成 T 或 T'触发器。JK 触发器与 D 触发器之间的功能也是可以互相转换的。实际生产的大多为 JK 触发器和 D 触发器，由 JK 触发器和 D 触发器可构成其他类型的触发器。

4.4.1 转换方法

不同类型触发器相互转换方法如图 4.25 所示。

转换步骤如下。

(1) 写出已有触发器和待转触发器的特征方程。

(2) 变换待转触发器特征方程，使之与已有触发器特征方程一致。

(3) 比较已有触发器特征方程和变换后的待转触发器特征方程，得到转换逻辑关系。

(4) 根据转换逻辑画出逻辑电路图。

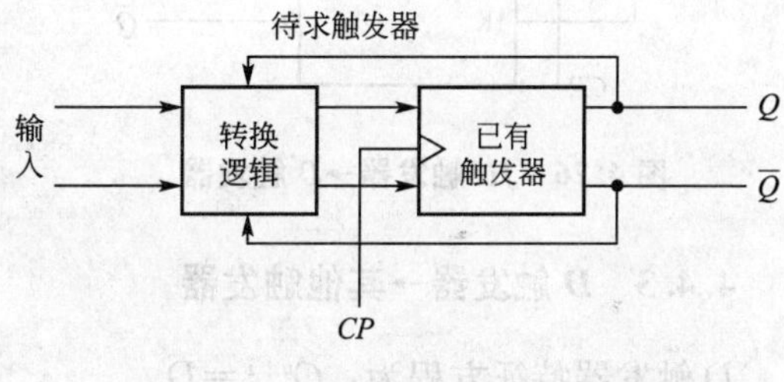

图 4.25 不同类型触发器相互转换图

4.4.2 *JK* 触发器→其他触发器

JK 触发器特征方程为：$Q^{n+1}=J\overline{Q^n}+\overline{K}Q^n$

1. JK 触发器→D 触发器

写出 D 触发器的特性方程，并进行变换，使之形式与 JK 触发器的特性方程一致

$$Q^{n+1}=D=D(\overline{Q}^n+Q^n)=D\overline{Q}^n+DQ^n$$

与 JK 触发器的特性方程比较，得：$\begin{cases}J=D\\K=\overline{D}\end{cases}$

画出转换图如图 4.26 所示。

2. JK 触发器→RS 触发器

RS 触发器特性方程

$$\begin{cases} Q^{n+1}=S+\bar{R}Q^n \\ RS=0 \end{cases}$$

变换 RS 触发器的特性方程，使之形式与 JK 触发器的特性方程一致

$$\begin{aligned} Q^{n+1}&=S+\bar{R}Q^n=S(\bar{Q}^n+Q^n)+\bar{R}Q^n \\ &=S\bar{Q}^n+SQ^n+\bar{R}Q^n \\ &=S\bar{Q}^n+\bar{R}Q^n+SQ^n(\bar{R}+R) \\ &=S\bar{Q}^n+\bar{R}Q^n+\bar{R}SQ^n+RSQ^n \\ &=S\bar{Q}^n+\bar{R}Q^n \end{aligned}$$

比较，得：$\begin{cases} J=S \\ K=R \end{cases}$

画转换图如图 4.27 所示。

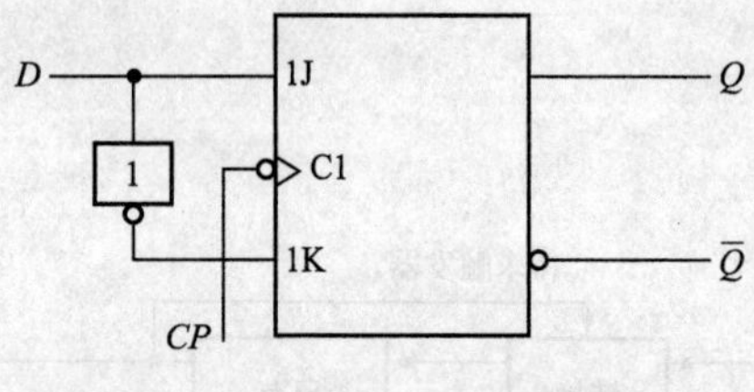

图 4.26　JK 触发器→D 触发器

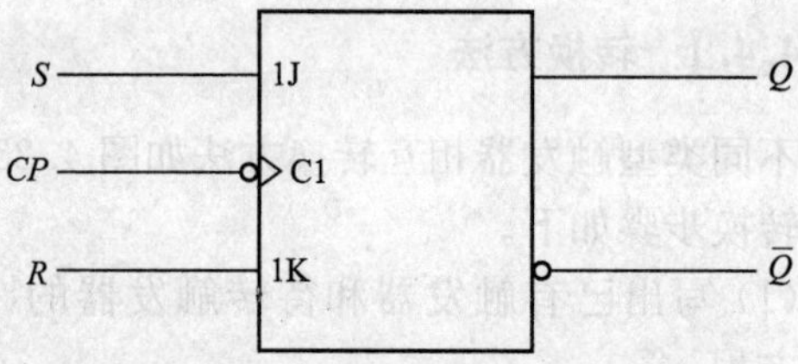

图 4.27　JK 触发器→RS 触发器

4.4.3　D 触发器→其他触发器

D 触发器特征方程为：$Q^{n+1}=D$。

1. D 触发器→JK 触发器

JK 触发器特征方程为：$Q^{n+1}=J\bar{Q}^n+\bar{K}Q^n$。

与 $Q^{n+1}=D$ 比较得：$D=J\bar{Q}^n+\bar{K}Q^n$。

画转换图如图 4.28 所示。

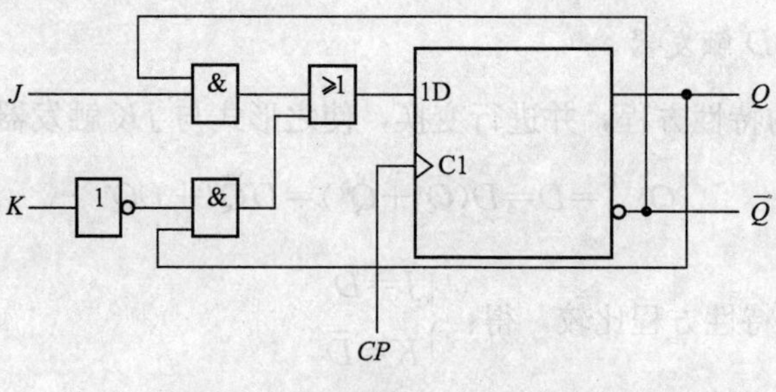

图 4.28　D 触发器→JK 触发器

2. D 触发器→RS 触发器

$$Q^{n+1}=S+\overline{R}Q=\overline{\overline{S}\,\overline{\overline{R}Q}}=D$$

画转换图如图 4.29 所示。

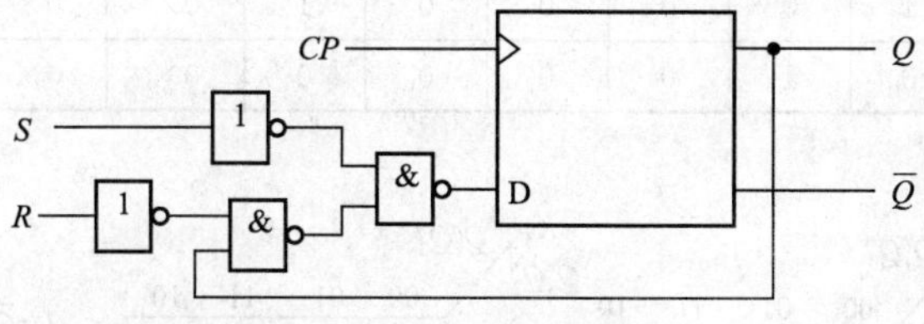

图 4.29　D 触发器→RS 触发器

4.5　案例实现：十进制减法计数器的设计

1. 非二进制计数器的电路设计

利用集成触发器设计任意进制计数器，一般步骤如下。

(1) 由设计要求画出状态转换图，选好触发器。

(2) 列出状态转换对触发器输入端的状态要求和输入、输出状态。

(3) 以现态和输入为变量，求出各触发器输入的逻辑函数和输出函数式。

(4) 仔细画出整个计数器的逻辑电路图。

2. 用 JK 触发器设计按 8421 编码计数的十进制减法计数器

已知计数器的编码、触发器等，因此，有状态转换图如图 4.30 所示。所以，8421 码十进制减法计数真值表见表 4-10。

求 J、K 和 B 的函数式画出卡诺图如图 4.31 所示。

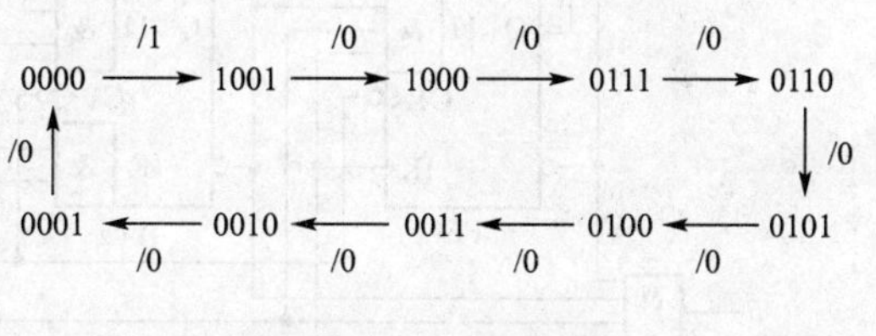

图 4.30　状态转换图

表 4-10　8421 码十进制减法计数真值表

CP	初态 Q^n				次态 Q^{n+1}				Q^n→Q^{n+1} 对 JK 要求				输出 B
	Q_3	Q_2	Q_1	Q_0	Q_3	Q_2	Q_1	Q_0	J_3K_3	J_2K_2	J_1K_1	J_0K_0	
0	0	0	0	0	1	0	0	1	1×	0×	0×	1×	1
1	1	0	0	1	1	0	0	0	×0	0×	0×	×1	0
2	1	0	0	0	0	1	1	1	×1	1×	1×	1×	0
3	0	1	1	1	0	1	1	0	0×	×0	×0	×1	0
4	0	1	1	0	0	1	0	1	0×	×0	×1	1×	0
5	0	1	0	1	0	1	0	0	0×	×0	0×	×1	0
6	0	1	0	0	0	0	1	1	0×	×1	1×	1×	0

（续）

CP	初态 Q^n				次态 Q^{n+1}				$Q^n \to Q^{n+1}$ 对 JK 要求				输出
	Q_3	Q_2	Q_1	Q_0	Q_3	Q_2	Q_1	Q_0	J_3K_3	J_2K_2	J_1K_1	J_0K_0	B
7	0	0	1	1	0	0	1	0	0×	0×	×0	×1	0
8	0	0	1	0	0	0	0	1	0×	0×	×1	1×	0
9	0	0	0	1	0	0	0	0	0×	0×	0×	×1	0

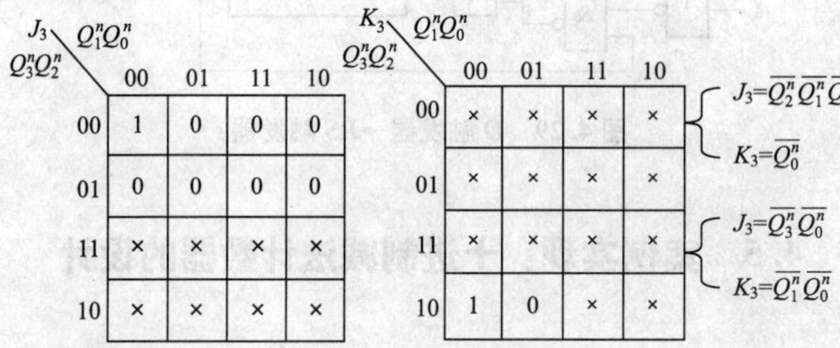

图 4.31　卡诺图

$$J_1=Q_2^n\,\overline{Q_0^n}+Q_3^n\,\overline{Q_0^n}=\overline{\overline{Q_3^n}\,\overline{Q_2^n}}\,\overline{Q_0^n},\quad K_1=\overline{Q_0^n}$$

$$J_0=1,\quad K_0=1,\quad B=\overline{Q_3^n}\,\overline{Q_2^n}\,\overline{Q_1^n}\,\overline{Q_0^n}$$

按以上表达式画出的 8421 编码的十进制减法计数器逻辑图如图 4.32 所示。

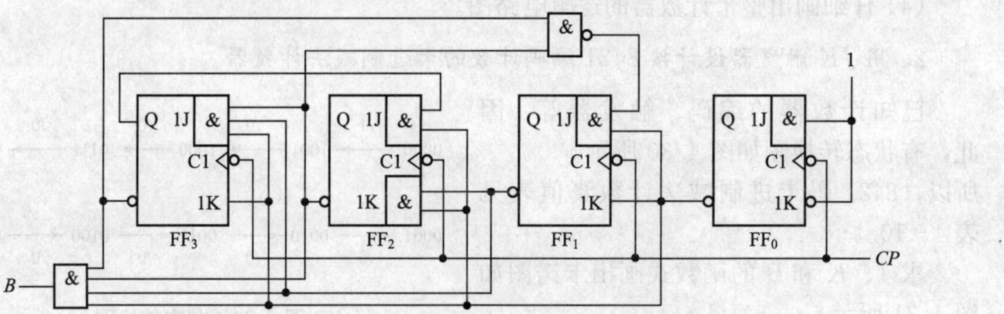

图 4.32　十进制减法计数器逻辑图

本章小结

触发器是数字电路的极其重要的基本单元。触发器有两个稳定状态，在外界信号作用下，可以从一个稳态转变为另一个稳态；无外界信号作用时状态保持不变。因此，触发器可以作为二进制存储单元使用。

触发器的逻辑功能可以用真值表、卡诺图、特性方程、状态图和波形图 5 种方式来描述。触发器的特性方程是表示其逻辑功能的重要逻辑函数，在分析和设计时序电路时常用来作为判断电路状态转换的依据。

各种不同逻辑功能的触发器的特性方程如下。

RS 触发器：$Q^{n+1}=S+\bar{R}Q^n$，其约束条件为：$RS=0$

JK 触发器：$Q^{n+1}=J\,\overline{Q^n}+\bar{k}Q^n$。

D 触发器：$Q^{n+1}=D$。

同一种功能的触发器，可以用不同的电路结构形式来实现；反过来，同一种电路结构形式，可以构成具有不同功能的各种类型触发器。

自我检测题

一、选择题

1. N个触发器可以构成能寄存______位二进制数码的寄存器。

A. $N-1$　　B. N　　C. $N+1$　　D. 2^N

2. 在下列触发器中，有约束条件的是______。

A. 主从 JK　　B. 主从 D　　C. 同步 RS　　D. 边沿 D

3. 一个触发器可记录一位二进制代码，它有______个稳态。

A. 0　　B. 1　　C. 2　　D. 3

E. 4

4. 存储8位二进制信息要______个触发器。

A. 2　　B. 3　　C. 4　　D. 8

5. 对于 T 触发器，若原态 $Q^n=0$，欲使新态 $Q^{n+1}=1$，应使输入 $T=$______。

A. 0　　B. 1　　C. Q　　D. $\overline{Q}$

6. 对于 T 触发器，若原态 $Q^n=1$，欲使新态 $Q^{n+1}=1$，应使输入 $T=$______。

A. 0　　B. 1　　C. Q　　D. $\overline{Q}$

7. 对于 D 触发器，欲使 $Q^{n+1}=Q^n$，应使输入 $D=$______。

A. 0　　B. 1　　C. Q　　D. $\overline{Q}$

8. 对于 JK 触发器，若 $J=K$，则可完成______触发器的逻辑功能。

A. RS　　B. D　　C. T　　D. T'

9. 欲使 JK 触发器按 $Q^{n+1}=Q^n$ 工作，可使 JK 触发器的输入端______。

A. $J=K=0$　　B. $J=Q$，$K=\overline{Q}$

C. $J=\overline{Q}$，$K=Q$　　D. $J=Q$，$K=0$

E. $J=0$，$K=\overline{Q}$

10. 欲使 JK 触发器按 $Q^{n+1}=\overline{Q}^n$ 工作，可使 JK 触发器的输入端______。

A. $J=K=1$　　B. $J=Q$，$K=\overline{Q}$

C. $J=\overline{Q}$，$K=Q$　　D. $J=Q$，$K=1$

E. $J=1$，$K=Q$

11. 欲使 JK 触发器按 $Q^{n+1}=0$ 工作，可使 JK 触发器的输入端______。

A. $J=K=1$　　B. $J=Q$，$K=Q$

C. $J=Q$，$K=1$　　D. $J=0$，$K=1$

E. $J=K=1$

12. 欲使 JK 触发器按 $Q^{n+1}=1$ 工作，可使 JK 触发器的输入端______。

A. $J=K=1$　　B. $J=1$，$K=0$

C. $J=K=\bar{Q}$　　D. $J=K=0$

E. $J=\bar{Q}$，$K=0$

13. 欲使 D 触发器按 $Q^{n+1}=\bar{Q}^n$ 工作，应使输入 $D=$______。

A. 0　　B. 1　　C. Q　　D. $\bar{Q}$

14. 下列触发器中，克服了空翻现象的有______。

A. 边沿 D 触发器　　B. 主从 RS 触发器

C. 同步 RS 触发器　　D. 主从 JK 触发器

15. 下列触发器中，没有约束条件的是______。

A. 基本 RS 触发器　　B. 主从 RS 触发器

C. 同步 RS 触发器　　D. 边沿 D 触发器

16. 描述触发器的逻辑功能的方法有______。

A. 状态转换真值表　　B. 特性方程

C. 状态转换图　　D. 状态转换卡诺图

17. 为实现将 JK 触发器转换为 D 触发器，应使______。

A. $J=D$，$K=\bar{D}$　　B. $K=D$，$J=\bar{D}$

C. $J=K=D$　　D. $J=K=\bar{D}$

18. 边沿式 D 触发器是一种______稳态电路。

A. 无　　B. 单　　C. 双　　D. 多

二、判断题(正确的打√，错误的打×)

1. D 触发器的特性方程为 $Q^{n+1}=D$，与 Q^n 无关，所以它没有记忆功能。　(　)

2. RS 触发器的约束条件 $RS=0$ 表示不允许出现 $R=S=1$ 的输入。　(　)

3. 同步触发器存在空翻现象，而边沿触发器和主从触发器克服了空翻。　(　)

4. 主从 JK 触发器、边沿 JK 触发器和同步 JK 触发器的逻辑功能完全相同。　(　)

5. 若要实现一个可暂停的一位二进制计数器，控制信号 $A=0$ 计数，$A=1$ 保持，可选用 T 触发器，且令 $T=A$。　(　)

6. 由两个 TTL 或非门构成的基本 RS 触发器，当 $R=S=0$ 时，触发器的状态为不定。　(　)

7. 对边沿 JK 触发器，在 CP 为高电平期间，当 $J=K=1$ 时，状态会翻转一次。　(　)

三、填空题

1. 触发器有______个稳态，存储 8 位二进制信息要______个触发器。

2. 一个基本 RS 触发器在正常工作时，它的约束条件是 $\overline{R}+\overline{S}=1$，则它不允许输入 $\overline{S}=$______且 $\overline{R}=$______的信号。

3. 触发器有两个互补的输出端 Q、$\overline{Q}$，定义触发器的 1 状态为______，0 状态为______，可见触发器的状态指的是______端的状态。

4. 一个基本 RS 触发器在正常工作时，不允许输入 $R=S=1$ 的信号，因此它的约束条件是______。

5. 在一个 CP 脉冲作用下，引起触发器两次或多次翻转的现象称为触发器的______，触发方式为______式或______式的触发器不会出现这种现象。

习　题

【4.1】 分析图 4.33 所示由两个或非门组成的基本触发器，写出真值表、状态转换真值表、特征方程、约束条件、状态转换图及激励表。

【4.2】 分析图 4.34 所示由两个与或非门组成的钟控触发器，写出真值表、状态转换真值表、特征方程、约束条件、状态转换图及激励表。

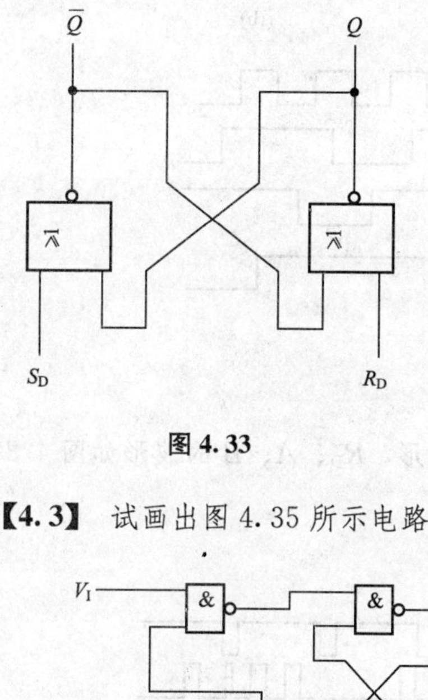

图 4.33

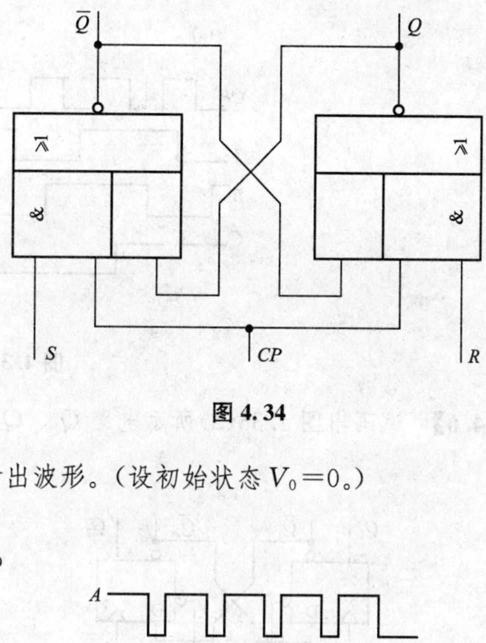

图 4.34

【4.3】 试画出图 4.35 所示电路 V_0 输出波形。(设初始状态 $V_0=0$。)

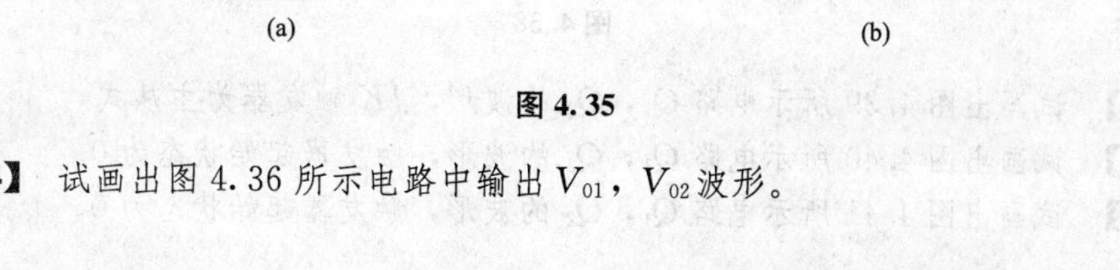

图 4.35

【4.4】 试画出图 4.36 所示电路中输出 V_{01}，V_{02} 波形。

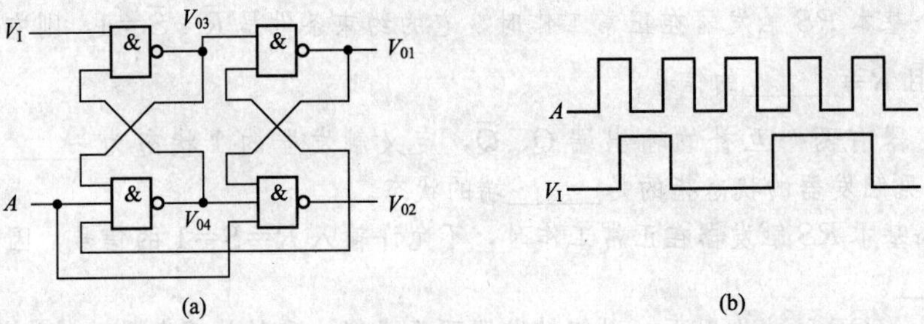

图 4.36

【4.5】 图 4.37 所示各边沿触发器 CP 及 A、B、C 波形已知，写出特征方程 Q^{n+1} 的表达式，画出 Q 端波形。(设起始状态为 0。)

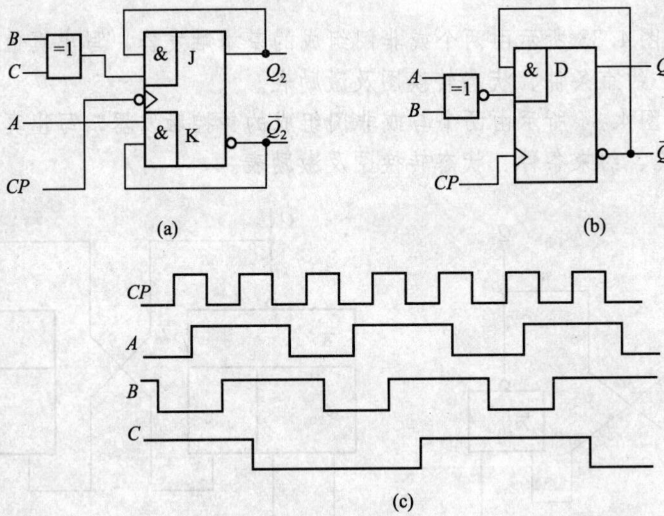

图 4.37

【4.6】 试画出图 4.38(a)所示电路 Q_1、Q_2 的波形，R_D、A、B 的波形如图 4.38(b)所示。

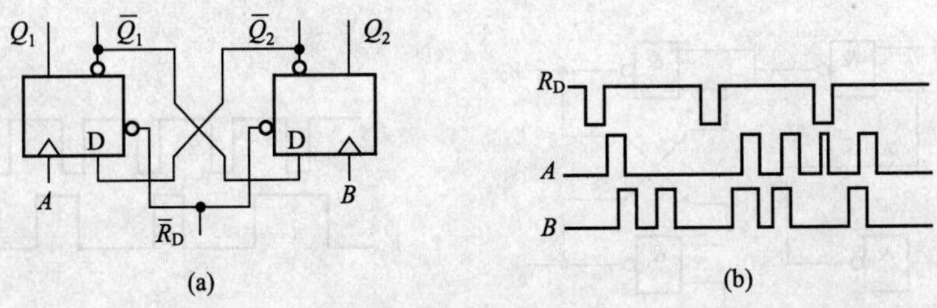

图 4.38

【4.7】 试画出图 4.39 所示电路 Q_1，Q_2 的波形，JK 触发器为主从式。

【4.8】 试画出图 4.40 所示电路 Q_1，Q_2 的波形，触发器起始状态为 0。

【4.9】 试画出图 4.41 所示电路 Q_1，Q_2 的波形，触发器起始状态为 0。

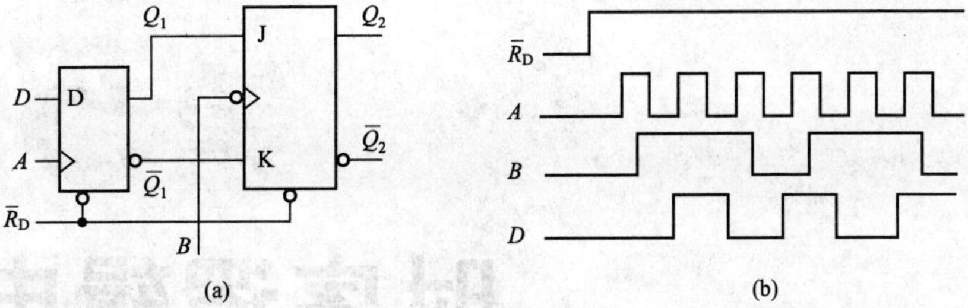

图 4.39

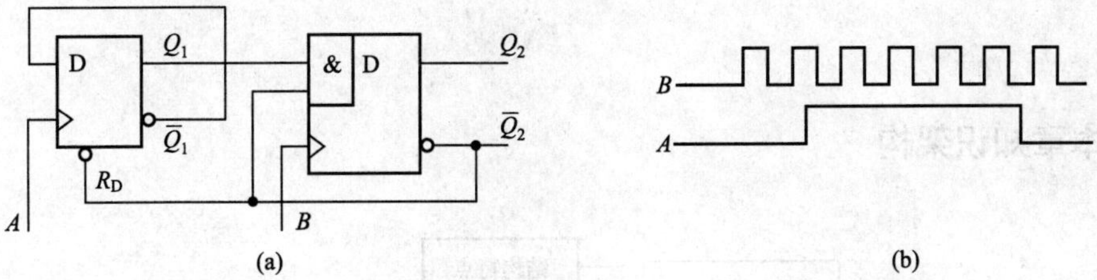

图 4.40

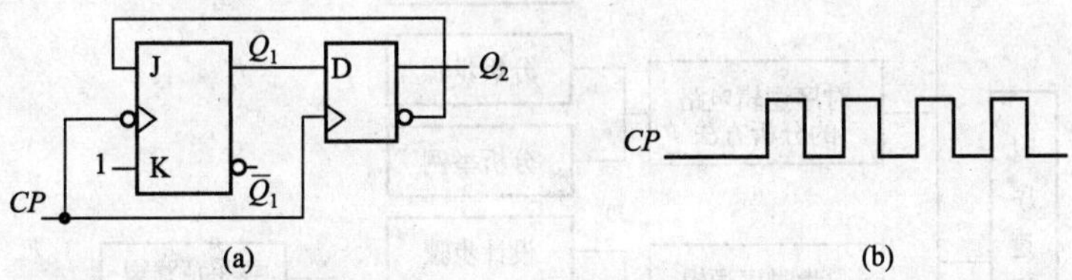

图 4.41

【4.10】 试画出图 4.42 所示电路 Q_1，Q_2 的波形，CP 和 A 的波形如图所示。

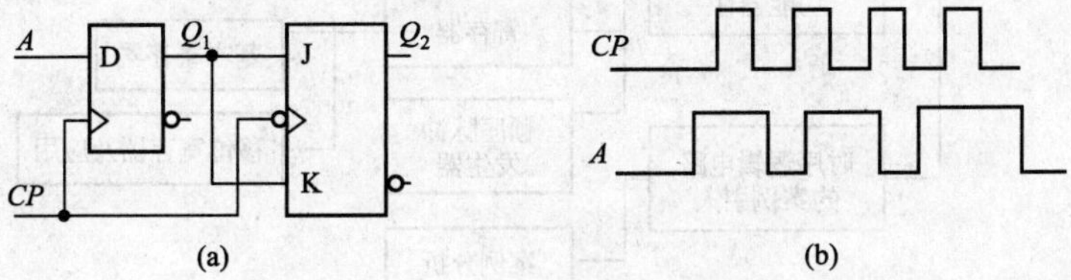

图 4.42

【4.11】 试画出图 4.43 所示电路在 CP 脉冲作用下 Q_1，Q_2，Q_3 的波形。

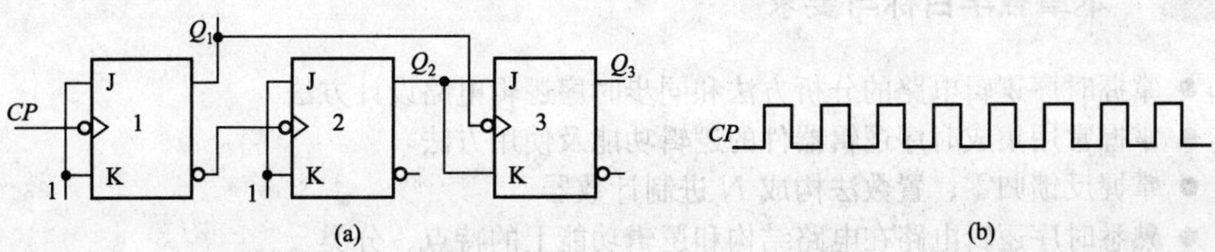

图 4.43

第5章

时序逻辑电路

本章知识架构

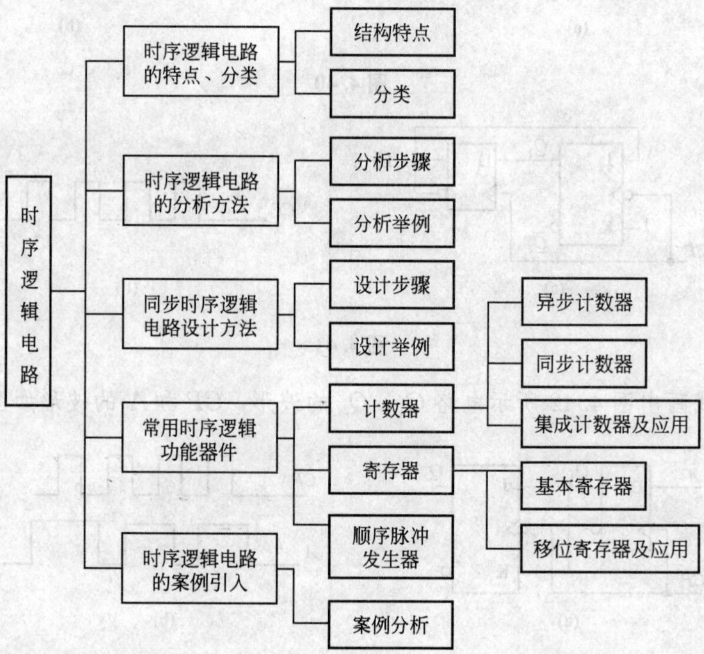

本章教学目标与要求

- 掌握时序逻辑电路的分析方法和同步时序逻辑电路设计方法
- 掌握常用集成时序逻辑器件的逻辑功能及使用方法
- 掌握反馈归零、置数法构成 N 进制计数器
- 熟悉时序逻辑电路在电路结构和逻辑功能上的特点、分类

- 熟悉计数器、寄存器、顺序脉冲发生器的功能、应用
- 了解时序逻辑电路逻辑功能的表示方法

5.1 概 述

5.1.1 时序逻辑电路的结构特点

时序逻辑电路：电路任何一时刻的输出状态不仅与该时刻的输入信号有关，而且还与电路的原状态有关。时序电路中含有具有记忆能力的存储器件(最常用的是触发器)和反馈通道。

JK 触发器就是一个最简单的时序电路。例如：JK 触发器，其特征方程为 $Q^{n+1}=J\overline{Q}^n+\overline{K}Q^n$，$Q^{n+1}$ 和当前的输入 J、K 有关，还与过去的 Q^n 有关。

由触发器作存储器件的时序电路的结构框图如图 5.1 所示，一般来说，它由组合电路和触发器两部分组成。

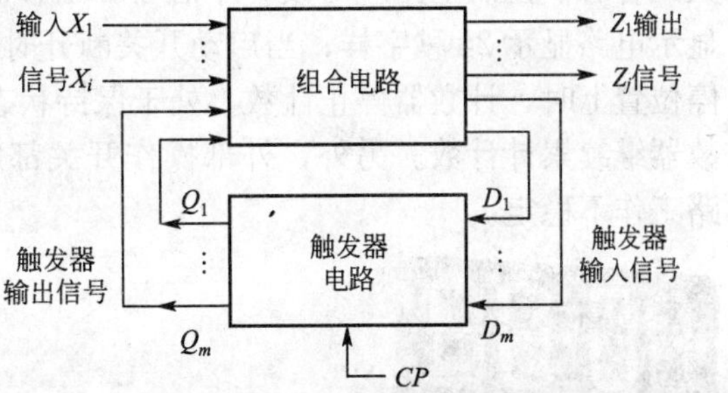

图 5.1 时序逻辑电路框图

5.1.2 时序逻辑电路的分类

按照电路状态变化的特点，时序电路分为同步时序电路和异步时序电路两大类。

同步时序电路内部触发器的状态更新是在同一时钟脉冲作用下同时进行的，即电路中有一个统一的时钟脉冲，每来一个时钟脉冲，电路的状态只改变一次。

异步时序电路各个触发器的时钟脉冲不同，即电路中没有统一的时钟脉冲来控制电路状态的变化，电路状态改变时，电路中要更新状态的触发器的翻转有先有后，是异步进行的。

按照电路中输出变量是否和输入变量直接相关，时序电路又分为米利(Mealy)型电路和穆尔(Moore)型电路。

米利型电路的外部输出 Z 既与触发器的状态 Q^n 有关，又与外部输入 X 有关。而穆尔型电路的外部输出 Z 仅与触发器的状态 Q^n 有关，而与外部输入 X 无关。

5.1.3 时序电路逻辑功能的表示方法

时序电路的逻辑功能可用逻辑表达式、状态表、卡诺图、状态图、时序图和逻辑图 6 种方式表示，这些表示方法在本质上是相同的，可以互相转换。

5.1.4 案例介绍：篮球比赛计时器

计时器设计要求如下。

(1) 具有显示 24 秒计时功能。

(2) 设计外部操作开关，控制计时器的直接清零、启动和暂停/连续功能。

(3) 计数器为 24 秒递减计时器，其计时间隔为 1 秒。

(4) 计时器递减计时到零时，数码显示灯不能熄灭，同时发出光电报警信号。

24 秒计时器实物图如图 5.2(a)所示，24 秒计时器的总体参考方案原理框图如图 5.2(b)所示。它包括秒脉冲发生器、计数器、译码显示电路、报警电路和辅助时序控制电路(简称控制电路)5 个部分。其中计数器和控制电路是系统的主要部分。计数器完成 24 秒计时功能，而控制电路具有直接控制计数器的启动计数、暂停/连续计数、译码显示电路的显示和灭灯等功能。为了满足系统的设计要求，在设计控制电路时，应正确处理各个信号之间的时序关系。在操作直接清零开关时，要求计数器清零，数码显示器灭灯。当启动开关闭合时，控制电路应封锁时序信号 CP(秒脉冲信号)，同时计数器完成置数功能，译码显示电路显示 24 秒字样；当启动开关断开时，计数器开始计数；当暂停/连续开关拨在暂停位置上时，计数器停止计数，处于保持状态；当暂停/连续开关拨在连续位置上时，计数器继续累计计数。另外，外部操作开关都应采取去抖动措施，以防止机械抖动造成电路工作不稳定。

(a) 24秒计时器实物图

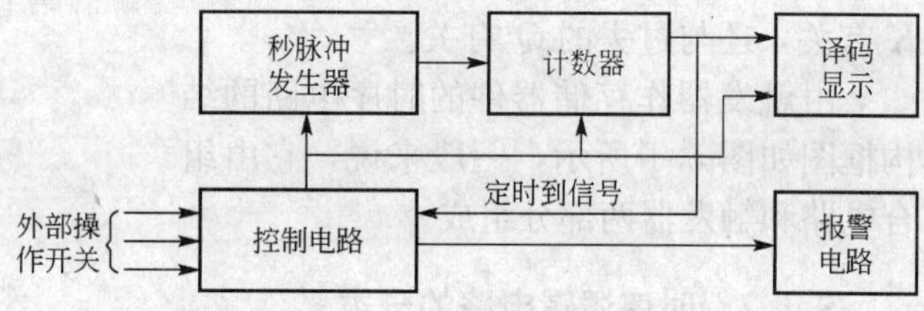

(b) 24秒计时器的原理框图

图 5.2

5.2 时序电路的分析和设计方法

5.2.1 时序电路的分析方法

1. 时序电路的一般分析步骤

(1) 根据给定的时序电路图写出下列各逻辑方程式。

时钟方程：各触发器时钟端的逻辑表达式(对于同步时序电路这一步可省略)。

输出方程：时序电路的输出逻辑表达式，通常为现态和输入变量的函数。

驱动方程：各触发器输入端的逻辑表达式。

(2) 将驱动方程代入相应触发器的特性方程，求得各触发器的次态方程，也就是时序电路的状态方程。

(3) 根据状态方程和输出方程，列出该时序电路的状态表，画出状态图或时序图。

(4) 根据电路的状态表或状态图说明给定时序电路的逻辑功能。

2. 同步时序电路的分析举例

【例 5-1】 试分析图 5.3 所示的时序电路。

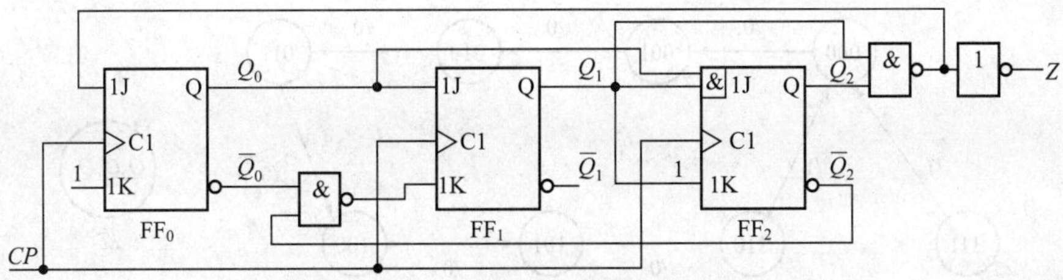

图 5.3 【例 5-1】逻辑电路图

解：由于图 5.3 为同步时序电路，图中的 3 个触发器都接至同一个时钟脉冲源 CP，所以各触发器的时钟方程可以不写。该电路为 Moore 型同步时序电路。

(1) 写出输出方程。

$$Z=Q_1^n \cdot Q_2^n \tag{5.1}$$

(2) 写出驱动方程。

$$\begin{cases} J_0=\overline{Q_1^n Q_2^n} \\ K_0=1 \end{cases} \quad \begin{cases} J_1=Q_0^n \\ K_1=\overline{\overline{Q_0^n}\ \ \overline{Q_2^n}} \end{cases} \quad \begin{cases} J_2=Q_0^n Q_1^n \\ K_2=Q_1^n \end{cases} \tag{5.2}$$

(3) 写出 JK 触发器的特性方程 $Q^{n+1}=J\,\overline{Q^n}+\overline{K}Q^n$，然后将各驱动方程代入 JK 触发器的特性方程，得各触发器的次态方程。

$$\begin{cases} Q_0^{n+1}=J_0\overline{Q_0^n}+\overline{K}_0 Q_0^n=\overline{Q_2^n Q_1^n}\,\overline{Q_0^n} \\ Q_1^{n+1}=J_1\overline{Q_1^n}+\overline{K}_1 Q_1^n=Q_0^n\overline{Q_1^n}+\overline{Q_0^n}\ \overline{Q_2^n}Q_1^n \\ Q_2^{n+1}=J_2\overline{Q_2^n}+\overline{K}_2 Q_2^n=Q_0^n Q_1^n\overline{Q_2^n}+\overline{Q_1^n}Q_2^n \end{cases} \tag{5.3}$$

(4) 作状态转换表及状态图。

设触发器的初始状态 $Q_2^n Q_1^n Q_0^n=000$，代入式(5.1)和式(5.3)，得到新的一组状态和输出，再将这组状态作为触发器的现态，分析下一个时钟脉冲到来后时序电路的次态和输出，依次可以得到表 5-1 所示的状态转换表。

表 5-1 状态转换表

现态			次态			输出
Q_2^n	Q_1^n	Q_0^n	Q_2^{n+1}	Q_1^{n+1}	Q_0^{n+1}	Z
0	0	0	0	0	1	0
0	0	1	0	1	0	0
0	1	0	0	1	1	0
0	1	1	1	0	0	0
1	0	0	1	0	1	0
1	0	1	1	1	0	0
1	1	0	0	0	0	1

完整的状态转换图如图 5.4 所示。

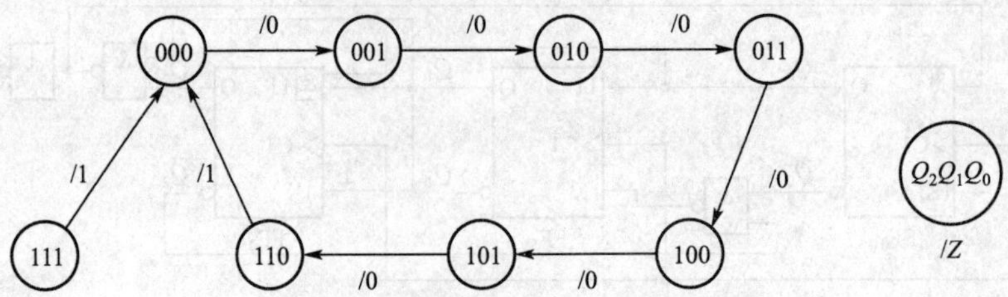

图 5.4 【例 5-1】状态转换图

(5) 画时序图。

时序图如图 5.5 所示。

图 5.5 【例 5-1】时序图

(6) 逻辑功能分析。

从状态转换表和状态转换图可以看出，当触发器的状态为 $Q_2^nQ_1^nQ_0^n=110$ 时，下一个时钟脉冲到来后电路的次态为 $Q_2^{n+1}Q_1^{n+1}Q_0^{n+1}=000$，电路回到了设定的初始状态。因此，在以后的时钟脉冲作用下，逻辑电路的状态和输出必然按表 5-1 所示的顺序反复循环。每次状态到达 110 时，输出 $Z=1$，故该电路是一个同步七进制计数器，输出 Z 为计数器的进位信号。

3 个触发器共有 8 种状态取值，七进制计数器只使用其中 7 种状态构成有效循环，其中状态 111 没有用到，称为无效状态。将 $Q_2^nQ_1^nQ_0^n=111$ 作为初始状态代入式(5.3)中，求得其次态 $Q_2^{n+1}Q_1^{n+1}Q_0^{n+1}=000$，其次态为有效循环状态。

【例 5-2】 试分析图 5-6 所示的时序逻辑电路。

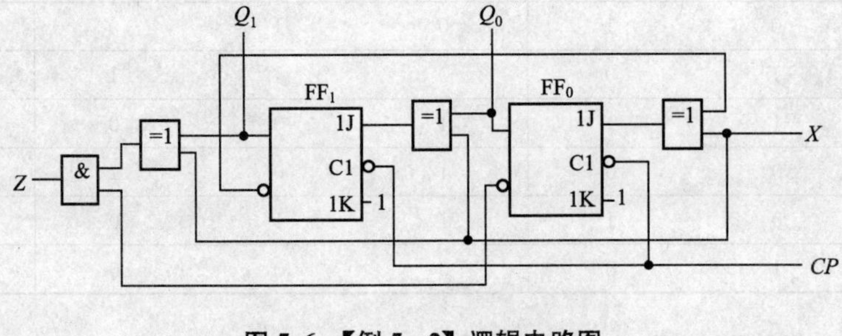

图 5.6 【例 5-2】逻辑电路图

解：由于图 5.6 为同步时序电路，图中的两个触发器都接至同一个时钟脉冲源 CP，所以各触发器的时钟方程可以不写。该电路为 Mealy 型同步时序逻辑电路。

(1) 写出输出方程。

$$Z=(X\oplus Q_1^n)\cdot\overline{Q}_0^n \tag{5.4}$$

(2) 写出驱动方程。

$$\begin{cases}J_0=X\oplus\overline{Q}_1^n\\K_0=1\end{cases} \tag{5.5a}$$

$$\begin{cases}J_1=X\oplus Q_0^n\\K_1=1\end{cases} \tag{5.5b}$$

(3) 写出 JK 触发器的特性方程 $Q^{n+1}=J\overline{Q}^n+\overline{K}Q^n$，然后将各驱动方程代入 JK 触发器的特性方程，得各触发器的次态方程。

$$Q_0^{n+1}=J_0\overline{Q}_0^n+\overline{K}_0Q_0^n=(X\oplus\overline{Q}_1^n)\overline{Q}_0^n \tag{5.6a}$$

$$Q_1^{n+1}=J_1\overline{Q}_1^n+\overline{K}_1Q_1^n=(X\oplus Q_0^n)\cdot\overline{Q}_1^n \tag{5.6b}$$

(4) 作状态转换表及状态图。

由于输入控制信号 X 可取 1，也可取 0，所以分两种情况列状态转换表和画状态图。

① 当 $X=0$ 时。

将 $X=0$ 代入输出方程式(5.4)和触发器的次态方程式(5.6)中，则输出方程简化为 $Z=Q_1^n\overline{Q}_0^n$；触发器的次态方程简化为

$$Q_0^{n+1}=\overline{Q}_1^n\overline{Q}_0^n,\quad Q_1^{n+1}=Q_0^n\overline{Q}_1^n \tag{5.7}$$

设电路的现态为 $Q_1^nQ_0^n=00$，依次代入上述触发器的次态方程和输出方程中进行计算，得到电路的状态转换表见表 5-2。

根据表 5-2 所示的状态转换表可得状态转换图如图 5.7 所示。

表 5-2 X=0 时的状态表

现态		次态		输出
Q_1^n	Q_0^n	Q_1^{n+1}	Q_0^{n+1}	Z
0	0	0	1	0
0	1	1	0	0
1	0	0	0	1

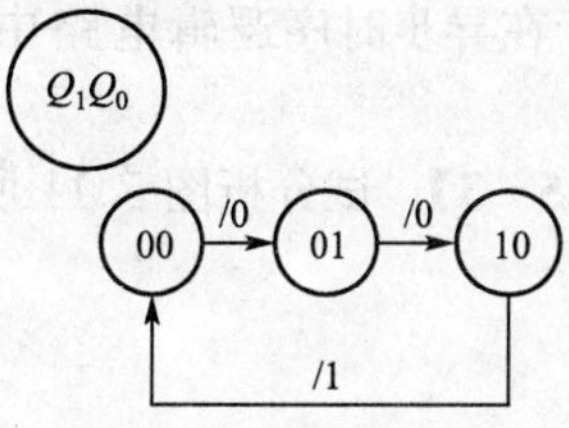

图 5.7 X=0 时的状态图

② 当 $X=1$ 时。

输出方程简化为：$Z=\overline{Q}_1^n\overline{Q}_0^n$；触发器的次态方程简化为

$$Q_0^{n+1}=Q_1^n\overline{Q}_0^n,\quad Q_1^{n+1}=\overline{Q}_0^n\overline{Q}_1^n \tag{5.8}$$

计算可得电路的状态转换表见表 5-3，状态图如图 5.8 所示。

将图 5.7 和图 5.8 合并起来，就是电路完整的状态图，如图 5.9 所示。

(5) 画时序图。

时序图如图 5.10 所示。

表 5-3　$X=1$ 时的状态表

现	态	次	态	输出
Q_1^n	Q_0^n	Q_1^{n+1}	Q_0^{n+1}	Z
0	0	1	0	1
1	0	0	1	0
0	1	0	0	0

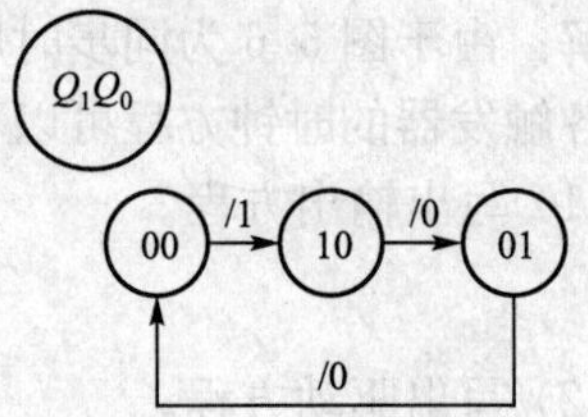

图 5.8　$X=1$ 时的状态图

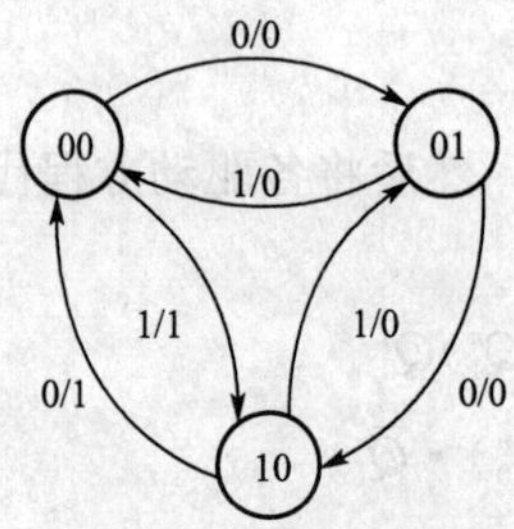

图 5.9　完整的状态图

图 5.10　【例 5-2】时序图

(6) 逻辑功能分析。

该电路共有 3 个状态 00、01、10。当 $X=0$ 时，按照加 1 规律从 00→01→10→00 循环变化，并每当转换为 10 状态(最大数)时，输出 $Z=1$。当 $X=1$ 时，按照减 1 规律从 10→01→00→10 循环变化，并每当转换为 00 状态(最小数)时，输出 $Z=1$。所以该电路是一个可控的三进制计数器，当 $X=0$ 时，作加法计数，Z 是进位信号；当 $X=1$ 时，作减法计数，Z 是借位信号。

3. 异步时序电路的分析举例

由于在异步时序逻辑电路中，没有统一的时钟脉冲，因此，分析时必须写出时钟方程。

【例 5-3】 试分析图 5.11 所示的时序逻辑电路。

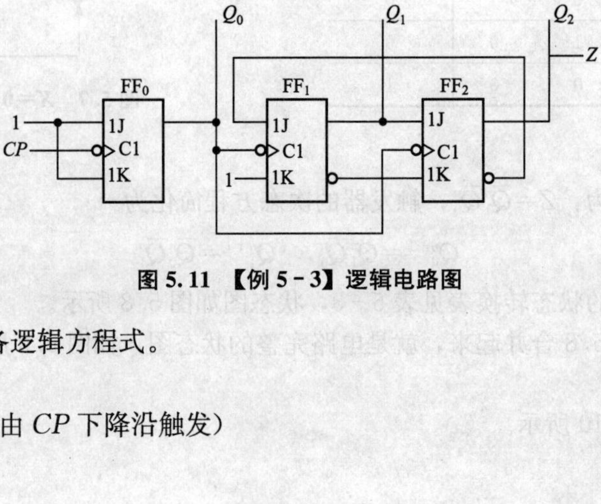

图 5.11　【例 5-3】逻辑电路图

解：(1) 写出各逻辑方程式。

① 时钟方程。

$CP_0=CP$(FF_0由 CP 下降沿触发)

$CP_1 = CP_2 = Q_0$（FF_1、FF_2 由 Q_0 下降沿触发）

② 输出方程。

$$Z = Q_2^n \tag{5.9}$$

③ 各触发器的驱动方程。

$$J_0 = K_0 = 1;\quad J_1 = \overline{Q_2^n},\ K_1 = 1;\quad J_2 = Q_1^n,\ K_2 = \overline{Q_1^n} \tag{5.10}$$

（2）将各驱动方程代入 JK 触发器的特性方程，得各触发器的次态方程。

$$\begin{cases} Q_0^{n+1} = J_0\overline{Q_0^n} + \overline{K_0}Q_0^n = 1\cdot\overline{Q_0^n} + \overline{1}\cdot Q_0^n = \overline{Q_0^n} \\ Q_1^{n+1} = J_1\overline{Q_1^n} + \overline{K_1}Q_1^n = \overline{Q_2^n}\,\overline{Q_1^n} + \overline{1}\cdot Q_1^n = \overline{Q_2^n}\,\overline{Q_1^n} \\ Q_2^{n+1} = J_2\overline{Q_2^n} + \overline{K_3}Q_2^n = Q_1^n\overline{Q_2^n} + \overline{\overline{Q_1^n}}Q_2^n = Q_1^n\overline{Q_2^n} + Q_1^nQ_2^n = Q_1^n \end{cases} \tag{5.11}$$

（3）作状态转换表、状态图、时序图。

状态转换表见表 5-4。

表 5-4　状态转换表

现态			次态			输出	时钟脉冲		
Q_2^n	Q_1^n	Q_0^n	Q_2^{n+1}	Q_1^{n+1}	Q_0^{n+1}	Z	CP_2	CP_1	CP_0
0	0	0	0	0	1	0	↑	↑	↓
0	0	1	0	1	0	0	↓	↓	↓
0	1	0	0	1	1	0	↑	↑	↓
0	1	1	1	0	0	0	↓	↓	↓
1	0	0	1	0	1	1	↑	↑	↓
1	0	1	0	0	0	1	↓	↓	↓

根据状态转换表可得状态转换图如图 5.12 所示，时序图如图 5.13 所示。

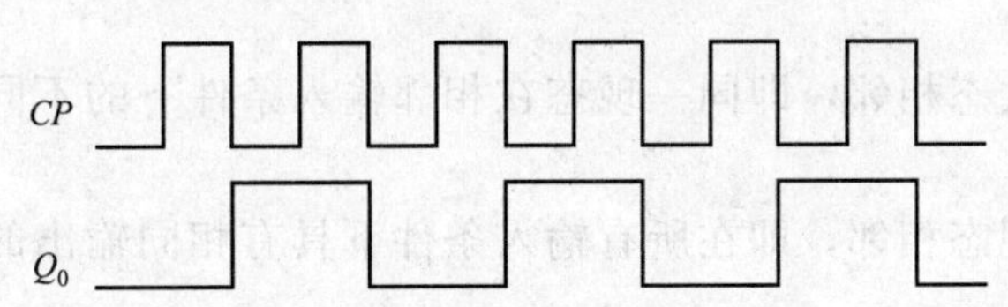

图 5.12　【例 5-3】状态图

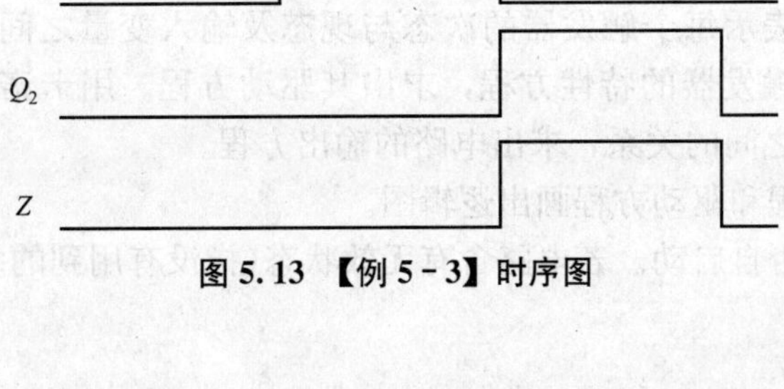

图 5.13　【例 5-3】时序图

(4) 逻辑功能分析。

由状态图可知：该电路共有 6 个状态，在时钟脉冲作用下，按照加 1 规律循环变化，所以是一个异步六进制加法计数器，Z 是进位信号，向高位送出一个负跃变的进位信号。

5.2.2 同步时序电路的设计方法

1. 同步时序电路的设计步骤

(1) 根据设计要求，设定状态，导出对应状态转换图或状态转换表。根据设计的具体要求，确定时序逻辑电路输入变量、输出变量和状态，确定输入变量、输出变量和状态的含义，以及在时钟脉冲作用下状态之间的转换关系，并标出其相应的转换条件和输出，用状态转换图或状态转换表来表示。

(2) 状态化简。原始状态图(表)通常不是最简的，往往可以消去一些多余状态。消去多余状态的过程叫做状态化简。输入相同、输出相同，且转换的状态也相同的状态叫做等价状态。设 S_i 和 S_j 是原始状态转换图或状态转换表的两个状态，若 S_i 和 S_j 在相同的输入信号作用下具有相同的输出，并且可以转换到相同的状态中去，则称状态 S_i 和状态 S_j 等价。显然等价状态是冗余的，可以合并为一个状态。

(3) 选择触发器的类型和个数。电路的状态数确定以后，需要确定电路设计所用触发器的类型和个数。一般来说，选用触发器的功能越强大，则设计的电路越简单。因为 n 个触发器共 2^n 个状态组合，所以触发器的个数根据式 $2^{n-1} \leqslant M \leqslant 2^n$ 确定。
式中：M 为电路的状态数，n 为所需要触发器的个数。

(4) 状态分配(状态编码)。触发器的个数确定以后，状态变量的个数也随之确定。如 3 个触发器有 3 个状态变量，共有 8 种取值：000～111。给电路中的每一个状态选取不同取值代码的过程称为状态编码，也称为状态分配。状态编码完成后，由逻辑抽象得到的状态转换图和转换表就具体化了，反映了逻辑电路在时钟脉冲作用下，触发器状态的变化关系。

为了有利于驱动方程的化简，状态编码的 3 个实用原则如下。

① 次态相同，现态相邻，即在相同输入条件下具有相同次态的现态应分配相邻的编码。

② 现态相同，次态相邻，即同一现态在相邻输入条件下的不同次态应分配相邻的编码。

③ 输出相同，现态相邻，即在所有输入条件下具有相同输出的现态应分配相邻的编码。

(5) 根据编码状态表以及所采用的触发器的逻辑功能，导出待设计电路的输出方程和驱动方程。用卡诺图表示每个触发器的次态与现态及输入变量之间的关系，求出电路的状态方程，结合选用触发器的特性方程，求出其驱动方程。用卡诺图表示输出变量与触发器现态和输入变量之间的关系，求出电路的输出方程。

(6) 根据输出方程和驱动方程画出逻辑图。

(7) 检查电路能否自启动。若电路含有无效状态(指没有用到的多余状态)，则必须检查电路是否具有自启动功能。电路处于无效状态时，能够经过有限个时钟脉冲自动回到有效状态中去，则称电路具有自启动功能。具有自启动功能的电路在上电时或因干扰脱离正常状态时，能够自动返回到有效状态。自启动功能是时序逻辑电路设计的一个基本要求。

2. 同步时序电路的设计举例

【例 5-4】 设计一个同步五进制加法计数器。

解：设计步骤如下。

(1) 根据设计要求，设定状态，画出状态转换图。由于是五进制计数器，所以应有 5 个不同的状态，分别用 S_0、S_1、…、S_4 表示。在计数脉冲 CP 作用下，5 个状态循环翻转，在状态为 S_4 时，进位输出 $Z=1$。状态转换图如图 5.14 所示。

(2) 状态化简。五进制计数器应有 5 个状态，无须化简。

(3) 状态分配，列状态转换编码表。由式 $2^n \geqslant N > 2^{n-1}$ 可知，应采用 3 位二进制代码。该计数器选用 3 位自然二进制加法计数编码，即 $S_0=000$、$S_1=001$、…、$S_4=100$。由此可列出状态转换表见表 5-5。

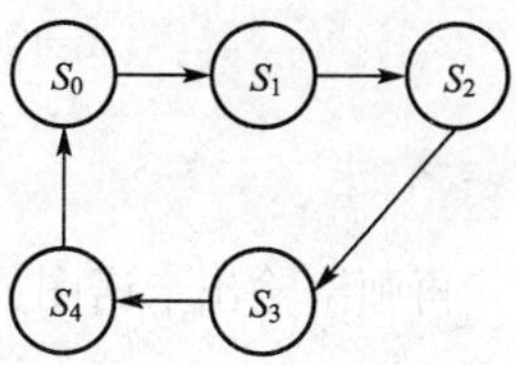

图 5.14 状态图

表 5-5 状态转换表

状态转换顺序	现态			次态			进位输出
	Q_2^n	Q_1^n	Q_0^n	Q_2^{n+1}	Q_1^{n+1}	Q_0^{n+1}	Z
S_0	0	0	0	0	0	1	0
S_1	0	0	1	0	1	0	0
S_2	0	1	0	0	1	1	0
S_3	0	1	1	1	0	0	0
S_4	1	0	0	0	0	0	1

(4) 选择触发器。本例选用功能比较灵活的 JK 触发器。

(5) 求各触发器的驱动方程和进位输出方程。

列出 JK 触发器的驱动表见表 5-6。画出电路的次态卡诺图如图 5.15 所示，3 个无效状态 101、110、111 作无关项处理。根据次态卡诺图和 JK 触发器的驱动表可得各触发器的驱动卡诺图如图 5.16 所示。

表 5-6 JK 触发器的驱动表

$Q^n \to Q^{n+1}$		J	K
0	0	0	×
0	1	1	×
1	0	×	1
1	1	×	0

Q_2^n \ $Q_1^nQ_0^n$	00	01	11	10
0	001	010	100	011
1	000	×	×	×

图 5.15 次态卡诺图

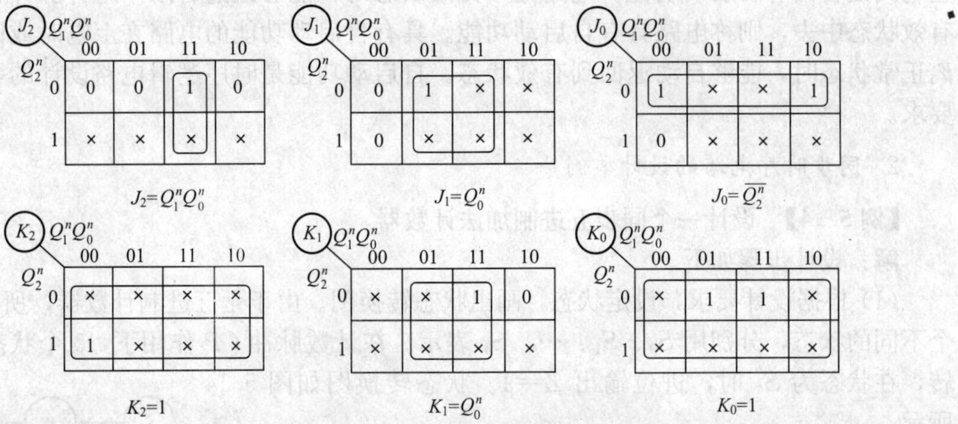

图 5.16　各触发器的驱动卡诺图

再画出输出卡诺图如图 5.17 所示，可得电路的输出方程

$$Z=Q_2^n \tag{5.12}$$

将各驱动方程与输出方程归纳如下

$$J_0=\overline{Q_2^n}\quad K_0=1 \tag{5.13a}$$

$$J_1=Q_0^n\quad K_1=Q_0^n \tag{5.13b}$$

$$J_2=Q_1^nQ_0^n\quad K_2=1 \tag{5.13c}$$

$$Z=Q_2^n \tag{5.14}$$

（6）画逻辑图。根据驱动方程和输出方程，画出五进制计数器的逻辑图如图 5.18 所示。

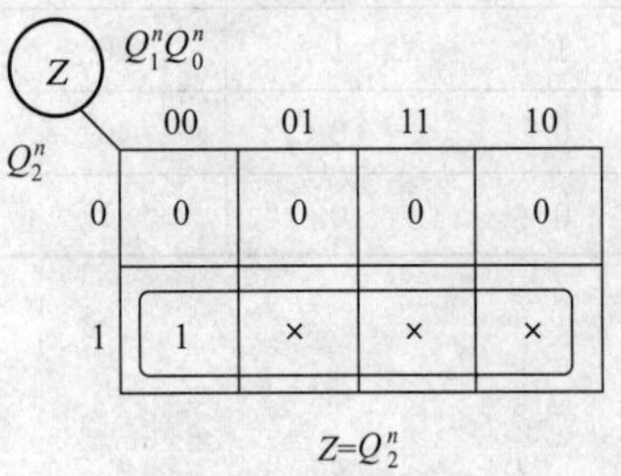

图 5.17　输出卡诺图

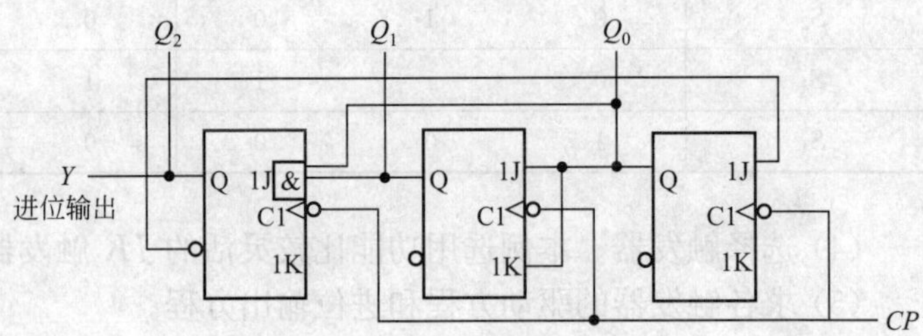

图 5.18　【例 5-4】逻辑图

（7）检查能否自启动。利用逻辑分析的方法画出电路完整的状态图如图 5.19 所示。可见，如果电路进入无效状态 101、110、111 时在 CP 脉冲作用下，分别进入有效状态 010、010、000。所以电路能够自启动。

【例 5-5】 设计一个串行数据检测器，要求是：连续输入 3 个或 3 个以上的 1 时输出为 1，否则输出为 0。

解：（1）逻辑抽象。首先需要确定串行数据检测器的输入和输出信号。串行数据检测器应该具有一个串行数据输入端，用 X 表示；具有一个输出信号 Z，用来表示检测结果，串行数据检测器的框图如图 5.20 所示。

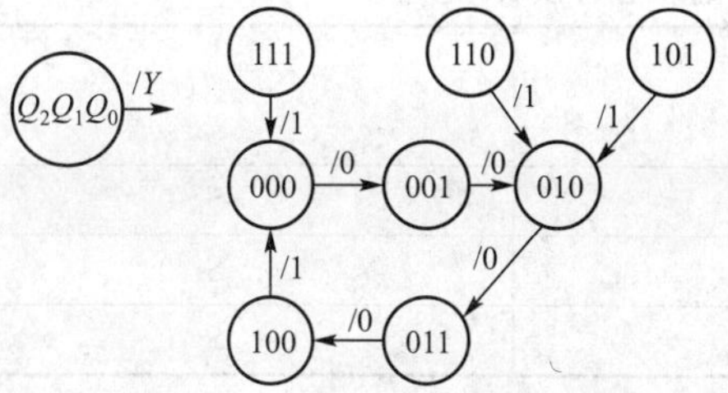

图 5.19 完整的状态图

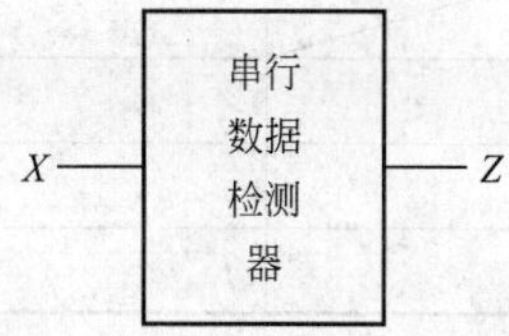

图 5.20 串行数据检测器框图

根据设计要求，检测器在以下输入信号 X 的作用下，其输出信号 Z 的输出应为

X：0101101110111101

Z：0000000010001100

由于电路用于检测“111”序列，所以需要识别输入 1 的个数，故预设电路具有 S_0、S_1、S_2 和 S_3 共 4 个状态。S_0 表示电路当前没有接收到一个 1，S_1 表示电路当前已经接收到一个 1，S_2 表示电路当前已经接收到两个 1，S_3 表示电路当前已经接收到 3 个 1。在输入信号 X 的作用下，电路的状态转换关系和输出如图 5.21 所示。

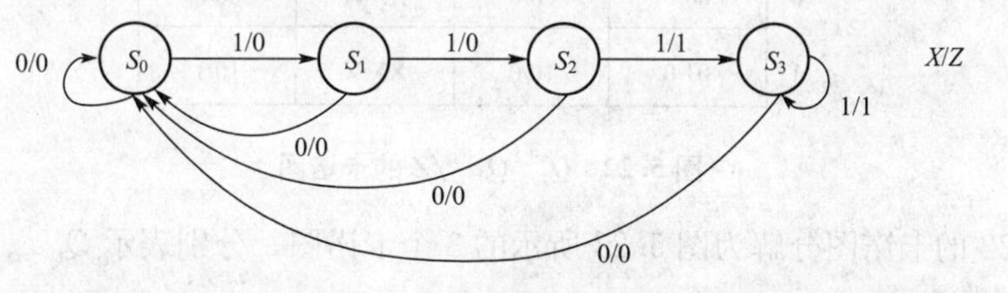

图 5.21 串行检测器的状态转换图

(2) 状态化简。为便于比较状态之间的关系，将图 5.21 所示的状态图转换成表 5-7 所示状态转换表。

表 5-7 串行检测器的状态转换表

S \ X	0	1
S_0	$S_0/0$	$S_1/0$
S_1	$S_0/0$	$S_2/0$
S_2	$S_0/0$	$S_3/0$
S_3	$S_0/0$	$S_3/0$

从表中可以看出，S_2 和 S_3 两个状态在相同的输入条件下具有相同的输出，并且转换到相同的次态中去，故 S_2 和 S_3 为等价状态，可以合并成一个，见表 5-8。这从概念上也不难理解，当电路处于 S_2 时表示已经接收到两个 1，如果电路在转换到 S_2 的同时输入也切换到下一个输入数据，那么只要下一个数据为 1，就表明已经连续输入 3 个 1 了，因而不需要再设一个状态。

表 5-8 化简后的状态转换表

S \ X	0	1
S_0	$S_0/0$	$S_1/0$
S_1	$S_0/0$	$S_2/0$
S_2	$S_0/0$	$S_3/0$

(3) 选用触发器的类型和个数。因电路为 3 个状态，应取 2 个触发器，状态分别用 Q_1、Q_0 表示。本例选用 D 型触发器。

(4) 状态编码。串行数据检测器对内部状态的编码没有特殊的要求，故选取 00、01、10 分别编码 S_0、S_1 和 S_2。

(5) 求电路的状态方程、驱动方程和输出方程。根据表 5-8 所示的状态表可画出触发器次态 $Q_1^{n+1}Q_0^{n+1}$ 和输出 Z 的卡诺图，如图 5.22 所示。

X \ $Q_1^nQ_0^n$	00	01	11	10
0	00/0	00/0	XX/X	00/0
1	01/0	10/0	XX/X	10/1

图 5.22 $Q_1^{n+1}Q_0^{n+1}/Z$ 的卡诺图

将图 5.22 的卡诺图分解为图 5.23 所示的 3 个卡诺图，分别表示 Q_1^{n+1}、Q_0^{n+1} 和输出 Z 这 3 个逻辑函数。

X \ $Q_1^nQ_0^n$	00	01	11	10
0	0	0	X	0
1	0	1	X	1

(a) Q_1^{n+1}

X \ $Q_1^nQ_0^n$	00	01	11	10
0	0	0	X	0
1	1	0	X	0

(b) Q_0^{n+1}

X \ $Q_1^nQ_0^n$	00	01	11	10
0	0	0	X	0
1	0	0	X	1

(c) Z

图 5.23 卡诺图的分解

经化简后得到触发器的状态方程为

$$\begin{cases} Q_1^{n+1}=XQ_1^n+XQ_0^n=X\,\overline{\overline{Q_1^n}\ \overline{Q_0^n}} \\ Q_0^{n+1}=X\,\overline{Q_1^n}\ \overline{Q_0^n} \end{cases} \tag{5.15}$$

与 D 触发器的特性方程相比较，可得串行数据检测器的驱动方程为

$$\begin{cases} D_1=X\,\overline{\overline{Q_1^n}\ \overline{Q_0^n}} \\ D_0=X\,\overline{Q_1^n}\ \overline{Q_0^n} \end{cases} \tag{5.16}$$

输出方程为

$$Z = XQ_1 \tag{5.17}$$

(6) 自启动功能检查。

将无效状态 11 代入状态方程得到次态为 10，故设计的电路具有自启动功能。

(7) 根据式(5.16)的驱动方程和式(5.17)的输出方程，画出串行数据图检测器的逻辑图如图 5.24 所示。

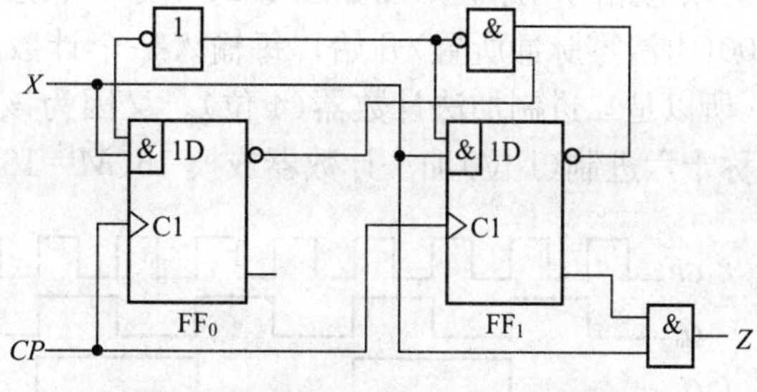

图 5.24 串行数据检测器的逻辑图

5.3 计 数 器

5.3.1 计数器的特点和分类

计数器——用以统计输入脉冲 CP 个数的电路。计数器累计输入脉冲的最大数目称为计数器的“模”，用 M 表示。计数器的“模”实际上为电路的有效状态数。

计数器的分类有以下几种。

按计数进制可分为二进制计数器和非二进制计数器。非二进制计数器中最典型的是十进制计数器。

按数字的增减趋势可分为加法计数器、减法计数器和可逆计数器。

按计数器中触发器翻转是否与计数脉冲同步分为同步计数器和异步计数器。

5.3.2 异步计数器

1. 异步二进制计数器

1) 异步二进制加法计数器

图 5.25 所示为由 4 个下降沿触发的 JK 触发器组成的 4 位异步二进制加法计数器的逻辑图。图中 JK 触发器都接成 T' 触发器($J=K=1$)。最低位触发器 FF_0 的时钟脉冲输入端接计数脉冲 CP，其他触发器的时钟脉冲输入端接相邻低位触发器的 Q 端。

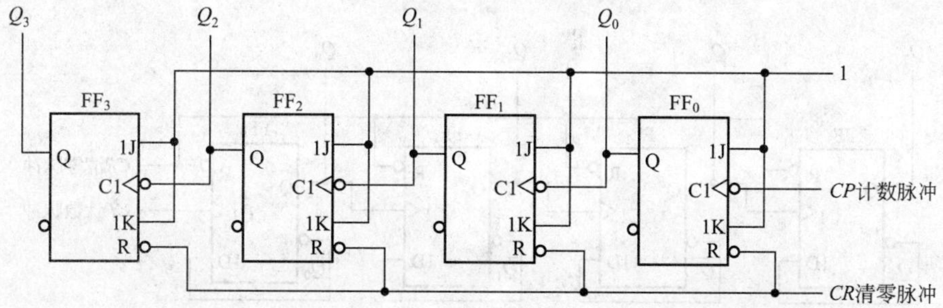

图 5.25 由 JK 触发器组成的 4 位异步二进制加法计数器的逻辑图

该电路的时序波形图如图 5.26 所示，状态图如图 5.27 所示。由状态图可见，从初态 0000(由清零脉冲所置)开始，每输入一个计数脉冲，计数器的状态按二进制加法规律加 1，所以是二进制加法计数器(4 位)。又因为该计数器有 0000～1111 共 16 个状态，所以也称十六进制(1 位)加法计数器或模 16($M=16$)加法计数器。

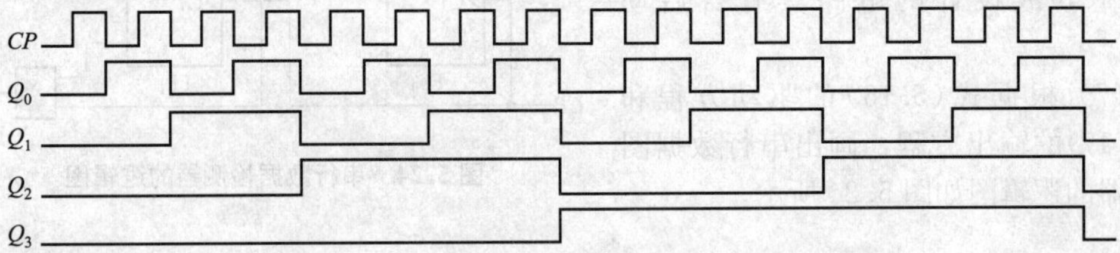

图 5.26　4 位异步二进制加法计数器时序图

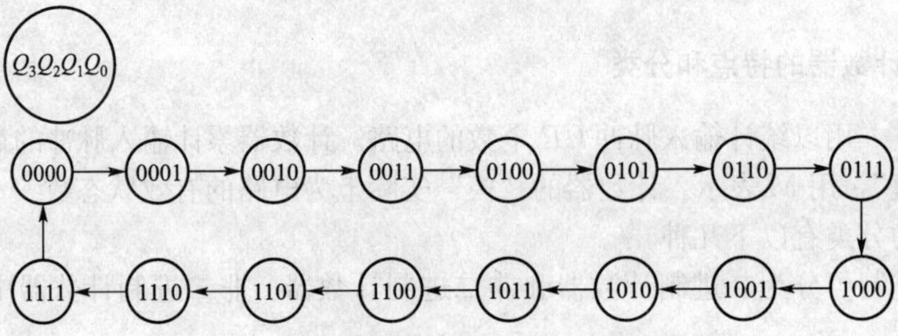

图 5.27　4 位异步二进制加法计数器状态图

另外，从时序图可以看出，Q_0、Q_1、Q_2、Q_3 的周期分别是计数脉冲(CP)周期的 2 倍、4 倍、8 倍、16 倍，也就是说，Q_0、Q_1、Q_2、Q_3 分别对 CP 波形进行了二分频、四分频、八分频、十六分频，因而计数器也可作为分频器。

异步二进制计数器结构简单，改变级联触发器的个数，可以很方便地改变二进制计数器的位数，n 个触发器构成 n 位二进制计数器或模 2^n 计数器，或 2^n 分频器。

2) 异步二进制减法计数器

将图 5.25 所示电路中 FF_1、FF_2、FF_3 的时钟脉冲输入端改接到相邻低位触发器的 $\overline{Q}$ 端就可构成二进制异步减法计数器。

图 5.28 所示是用 4 个上升沿触发的 D 触发器组成的 4 位异步二进制减法计数器的逻辑图。

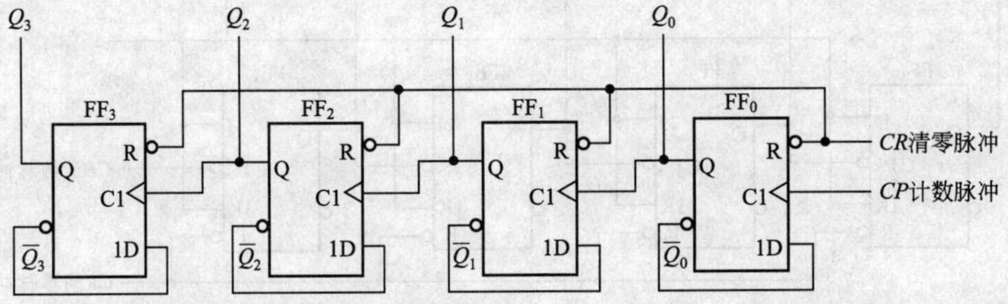

图 5.28　D 触发器组成的 4 位异步二进制减法计数器的逻辑图

该电路的时序波形图如图 5.29 所示，状态图如图 5.30 所示。

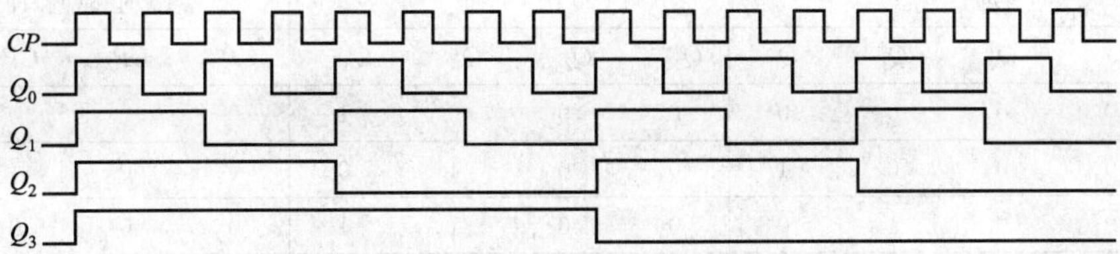

图 5.29 4 位异步二进制减法计数器时序图

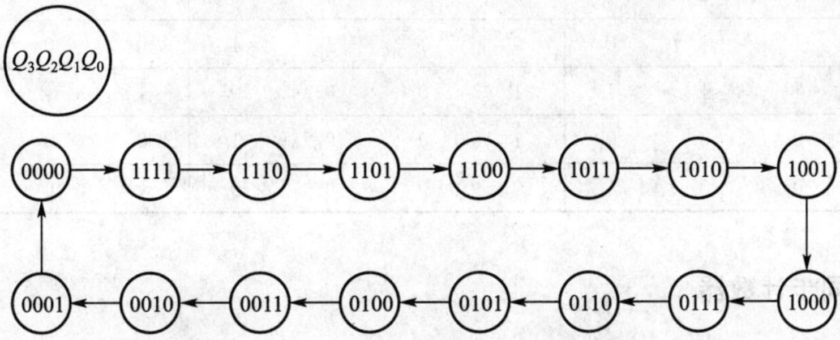

图 5.30 4 位异步二进制减法计数器状态图

从图 5.25 和图 5.28 可见，用 JK 触发器和 D 触发器都可以很方便地组成二进制异步计数器。方法是先将触发器都接成 T' 触发器，然后根据加、减计数方式及触发器为上升沿还是下降沿触发来决定各触发器之间的连接方式。

2. 异步十进制加法计数器

由 JK 触发器组成的异步十进制加法计数器的由来：在 4 位异步二进制加法计数器的基础上经过适当修改。图 5.31 所示为 JK 触发器组成的异步十进制加法计数器。

有效状态：0000～1001 这 10 个状态；无效状态：1010～1111 这 6 个状态。

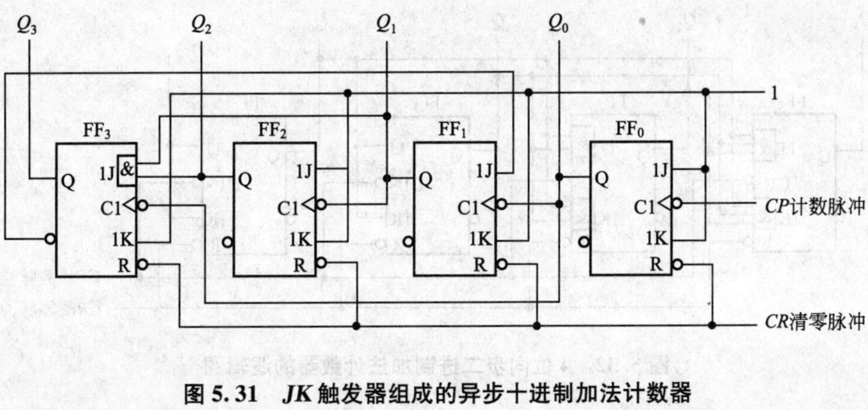

图 5.31 *JK* 触发器组成的异步十进制加法计数器

图 5.31 所示电路的状态表见表 5-9。

表 5-9　图 5.31 所示电路的状态表

计数脉冲序号	现　　态				次　　态				时钟脉冲			
	Q_3^n	Q_2^n	Q_1^n	Q_0^n	Q_3^{n+1}	Q_2^{n+1}	Q_1^{n+1}	Q_0^{n+1}	CP_3	CP_2	CP_1	CP_0
0	0	0	0	0	0	0	0	1	0	0	0	↓
1	0	0	0	1	0	0	1	0	↓	0	↓	↓
2	0	0	1	0	0	0	1	1	0	0	0	↓
3	0	0	1	1	0	1	0	0	↓	↓	↓	↓
4	0	1	0	0	0	1	0	1	0	0	0	↓
5	0	1	0	1	0	1	1	0	↓	0	↓	↓
6	0	1	1	0	0	1	1	1	0	0	0	↓
7	0	1	1	1	1	0	0	0	↓	↓	↓	↓
8	1	0	0	0	1	0	0	1	0	0	0	↓
9	1	0	0	1	0	0	0	0	↓	0	↓	↓

5.3.3　同步计数器

1. 同步二进制计数器

1）同步二进制加法计数器

图 5.32 所示为由 4 个 JK 触发器组成的 4 位同步二进制加法计数器的逻辑图。图中各触发器的时钟脉冲输入端接同一计数脉冲 CP，显然，这是一个同步时序电路。

各触发器的驱动方程分别为

$$J_0=K_0=1 \tag{5.18a}$$

$$J_1=K_1=Q_0^n \tag{5.18b}$$

$$J_2=K_2=Q_0^nQ_1^n \tag{5.18c}$$

$$J_3=K_3=Q_0^nQ_1^nQ_2^n \tag{5.18d}$$

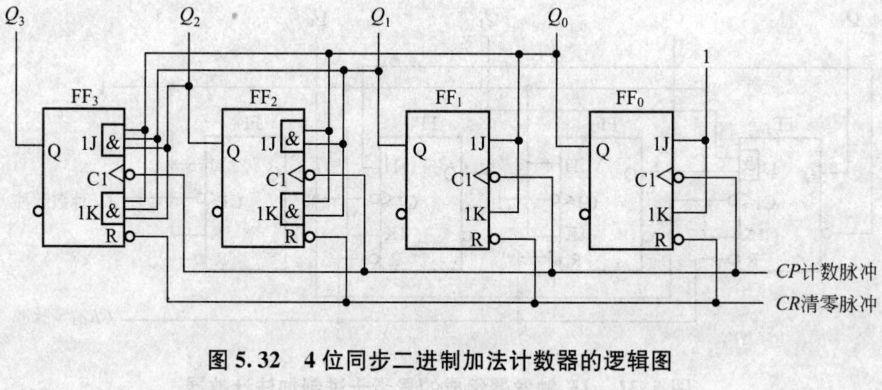

图 5.32　4 位同步二进制加法计数器的逻辑图

由于同步计数器的计数脉冲 CP 同时接到各位触发器的时钟脉冲输入端，当计数脉冲到来时，应该翻转的触发器同时翻转，所以速度比异步计数器高，但电路结构比异步计数器复杂。

图 5.32 所示 4 位同步二进制加法计数器的状态表见表 5-10。

表 5-10　图 5.32 所示 4 位同步二进制加法计数器的状态表

计数脉冲序号	电路状态				等效十进制数
	Q_3	Q_2	Q_1	Q_0	
0	0	0	0	0	0
1	0	0	0	1	1
2	0	0	1	0	2
3	0	0	1	1	3
4	0	1	0	0	4
5	0	1	0	1	5
6	0	1	1	0	6
7	0	1	1	1	7
8	1	0	0	0	8
9	1	0	0	1	9
10	1	0	1	0	10
11	1	0	1	1	11
12	1	1	0	0	12
13	1	1	0	1	13
14	1	1	1	0	14
15	1	1	1	1	15
16	0	0	0	0	0

2）同步二进制减法计数器

4 位二进制同步减法计数器的状态表见表 5-11，只要将图 5.32 所示电路的各触发器的驱动方程改为

$$J_0=K_0=1 \tag{5.19a}$$

$$J_1=K_1=\overline{Q_0^n} \tag{5.19b}$$

$$J_2=K_2=\overline{Q_0^n}\ \overline{Q_1^n} \tag{5.19c}$$

$$J_3=K_3=-\overline{Q_0^n}\ \overline{Q_1^n}\ \overline{Q_2^n} \tag{5.19d}$$

就构成了 4 位同步二进制减法计数器。

表 5-11　4 位二进制同步减法计数器的状态表

计数脉冲序号	电路状态				等效十进制数
	Q_3	Q_2	Q_1	Q_0	
0	0	0	0	0	0
1	1	1	1	1	15
2	1	1	1	0	14
3	1	1	0	1	13

（续）

计数脉冲序号	电路状态				等效十进制数
	Q_3	Q_2	Q_1	Q_0	
4	1	1	0	0	12
5	1	0	1	1	11
6	1	0	1	0	10
7	1	0	0	1	9
8	1	0	0	0	8
9	0	1	1	1	7
10	0	1	1	0	6
11	0	1	0	1	5
12	0	1	0	0	4
13	0	0	1	1	3
14	0	0	1	0	2
15	0	0	0	1	1
16	0	0	0	0	0

3）同步二进制可逆计数器

既能作加计数又能作减计数的计数器称为可逆计数器。将前面介绍的4位同步二进制加法计数器和减法计数器进行组合，并引入一个加/减控制信号 X 便构成4位同步二进制可逆计数器的逻辑图，如图5.33所示。由图可知，各触发器的驱动方程为

$$J_0=K_0=1 \tag{5.20a}$$

$$J_1=K_1=XQ_0^n+\overline{X}\,\overline{Q_0^n} \tag{5.20b}$$

$$J_2=K_2=XQ_0^nQ_1^n+\overline{X}\,\overline{Q_0^n}\,\overline{Q_1^n} \tag{5.20c}$$

$$J_3=K_3=XQ_0^nQ_1^nQ_2^n+\overline{X}\,\overline{Q_0^n}\,\overline{Q_1^n}\,\overline{Q_2^n} \tag{5.20d}$$

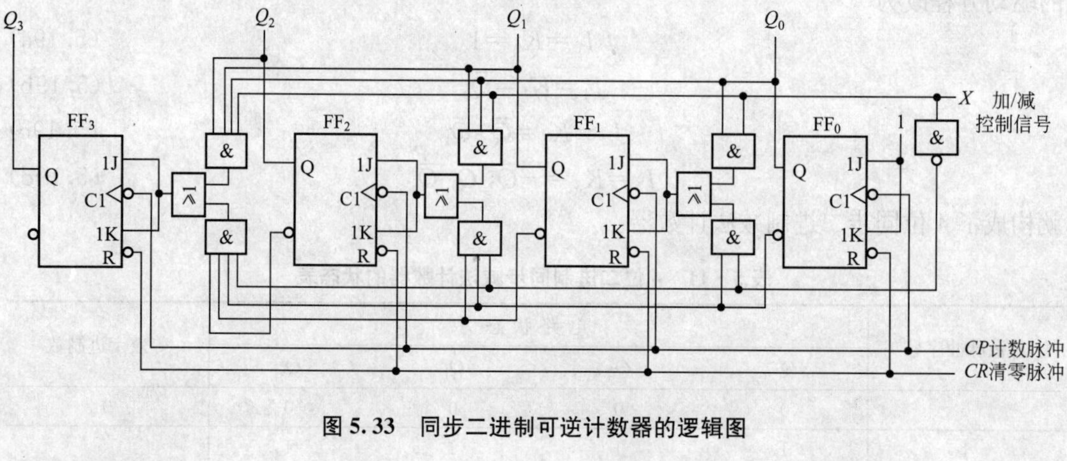

图5.33 同步二进制可逆计数器的逻辑图

当控制信号 $X=1$ 时，$FF_1\sim FF_3$ 中的各 J、K 端分别与低位各触发器的 Q 端相连，作加法计数；当控制信号 $X=0$ 时，$FF_1\sim FF_3$ 中的各 J、K 端分别与低位各触发器的$\overline{Q}$端

相连，作减法计数，实现了可逆计数器的功能。

2. 同步十进制加法计数器

8421BCD 码同步十进制加法计数器电路如图 5.34 所示，其状态表见表 5-12，电路状态图和电路时序图分别如图 5.35 和图 5.36 所示。

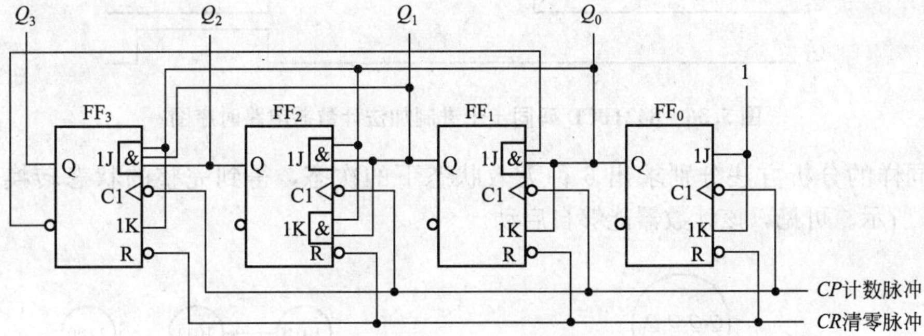

图 5.34　8421BCD 码同步十进制加法计数器电路

表 5-12　8421BCD 码同步十进制加法计数器的状态表

计数脉冲序号	电路状态				等效十进制数
	Q_3	Q_2	Q_1	Q_0	
0	0	0	0	0	0
1	0	0	0	1	1
2	0	0	1	0	2
3	0	0	1	1	3
4	0	1	0	0	4
5	0	1	0	1	5
6	0	1	1	0	6
7	0	1	1	1	7
8	1	0	0	0	8
9	1	0	0	1	9
10	0	0	0	0	0

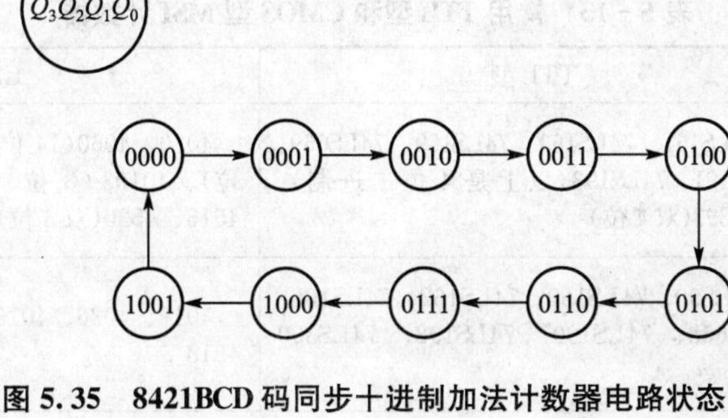

图 5.35　8421BCD 码同步十进制加法计数器电路状态图

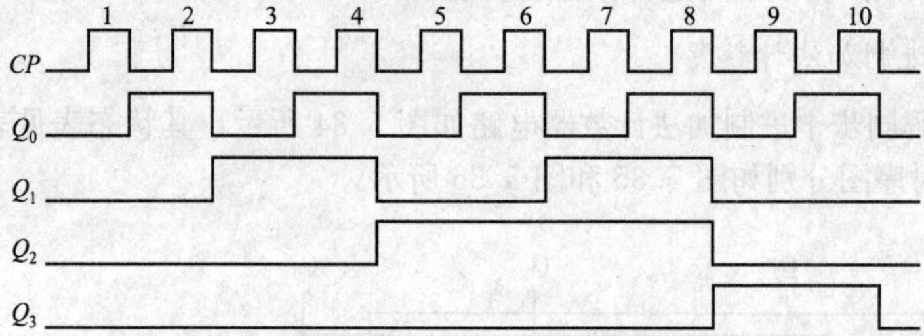

图 5.36　8421BCD 码同步十进制加法计数器电路时序图

用同样的分析方法分别求出 6 种无效状态下的次态，得到完整的状态转换图，如图 5.37 所示。可见，该计数器能够自启动。

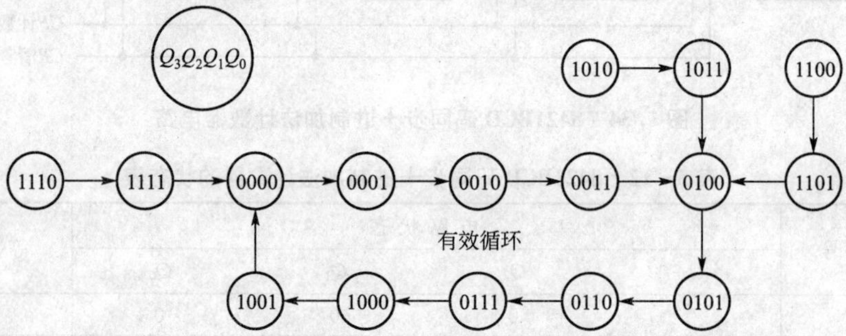

图 5.37　完整的状态转换图

5.3.4　集成计数器

集成计数器种类很多。按计数的数制可分为二进制、十进制(最常用的为二-十进制)、任意进制、格雷码等计数器。按计数的顺序可分为加法计数、减法计数和可逆计数器。其中可逆计数器又有加/减控制式和双时钟输入式两种。按工作方式可分为异步和同步计数器两种。异步计数器一般较简单，但工作速度低，同步计数器电路复杂，但工作速度快。

常用集成计数器型号有 74LS160、74LS190、74LS191、74LS192、74LS193、74LS290 以及 CD4040 等。常用 TTL 型和 CMOS 型 MSI 计数器见表 5-13。

表 5-13　常用 TTL 型和 CMOS 型 MSI 计数器

类　型	TTL 型	CMOS 型
二进制计数器	74LS161、74LS163、74LS169、74LS669、74LS191、74LS193(以上是 4 位二进制)、74LS393(双 4 位)	4020、4060(14 位)、4024(7 位)、4040(12 位)、40103(8 位)、40163、40193(4 位)、4516、4520(双 4 位)
十进制计数器	74LS90、74LS160、74LS162、74LS168、74LS668、74LS190、74LS192、74LS390(双)	4017、4026、40160、40162、40192、4510、4518

(续)

类　型	TTL 型	CMOS 型
二-五-十进制计数器	74LS176、74LS196、74LS290	
其他进制计数器	74LS197(二-八-十六进制)、74LS293(二-八-十六进制)、74LS92(二-六-十二进制)	4018(二、四、六、八、十 5 种进制计数器)、4022(八进制)、4029、4569

1. 集成二进制计数器

1) 4 位二进制同步加法计数器 74LS161

74LS161 是集成 4 位二进制同步加法计数器，具有计数、保持、同步置数、异步清零功能。

(1) 74LS161 的引脚排列和逻辑功能示意图如图 5.38 所示。

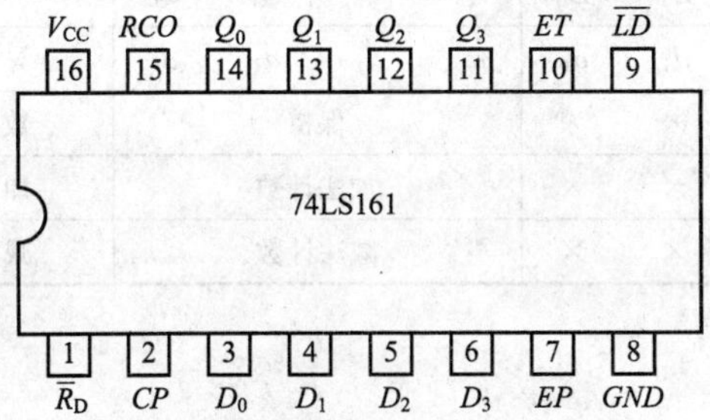

(a) 引脚排列图

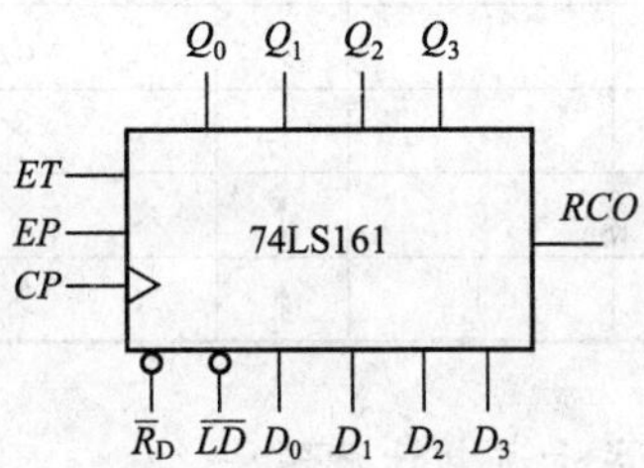

(b) 逻辑功能示意图

图 5.38　74LS161 的引脚排列和逻辑功能示意图

(2) 74LS161 的功能见表 5-14。

表 5-14　74LS161 的功能表

清零	预置	使	能	时钟	预置数据输入				输	出			工作模式
$\overline{R}_D$	$\overline{LD}$	EP	ET	CP	D_3	D_2	D_1	D_0	Q_3	Q_2	Q_1	Q_0	
0	×	×	×	×	×	×	×	×	0	0	0	0	异步清零
1	0	×	×	↑	d_3	d_2	d_1	d_0	d_3	d_2	d_1	d_0	同步置数
1	1	0	×	×	×	×	×	×	保持				数据保持
1	1	×	0	×	×	×	×	×	保持				数据保持
1	1	1	1	↑	×	×	×	×	计数				加法计数

2) 4 位二进制同步可逆计数器 74LS191

(1) 74LS191 的引脚排列和逻辑功能示意图如图 5.39 所示。

$\overline{LD}$是异步预置数控制端；D_3、D_2、D_1、D_0 是预置数据输入端；EN 是使能端，低电平有效；$D/\overline{U}$是加/减控制端，为 0 时作加法计数，为 1 时作减法计数；MAX/MIN 是最大/最小输出端；RCO 是进位/借位输出端。

(2) 74LS191 的功能见表 5-15。

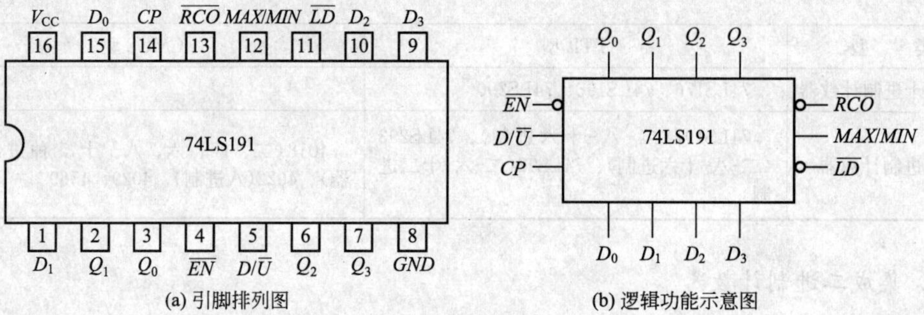

图 5.39　74LS191 的引脚排列和逻辑功能示意图

表 5-15　74LS191 的功能表

预置	使能	加/减控制	时钟	预置数据输入				输　出				工作模式
$\overline{LD}$	EN	$D/\overline{U}$	CP	D_3	D_2	D_1	D_0	Q_3	Q_2	Q_1	Q_0	
0	×	×	×	d_3	d_2	d_1	d_0	d_3	d_2	d_1	d_0	异步置数
1	1	×	×	×	×	×	×	保持				数据保持
1	0	0	↑	×	×	×	×	加法计数				加法计数
1	0	1	↑	×	×	×	×	减法计数				减法计数

2. 集成十进制计数器

1）集成同步十进制加法计数器

集成同步十进制加法计数器有 74LS160、74LS162、CC4518 等型号的芯片。

集成十进制同步加法计数器 74LS160、74LS162 的引脚排列图、逻辑功能示意图与 74LS161、74LS163 相同，不同的是 74LS160 和 74LS162 是十进制同步加法计数器，而 74LS161 和 74LS163 是 4 位二进制（十六进制）同步加法计数器。此外，74LS160 和 74LS162 的区别是 74LS160 采用的是异步清零方式，而 74LS162 采用的是同步清零方式。8421BCD 码同步加法计数器 74LS160 简介如下。

(1) 74LS160 的引脚排列和逻辑功能示意图如图 5.40 所示。

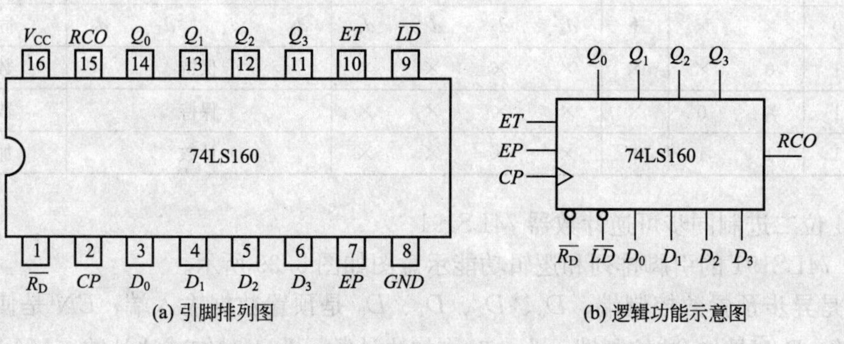

图 5.40　74LS160 的引脚排列和逻辑功能示意图

(2) 74LS160 的功能见表 5-16。

表 5-16 74LS160 的功能表

清零	预置	使	能	时钟	预置数据输入				输	出			工作模式
$\overline{R}_D$	$\overline{LD}$	EP	ET	CP	D_3	D_2	D_1	D_0	Q_3	Q_2	Q_1	Q_0	
0	×	×	×	×	×	×	×	×	0	0	0	0	异步清零
1	0	×	×	↑	d_3	d_2	d_1	d_0	d_3	d_2	d_1	d_0	同步置数
1	1	0	×	×	×	×	×	×	保持				数据保持
1	1	×	0	×	×	×	×	×	保持				数据保持
1	1	1	1	↑	×	×	×	×	十进制计数				加法计数

2）集成同步十进制可逆计数器

集成同步十进制可逆计数器有 74LS192、74LS168、74LS190、CC4510、CC40192 等型号的芯片。

74LS190 是单时钟集成十进制同步可逆计数器，其引脚排列图和逻辑功能示意图与 74LS191 相同。所不同的是 74LS190 是十进制计数器，而 74LS191 是二进制计数器。74LS192 是双时钟集成十进制同步可逆计数器，其引脚排列图和逻辑功能示意图与 74LS193 相同。集成十进制同步加/减计数器 74LS190 简介如下。

(1) 74LS190 的引脚排列和逻辑功能示意图如图 5.41 所示。

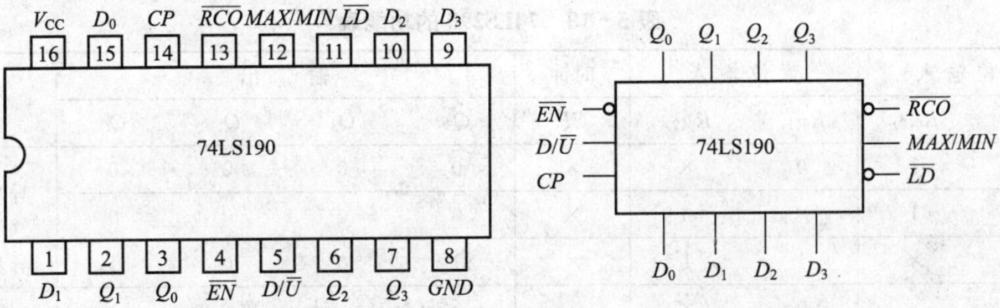

(a) 引脚排列图　　(b) 逻辑功能示意图

图 5.41 74LS190 的引脚排列和逻辑功能示意图

(2) 74LS190 的功能见表 5-17。

表 5-17 74LS190 的功能表

预置	使能	加/减控制	时钟	预置数据输入				输	出			工作模式
$\overline{LD}$	EN	$D/\overline{U}$	CP	D_3	D_2	D_1	D_0	Q_3	Q_2	Q_1	Q_0	
0	×	×	×	d_3	d_2	d_1	d_0	d_3	d_2	d_1	d_0	异步置数
1	1	×	×	×	×	×	×	保持				数据保持
1	0	0	↑	×	×	×	×	加法计数				加法计数
1	0	1	↑	×	×	×	×	减法计数				减法计数

3）二-五-十进制异步加法计数器 74LS290

(1) 74LS290 的引脚排列和逻辑功能示意图如图 5.42 所示。

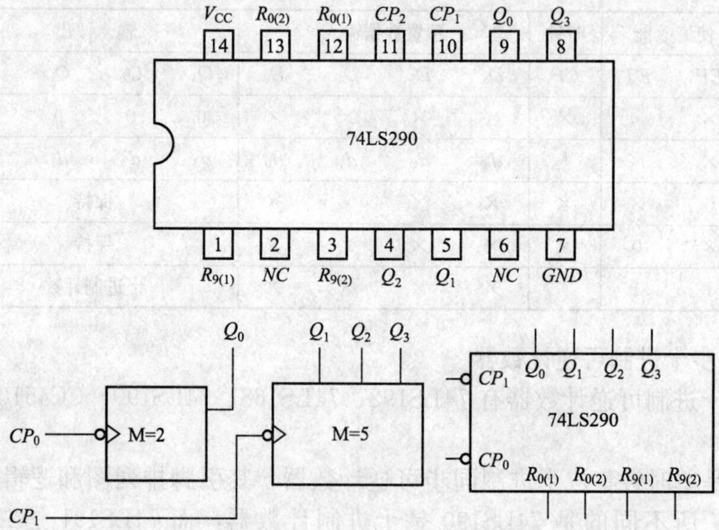

图 5.42　74LS290 的引脚排列和逻辑功能示意图

(2) 74LS290 的功能见表 5-18。

表 5-18　74LS290 的功能表

复位输入		置位输入		时钟	输　出				工作模式
$R_{0(1)}$	$R_{0(2)}$	$R_{9(1)}$	$R_{9(2)}$	CP	Q_3	Q_2	Q_1	Q_0	
1	1	0	×	×	0	0	0	0	异步清零
1	1	×	0	×	0	0	0	0	
×	×	1	1	×	1	0	0	1	异步置数
0	×	0	×	↓	计　数				加法计数
0	×	×	0	↓	计　数				
×	0	0	×	↓	计　数				
×	0	×	0	↓	计　数				

3. 用集成计数器实现任意进制计数器

1) 计数器的级联

多片计数器级联可以扩展计数容量。两个计数容量为 N 的计数器级联，可实现 $N\times N$ 容量的计数器。实现两片计数器级联的方法如下。

(1) 同步级联。

同步级联特点是两个计数器同时连接同一个计数脉冲 CP。以低位计数器进位脉冲 CO 作高位计数器的工作状态控制脉冲 EP、ET。

图 5.43 是用两片 4 位二进制加法计数器 74LS161 采用同步级联方式构成的 8 位二进制同步加法计数器，模为 16×16=256。

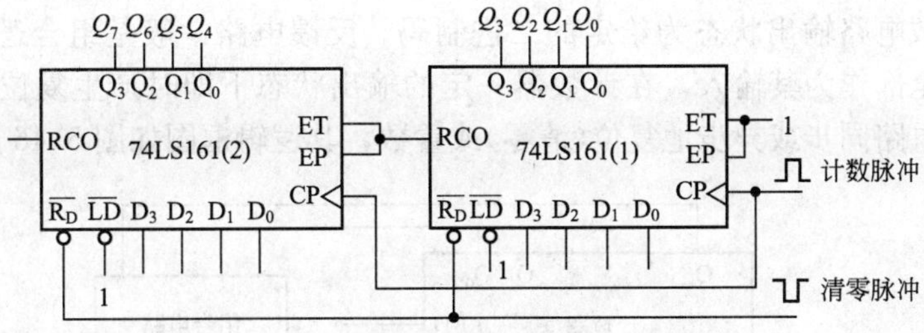

图 5.43　74LS161 同步级联组成 8 位二进制加法计数器

(2) 异步级联。

用两片 74LS191 采用异步级联方式构成的 8 位异步二进制可逆计数器如图 5.44 所示。

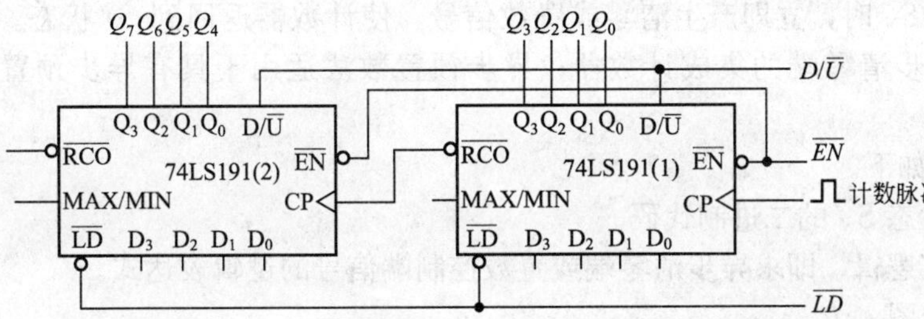

图 5.44　74LS191 异步级联组成 8 位异步二进制可逆计数器

有的集成计数器没有进位/借位输出端，这时可根据具体情况，用计数器的输出信号 Q_3、Q_2、Q_1、Q_0 产生一个进位/借位。如用两片二-五-十进制异步加法计数器 74LS290(2) 采用异步级联方式组成的二位 8421BCD 码十进制加法计数器如图 5.45 所示，模为10×10＝100。

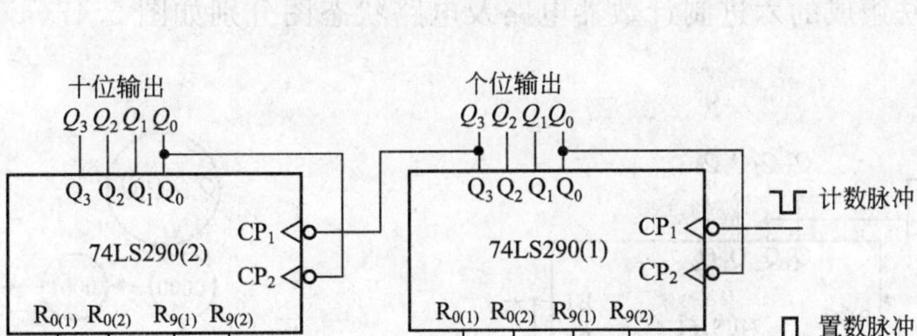

图 5.45　74LS290 异步级联组成百进制计数器

2）组成 N 进制计数器

利用二进制或十进制计数器的清零端或预置数端，外加适当的门电路连接可构成 N 进制计数器。在设计时序逻辑电路时有两种方法，一种为反馈清零法，另一种为反馈置数法。反馈清零法是利用反馈电路产生一个给集成计数器的复位(清零)信号，使计数器各输出端为零(清零)。反馈置数法将反馈电路产生的信号送到计数电路的置数端，在满足条件时，计数电路输出状态为给定的二进制码。反馈电路一般是组合逻辑电路，计数器输出部分或全部作为其输入，在计数器一定的输出状态下即时产生复位(清零)或置数信号，使计数电路同步或异步地复位(清零)或置数，其逻辑框图如图 5.46 所示。

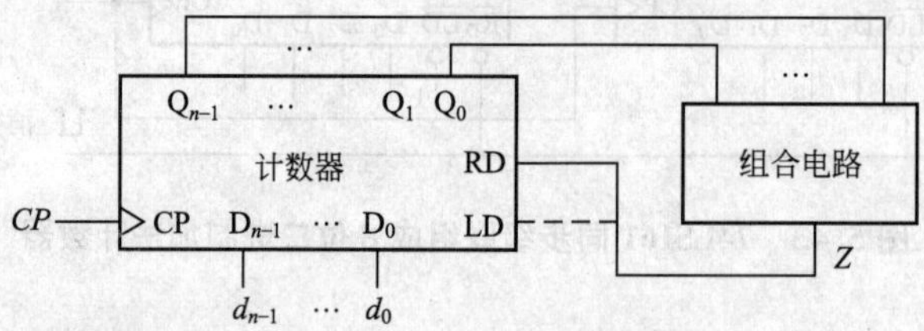

图 5.46　反馈清零法与反馈置数法逻辑框图

(1) 用异步清零端或异步置数端构成 N 进制计数器。

当计数到 S_N 时，立即产生清零或置数信号，使计数器返回到 S_0 状态。异步清零法适用于具有异步清零端的集成计数器；异步预置数法适用于具有异步预置端的集成计数器。

设计步骤如下。

① 写出状态 S_N 的二进制代码。

② 求归零逻辑，即求异步清零端或置数控制端信号的逻辑表达式。

③ 画连线图。

【例 5-6】 用集成计数器 74LS161 和与非门组成的六进制计数器。

解：

(1) 写出 S_N 的二进制代码：$S_6=0110$。

(2) 求归零逻辑：$\overline{R_D}=\overline{Q_2Q_1}$。

(3) 画连线图。

异步清零法组成的六进制计数器电路及电路状态图分别如图 5.47(a)和图 5.47(b)所示。

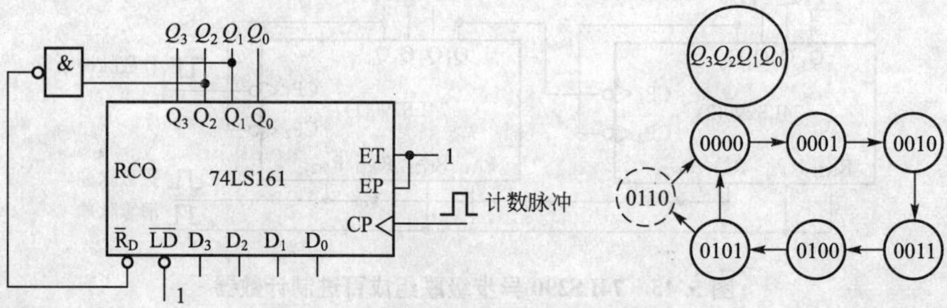

图 5.47　异步清零法组成六进制计数器

【例 5-7】 用集成计数器 74LS191 和与非门组成十进制计数器。该电路的有效状态是 0011～1100，共 10 个状态，可作为余 3 码计数器。

解：(1) 写出 S_N 的二进制代码：$S_{10}=1101$。

(2) 求归零逻辑：$\overline{LD}=\overline{Q_3Q_2Q_0}$，$D_3D_2D_1D_0=0011$。

(3) 画连线图。

异步置数法组成的余 3 码十进制计数器电路及状态图分别如图 5.48(a)和图 5.48(b)所示。

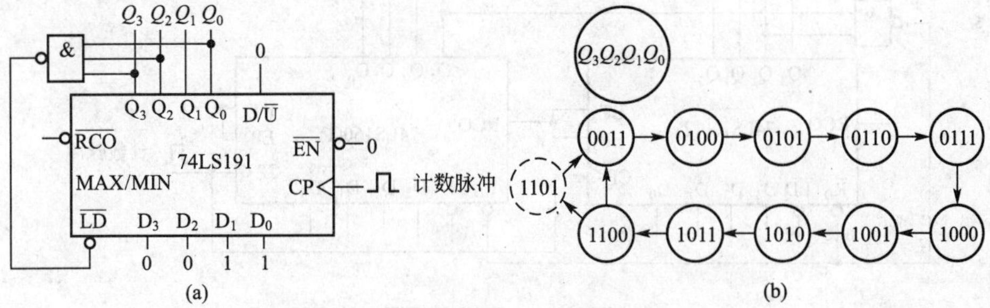

图 5.48 异步置数法组成余 3 码十进制计数器

(2) 用同步清零端或同步置数端构成 N 进制计数器。

当 M 进制计数器计数到 S_{N-1} 后使计数器返回到 S_0 状态。同步清零法适用于具有同步清零端的集成计数器；同步预置数法适用于具有同步预置端的集成计数器。

设计步骤如下。

① 写出状态 S_{N-1} 的二进制代码。

② 求归零逻辑，即求同步清零端或置数控制端信号的逻辑表达式。

③ 画连线图。

【例 5-8】 用集成计数器 74LS163 和与非门组成六进制计数器。

解：(1) 写出 S_{N-1} 的二进制代码：$S_5=0101$。

(2) 求归零逻辑：$\overline{R}_D=\overline{Q_2Q_0}$；$\overline{LD}=\overline{Q_2Q_0}$。

(3) 画连线图。

同步清零法组成的六进制计数器电路及状态图分别如图 5.49(a)和图 5.49(b)所示。

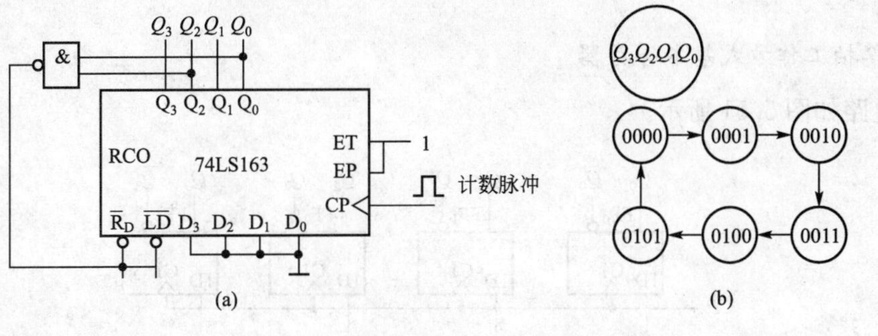

图 5.49 同步清零法组成六进制计数器

【例 5-9】 用 74LS160 组成四十八进制计数器。

解：因为 $N=48$，而 74LS160 为模 10 计数器，所以要用两片 74LS160 构成此计数器。

先将两芯片采用同步级联方式连接成一百进制计数器，然后再借助 74LS160 异步清零功能，在输入第48个计数脉冲后，计数器输出状态为01001000时，高位片(2)的Q_2和低位片(1)的Q_3同时为1，使与非门输出0，加到两芯片异步清零端上，使计数器立即返回00000000状态，状态01001000仅在极短的瞬间出现，为过渡状态，这样，就组成了四十八进制计数器，其逻辑电路图如图5.50所示。

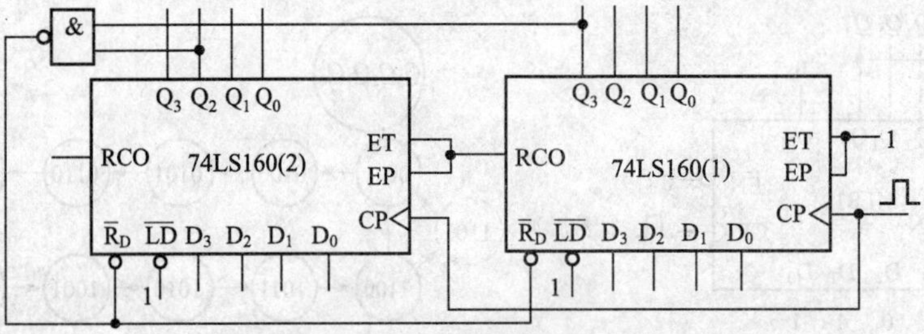

图5.50　逻辑电路图

5.4　寄　存　器

5.4.1　寄存器的主要特点和分类

用来存放二进制数据或代码的电路称为寄存器。

寄存器是由具有存储功能的触发器组合起来构成的。一个触发器可以存储1位二进制代码，存放n位二进制代码的寄存器，需用n个触发器来构成。

按照功能的不同，可将寄存器分为基本寄存器和移位寄存器两大类。基本寄存器只能并行送入数据，需要时也只能并行输出。移位寄存器中的数据可以在移位脉冲作用下依次逐位右移或左移，数据既可以并行输入、并行输出，也可以串行输入、串行输出，还可以并行输入、串行输出，串行输入、并行输出，寄存器使用十分灵活，用途也很广。

5.4.2　基本寄存器

1. 单拍工作方式基本寄存器

其电路如图5.51所示。

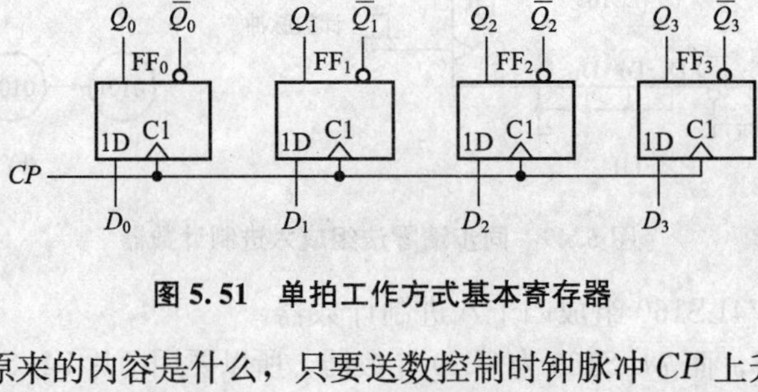

图5.51　单拍工作方式基本寄存器

无论寄存器中原来的内容是什么，只要送数控制时钟脉冲CP上升沿到来，加在并行数据输入端的数据$D_0 \sim D_3$，就立即被送入进寄存器中，即有

$$Q_3^{n+1}Q_2^{n+1}Q_1^{n+1}Q_0^{n+1}=D_3D_2D_1D_0$$

2. 双拍工作方式基本寄存器

其电路如图 5.52 所示。

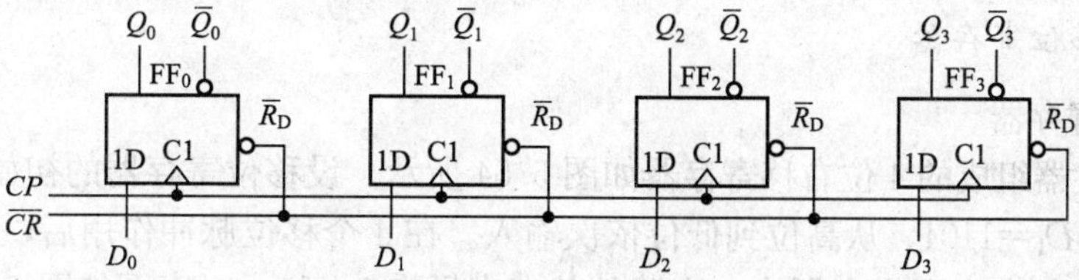

图 5.52 双拍工作方式基本寄存器

(1) 清零。$\overline{CR}=0$，异步清零。即有：$Q_3^nQ_2^nQ_1^nQ_0^n=0000$。

(2) 送数。$\overline{CR}=1$ 时，CP 上升沿送数。即有：$Q_3^{n+1}Q_2^{n+1}Q_1^{n+1}Q_0^{n+1}=D_3D_2D_1D_0$。

(3) 保持。在$\overline{CR}=1$、CP 上升沿以外时间，寄存器内容将保持不变。

3. 4 位集成寄存器 74LS175

集成寄存器 74LS175 如图 5.53 所示。其中，$\overline{R}_D$ 是异步清零控制端。$D_0 \sim D_3$ 是并行数据输入端，CP 为时钟脉冲端，$Q_0 \sim Q_3$ 是并行数据输出端，$\overline{Q}_0 \sim \overline{Q}_3$ 是反码数据输出端。

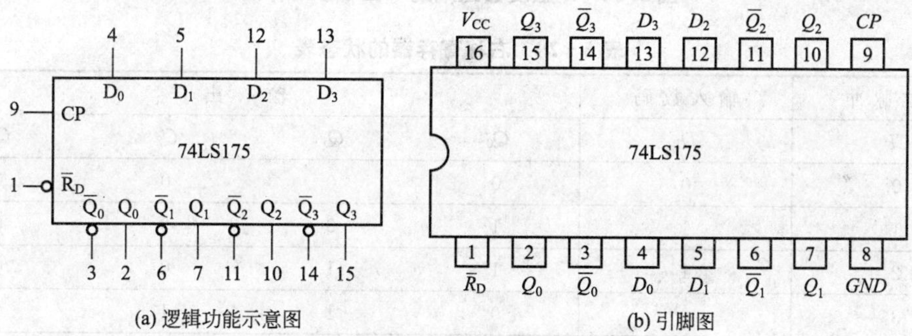

(a) 逻辑功能示意图　　(b) 引脚图

图 5.53 集成寄存器 74LS175

该电路的数码接收过程为：将需要存储的 4 位二进制数码送到数据输入端 $D_0 \sim D_3$，在 CP 端送一个时钟脉冲，脉冲上升沿作用后，4 位数码并行地出现在 4 个触发器 Q 端。74LS175 的功能见表 5-19。

表 5-19 74LS175 的功能表

清零	时钟	输入				输出				工作模式
$\overline{R}_D$	CP	D_0	D_1	D_2	D_3	Q_0	Q_1	Q_2	Q_3	
0	×	×	×	×	×	0	0	0	0	异步清零
1	↑	D_0	D_1	D_2	D_3	D_0	D_1	D_2	D_3	数码寄存
1	1	×	×	×	×	保持				数据保持
1	0	×	×	×	×	保持				数据保持

5.4.3 移位寄存器

移位寄存器不但可以寄存数码，而且在移位脉冲作用下，寄存器中的数码可根据需要向左或向右移动1位。移位寄存器也是数字系统和计算机中应用很广泛的基本逻辑部件。

1. 单向移位寄存器

1）右移寄存器

由D触发器组成的4位右移寄存器如图5.54所示。设移位寄存器的初始状态为0000，串行输入数码D_I=1101，从高位到低位依次输入。在4个移位脉冲作用后，输入的4位串行数码1101全部存入了寄存器中。电路的状态表见表5-20，时序图如图5.55所示。

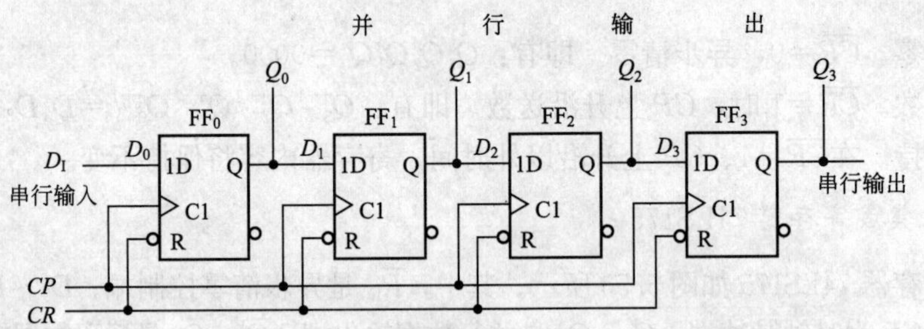

图5.54　D触发器组成的4位右移寄存器

表5-20　右移寄存器的状态表

移位脉冲	输入数码	输出			
CP	D_I	Q_0	Q_1	Q_2	Q_3
0	0	0	0	0	0
1	1	1	0	0	0
2	1	1	1	0	0
3	0	0	1	1	0
4	1	1	0	1	1

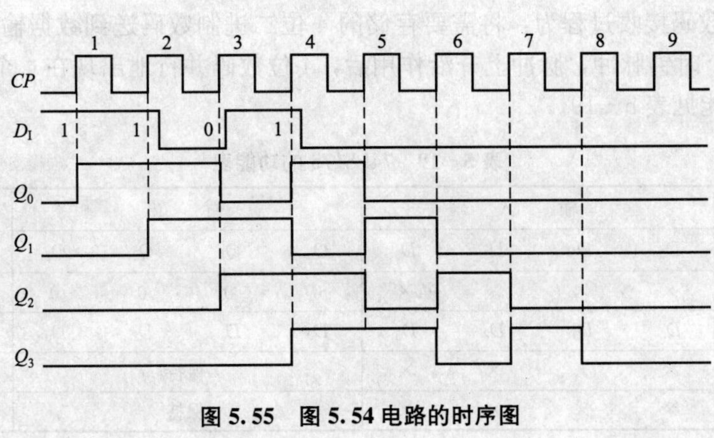

图5.55　图5.54电路的时序图

移位寄存器中的数码可由 Q_3、Q_2、Q_1 和 Q_0 并行输出，也可从 Q_3 串行输出。若串行输出，要继续输入 4 个移位脉冲，才能将寄存器中存放的 4 位数码 1101 依次输出。图 5.55 中第 5～8 个 CP 脉冲及所对应的 Q_3、Q_2、Q_1、Q_0 波形，就是将 4 位数码 1101 串行输出的过程。所以，移位寄存器具有串行输入-并行输出和串行输入-串行输出两种工作方式。

2) 左移寄存器

由 D 触发器组成的 4 位左移寄存器如图 5.56 所示。

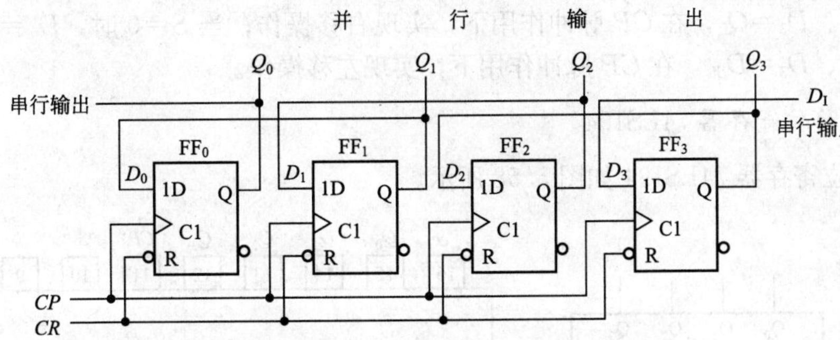

图 5.56 D 触发器组成的 4 位左移寄存器

单向移位寄存器具有以下主要特点。

① 单向移位寄存器中的数码，在 CP 脉冲操作下，可以依次右移或左移。

② n 位单向移位寄存器可以寄存 n 位二进制代码。n 个 CP 脉冲即可完成串行输入工作，此后可从 Q_0～Q_{n-1} 端获得并行的 n 位二进制数码，再用 n 个 CP 脉冲又可实现串行输出操作。

③ 若串行输入端状态为 0，则 n 个 CP 脉冲后，寄存器便被清零。

2. 双向移位寄存器

将图 5.54 所示的右移寄存器和图 5.56 所示的左移寄存器组合起来，并引入一个控制端 S 便构成双向移位寄存器，如图 5.57 所示。

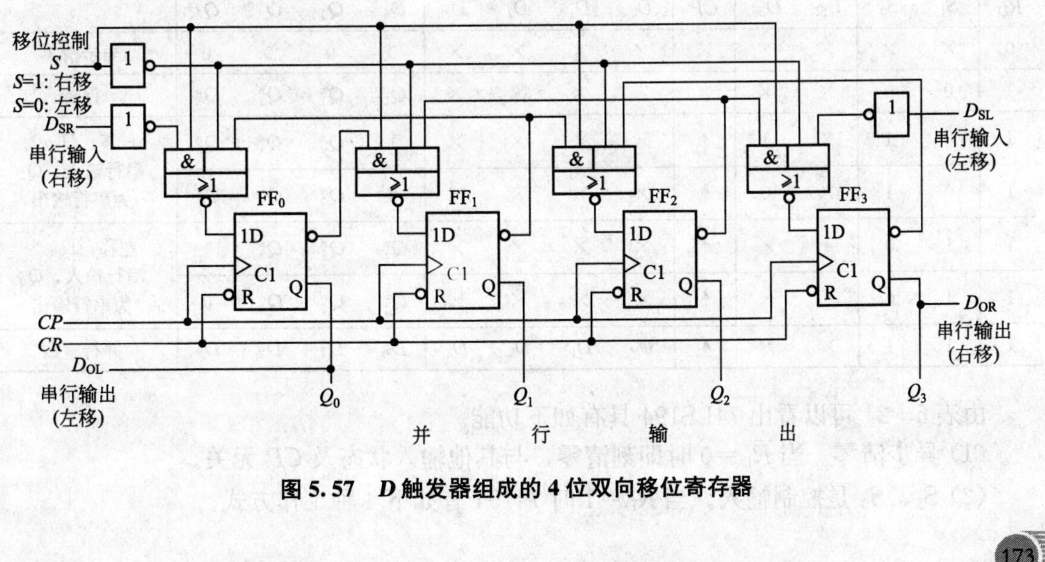

图 5.57 D 触发器组成的 4 位双向移位寄存器

由图 5.57 可知该电路的驱动方程为

$$D_0=\overline{S\overline{D}_{SR}+\overline{S}\overline{Q}_1} \tag{5.21a}$$

$$D_1=\overline{S\overline{Q}_0+\overline{S}\overline{Q}_2} \tag{5.21b}$$

$$D_2=\overline{S\overline{Q}_1+\overline{S}\overline{Q}_3} \tag{5.21c}$$

$$D_3=\overline{S\overline{Q}_2+\overline{S}\overline{D}_{SL}} \tag{5.21d}$$

其中，D_{SR}为右移串行输入端，D_{SL}为左移串行输入端。当 $S=1$ 时，$D_0=D_{SR}$、$D_1=Q_0$、$D_2=Q_1$、$D_3=Q_2$，在 CP 脉冲作用下，实现右移操作；当 $S=0$ 时，$D_0=Q_1$、$D_1=Q_2$、$D_2=Q_3$、$D_3=D_{SL}$，在 CP 脉冲作用下，实现左移操作。

3. 集成移位寄存器 74LS194

集成移位寄存器 74LS194 如图 5.58 所示。

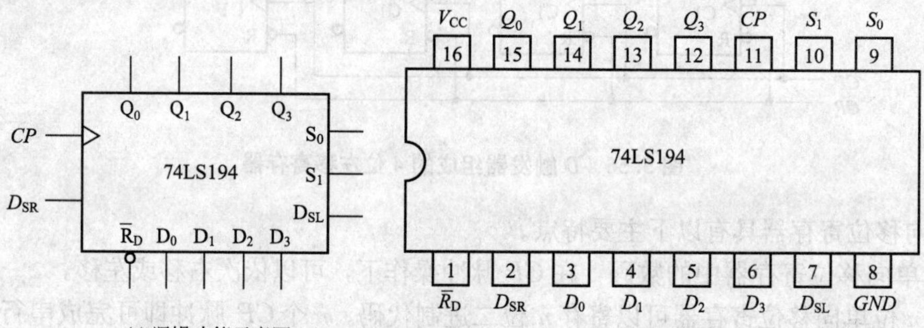

(a) 逻辑功能示意图　　(b) 引脚图

图 5.58　集成移位寄存器 74LS194

74LS194 是由 4 个触发器组成的功能很强的 4 位移位寄存器，其功能表见表 5-21。

表 5-21　74194 的功能表

输入										输出				工作模式
清零	控制		串行输入		时钟	并行输入								
$\overline{R}_D$	S_1	S_0	D_{SL}	D_{SR}	CP	D_0	D_1	D_2	D_3	Q_0	Q_1	Q_2	Q_3	
0	×	×	×	×	×	×	×	×	×	0	0	0	0	异步清零
1	0	0	×	×	×	×	×	×	×	Q_0^n	Q_1^n	Q_2^n	Q_3^n	保持
1	0	1	×	1	↑	×	×	×	×	1	Q_0^n	Q_1^n	Q_2^n	右移，D_{SR}为串行输入，Q_3为串行输出
1	0	1	×	0	↑	×	×	×	×	0	Q_0^n	Q_1^n	Q_2^n	
1	1	0	1	×	↑	×	×	×	×	Q_1^n	Q_2^n	Q_3^n	1	左移，D_{SL}为串行输入，Q_0为串行输出
1	1	0	0	×	↑	×	×	×	×	Q_1^n	Q_2^n	Q_3^n	0	
1	1	1	×	×	↑	D_0	D_1	D_2	D_3	D_0	D_1	D_2	D_3	并行置数

由表 5-21 可以看出 74LS194 具有如下功能。

(1) 异步清零。当 $\overline{R}_D=0$ 时即刻清零，与其他输入状态及 CP 无关。

(2) S_1、S_0 是控制输入。当 $\overline{R}_D=1$ 时 74194 有如下 4 种工作方式。

① 当 $S_1S_0=00$ 时，不论有无 CP 到来，各触发器状态不变，为保持工作状态。

② 当 $S_1S_0=01$ 时，在 CP 的上升沿作用下，实现右移(上移)操作，流向是 $S_R\to Q_0\to Q_1\to Q_2\to Q_3$。

③ 当 $S_1S_0=10$ 时，在 CP 的上升沿作用下，实现左移(下移)操作，流向是 $S_L\to Q_3\to Q_2\to Q_1\to Q_0$。

④ 当 $S_1S_0=11$ 时，在 CP 的上升沿作用下，实现置数操作：$D_0\to Q_0$，$D_1\to Q_1$，$D_2\to Q_2$，$D_3\to Q_3$。

5.4.4 寄存器的应用

1. 环形计数器

环形计数器是将单向移位寄存器的串行输入端和串行输出端相连，构成一个闭合的环，其电路如图 5.59 所示。

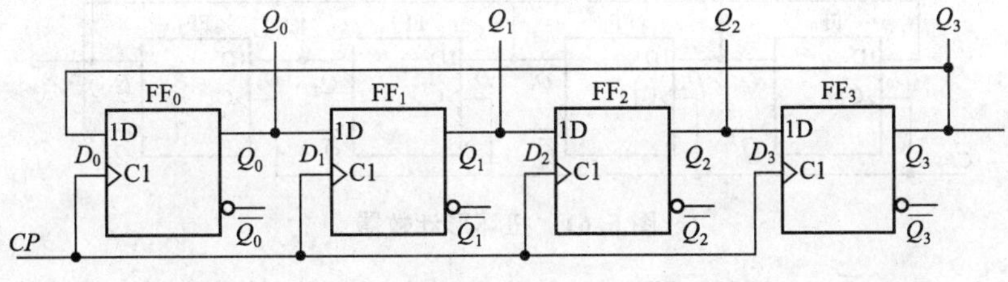

图 5.59 环形计数器

结构特点：$D_0=Q_{n-1}^n$，即将 FF_{n-1} 的输出 Q_{n-1} 接到 FF_0 的输入端 D_0。

工作原理如下。

根据起始状态设置的不同，在输入计数脉冲 CP 的作用下，环形计数器的有效状态可以循环移位一个 1，也可以循环移位一个 0。即当连续输入 CP 脉冲时，环形计数器中各个触发器的 Q 端或 $\overline{Q}$ 端，将轮流地出现矩形脉冲。

实现环形计数器时，必须设置适当的初态，且输出 $Q_3Q_2Q_1Q_0$ 端初始状态不能完全一致(不能全为“1”或“0”)，这样电路才能实现计数，环形计数器的进制数 N 与移位寄存器内的触发器个数 n 相等，即 $N=n$。

图 5.60 是用 74LS194 构成的环形计数器的逻辑图和状态图。

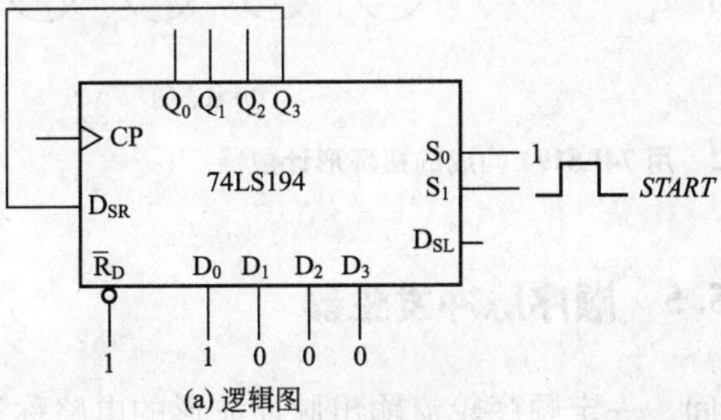

(a) 逻辑图

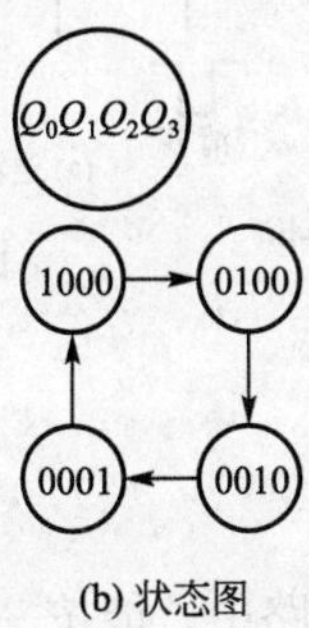

(b) 状态图

图 5.60 用 74LS194 构成的环形计数器

当正脉冲启动信号 $START$ 到来时，使 $S_1S_0=11$，从而不论移位寄存器 74LS194 的原状态如何，在 CP 作用下总是执行置数操作使 $Q_0Q_1Q_2Q_3=1000$。当 $START$ 由 1 变 0 之后，$S_1S_0=01$，在 CP 作用下移位寄存器进行右移操作。在第 4 个 CP 到来之前 $Q_0Q_1Q_2Q_3=0001$。这样在第 4 个 CP 到来时，由于 $D_{SR}=Q_3=1$，故在此 CP 作用下 $Q_0Q_1Q_2Q_3=1000$。可见该计数器共有 4 个状态，为模 4 计数器。

环形计数器的电路十分简单，N 位移位寄存器可以计 N 个数，实现模 N 计数器，且状态为 1 的输出端的序号即代表收到的计数脉冲的个数，通常不需要任何译码电路。

2. 扭环形计数器

扭环形计数器是将单向移位寄存器的串行输入端和串行反相输出端相连，构成一个闭合的环，如图 5.61 所示。实现扭环形计数器时，不必设置初态。扭环形计数器的进制数 N 与移位寄存器内的触发器个数 n 满足 $N=2^n$ 的关系。

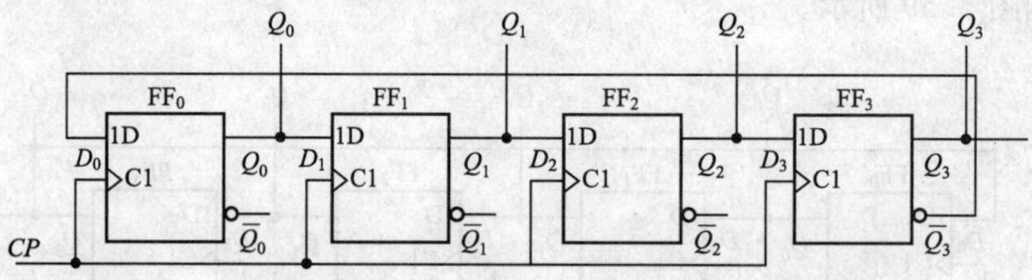

图 5.61 扭环形计数器

结构特点：$D_0=\overline{Q}^n_{n-1}$，即将 FF_{n-1} 的输出 Q_{n-1} 接到 FF_0 的输入端 D_0。

为了增加有效计数状态，扩大计数器的模，将上述接成右移寄存器的 74LS194 的末级输出 Q_3 反相后，接到串行输入端 D_{SR}，就构成了扭环形计数器，如图 5.62(a)所示，图 5.62(b)为其状态图。可见该电路有 8 个计数状态，为模 8 计数器。一般来说，N 位移位寄存器可以组成模 $2N$ 的扭环形计数器，只需将末级输出反相后，接到串行输入端即可。

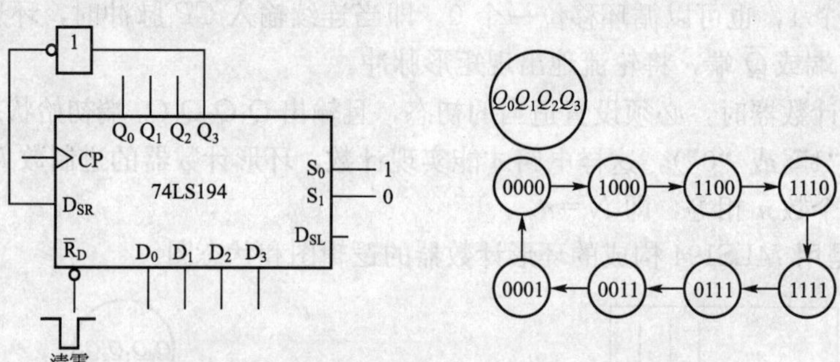

(a) 逻辑图　　(b) 状态图

图 5.62 用 74LS194 构成的扭环形计数器

5.5 顺序脉冲发生器

在数字电路中，能按一定时间、一定顺序轮流输出脉冲波形的电路称为顺序脉冲发生器。顺序脉冲发生器也称脉冲分配器或节拍脉冲发生器，一般由计数器(包括移位寄存器型计数器)和译码器组成。作为时间基准的计数脉冲由计数器的输入端送入，译码器即将计数器状态译成输出端上的顺序脉冲，使输出端上的状态按一定时间、一定顺序轮流为1，或者轮流为0。前面介绍过的环形计数器的输出就是顺序脉冲，故可不加译码电路即可直接作为顺序脉冲发生器。

5.5.1 计数型顺序脉冲发生器

计数器型顺序脉冲发生器一般用按自然态序计数的二进制计数器和译码器构成。

1. 电路组成

计数器型顺序脉冲发生器电路如图 5.63 所示。

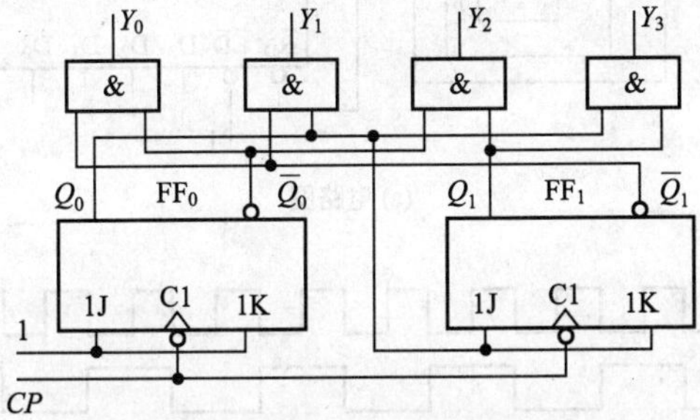

图 5.63 计数器型顺序脉冲发生器电路

2. 工作原理

输出方程
$$\begin{cases} Y_0=\overline{Q}_1^n\overline{Q}_0^n \\ Y_1=\overline{Q}_1^nQ_0^n \\ Y_2=Q_1^n\overline{Q}_0^n \\ Y_3=Q_1^nQ_0^n \end{cases} \tag{5.22}$$

状态方程
$$\begin{cases} Q_0^{n+1}=\overline{Q}_0^n \\ Q_1^{n+1}=Q_0^n\overline{Q}_1^n+\overline{Q}_0^nQ_1^n \end{cases} \tag{5.23}$$

时序图如图 5.64 所示。

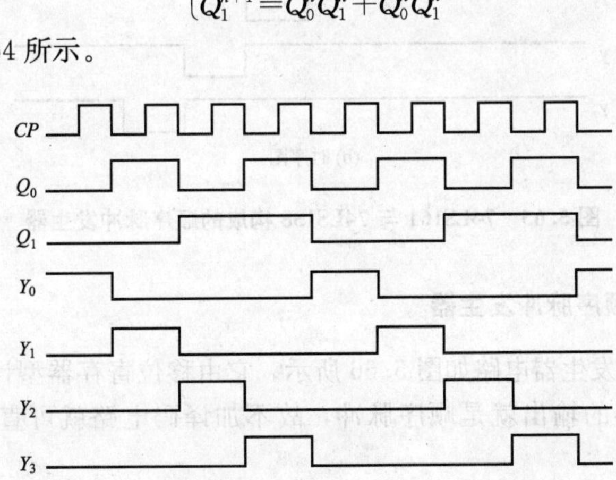

图 5.64 计数器型顺序脉冲发生器时序图

【例 5-10】 由计数器 74LS161 和译码器 74LS138 组成顺序脉冲发生器。

其电路图如图 5.65(a)所示。74LS161 构成模 8 计数器，输出状态 $Q_2Q_1Q_0$ 在 000～111 之间循环变化，从而在译码器输出端 Y_0～Y_7 分别得到图 5.65(b)所示的脉冲序列。

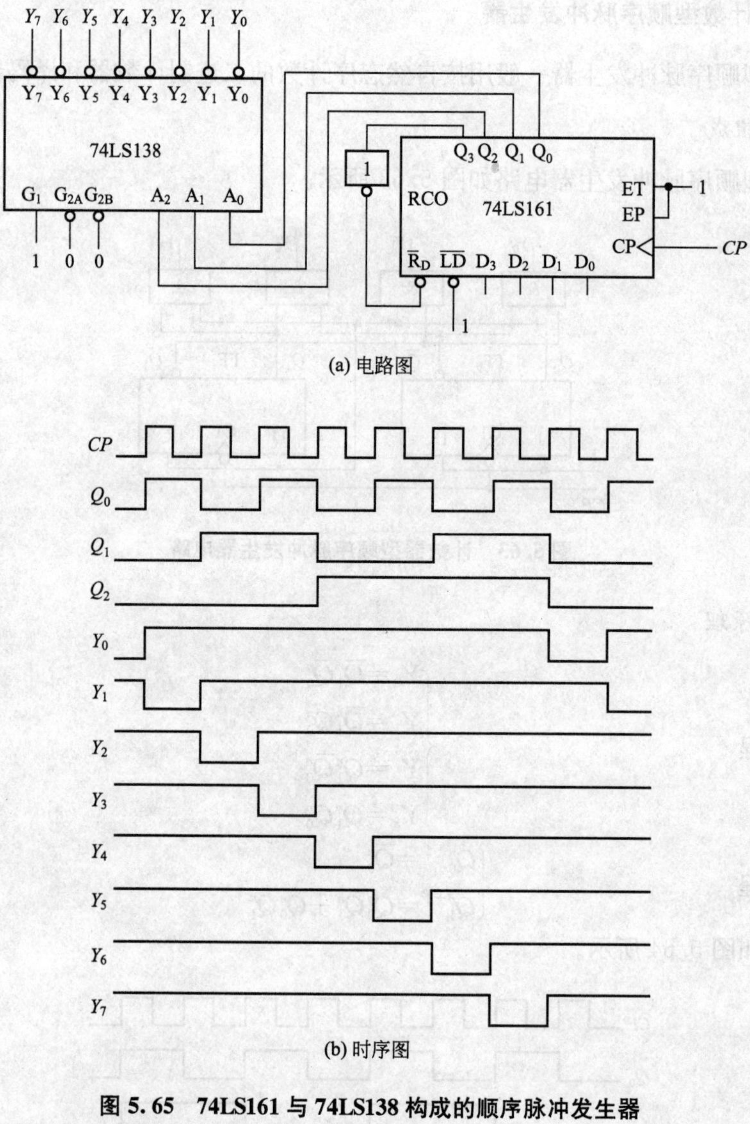

图 5.65 74LS161 与 74LS138 构成的顺序脉冲发生器

5.5.2 移位型顺序脉冲发生器

移位型顺序脉冲发生器电路如图 5.66 所示。它由移位寄存器型计数器加译码电路构成。其中环形计数器的输出就是顺序脉冲，故不加译码电路就可直接作为顺序脉冲发生器。

时序图如图 5.67 所示。

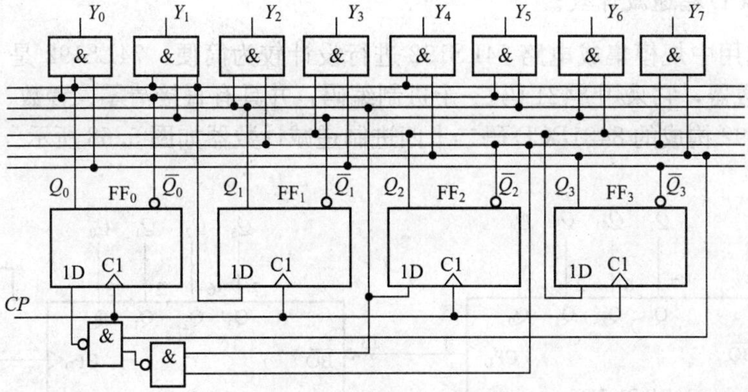

图 5.66 移位型顺序脉冲发生器

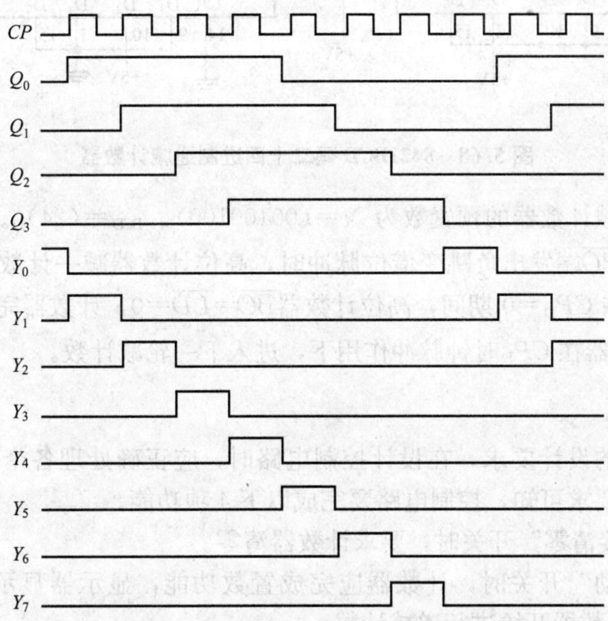

图 5.67 移位型顺序脉冲发生器时序图

5.6 案例实现：篮球比赛计时器设计

根据篮球比赛 24 秒计时器的总体参考方案原理框图设计篮球比赛计时器。它包括秒脉冲发生器、计数器、译码显示电路、报警电路和辅助时序控制电路(简称控制电路)5 个部分。秒脉冲发生器产生的信号是电路的时钟脉冲和定时标准，电路可采用 555 集成电路或由 TTL 与非门组成的多谐振荡器构成；也可由石英晶体、微调电容与集成门电路等元器件构成。译码显示电路用 74LS48 和共阴极七段 LED 显示器组成。报警电路在实验中可用发光二极管代替。

1. 8421BCD码递减计数器

计数器选用中规模集成电路 74LS192 进行设计较为简便，74LS192 是十进制可编程同步加/减计数器，它采用 8421 码二-十进制编码，并具有直接清零、置数、加/减计数功能。由 74LS192 构成的 8421BCD 码二十四进制递减计数器如图 5.68 所示。

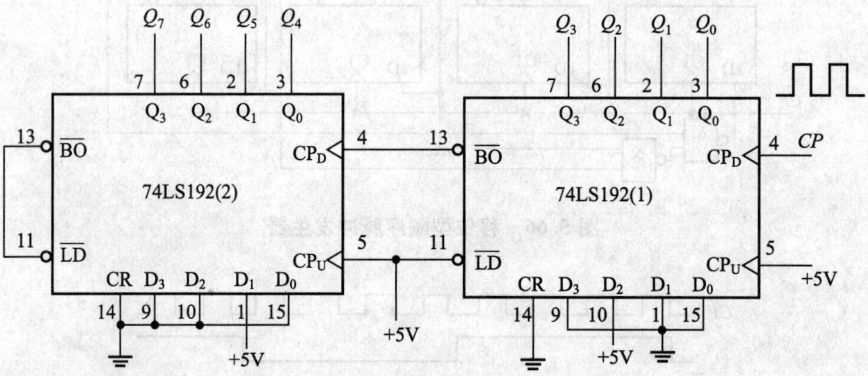

图 5.68　8421BCD 码二十四进制递减计数器

二十四进制递减计数器的预置数为 $N=(00100100)_{8421BCD}=(24)_D$。它的计数原理是，每当低位计数器的$\overline{BO}$端发出负跳变借位脉冲时，高位计数器减一计数。当高、低位计数器处于全 0，同时在 $CP_D=0$ 期间，高位计数器$\overline{BO}=\overline{LD}=0$，计数器完成异步置数，之后$\overline{BO}=LD=1$，计数器在 CP_D时钟脉冲作用下，进入下一轮减计数。

2. 控制电路

为了保证系统的设计要求，在设计控制电路时，应正确处理各个信号之间的时序关系。从系统的设计要求可知，控制电路要完成以下 4 项功能。

(1) 操作“直接清零”开关时，要求计数器清零。

(2) 闭合“启动”开关时，计数器应完成置数功能，显示器显示 24 秒字样；断开“启动”开关时，计数器开始进行递减计数。

(3) 当“暂停/连续”开关处于“暂停”位置时，控制电路封锁时钟脉冲信号 CP，计数器暂停计数，显示器上保持原来的数不变，当“暂停/连续”开关处于“连续”位置时，计数器继续累计计数。另外，外部操作开关都应采取去抖动措施，以防止机械抖动造成电路工作不稳定。

(4) 当计数器递减计数到零(定时时间到)时，控制电路应发出报警信号，使计数器保持零状态不变，同时报警电路工作。

辅助时序控制电路如图 5.69 所示，图中，与非门 G_2、G_4的作用是控制时钟信号 CP 的放行与禁止，当 G_4输出为 1 时，G_2关门，封锁 CP 信号；当 G_4输出为 0 时，G_2打开，放行 CP 信号，而输出状态又受外部操作开关 S_1、S_2(启动、暂停/连续开关)的控制。

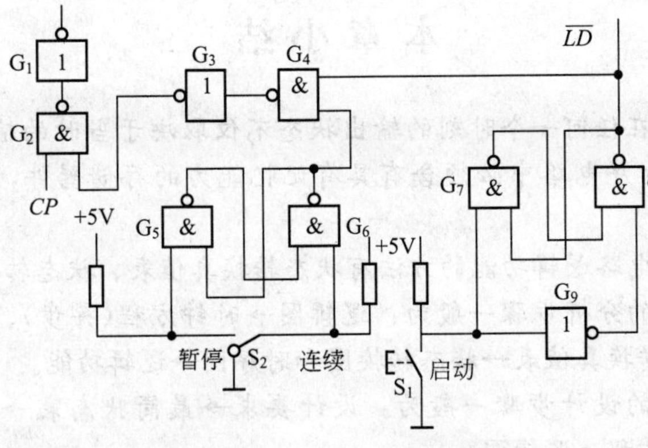

图 5.69 辅助时序控制电路

3. 篮球比赛 24 秒计时器参考电路

根据前面的分析和总体参考方案原理框图，可以画出篮球比赛 24 秒计时器参考电路，如图 5.70 所示。

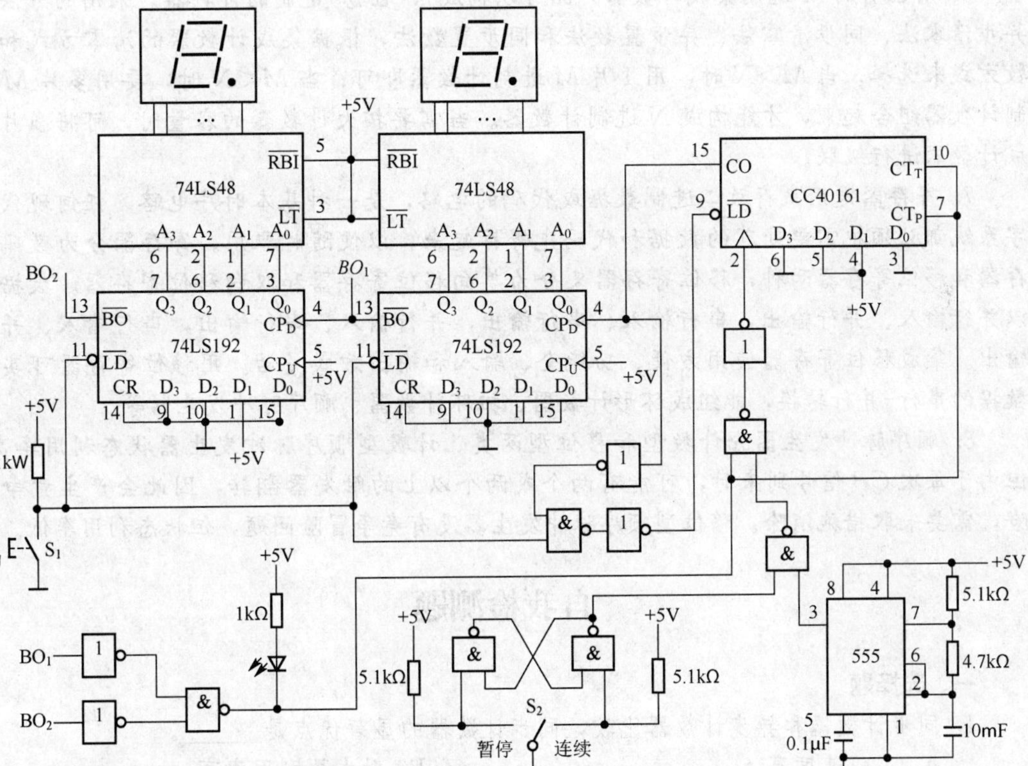

图 5.70 篮球比赛 24 秒计时器参考电路

本章小结

1. 时序逻辑电路在任何一个时刻的输出状态不仅取决于当时的输入信号，还与电路的原状态有关。因此时序电路中必须含有具有记忆能力的存储器件，触发器是最常用的存储器件。

2. 描述时序逻辑电路逻辑功能的方法有状态转换真值表、状态转换图和时序图等。

3. 时序逻辑电路的分析步骤一般为：逻辑图→时钟方程(异步)、驱动方程、输出方程→状态方程→状态转换真值表→状态转换图和时序图→逻辑功能。

4. 时序逻辑电路的设计步骤一般为：设计要求→最简状态表→编码表→次态卡诺图→驱动方程、输出方程→逻辑图。

5. 计数器是一种应用十分广泛的时序电路，除用于计数、分频外，还广泛用于数字测量、运算和控制，从小型数字仪表，到大型数字电子计算机，几乎无所不在，是任何现代数字系统中不可缺少的组成部分。计数器不仅能用于统计输入时钟脉冲的个数，还能用于分频、定时、产生节拍脉冲等。计数器可利用触发器和门电路构成，但在实际工作中，主要是利用集成计数器来构成。

6. 用已有的M进制集成计数器产品可以构成N(任意)进制的计数器。采用的方法有异步清零法、同步清零法、异步置数法和同步置数法，根据集成计数器的清零方式和置数方式来选择。当$M>N$时，用1片M进制计数器即可；当$M<N$时，要用多片M进制计数器组合起来，才能构成N进制计数器。当需要扩大计数器的容量时，可将多片集成计数器进行级联。

7. 寄存器是用来存放二进制数据或代码的电路，是一种基本时序电路。任何现代数字系统都必须把需要处理的数据和代码先寄存起来，以便随时取用。寄存器分为数码寄存器和移位寄存器两种，移位寄存器又分为单向移位寄存器和双向移位寄存器。数据可以并行输入、并行输出，串行输入、串行输出，并行输入、串行输出，串行输入、并行输出。集成移位寄存器使用方便、功能全、输入和输出方式灵活。用移位寄存器可实现数据的串行-并行转换，能组成环形计数器、扭环计数器、顺序脉冲发生器等。

8. 顺序脉冲发生器分计数型和移位型两类。计数型顺序脉冲发生器状态利用率高，但由于每次CP信号到来时，可能有两个或两个以上的触发器翻转，因此会产生竞争冒险，需要采取措施消除。移位型顺序脉冲发生器没有竞争冒险问题，但状态利用率低。

自我检测题

一、选择题

1. 同步计数器和异步计数器比较，同步计数器的显著优点是______。

A. 工作速度高　　B. 触发器利用率高

C. 电路简单　　D. 不受时钟CP控制

2. 把一个五进制计数器与一个四进制计数器串联可得到______进制计数器。

A. 四　　B. 五　　C. 九　　D. 二十

3. 下列逻辑电路中为时序逻辑电路的是______。

A. 变量译码器　B. 加法器　C. 数码寄存器　D. 数据选择器

4. N 个触发器可以构成最大计数长度(进制数)为______的计数器。

A. N　B. $2N$　C. N^2　D. 2^n

5. N 个触发器可以构成能寄存______位二进制数码的寄存器。

A. $N-1$　B. N　C. $N+1$　D. 2^n

6. 5 个 D 触发器构成环形计数器，其计数长度为______。

A. 5　B. 10　C. 25　D. 32

7. 同步时序电路和异步时序电路比较，其差异在于后者______。

A. 没有触发器　B. 没有统一的时钟脉冲控制

C. 没有稳定状态　D. 输出只与内部状态有关

8. 一位 8421BCD 码计数器至少需要______个触发器。

A. 3　B. 4　C. 5　D. 10

9. 欲设计 0、1、2、3、4、5、6、7 这几个数的计数器，如果设计合理，采用同步二进制计数器，最少应使用______级触发器。

A. 2　B. 3　C. 4　D. 8

10. 8 位移位寄存器，串行输入时经______个脉冲后，8 位数码全部移入寄存器中。

A. 1　B. 2　C. 4　D. 8

11. 用二进制异步计数器从 0 做加法，计到十进制数 178，则最少需要______个触发器。

A. 2　B. 6　C. 7　D. 8

E. 10

12. 某电视机水平-垂直扫描发生器需要一个分频器将 31500Hz 的脉冲转换为 60Hz 的脉冲，欲构成此分频器至少需要______个触发器。

A. 10　B. 60　C. 525　D. 31500

13. 某移位寄存器的时钟脉冲频率为 100kHz，欲将存放在该寄存器中的数左移 8 位，完成该操作需要______时间。

A. 10μs　B. 80μs　C. 100μs　D. 800ms

14. 若用 JK 触发器来实现特性方程 $Q^{n+1}=\overline{A}Q^n+AB$，则 JK 端的方程为______。

A. $J=AB$，$K=\overline{\overline{A}+B}$　B. $J=AB$，$K=\overline{A}B$

C. $J=\overline{\overline{A}+B}$，$K=AB$　D. $J=A\overline{B}$，$K=AB$

15. 要产生 10 个顺序脉冲，若用 4 位双向移位寄存器 74LS194 来实现，需要______片。

A. 3　B. 4　C. 5　D. 10

16. 若要设计一个脉冲序列为 1101001110 的序列脉冲发生器，应选用______个触发器。

A. 2　B. 3　C. 4　D. 10

17. 一组数据 10110101 串行移位(首先输入最右边的位)到一个 8 位并行输出移位寄存器中，其初始状态为 11100100，在两个时钟脉冲之后，该寄存器中的数据为______。

A. 01011110　B. 10110101　C. 01111001　D. 00101101

18. 计数器的模是______。

A. 触发器的个数　　B. 计数状态的最大可能个数

C. 实际计数状态的个数

19. 在______条件下，74LS161 的输出状态保持不变。

A. $CLR=1$　　B. $LD=1$

C. $ET=0$，$EP=0$　　D. $ET \cdot EP=0$

20. 当 74LS192 连接成加法计数器时，CP_D、CP_U 的接法是______。

A. $CP_U=1$，$CP_D=1$　　B. $CP_U=1$，$CP_D=CP$

C. $CP_U=CP$，$CP_D=1$　　D. $CP_U=CP$，$CP_D=0$

二、判断题(正确的打√，错误的打×)

1. 同步时序电路由组合电路和存储器两部分组成。（　）
2. 组合电路不含有记忆功能的器件。（　）
3. 时序电路不含有记忆功能的器件。（　）
4. 同步时序电路具有统一的时钟 CP 控制。（　）
5. 异步时序电路的各级触发器类型不同。（　）
6. 环形计数器在每个时钟脉冲 CP 作用时，仅有一位触发器发生状态更新。（　）
7. 环形计数器如果不作自启动修改，则总有孤立状态存在。（　）
8. 计数器的模是指构成计数器的触发器的个数。（　）
9. 计数器的模是指输入的计数脉冲的个数。（　）
10. D 触发器的特征方程 $Q^{n+1}=D$，而与 Q^n 无关，所以，D 触发器不是时序电路。（　）
11. 在同步时序电路的设计中，若最简状态表中的状态数为 $2N$，而又是用 N 级触发器来实现其电路，则不需检查电路的自启动性。（　）
12. 把一个五进制计数器与一个十进制计数器串联可得到十五进制计数器。（　）
13. 同步二进制计数器的电路比异步二进制计数器复杂，所以实际应用中较少使用同步二进制计数器。（　）
14. 利用反馈归零法获得 N 进制计数器时，若为异步置零方式，则状态 SN 只是短暂的过渡状态，不能稳定而是立刻变为 0 状态。（　）

三、填空题

1. 时序逻辑电路按照其触发器是否有统一的时钟控制分为__________时序电路和__________时序电路。

2. 时序逻辑电路由组合电路和__________共同组成。时序电路的特点之一是存在__________回路。

3. Mealy 型时序电路的输出与__________有关；Moore 型时序电路的输出与__________有关。

4. 已知某同步时序逻辑电路的驱动方程为 $J_0=K_0=1$，$J_1=K_1=X \oplus Q_0^n$，X 为输入信号，则其状态方程为_______________和_______________。

5. 寄存器按照功能不同可分为两类：__________寄存器和__________寄存器。4 位寄存器需要__________个触发器组成。

6. 由4位移位寄存器构成的顺序脉冲发生器可产生_________个顺序脉冲。

7. 74LS194中，清零操作为_________(同步，异步)方式，它与控制信号 S_1、S_0 _________(有关，无关)。

8. 74LS194中，需要_________个脉冲可并行输入4位数据。74LS194使用_________(上边沿，下边沿)触发。

9. 为了将一个字节数据串行移位到移位寄存器中，必须输入_________个时钟脉冲。

10. 为了构成六十四进制计数器，需要_________个触发器。2^n进制计数器也称为_________位二进制计数器。

11. 使用4个触发器进行级联构成二进制计数器时，可以对从0到_________的二进制数进行计数。

12. 一个模7的计数器有_________个计数状态，它所需要的最小触发器个数为_________。4位二进制计数器的最大模是_________。

13. 与异步计数器不同，同步计数器中的所有触发器在_________(相同，不同)时钟脉冲的作用下同时翻转。

14. 在考虑触发器传输延迟的情况下，同步计数器中各输出端 Q 相对于时钟脉冲的延迟时间_________(相同，不同)；异步计数器中各输出端 Q 相对于时钟脉冲的延迟时间_________(相同，不同)。

15. 采用边沿 JK 触发器构成同步2位二进制加法计数器的电路为_________。采用边沿 JK 触发器构成同步2位二进制减法计数器的电路为_________。

16. 采用边沿 JK 触发器构成同步 n 位二进制加法计数器，需要_________个触发器，第1个触发器 FF_0 的输入信号为_________，最后1个触发器 FF_{n-1} 的输入信号为_________。

17. 设计一个同步五进制加法计数器，至少用_________位代码对各个状态进行编码，共有_________种不同的编码方案。

18. 74LS161是_________(同步，异步)_________(二，十六)进制加法计数器；74LS161的清零端是_________(高电平，低电平)有效，是_________(同步，异步)清零；74LS161的置数端是_________(高电平，低电平)有效，是_________(同步，异步)置数。

19. 异步清零时与时钟脉冲_________(有关，无关)；同步置数时与时钟脉冲_________(有关，无关)。

20. 74LS192是_________(同步，异步)_________(二，十)进制可逆计数器。74LS190的清零端是_________(高电平，低电平)有效，是_________(同步，异步)清零。

21. 采用2片74LS161，按照异步方式构成多进制计数器时，如果将低位片的进位信号 RCO 直接连接到高位片的时钟脉冲输入端，这样构成的是_________进制计数器。

22. 2片74LS161构成的计数器的最大模是_________，如果它的某计数状态为56，其对应的代码为_________。

习　题

【5.1】 分析图5.71所示时序电路的逻辑功能，写出电路的驱动方程、状态方程和输出方程，画出电路的状态转换图，说明电路能否自启动。

【5.2】 试分析图 5.72 所示时序电路的逻辑功能，写出电路的驱动方程、状态方程和输出方程，画出电路的状态转换图。A 为输入逻辑变量。

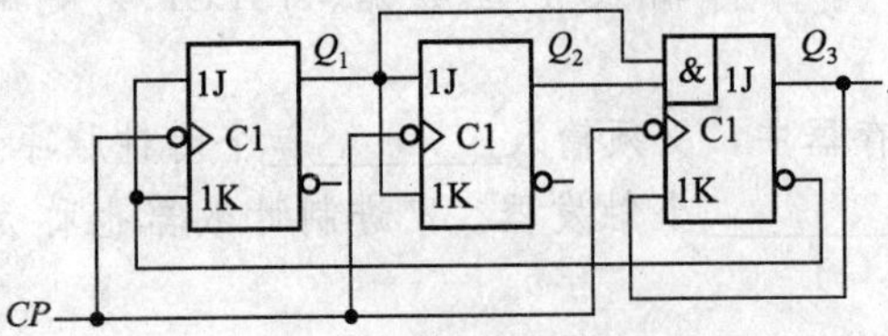

图 5.71

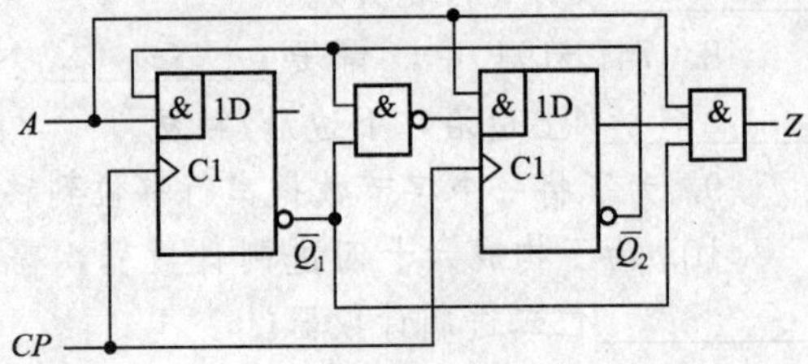

图 5.72

【5.3】 试分析图 5.73 所示时序电路的逻辑功能，写出电路的驱动方程、状态方程和输出方程，画出电路的状态转换图，检查电路能否自启动。

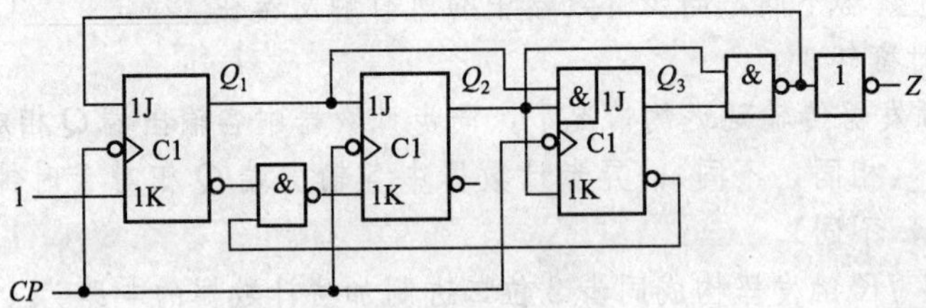

图 5.73

【5.4】 分析图 5.74 给出的时序电路，画出电路的状态转换图，检查电路能否自启动，说明电路实现的功能。A 为输入变量。

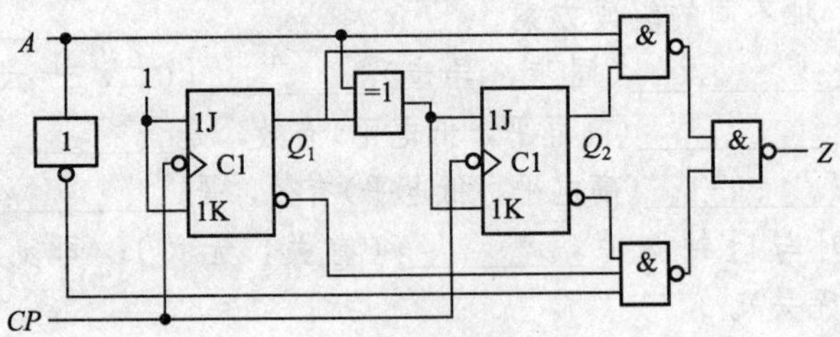

图 5.74

【5.5】 分析图 5.75 所示时序逻辑电路，写出电路的驱动方程、状态方程和输出方程，画出电路的状态转换图，说明电路能否自启动。

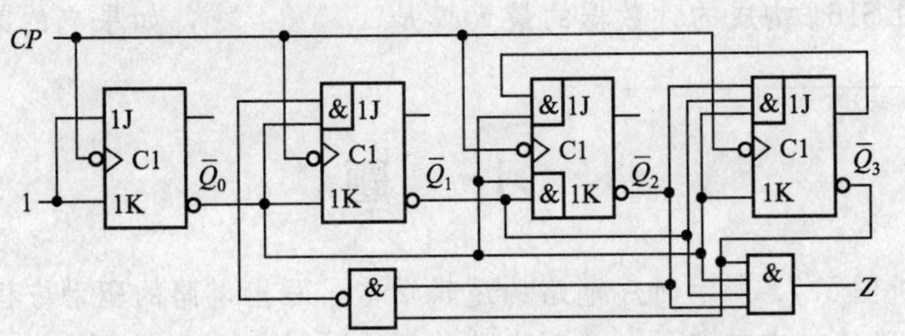

图 5.75

【5.6】 试画出用 2 片 74LS194 组成 8 位双向移位寄存器的逻辑图。

【5.7】 在图 5.76 所示电路中，若两个移位寄存器中的原始数据分别为 $A_3A_2A_1A_0=1001$，$B_3B_2B_1B_0=0011$，试问经过 4 个 CP 信号作用以后两个寄存器中的数据如何？这个电路完成什么功能？

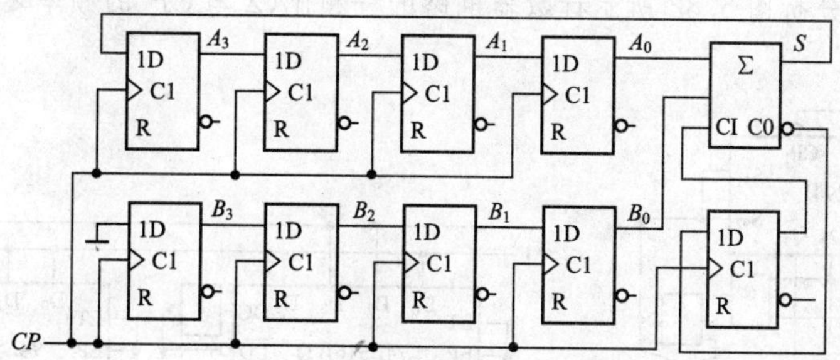

图 5.76

【5.8】 分析图 5.77 所示的计数器电路，说明这是多少进制的计数器。

【5.9】 分析图 5.78 所示的计数器电路，画出电路的状态转换图，说明这是多少进制的计数器。

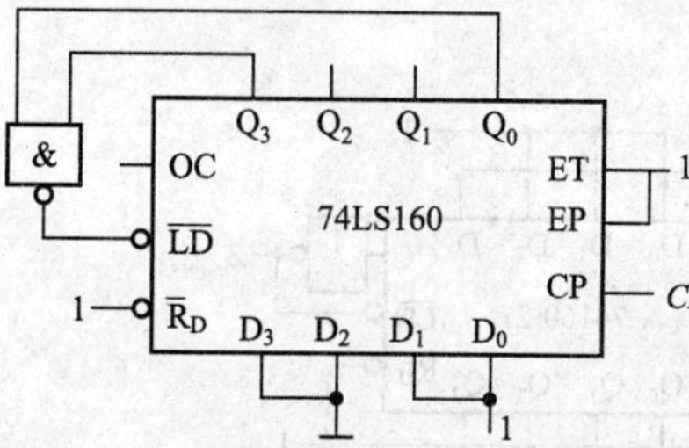

图 5.77

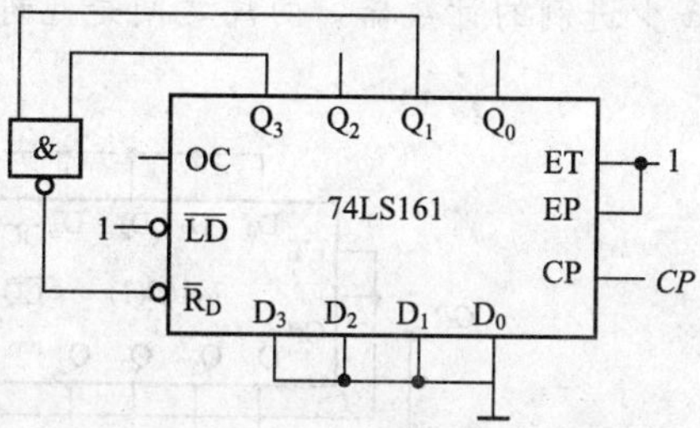

图 5.78

【5.10】 试用 4 位同步二进制计数器 74LS161 接成十三进制计数器，标出输入、输出端。可以附加必要的门电路。

【5.11】 试分析图 5.79 所示的计数器在 $M=1$ 和 $M=0$ 时各为几进制。

【5.12】 图 5.80 所示电路是可变进制计数器。试分析当控制变量 A 为 1 和 0 时电路各为几进制计数器。

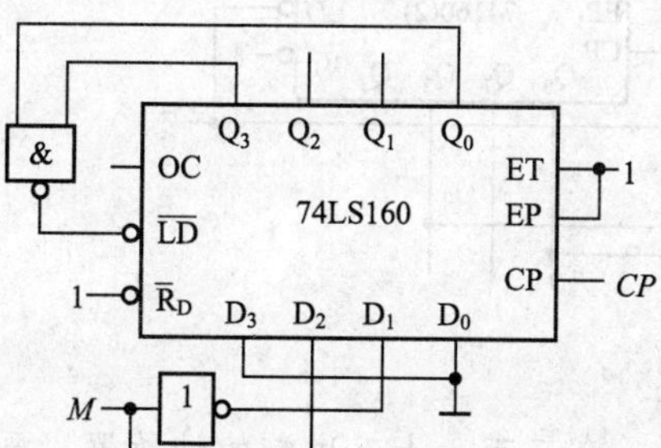

图 5.79

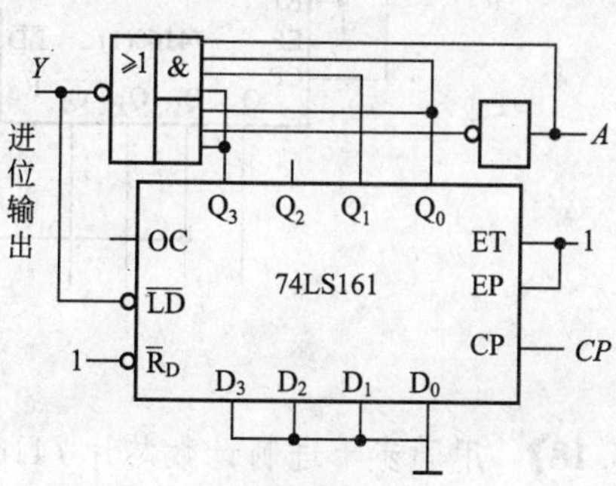

图 5.80

【5.13】 设计一个可控制进制的计数器，当输入控制变量 $M=0$ 时工作在五进制，$M=1$ 时工作在十五进制。标出计数输入端和进位输出端。

【5.14】 分析图 5.81 给出的计数器电路，画出电路的状态转换图，说明这是几进制计数器。

【5.15】 试分析图 5.82 所示计数器电路的分频比(Z 与 CP 的频率之比)。

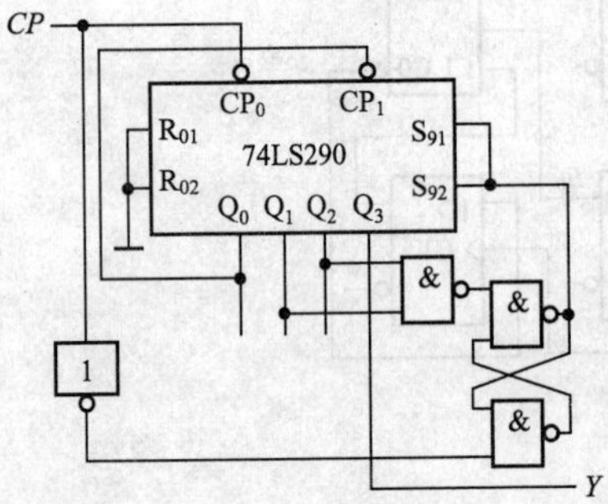

图 5.81

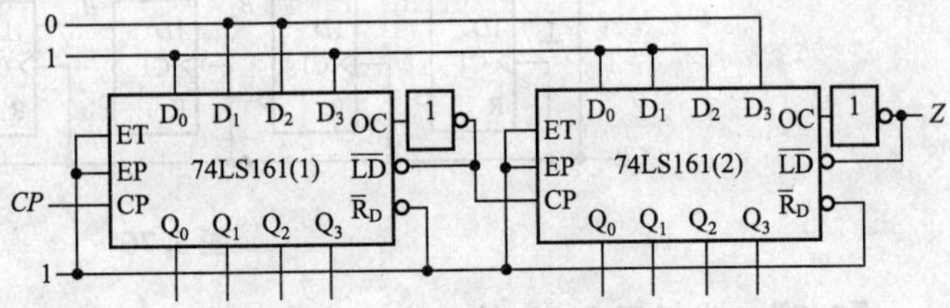

图 5.82

【5.16】 图 5.83 所示电路是由两片同步十进制计数器 74160 组成的计数器，试分析这是多少进制的计数器，两片之间是几进制。

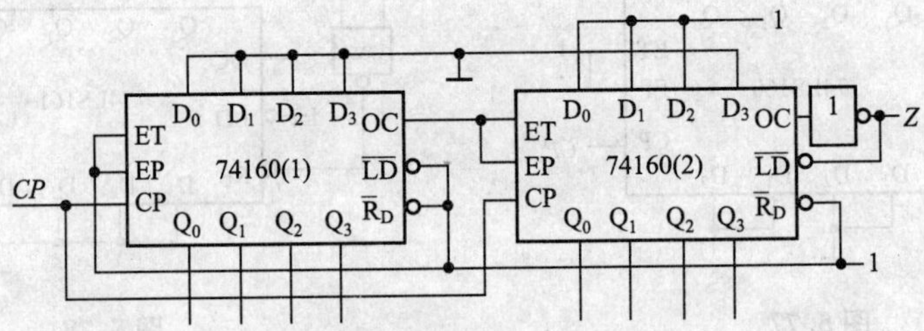

图 5.83

【5.17】 分析图 5.84 给出的电路，说明这是多少进制的计数器，两片之间多少进制。

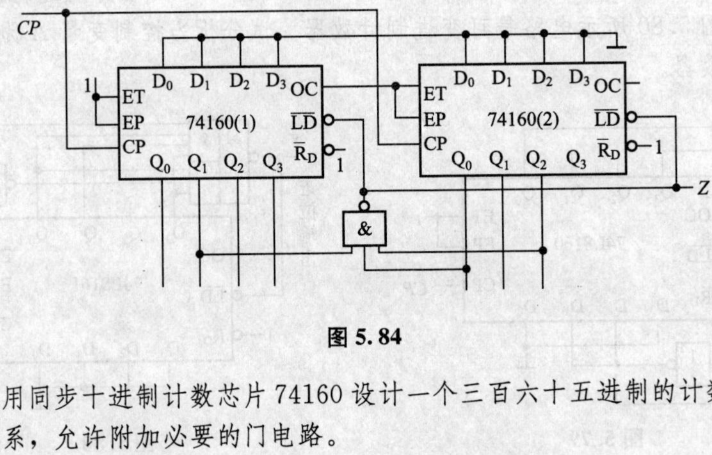

图 5.84

【5.18】 用同步十进制计数芯片 74160 设计一个三百六十五进制的计数器。要求各位间为十进制关系，允许附加必要的门电路。

【5.19】 试用两片异步二-五-十进制计数器 74LS90 组成二十四进制计数器。

【5.20】 图 5.85 所示电路是用二-十进制优先编码器 74LS147 和同步十进制计数器 74160 组成的可控分频器，试说明当输入控制信号 A、B、C、D、E、F、G、H、I 分别为低电平时，由 Y 端输出的脉冲频率各为多少。已知 CP 端输入脉冲的频率为 10kHz。

【5.21】 试用同步十进制可逆计数器 74LS190 和二-十进制优先编码器 74LS147 设计一个工作在减法计数状态的可控分频器。要求在控制信号 A、B、C、D、E、F、G、H 分别为 1 时分频比对应为 1/2、1/3、1/4、1/5、1/6、1/7、1/8、1/9。可以附加必要的门电路。

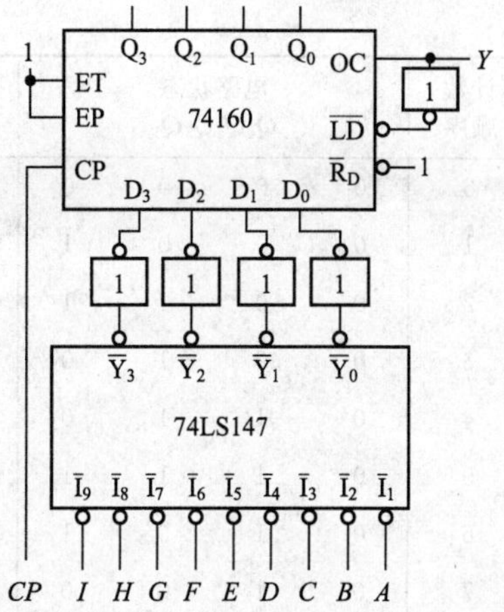

图 5.85

【5.22】 图 5.86 所示电路是一个移位寄存器型计数器，试画出它的状态转换图，说明这是几进制计数器，能否自启动。

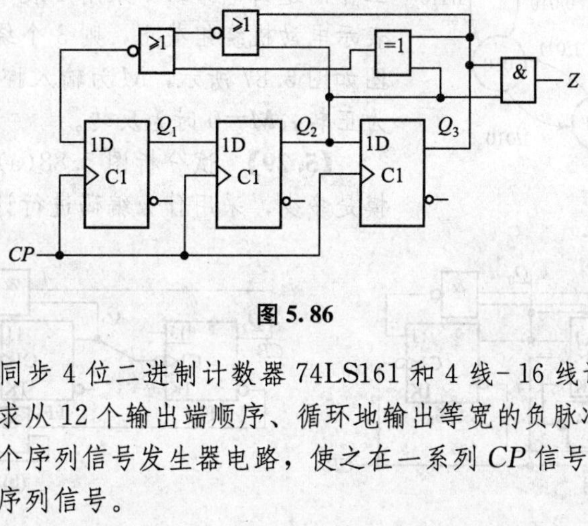

图 5.86

【5.23】 试利用同步 4 位二进制计数器 74LS161 和 4 线-16 线译码器 74LS154 设计节拍脉冲发生器，要求从 12 个输出端顺序、循环地输出等宽的负脉冲。

【5.24】 设计一个序列信号发生器电路，使之在一系列 CP 信号作用下能周期性地输出“0010110111”的序列信号。

【5.25】 设计一个灯光控制逻辑电路。要求红、绿、黄 3 种颜色的灯在时钟信号作用下按表 5-22 规定的顺序转换状态。表中的 1 表示“亮”，0 表示“灭”。要求电路能自启动，并尽可能采用中规模集成电路芯片。

表 5-22

CP 顺序	红	黄	绿	CP 顺序	红	黄	绿
0	0	0	0	4	1	1	1
1	1	0	0	5	0	0	1
2	0	1	0	6	0	1	0
3	0	0	1	7	1	0	0

【5.26】 用 JK 触发器和门电路设计一个 4 位循环码计数器，它的状态转换表见表 5-23。

表 5-23

计数顺序	电路状态 $Q_4Q_3Q_2Q_1$				进位输出 C	计数顺序	电路状态 $Q_4Q_3Q_2Q_1$				进位输出 C
0	0	0	0	0	0	8	1	1	0	0	0
1	0	0	0	1	0	9	1	1	0	1	0
2	0	0	1	1	0	10	1	1	1	1	0
3	0	0	1	0	0	11	1	1	1	0	0
4	0	1	1	0	0	12	1	0	1	0	0
5	0	1	1	1	0	13	1	0	1	1	0
6	0	1	0	1	0	14	1	0	0	1	0
7	0	1	0	0	0	15	1	0	0	0	1

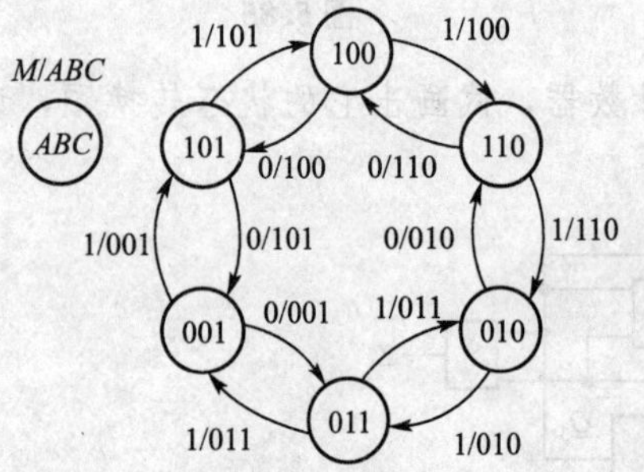

图 5.87

【5.27】 用 D 触发器和门电路设计一个十一进制计数器，并检查设计的电路能否自启动。

【5.28】 设计一个控制步进电动机三相六状态工作的逻辑电路，如果用 1 表示电动机绕组导通，0 表示电动机绕组截止，则 3 个绕组 ABC 的状态转换图如图 5.87 所示，M 为输入控制变量，当 $M=1$ 时为正转，$M=0$ 时为反转。

【5.29】 试分析图 5.88(a)、(b)所示计数器的模是多少，采用什么编码进行计数。

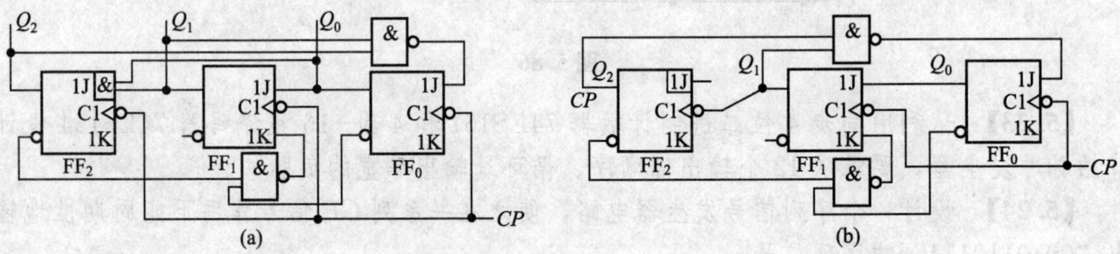

图 5.88

【5.30】 三相步进电动机对电脉冲的要求如图 5.89 所示，要求正转时，三相绕组 Y_0、Y_1、Y_2 按 A、B、C 的信号顺序通电，反转时，Y_0、Y_1、Y_2 绕组按 A、C、B 的信号顺序通电(分别如图 5.89 中的状态转换图所示)。同时，三相绕组在任何时候都不允许同时通电或断电。试用 JK 触发器设计一个控制步进电动机正反转的三相脉冲分配电路。

【5.31】 TTL 电路组成的同步时序电路如图 5.90 所示。

1. 试分析图中虚线框内电路，画出 Q_1、Q_2、Q_3 波形，并说明虚线框内电路的逻辑功能。

2. 若把电路中的 Z 输出和各触发器的置零端 $\overline{CR}$ 连接在一起，试说明当 $X_1X_2X_3$ 为 110 时，整个电路的逻辑功能是什么。

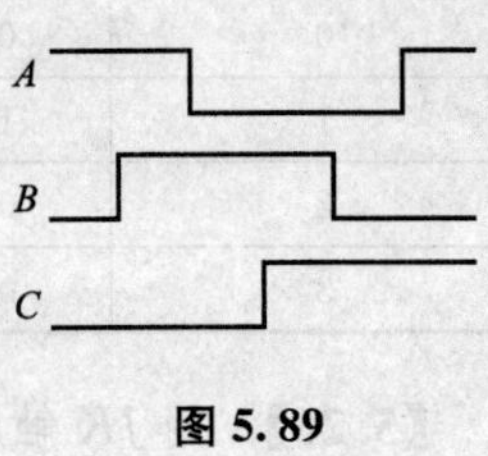

图 5.89

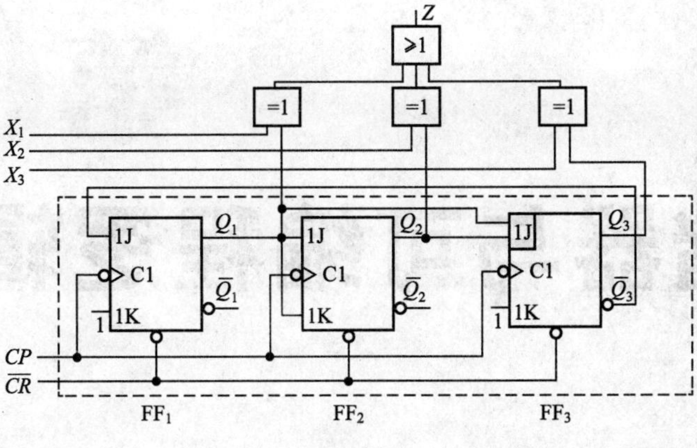
Z
≥1
=1
=1
=1
X_1
X_2
X_3
1J
C1
1K
1
Q_1
$\overline{Q}_1$
Q_2
$\overline{Q}_2$
Q_3
$\overline{Q}_3$
CP
$\overline{CR}$
FF_1
FF_2
FF_3

图 5.90

第6章 存储器与可编程逻辑器件

本章知识架构

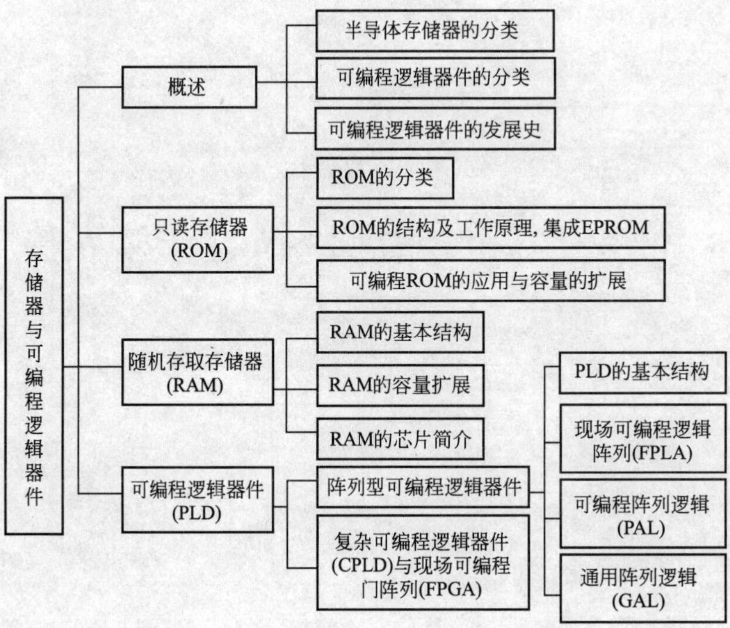

本章教学目标与要求

- 掌握各种 ROM 的工作原理和使用方法，了解各类 ROM 的特点
- 掌握 RAM 的电路结构、工作原理、使用方法
- 掌握简单 PLD 的结构、编程原理
- 掌握 PAL、GAL 的结构、工作原理
- 了解 CPLD、FPGA 可编程逻辑器件的结构和原理
- 理解可编程逻辑阵列实现各种逻辑功能电路的基本原理

6.1 概 述

6.1.1 半导体存储器的分类

半导体存储器是一种能存储大量二进制信息的半导体器件。

根据使用功能的不同，半导体存储器可分为随机存取存储器(RAM)和只读存储器(ROM)。

ROM：存储固定信息的存储器件，即先把信息和数据写入到存储器中，在正常工作时它存储的数据是固定不变的，只能读出所存的信息而不能写入数据，断电后，数据不丢失。

RAM：正常工作状态下，可随时写入，随时读出。断电后，数据即丢失，只适用于现写现用的场合。常用来放一些采样值，运算的中间结果，数据暂存、缓冲和标志位等。

从制造工艺上分，半导体存储器可分为双极型(由二极管、三极管等组成)和单极型(由MOS、CMOS等组成)。

只读存储器因工作时其内容只能读出而得名，常用于存储数字系统及计算机中不需改写的数据，例如数据转换表及计算机操作系统程序等。

6.1.2 可编程逻辑器件的分类

可编程逻辑器件(Programmable Logic Device，PLD)是20世纪70年代后期发展起来的一种功能特殊的大规模集成电路，它是一种可以由用户定义和设置逻辑功能的器件。与中小规模标准集成器件相比，该类器件具有结构灵活、集成度高、处理速度快和可靠性高等特点。可编程逻辑器件的出现，使设计观念发生了改变，设计工作变得非常容易，因而得到了迅速发展和应用。

根据PLD器件的与阵列和或阵列的编程情况及输出形式，可编程逻辑器件通常可分为以下4类。

第一类是与阵列固定、或阵列可编程的PLD器件，这类PLD器件以可编程只读存储器(PROM)为代表。可编程只读存储器(PROM)是组合逻辑阵列，它包含一个固定的与阵列和一个可编程的或阵列，PROM中的与阵列是全译码形式，它产生N个输入变量的所有最小项。PROM的每个输出端通过或阵列将这些最小项有选择地进行或运算，即可实现任何组合逻辑函数。由于与阵列能够产生输入变量的全部最小项，所以用PROM实现组合逻辑函数不需要进行逻辑化简。但随着输入变量数的增加，与阵列的规模会迅速增大，其价格也随之大大提高。而且与阵列越大，译码开关时间就越长，相应的工作速度也越慢。因此，实际上只有规模较小的PROM可以有效地实现组合逻辑函数，而大规模的PROM价格高，工作速度低，一般只作为存储器使用。

第二类是与阵列和或阵列均可编程的PLD器件，以可编程逻辑阵列(PLA)为代表。PLA和PROM一样也是组合型逻辑阵列，与PROM不同的是，它的两个逻辑阵列均可编程。PLA的与阵列不是全译码形式，它可以通过编程控制只产生函数最简与或式中所需要的与项。因此，PLA器件的与阵列规模减小，集成度相对提高。但是，由于PLA只产生函数最简与或式中所需要的与项，因此PLA在编程前必须先进行函数化简。另外，PLA器件需要对两个阵列进行编程，编程难度较大。而且PLA器件的开发工具应用不广泛，编程一般由生产厂家完成。

第三类是以可编程阵列逻辑(PAL)为代表的与阵列可编程、或阵列固定的PLD器件。这类器件的每个输出端是若干个乘积项之或，其中乘积项的数目固定。通常PAL的乘积项数允许达到8个，而一般逻辑函数的最简与或式中仅需要完成3～4个乘积项或运算。因此，PAL的这种阵列结构很容易满足大多数逻辑函数的设计要求。

PAL有几种固定的输出结构，如专用输出结构、可编程I/O结构、带反馈的寄存器输出结构及异或型输出结构等。一定的输出结构只能实现一定类型的逻辑函数，其通用性较差，这就给PAL器件的管理及应用带来不便。

第四类是具有可编程输出逻辑宏单元的通用PLD器件，以通用型可编程阵列逻辑(GAL)器件为主要代表。GAL器件的阵列结构与PAL相同，都是采用与阵列可编程而或阵列固定的形式。两者的主要区别是输出结构不同。PAL的输出结构是固定的，一种结构对应一种类型芯片。如果系统中需要几种不同的输出形式，就必须选择多种芯片来实现。GAL器件的每个输出端都集成有一个输出逻辑宏单元(OLMC)。输出逻辑宏单元是可编程的，通过编程可以决定该电路是完成组合逻辑还是时序逻辑，是否需要产生反馈信号，并能实现输出使能控制及输出极性选择等。因此，GAL器件通过对输出逻辑宏单元(OLMC)的编程可以实现PAL的各种输出结构，使芯片具有很强的通用性和灵活性。

可编程逻辑器件根据按其集成度分有低密度PLD(LDPLD)和高密度PLD(HDPLD)两类。

低密度PLD是早期开发的器件，集成密度为每片700个等效门以下，主要产品有PROM、现场可编程逻辑阵列(Filed Programmable Logic Array，FPLA)、可编程阵列逻辑(Programmable Array Logic，PAL)、通用阵列逻辑(Generic Array Logic，GAL)。这些器件结构简单，具有成本低、速度高、设计简便等优点，但其规模小，难以实现复杂的逻辑。

高密度PLD是20世纪80年代中期发展起来的可编程逻辑器件，其产品主要包括可擦除的可编程逻辑器件(Erasable Programmable Logic Device，EPLD)、复杂的可编程逻辑器件(Complex Programmable Logic Device，CPLD)和现成可编程门阵列(Field Programmable Gate Array，FPGA)等几种类型。其中EPLD和CPLD是在PAL和GAL基础上发展起来的，其基本结构由与-或阵列组成，因此通常称为阵列型PLD，而FPGA具有门阵列的结构形式，通常称为单元型PLD。在各类可编程逻辑器件中，目前广泛应用的是以CPLD和FPGA为代表的高密度可编程逻辑器件。

6.1.3 背景介绍：可编程逻辑器件的发展史

早期的可编程逻辑器件只有可编程只读存储器(PROM)、紫外线可按除只读存储器(EPROM)和电可擦除只读存储器(E^2PROM)3种。由于结构的限制，它们只能完成简单的数字逻辑功能。

其后，出现了一类结构上稍复杂的可编程芯片，即可编程逻辑器件(PLD)，它能够完成各种数字逻辑功能。典型的PLD由一个“与”门和一个“或”门阵列组成，而任意一个组合逻辑都可以用“与-或”表达式来描述，所以，PLD能以乘积和的形式完成大量的组合逻辑功能。

这一阶段的产品主要有PAL(可编程阵列逻辑)和GAL(通用阵列逻辑)。PAL由一个可编程的“与”平面和一个固定的“或”平面构成，或门的输出可以通过触发器有选择地被置为寄存状态。PAL器件是现场可编程的，它的实现工艺有反熔丝技术、EPROM技术和E^2PROM技术。还有一类结构更为灵活的逻辑器件是可编程逻辑阵列(PLA)，它也由一个“与”平面和一个“或”平面构成，但是这两个平面的连接关系是可编程的。PLA器件既有现场可编程的，也有掩膜可编程的。在PAL的基础上，又发展了一种通用阵列逻辑(Generic Array Logic，GAL)，如GAL16V8，GAL22V10等。它采用了E^2PROM工艺，实现了电可按除、电可改写功能，其输出结构是可编程的逻辑宏单元，因而它的设计具有很强的灵活性，至今仍有许多人使用。这些早期的PLD器件的一个共同特点是可以实现速度特性较好的逻辑功能，但其过于简单的结构也使它们只能实现规模较小的电路。

为了弥补这一缺陷，20世纪80年代中期，Altera和Xilinx分别推出了类似于PAL结构的扩展型CPLD(Complex Programmab1e Logic Dvice，复杂的可编程逻辑器件)和与标准门阵列类似的FPGA(Field Programmable Gate Array，现场可编程门阵列)，它们都具有体系结构和逻辑单元灵活、集成度高以及适用范围宽等特点。这两种器件兼容了PLD和通用门阵列的优点，可实现较大规模的电路，编程也很灵活。与门阵列等其他ASIC(Application Specific IC，专用集成电路)相比，它们又具有设计开发周期短、设计制造成本低、开发工具先进、标准产品无需测试、质量稳定以及可实时在线检验等优点，因此被广泛应用于产品的原型设计和产品生产(一般在10000件以下)之中。几乎所有应用门阵列、PLD和中小规模通用数字集成电路的场合均可应用FPGA和CPLD器件。

6.2 只读存储器(ROM)

6.2.1 ROM的分类

按照数据写入方式特点不同，ROM可分为以下几种。

(1) 固定ROM(掩膜ROM)。掩膜ROM在制造时，厂家利用掩膜技术直接把数据写入存储器中，ROM制成后，其存储的数据也就固定不变了，用户对这类芯片无法进行任何修改。

(2) 可编程ROM(PROM)。PROM在出厂时，存储内容全为1(或全为0)，用户可根据自己的需要，利用编程器将某些单元改写为0(或1)。PROM只能写一次，一旦进行了编程，就不能再修改了。

(3) 可擦除可编程ROM(EPROM)。EPROM是采用浮栅技术生产的可编程存储器，它的特点是可根据用户的需要写入数据，具有可擦除功能，擦除后即可进行再编程，缺点是擦除需要使用紫外线照射一定的时间。

(4) 电可擦除可编程ROM(E^2PROM)。E^2PROM也是采用浮栅技术生产的可编程ROM，可直接用电信号擦除，也可用电信号写入。E^2PROM的电擦除过程就是改写过程，它具有 ROM 的非易失性，又具备类似 RAM 的功能，可以随时改写(可重复擦写 1 万次以上)。

(5) 闪速存储器(Flash Memory)。闪速存储器的存储单元也是采用浮栅型 MOS 管，存储器中数据的擦除和写入是分开进行的，数据写入方式与 EPROM 相同，需要输入一个较高的电压，因此要为芯片提供两组电源。目前“闪存”被广泛用在 PC 的主板上，用来保存 BIOS 程序，便于进行程序的升级。其另外一大应用领域是用来作为硬盘的替代品，“闪存”具有抗振、速度快、无噪声、耗电低等优点。

6.2.2 掩膜 ROM 的结构及工作原理

1. ROM 的内部结构

ROM 由地址译码器和存储矩阵组成，图 6.1 是 ROM 的内部结构示意图。

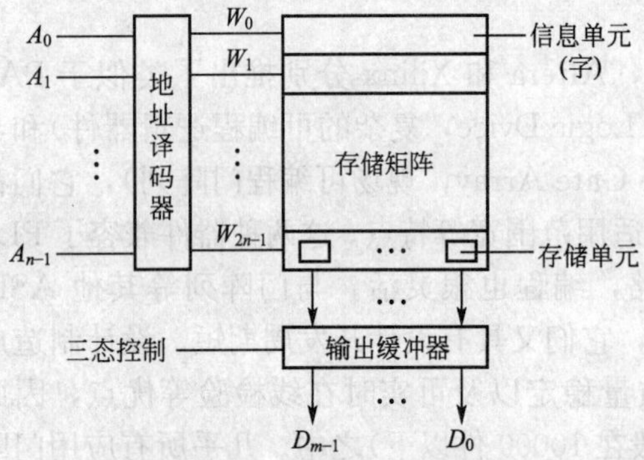

图 6.1 ROM 的内部结构示意图

存储矩阵是存放信息的主体，它由许多存储单元排列组成。每个存储单元存放一位二值代码(0 或 1)，若干个存储单元组成一个“字”(也称一个信息单元)。

地址译码器有 n 条地址输入线 A_0～A_{n-1}，2^n 条译码输出线 W_0～W_{2^n-1}，每一条译码输出线 W_i 称为“字线”，它与存储矩阵中的一个“字”相对应。因此，每当给定一组输入地址时，译码器只有一条输出字线 W_i 被选中，该字线可以在存储矩阵中找到一个相应的“字”，并将字中的 m 位信息 D_{m-1}～D_0 送至输出缓冲器。读出 D_{m-1}～D_0 的每条数据输出线 D_i 也称为“位线”。

每个字中信息的位数称为“字长”。

存储器的容量用存储单元的数目来表示，写成“字数乘位数”的形式。对于图 6.1 的存储矩阵有 2^n 个字，每个字的字长为 m，因此整个存储器的存储容量为 $2^n \times m$ 位。

存储容量也习惯用 K(1K＝1024)为单位来表示，例如 1K×4、2K×8 和 64K×1 的存储器，其容量分别是 1024×4 位、2048×8 位和 65536×1 位。

输出缓冲器是 ROM 的数据读出电路，通常用三态门构成，它不仅可以实现对输出数据的三态控制，以便与系统总线连接，还可以提高存储器的带负载能力。

2. ROM 的基本工作原理

由二极管构成的 ROM 模型如图 6.2 所示。

输入地址码是 A_1A_0，输出数据是 $D_3D_2D_1D_0$。输出缓冲器用的是三态门，它有两个作用：一是提高带负载能力；二是实现对输出端状态的控制，以便于和系统总线的连接。

其中与门阵列组成译码器，或门阵列构成存储阵列，其存储容量为 4×4＝16 位。

与门阵列输出表达式

$$W_0=\overline{A}_1\overline{A}_0 \quad W_1=\overline{A}_1A_0 \quad W_2=A_1\overline{A}_0 \quad W_3=A_1A_0$$

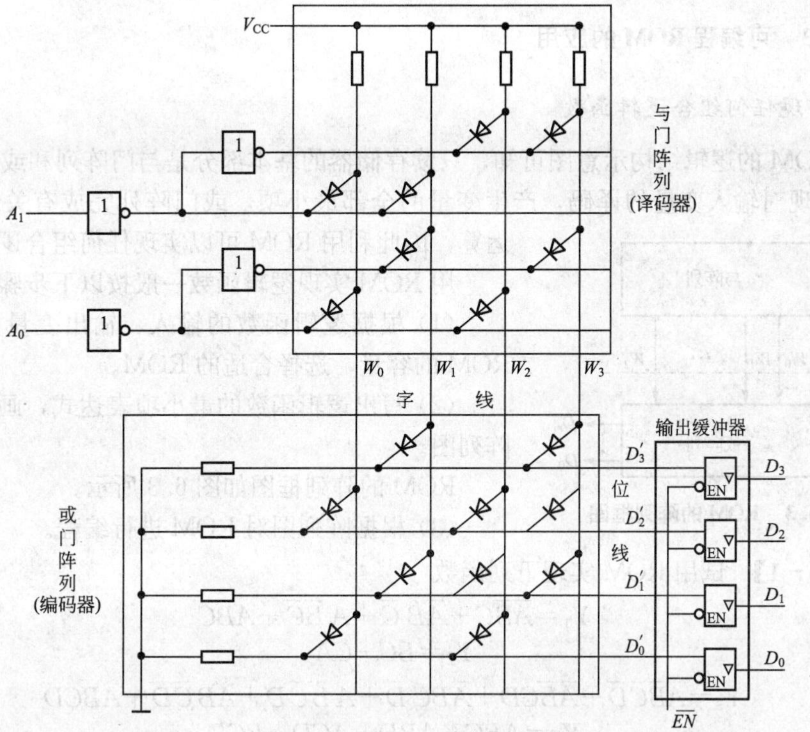

图 6.2 二极管 ROM 电路

或门阵列输出表达式

$$D_0=W_0+W_2 \quad D_1=W_1+W_2+W_3$$
$$D_2=W_0+W_2+W_3 \quad D_3=W_1+W_3$$

ROM 输出信号的真值表见表 6-1。

表 6-1 ROM 输出信号真值表

A_1	A_0	D_3	D_2	D_1	D_0
0	0	0	1	0	1
0	1	1	0	1	0
1	0	0	1	1	1
1	1	1	1	1	0

从存储器角度看，A_1A_0 是地址码，$D_3D_2D_1D_0$ 是数据。表 6-1 说明：在 00 地址中存放的数据是 0101；01 地址中存放的数据是 1010，10 地址中存放的是 0111；11 地址中存放的是 1110。

从函数发生器角度看，A_1、A_0 是两个输入变量，D_3、D_2、D_1、D_0 是 4 个输出函数。表 6-1 说明：当变量 A_1、A_0 取值为 00 时，函数 $D_3=0$、$D_2=1$、$D_1=0$、$D_0=1$；当变量 A_1、A_0 取值为 01 时，函数 $D_3=1$、$D_2=0$、$D_1=1$、$D_0=0$；…。

从译码编码角度看，与门阵列先对输入的二进制代码 A_1A_0 进行译码，得到 4 个输出信号 W_0、W_1、W_2、W_3，再由或门阵列对 W_0～W_3 这 4 个信号进行编码。表 6-1 说明：W_0 的编码是 0101；W_1 的编码是 1010；W_2 的编码是 0111；W_3 的编码是 1110。

6.2.3 可编程 ROM 的应用

1. 实现任何组合逻辑函数

从 ROM 的逻辑结构示意图可知，只读存储器的基本部分是与门阵列和或门阵列，与门阵列实现对输入变量的译码，产生变量的全部最小项，或门阵列完成有关最小项的或运算，因此利用 ROM 可以实现任何组合逻辑函数。

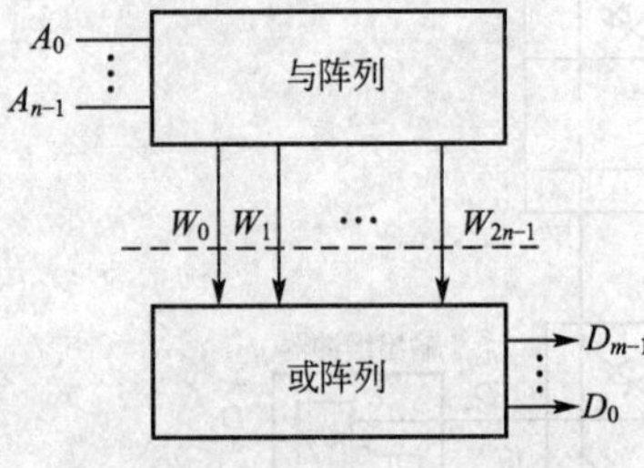

图 6.3 ROM 的阵列框图

用 ROM 实现逻辑函数一般按以下步骤进行。

(1) 根据逻辑函数的输入、输出变量数目，确定 ROM 的容量，选择合适的 ROM。

(2) 写出逻辑函数的最小项表达式，画出 ROM 的阵列图。

ROM 的阵列框图如图 6.3 所示。

(3) 根据阵列图对 ROM 进行编程。

【例 6-1】 试用 ROM 实现下列函数

$$Y_1=\overline{A}\,\overline{B}C+\overline{A}B\overline{C}+A\overline{B}\,\overline{C}+ABC$$
$$Y_2=BC+CA$$
$$Y_3=\overline{A}\,\overline{B}\,\overline{C}\,\overline{D}+\overline{A}\,\overline{B}CD+\overline{A}BC\overline{D}+A\overline{B}\,\overline{C}D+AB\overline{C}\,\overline{D}+ABCD$$
$$Y_4=ABC+ABD+ACD+BCD$$

解：(1) 写出各函数的标准与或表达式。

按 A、B、C、D 顺序排列变量，将 Y_1、Y_2 扩展成为 4 变量逻辑函数。

$$\begin{aligned}Y_1&=\sum m(2,3,4,5,8,9,14,15)\\Y_2&=\sum m(6,7,10,11,14,15)\\Y_3&=\sum m(0,3,6,9,12,15)\\Y_4&=\sum m(7,11,13,14,15)\end{aligned}\qquad(6.1)$$

(2) 选用 16×4 位 ROM，画存储矩阵连线图。

ROM 存储矩阵连线图如图 6.4 所示。

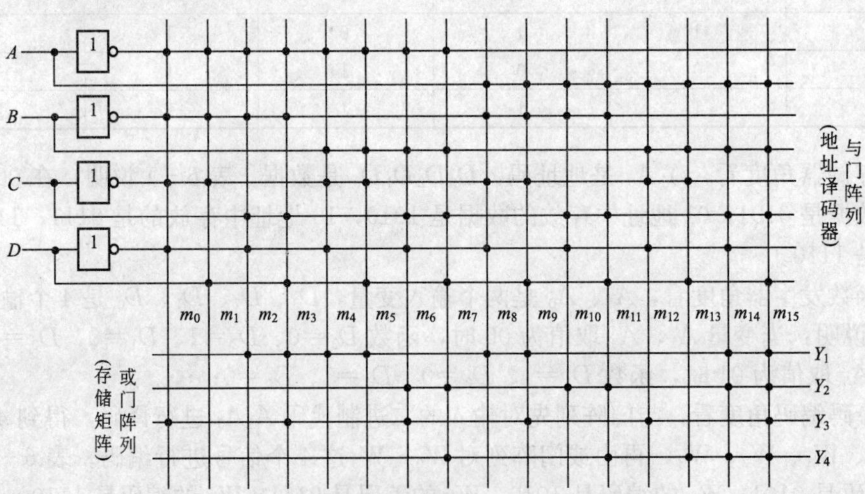

图 6.4 【例 6-1】ROM 存储矩阵连线图

【例 6－2】 用 ROM 实现下列一组逻辑函数：

$$Y_1 = A \oplus B$$

$$Y_2 = AB + AC + BC$$

$$Y_3 = AB + BC + \overline{B}\,\overline{C}$$

$$Y_4 = \overline{A}\,\overline{C} + B\overline{C} + A\overline{B}C$$

解：(1) 列真值表。真值表见表 6－2。

表 6－2 【例 6－2】真值表

A	B	C	被选中的字线	Y_1	Y_2	Y_3	Y_4
0	0	0	$W_0=\overline{A}\,\overline{B}\,\overline{C}=1$	0	0	1	1
0	0	1	$W_1=AB\overline{C}=1$	0	0	0	0
0	1	0	$W_2=\overline{A}B\overline{C}=1$	1	0	0	1
0	1	1	$W_3=\overline{A}BC=1$	1	1	1	0
1	0	0	$W_4=A\overline{B}\,\overline{C}=1$	1	0	1	0
1	0	1	$W_5=A\overline{B}C=1$	1	1	0	1
1	1	0	$W_6=AB\overline{C}=1$	0	1	1	1
1	1	1	$W_7=ABC=1$	0	1	1	0

(2) 选择合适的 ROM，对照真值表画出逻辑函数的阵列图，如图 6.5 所示。

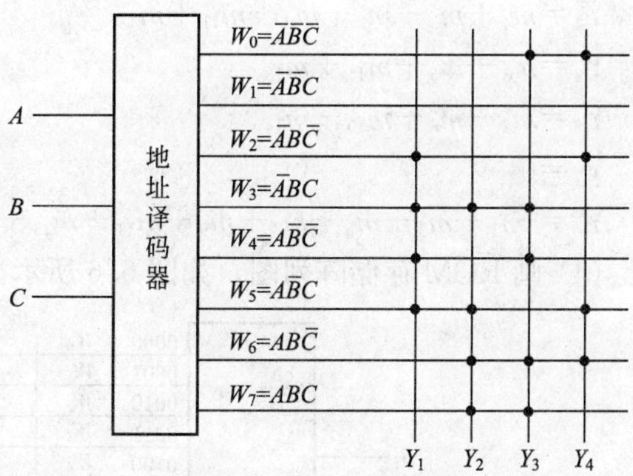

图 6.5 【例 6－2】ROM 存储矩阵连线图

2. 用 ROM 实现运算表电路

数学运算是数控装置和数字系统中需要经常进行的操作，如果事先把要用到的基本函数变量在一定范围内的取值和相应的函数取值列成表格，写入只读存储器中，则在需要时只要给出规定"地址"就可以快速地得到相应的函数值。这种 ROM，实际上已经成为函数运算表电路。

【例 6－3】 用 ROM 构成能实现函数 $y=x^2$ 的运算表电路。

解：(1) 分析要求，设定变量。

设 x 的取值范围为 0～15 的正整数，则对应的是 4 位二进制正整数，用 $B=B_3B_2B_1B_0$ 表示。根据 $y=x^2$ 可算出 y 的最大值是 $15^2=225$，可以用 8 位二进制数 $Y=Y_7Y_6Y_5Y_4Y_3Y_2Y_1Y_0$ 表示。

(2) 列真值表——函数运算表

可列出 $y=B^2$ 即 $y=x^2$ 的真值表见表 6－3。

表 6-3 【例 6-3】的真值表

输入				输出								注
B_3	B_2	B_1	B_0	Y_7	Y_6	Y_5	Y_4	Y_3	Y_2	Y_1	Y_0	十进制数
0	0	0	0	0	0	0	0	0	0	0	0	0
0	0	0	1	0	0	0	0	0	0	0	1	1
0	0	1	0	0	0	0	0	0	1	0	0	4
0	0	1	1	0	0	0	0	1	0	0	1	9
0	1	0	0	0	0	0	1	0	0	0	0	16
0	1	0	1	0	0	0	1	1	0	0	1	25
0	1	1	0	0	0	1	0	0	1	0	1	36
0	1	1	1	0	0	1	1	0	0	0	1	49
1	0	0	0	0	1	0	0	0	0	0	0	64
1	0	0	1	0	1	0	1	0	0	0	1	81
1	0	1	0	0	1	1	0	0	1	0	0	100
1	0	1	1	0	1	1	1	1	0	0	1	121
1	1	0	0	1	0	0	1	0	0	0	0	144
1	1	0	1	1	0	1	0	1	0	0	1	169
1	1	1	0	1	1	0	0	0	1	0	0	196
1	1	1	1	1	1	1	0	0	0	0	1	225

(3) 写标准与或表达式。

$Y_7=m_{12}+m_{13}+m_{14}+m_{15}$

$Y_6=m_8+m_9+m_{10}+m_{11}+m_{14}+m_{15}$

$Y_5=m_6+m_7+m_{10}+m_{11}+m_{13}+m_{15}$

$Y_4=m_4+m_5+m_7+m_9+m_{11}+m_{12}$

$Y_3=m_3+m_5+m_{11}+m_{13}$

$Y_2=m_2+m_6+m_{10}+m_{14}$

$Y_1=0$

$Y_0= m_1+m_3+m_5+m_7+m_9+m_{11}+m_{13}+m_{15}$

(4) 画 ROM 存储阵列图，如图 6.6 所示。

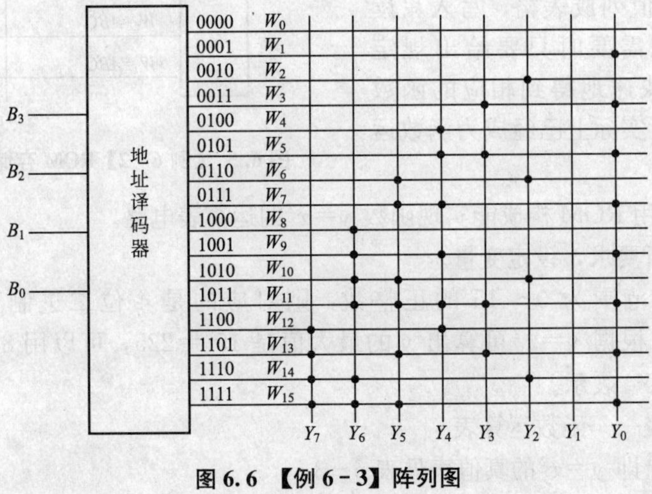

图 6.6 【例 6-3】阵列图

3. 符号和数字显示

【例 6-4】 用 ROM 实现字符发生器。用 7×5 点阵实现显示一个字符 R。

解: 列真值表。输出为 7 条字线，每条字线同时输出 5 位。真值表见表 6-4。

表 6-4 【例 6-4】的真值表

地址码			输出				
A_2	A_1	A_0	D_4	D_3	D_2	D_1	D_0
0	0	0	0	0	0	0	0
0	0	1	1	1	1	1	1
0	1	0	1	0	0	0	1
0	1	1	1	0	0	0	1
1	0	0	1	1	1	1	1
1	0	1	1	0	1	0	0
1	1	0	1	0	0	1	0
1	1	1	1	0	0	0	1

写出最小项之和表达式

$$
\begin{aligned}
D_4 &= \sum m(1\sim7) \\
D_3 &= \sum m(1,\ 4) \\
D_2 &= \sum m(1,\ 4,\ 5) \\
D_1 &= \sum m(1,\ 4,\ 6) \\
D_0 &= \sum m(1\sim4,\ 7)
\end{aligned}
\qquad (6.2)
$$

根据表达式画出字符显示原理图如图 6.7 所示。

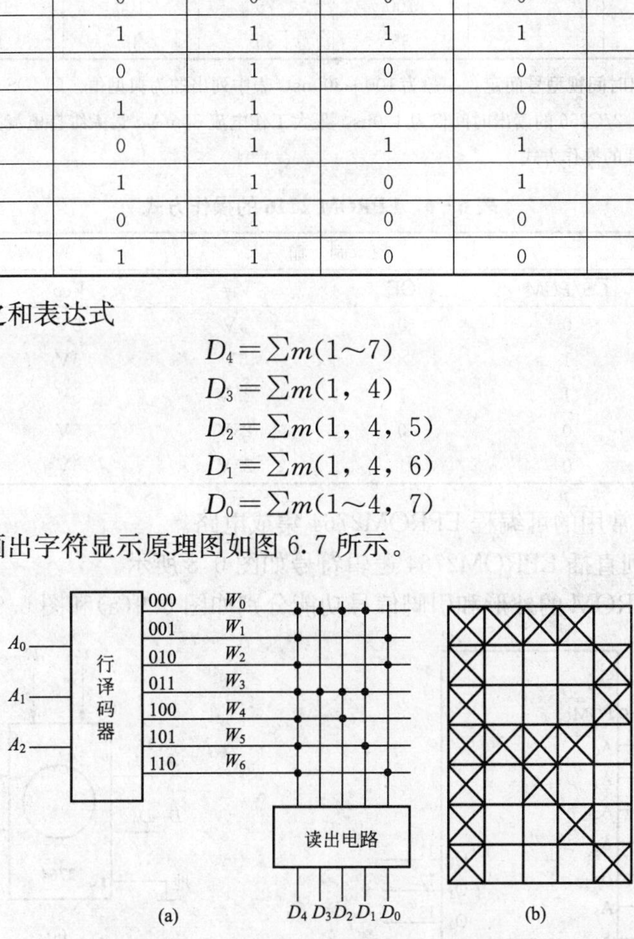

图 6.7 【例 6-4】字符显示原理图

由图可看出该字符显示器由 7 行 5 列构成存储矩阵，将字母 R 的形状分割成若干部分并在相应的单元存入信息“1”。当地址输入由 000～110 周期地循环变化时，即可逐行扫描各字线，把字线 W_0～W_7 所存储的字母“R”的字形信息从位线 D_0～D_4 读出。使显示设备一行行地显示出图 6.7(b)所示的字形。

6.2.4 集成 EPROM

集成电路中有多种类型的 ROM。2716(2K×8 位)、2764(8K×8 位)、2732(32K×8

位)、…、27512(64K×8 位)等 EPROM 集成芯片，除存储容量和编程电压等参数不同外，其他参数基本相同。常用的 EPROM 芯片主要技术特性见表 6-5。

表 6-5　常用的 EPROM 芯片主要技术特性

型　　号	2716	2732	2764	27128	27256	27512
容量/KB	2	4	8	16	32	64
引脚数	24	24	28	28	28	28
读出时间/ns	350～450	200*	200*	200*	200*	170*
最大工作电流/mA		100	75	100	100	125
最大维持电流/mA		35	35	40	40	40

*：EPROM 的读出时间视型号而定，一般为 100～300ns，表中列出的为典型值。CMOS EPROM 的读出时间快、耗电少，例如，27C256 的读出时间仅为 120ns，最大工作电流 30mA，最大维持电流为 100μA。表 6-6 是常用 EPROM 芯片的操作方式。

表 6-6　EPROM 2716 的操作方式

操作方式	控制输入				功　能
	$\overline{CS}/PGM$	OE	V_{PP}	V_{CC}	
读	0	0	5V	5V	数据输出
维持	1	×	5V	5V	高阻态
编程	1	1	25V	5V	数据输入
编程校验	0	0	25V	5V	数据输出
编程禁止	0	1	25V	5V	高阻态

下面简要介绍常用的可编程 EPROM2764 集成电路。

标准 28 脚双列直插 EPROM2764 逻辑符号如图 6.8 所示。

Intel 2764 EPROM 的外形和引脚信号功能分别如图 6.9(a)和图 6.9(b)所示。

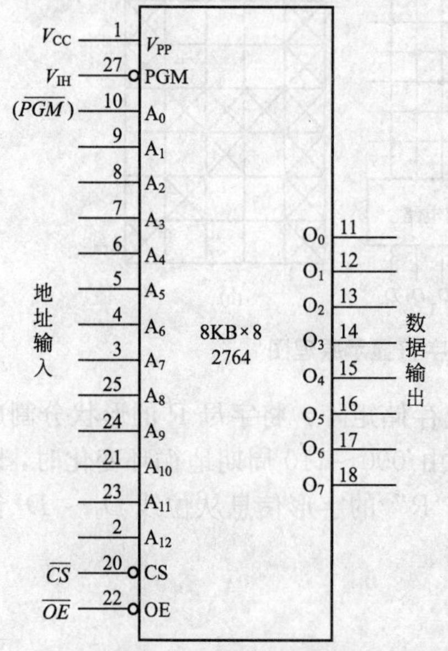

图 6.8　标准 28 脚双列直插 EPROM 2764 逻辑符号

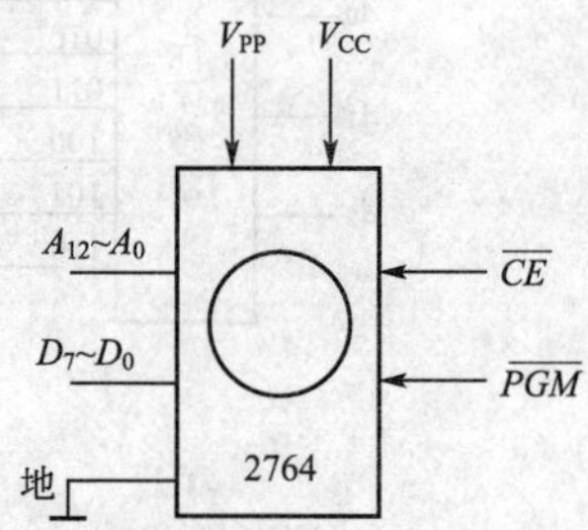

引脚	功能
A_{12}~A_0	地址输入
D_7~D_0	数　据
$\overline{CE}$	芯片使能
$\overline{PGM}$	编程脉冲
V_{PP}　V_{CC}	电压输入

(b)

图 6.9　Intel 2764 EPROM 的外形和引脚信号

在正常使用时，V_{CC}＝＋5V、V_{IH}为高电平，即V_{PP}引脚接＋5V、$\overline{PGM}$引脚接高电平，数据由数据总线输出。在进行编程时，$\overline{PGM}$引脚接低电平，V_{PP}引脚接高电平(编程电平＋25V)，数据由数据总线输入。

$\overline{OE}$：输出使能端，用来决定是否将ROM的输出送到数据总线上去。当$\overline{OE}$＝0时，输出可以被使能，当$\overline{OE}$＝1时，输出被禁止，ROM数据输出端为高阻态。

$\overline{CS}$：片选端，用来决定该片ROM是否工作。当$\overline{CS}$＝0时，ROM工作，当$\overline{CS}$＝1时，ROM停止工作，且输出为高阻态(无论$\overline{OE}$为何值)。

ROM输出能否被使能决定于$\overline{CS}+\overline{OE}$的结果，当$\overline{CS}+\overline{OE}=0$时，ROM输出使能，否则将被禁止，输出端为高阻态。另外，当$\overline{CS}$＝1时，还会停止对ROM内部的译码器等电路供电，其功耗降低到ROM工作时的10%以下。这样会使整个系统中ROM芯片的总功耗大大降低。

2764 EPROM是具有28根引脚的双列直插式器件，图6.10给出其引脚排列图。2764具有8K(1024×8)字节容量，共需要有13根地址线($2^{13}=8192$)$A_{12}\sim A_0$进行寻址，加上8条数据线$D_7\sim D_0$、一条片选信号线$\overline{CE}$、一条数据输出选通线$\overline{OE}$、一条编程电源线V_{PP}及编程脉冲输入线PGM，另外有一条正电源线U_{CC}及接地线GND，其第26号引脚为NC，使用时应接高电平。在非编程状态时U_{PP}及PGM端应接高电平。其中片选信号为保证多片存储系统中地址的正确选择，数据输出选通线保证时序的配合，编程电源线及编程脉冲输入线可实现程序的电编程。

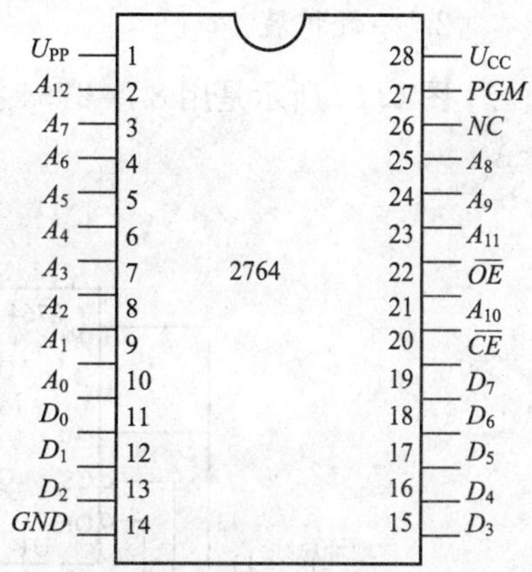

图6.10 2764引脚排列图

2764芯片由单一＋5V电源供电，工作电流100mA，维持电流50mA，读出时间最大为250ns，是一种高速大容量EPROM存储器。其工作方式见表6-7。

表6-7 2764工作方式选择

方式 \ 引脚	$\overline{CE}$ (20)	$\overline{OE}$ (22)	PGM (27)	U_{PP} (1)	U_{CC} (28)	输出 $D_7\sim D_0$
读	0	0	+5V	+5V	+5V	数据输出
维持	+5V	X	X	+5V	+5V	高阻态
编程	0	X	0	U_{PP}	+5V	数据输入
编程校验	0	0	5V	U_{PP}	+5V	数据输出
编程禁止	+5V	X	X	U_{PP}	+5V	高阻态

注：2764的编程电源U_{PP}随型号不同而异，典型的有25V、21V、12V等。

6.2.5 ROM容量的扩展

1. 字长的扩展

现有型号的EPROM，输出多为8位。如图6.11所示是将两片2764扩展成16K×16位EPROM的连线图。

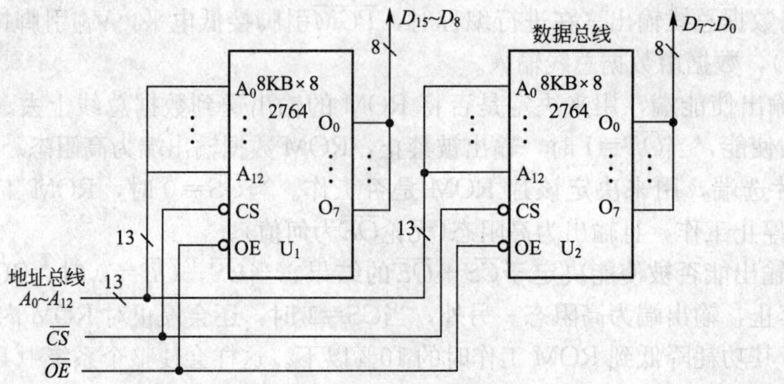

图 6.11　字长扩展的连线图

2. 字数扩展

图 6.12 所示是用 8 片 2764 扩展成 64K×8 位 EPROM 的连线图。

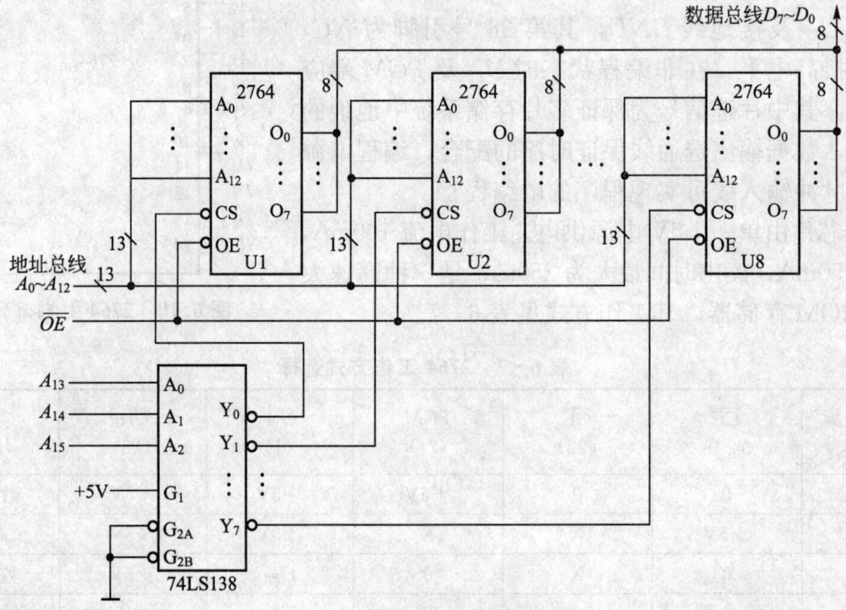

图 6.12　字数扩展的连线图

6.3　随机存取存储器(RAM)

随机存取存储器简称 RAM，也叫做读/写存储器，既能方便地读出所存数据，又能随时写入新的数据。RAM 的缺点是数据的易失性，即一旦掉电，所存的数据全部丢失。它也用于存放二进制信息，如数据、程序指令和运算的中间结果。

根据存储单元的工作原理不同，RAM分为静态RAM和动态RAM。

6.3.1　RAM的基本结构

RAM由存储矩阵、地址译码器、读/写控制器、输入/输出控制、片选控制等几部分组成，其结构框图如图6.13所示。

1. 存储矩阵

RAM的核心部分是一个寄存器矩阵，用来存储信息，称为存储矩阵。

图6.14所示是1024×1位的存储矩阵和地址译码器。属多字1位结构，1024个字排列成32×32的矩阵，中间的每一个小方块代表一个存储单元。为了存取方便，给它们编上号，32行编号为X_0、X_1、…、X_{31}，32列编号为Y_0、Y_1、…、Y_{31}。这样每一个存储单元都有了一个固定的编号(X_i行、Y_j列)，称为地址。

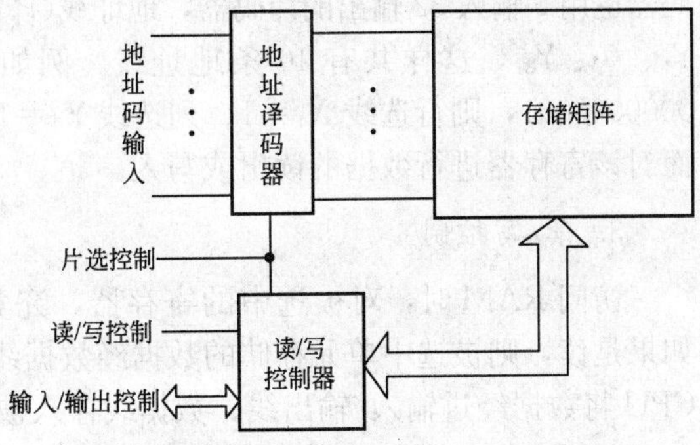

图6.13　RAM的结构框图

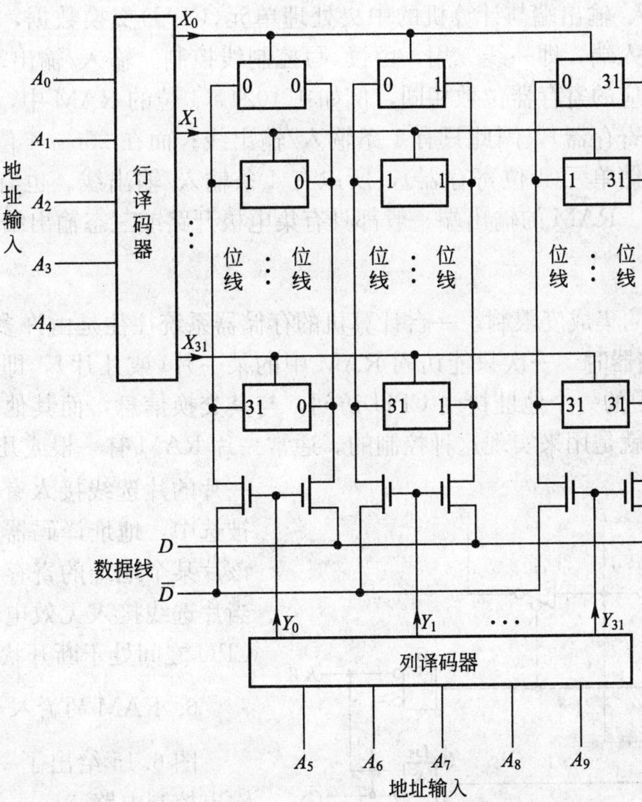

图6.14　1024×1位RAM的存储矩阵

2. 地址译码器

地址译码器的作用是将寄存器地址所对应的二进制数译成有效的行选信号和列选信号，从而选中该存储单元。

存储器中的地址译码器常用双译码结构。上例中，行地址译码器用 5 输入 32 输出的译码器，地址线(译码器的输入)为 A_0、A_1、…、A_4，输出为 X_0、X_1、…、X_{31}；列地址译码器也用 5 输入 32 输出的译码器，地址线(译码器的输入)为 A_5、A_6、…、A_9，输出为 Y_0、Y_1、…、Y_{31}，这样共有 10 条地址线。例如，输入地址码 $A_9A_8A_7A_6A_5A_4A_3A_2A_1A_0=0000000001$，则行选线 $X_1=1$、列选线 $Y_0=1$，选中第 X_1 行第 Y_0 列的那个存储单元，从而对该寄存器进行数据的读出或写入。

3. 读/写控制

访问 RAM 时，对被选中的寄存器，究竟是读还是写，通过读/写控制线进行控制。如果是读，则被选中单元存储的数据经数据线、输入/输出线传送给 CPU；如果是写，则 CPU 将数据经过输入/输出线、数据线存入被选中单元。

一般 RAM 的读/写控制线高电平为读，低电平为写；也有的 RAM 读/写控制线是分开的，一根为读，另一根为写。

4. 输入/输出

RAM 通过输入/输出端与计算机的中央处理单元(CPU)交换数据，读出时它是输出端，写入时它是输入端，即一线二用，由读/写控制线控制。输入/输出端数据线的条数，与一个地址中所对应的寄存器位数相同，例如在 1024×1 位的 RAM 中，每个地址中只有 1 个存储单元(1 位寄存器)，因此只有 1 条输入/输出线；而在 256×4 位的 RAM 中，每个地址中有 4 个存储单元(4 位寄存器)，所以有 4 条输入/输出线。也有的 RAM 输入线和输出线是分开的。RAM 的输出端一般都具有集电极开路或三态输出结构。

5. 片选控制

由于受 RAM 的集成度限制，一台计算机的存储器系统往往是由许多片 RAM 组合而成。CPU 访问存储器时，一次只能访问 RAM 中的某一片(或几片)，即存储器中只有一片(或几片)RAM 中的一个地址接受 CPU 访问，与其交换信息，而其他片 RAM 与 CPU 不发生联系，片选就是用来实现这种控制的。通常一片 RAM 有一根或几根片选线，当某一片的片选线接入有效电平时，该片被选中，地址译码器的输出信号控制该片某个地址的寄存器与 CPU 接通；当片选线接入无效电平时，则该片与 CPU 之间处于断开状态。

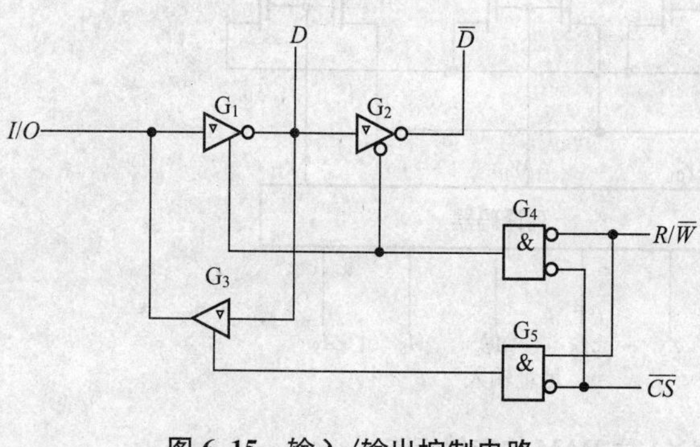

图 6.15 输入/输出控制电路

6. RAM 的输入/输出控制电路

图 6.15 给出了一个简单的输入/输出控制电路。

当选片信号 $CS=1$ 时，G_5、G_4

输出为 0，三态门 G_1、G_2、G_3 均处于高阻状态，输入/输出(I/O)端与存储器内部完全隔离，存储器禁止读/写操作，即不工作。

当 $CS=0$ 时，芯片被选通：当 $R/\overline{W}=1$ 时，G_5 输出高电平，G_3 被打开，于是被选中的单元所存储的数据出现在 I/O 端，存储器执行读操作；当 $R/\overline{W}=0$ 时，G_4 输出高电平，G_1、G_2 被打开，此时加在 I/O 端的数据以互补的形式出现在内部数据线上，并被存入到所选中的存储单元，存储器执行写操作。

6.3.2 RAM 的容量扩展

在实际应用中，经常需要大容量的 RAM。在单片 RAM 芯片容量不能满足要求时，就需要进行扩展，将多片 RAM 组合起来，构成存储器系统(也称存储体)。

1. 位扩展

存储器芯片的字长多数为 1 位、4 位、8 位等。当实际的存储系统的字长超过存储器芯片的字长时，需要进行位扩展。

位扩展可以利用芯片的并联方式实现，图 6.16 是用 8 片 1024×1 位的 RAM 扩展为 1024×8 位 RAM 的存储系统框图。图中 8 片 RAM 的所有地址线、R/W、CS 分别对应并接在一起，而每一片的 I/O 端作为整个 RAM 的 I/O 端的一位。

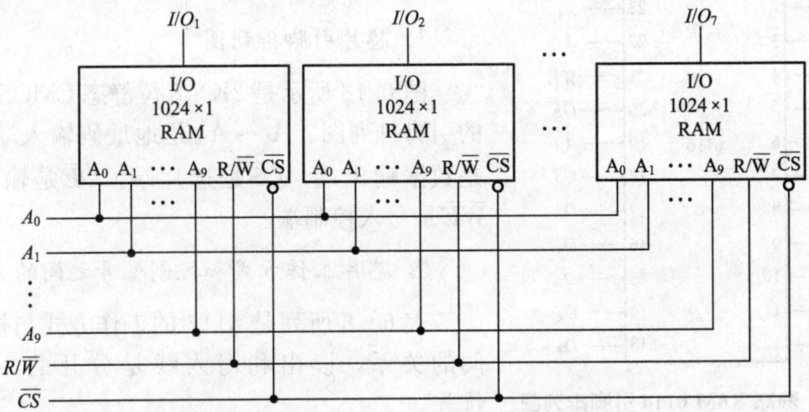

图 6.16 1K×1 位 RAM 扩展成 1K×8 位 RAM

2. 字扩展

字数的扩展可以利用外加译码器控制芯片的片选(CS)输入端来实现。图 6.17 是用字扩展方式将 4 片 256×8 位的 RAM 扩展为 1024×8 位 RAM 的系统框图。图中，译码器的输入是系统的高位地址 A_9、A_8，其输出是各片 RAM 的片选信号。若 $A_9A_8=01$，则 RAM(2)片的 $CS=0$，其余各片 RAM 的 CS 均为 1，故选中第二片。只有该片的信息可以读出，送到位线上，读出的内容则由低位地址 $A_7\sim A_0$ 决定。显然，4 片 RAM 轮流工作，任何时候，只有一片 RAM 处于工作状态，整个系统字数扩大了 4 倍，而字长仍为 8 位。

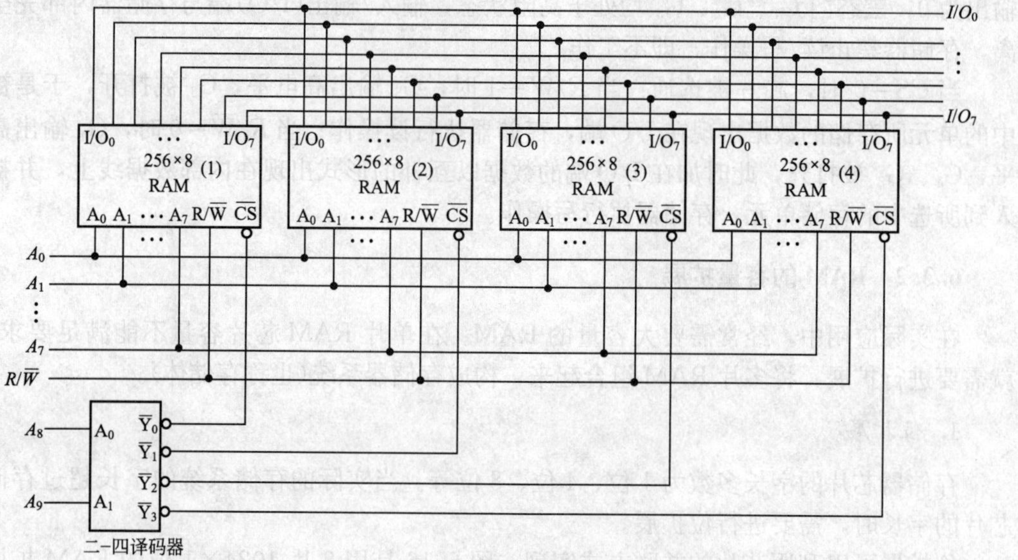

图 6.17　4 片 256×8 位的 RAM 扩展为 1024×8 位 RAM

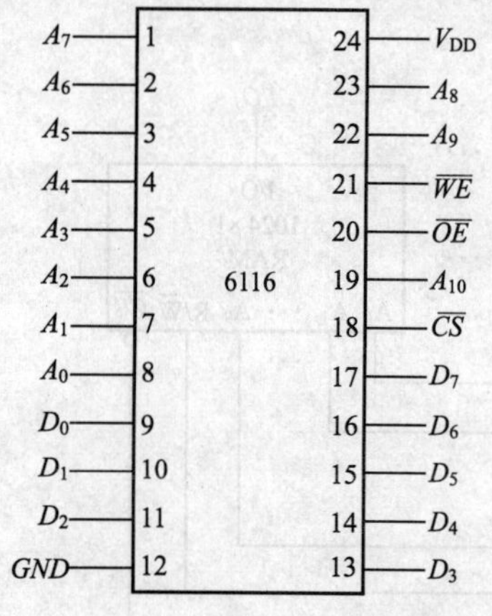

图 6.18　静态 RAM 6116 引脚排列图

6.3.3　RAM 的芯片简介

1. 芯片引脚排列图

图 6.18 所示是 2K×8 位静态 CMOS RAM6116 的引脚排列图。$A_0 \sim A_{10}$ 是地址码输入端，$D_0 \sim D_7$ 是数据输出端，$\overline{CS}$是选片端，$\overline{OE}$是输出使能端，$\overline{WE}$是写入控制端。

2. 芯片工作方式和控制信号之间的关系

表 6 - 8 所列是 6116 的工作方式与控制信号之间的关系，读出和写入线是分开的，而且写入优先。

表 6 - 8　静态 RAM6116 工作方式与控制信号之间的关系

$\overline{CS}$	$\overline{OE}$	$\overline{WE}$	$A_0 \sim A_{10}$	$D_0 \sim D_7$	工作状态
1	×	×	×	高阻态	低功耗维持
0	0	1	稳定	输出	读
0	×	0	稳定	输入	写

6.4　可编程逻辑器件(PLD)

可编程逻辑器件(简称 PLD)是一种由用户编程以实现某种逻辑功能的新型器件，它为多输入/多输出的组合逻辑或时序逻辑电路提供了一体化的解决方案。在实际电路设计中，PLD 可代替各种小规模和中规模集成电路，从而节省电路板空间，减少集成电路数目和降低成本。因此，PLD在数字电路及数字系统设计中得到了广泛应用。

前面介绍的PROM、EPROM和E^2PROM都是可编程的，但通常不作为PLD的一类。可编程逻辑器件主要包括可编程逻辑阵列(简称PLA)、可编程阵列逻辑(简称PAL)、通用阵列逻辑(简称GAL)、复杂可编程逻辑器件(简称CPLD)及现场可编程门阵列(简称FPGA)等。

所有PLD都由可编程阵列组成，有与门阵列和或门阵列两类阵列。

(1) PLA由可编程与门阵列和可编程或门阵列组成，其电路结构方框图如图6.19所示。

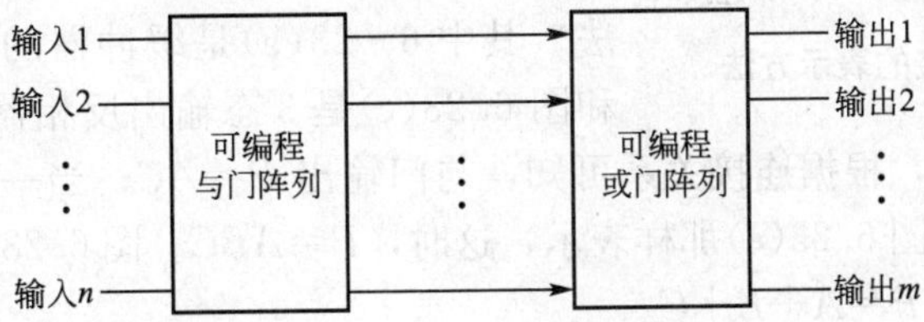

图6.19 PLA的电路结构方框图

(2) PAL由可编程与门阵列和带有输出逻辑电路的固定或门阵列组成，其电路结构方框图如图6.20所示。它是最常用的一次性可编程逻辑器件，采用双极型TTL或ECL制造工艺实现。

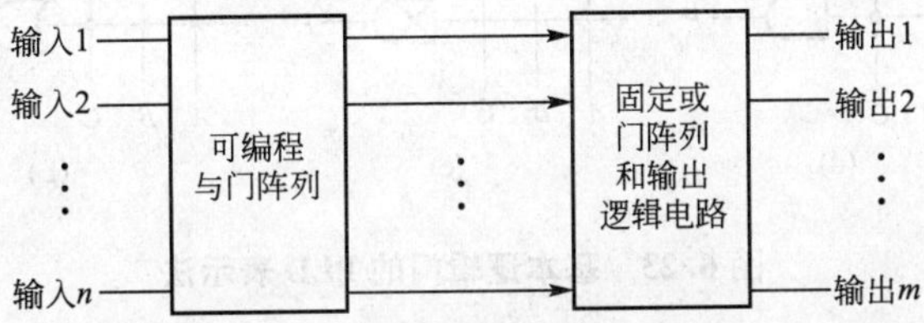

图6.20 PAL的电路结构方框图

(3) GAL由可编程与门阵列和带有可编程输出逻辑电路的固定或门阵列组成，其电路结构方框图如图6.21所示。GAL与PAL之间的区别为：GAL可以多次编程且带有可编程的输出逻辑电路。

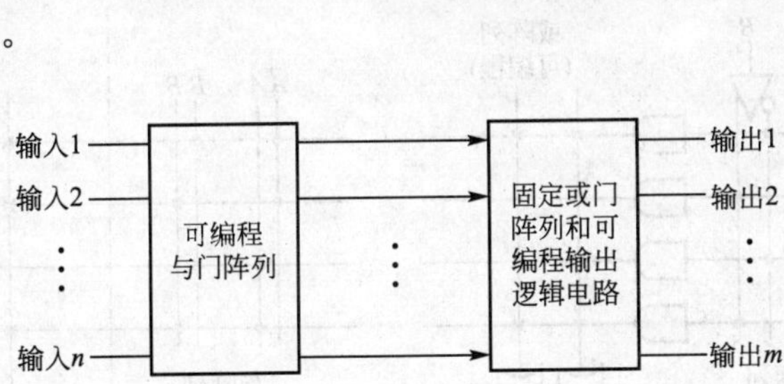

图6.21 GAL的电路结构方框图

6.4.1 阵列型可编程逻辑器件

阵列型可编程逻辑器件内部主体部分采用与-或阵列结构的PLD，分为简单PLD

(SPLD)、EPLD 和 CPLD 这 3 大类。

1. 简单 PLD 的基本结构

1）PLD 表示方法

由于 PLD 内部电路结构十分复杂，为便于画图，本章首先介绍目前国际、国内通行的逻辑图形符号画法。图 6.22 是 PLD 连接的表示方法，其中图 6.22(a)表示固定连接，图 6.22(b)表示编程连接，图 6.22(c)表示不连接。

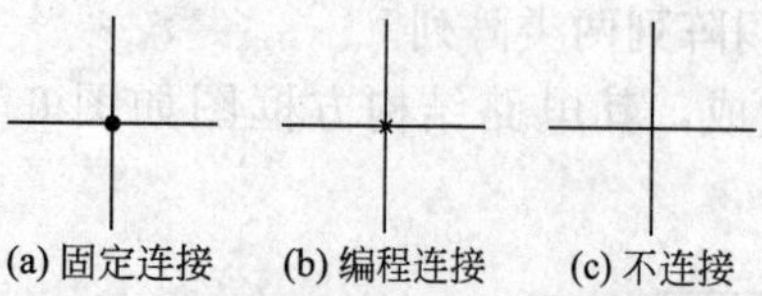

图 6.22　PLD 连接的表示方法

图 6.23 是图 6.22 的基本逻辑门的 PLD 表示法。其中 6－23(a)是缓冲器的表示法。图 6.23(b)和图 6.23(c)是 3 态输出反相器。图 6.23(d)表示的是一个 3 输入的与门，根据连接关系可知，与门输出 $P=AC$；当一个与门的所有输入变量都连接时，可以像图 6.23(e)那样表示，这时，$P=ABC$。图 6.23(f)表示的是一个 3 输入的或门，或门输出 $P=A+B+C$。

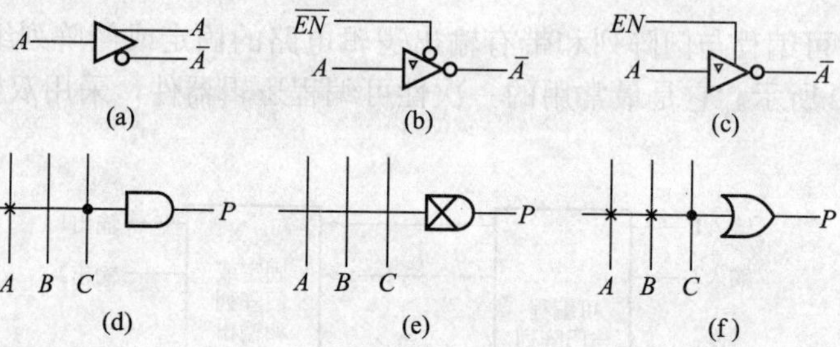

图 6.23　基本逻辑门的 PLD 表示法

与-或阵列是用多个与门和或门构成的一种阵列结构。从理论上来讲，任何一个组合逻辑电路都可以表示成与-或阵列的形式。图 6.24(a)所示的电路具有不可编程的与阵列和可编程的或阵列。从图可以看出输出变量的逻辑表达式为

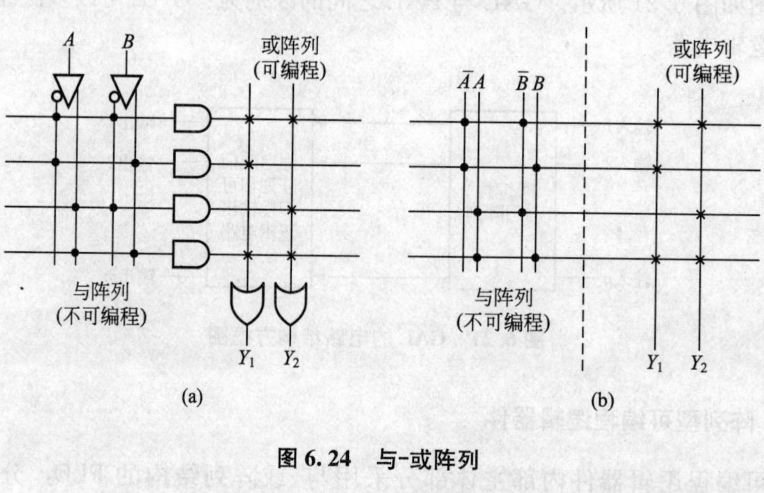

图 6.24　与-或阵列

$$Y_1(A, B)=\sum m(0, 1, 3)$$
$$Y_2(A, B)=\sum m(0, 2, 3)$$

有时为了方便，可以将阵列中的逻辑门省略掉，简化成图 6.24(b)的形式。

2) PLD 的基本结构

简单 PLD 电路由输入电路、与阵列、或阵列和输出电路 4 部分组成，如图 6.25 所示。其中，与阵列和或阵列是 PLD 的主体部分，用来实现逻辑函数。与阵列的每一个输入端(包括内部反馈输入)都有输入缓冲电路，从而使输入信号具有足够的驱动能力，并且产生原变量和反变量两个互补信号。有些 PLD 的输入电路还含有锁存器，甚至是一些可以组态的输入宏单元(Micro Cell)，可以实现对输入信号的预处理。PLD 有多种输出方式，可以由或阵列直接输出(组合方式)，也可以通过寄存器输出(时序方式)，输出可以是高电平有效，也可以是低电平有效。无论采用哪种输出方式，输出信号一般最后都是经过三态结构或集电极开路结构的输出缓冲器送到 PLD 的输出引脚；输出信号还可以通过内部通路反馈到与阵列的输入端。新开发 PLD 都将输出电路做成了输出宏单元，使用者可根据需要方便地通过编程选择各种输出方式。

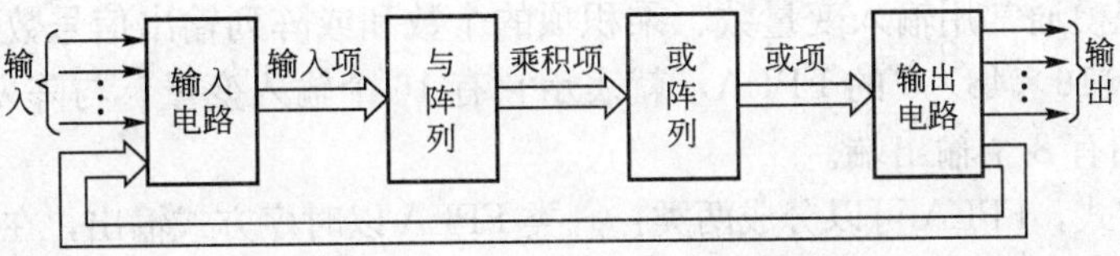

图 6.25 简单 PLD 的基本结构

由于任何组合逻辑函数都可以表示成“与-或”表达式，从而用“与门-或门”这种二级电路来实现；而任何时序电路又都是由组合电路和存储器件(触发器)构成的。因此简单 PLD 的这种结构对实现数字电路具有普遍意义。

依据可编程的电路资源，简单 PLD 又可分成 PROM、PLA、PAL 和 GAL 这 4 种，其结构特点见表 6-9。

表 6-9 4 种简单 PLD 的结构特点

器件类型	与阵列	或阵列	输出电路
PROM	固定	可编程	固定
FPLA	可编程	可编程	固定
PAL	可编程	固定	固定
GAL	可编程	固定	可编程

PAL 和 FPAL 的电路结构分别如图 6.26 和图 6.27 所示。

2. 现场可编程逻辑阵列

现场可编程逻辑阵列(FPLA)是 20 世纪 70 年代中期在 PROM 基础上发展起来的 PLD，它的与阵列和或阵列均可编程。在采用 FPLA 实现组合逻辑函数时可以将逻辑函数化简为最简与-或式，由与阵列产生与项，再由或阵列完成与项相或的运算后便得到输出函数，而且与阵列输出的乘积项的个数也可以小于 2^n(n 为输入变量的个数)，从而可以减小与阵列的规模。

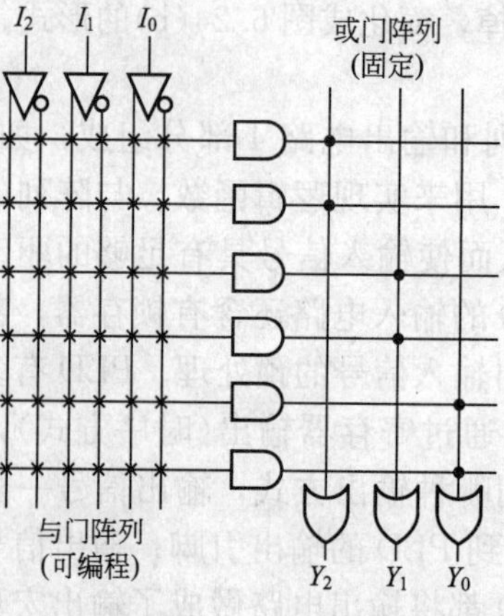

图 6.26 PAL 的基本电路结构

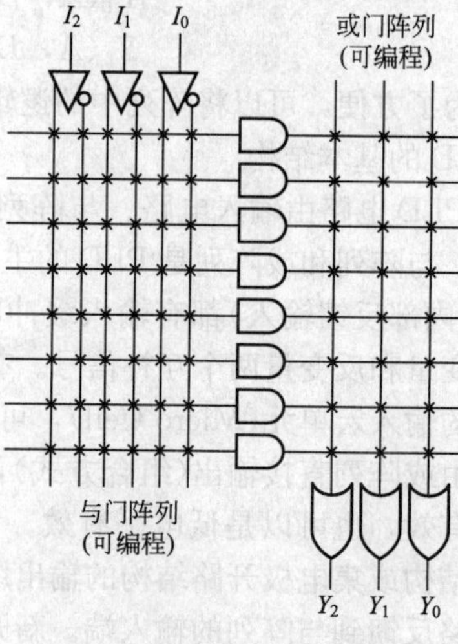

图 6.27 FPAL 的电路结构

FPLA 的规模通常用输入变量数、乘积项的个数和或阵列输出信号数这三者的乘积来表示。例如一个 16×48×8 的 FPLA，就表示它有 16 个输入变量，与阵列可以产生 48 个乘积项，或阵列有 8 个输出端。

按照输出方式，FPLA 可以分成两类：一类 FPLA 以时序方式输出，在这类 FPLA 的输出电路中除了输出缓冲器以外还有触发器，适用于实现时序逻辑，称为时序逻辑 FPLA；另一类 FPLA 以组合方式输出，在这类 FPLA 中不含触发器，适用于实现组合逻辑，称为组合逻辑 FPLA。FPLA 的输出电路一般是不可编程的，但有些型号的 FPLA 器件在每一个或门的输出端增加了一个可编程的异或门，以便于对输出信号的极性进行控制，如图 6.28 所示。当编程单元为 1 时，或阵列输出 S 与经过异或门以后的输出 Y 同相；当编程单元为 0 时，S 与 Y 反相。

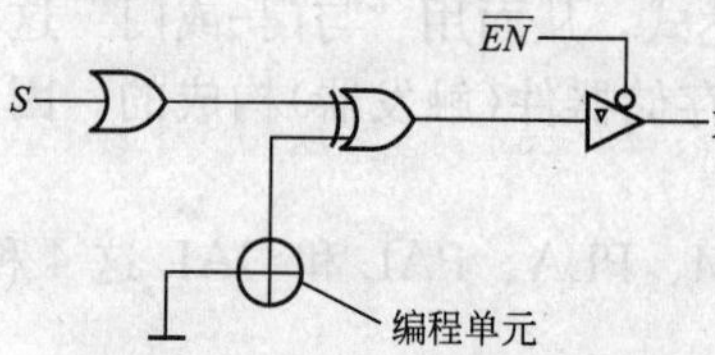

图 6.28 FPLA 的异或输出结构

【例 6-5】 用 FPLA 实现从 4 位二进制码到格雷码的转换。

解： 4 位二进制码转换为格雷码的真值表见表 6-10。

表 6-10 4 位二进制码转换为格雷码的真值表

4 位二进制码				格 雷 码				4 位二进制码				格 雷 码			
B_3	B_2	B_1	B_0	G_3	G_2	G_1	G_0	B_3	B_2	B_1	B_0	G_3	G_2	G_1	G_0
0	0	0	0	0	0	0	0	1	0	0	0	1	1	0	0
0	0	0	1	0	0	0	1	1	0	0	1	1	1	0	1
0	0	1	0	0	0	1	1	1	0	1	0	1	1	1	1
0	0	1	1	0	0	1	0	1	0	1	1	1	1	1	0
0	1	0	0	0	1	1	0	1	1	0	0	1	0	1	0
0	1	0	1	0	1	1	1	1	1	0	1	1	0	1	1
0	1	1	0	0	1	0	1	1	1	1	0	1	0	0	1
0	1	1	1	0	1	0	0	1	1	1	1	1	0	0	0

采用 FPLA 实现组合逻辑函数时，必须先对逻辑函数进行化简，以提高对芯片的利用率。对多输出逻辑函数进行化简时要注意合理使用逻辑函数之间的公共项，使乘积项的总数最小。经过逻辑函数化简可以得到

$$\begin{aligned} G_3 &= B_3 \\ G_2 &= B_3\overline{B}_2 + \overline{B}_2 B_3 \\ G_1 &= B_2\overline{B}_1 + \overline{B}_2 B_1 \\ G_0 &= B_1\overline{B}_0 + \overline{B}_1 B_0 \end{aligned} \tag{6.3}$$

图 6.29 所示的是按式(6.3)编程后的逻辑图。

时序逻辑 FPLA 在或阵列的输出和与阵列的输入之间增加了由触发器组成的反馈通路，其结构框图如图 6.30 所示，因而它可以实现时序逻辑。若采用组合逻辑 FPLA 来实现时序电路，则需要外接触发器单元。

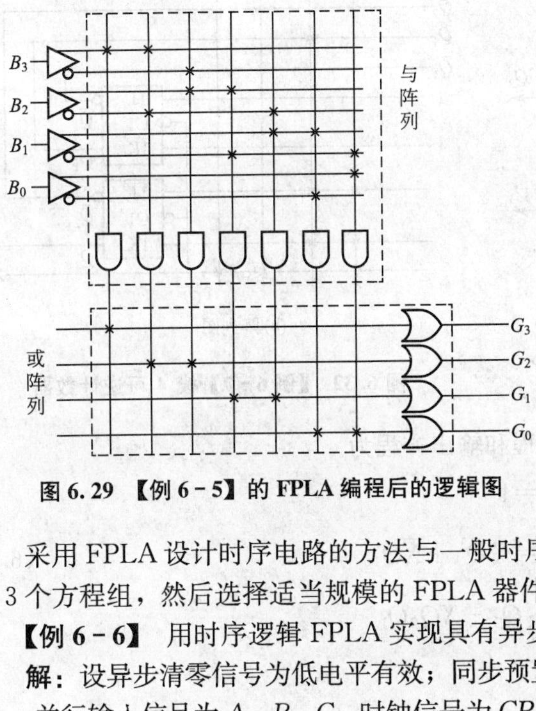

图 6.29 【例 6-5】的 FPLA 编程后的逻辑图

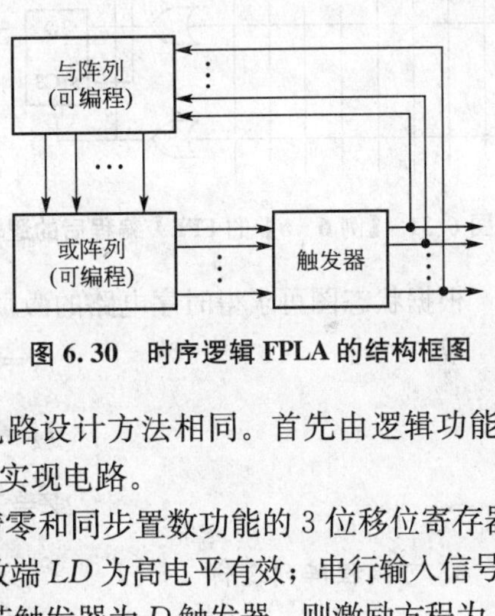

图 6.30 时序逻辑 FPLA 的结构框图

采用 FPLA 设计时序电路的方法与一般时序电路设计方法相同。首先由逻辑功能推出 3 个方程组，然后选择适当规模的 FPLA 器件来实现电路。

【例 6-6】 用时序逻辑 FPLA 实现具有异步清零和同步置数功能的 3 位移位寄存器。

解：设异步清零信号为低电平有效；同步预置数端 LD 为高电平有效；串行输入信号为 D_{in}；并行输入信号为 A、B、C；时钟信号为 CP。若触发器为 D 触发器，则激励方程为

$$\begin{aligned} D_1 &= LD \cdot A + \overline{LD} \cdot D_{in} \\ D_2 &= LD \cdot B + \overline{LD} \cdot Q_1 \\ D_3 &= LD \cdot C + \overline{LD} \cdot Q_2 \end{aligned} \tag{6.4}$$

由上面可知，该电路共有 7 个输入信号、6 个乘积项、3 个输出信号和 3 个触发器，可以根据这些数据来选择合适的 FPLA 器件。该电路的 FPLA 阵列图如图 6.31 所示。

【例 6-7】 试用 FPLA 和 JK 触发器实现模 4 可逆计数器。当 $X=0$ 时进行加法计数；$X=1$ 时进行减法计数。

解：由给定的功能可画出模 4 可逆计数器的状态图如图 6.32(a)所示，阵列图如图 6.32(b)所示。

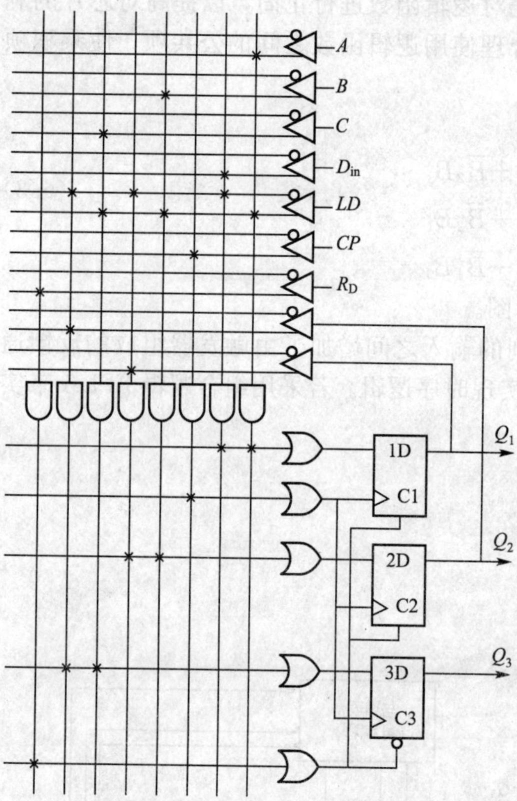

图 6.31 【例 6-6】的 FPLA 编程后的逻辑图

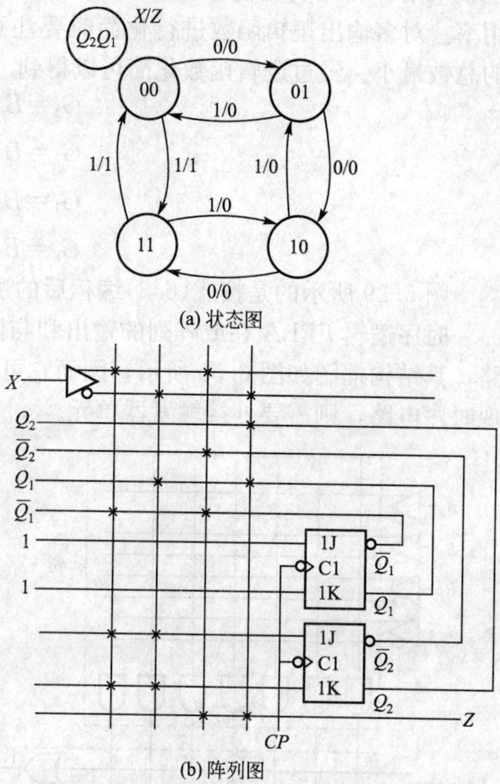

图 6.32 【例 6-7】模 4 可逆计数器

根据状态图可求得时序电路的激励方程和输出方程为

$$
\begin{aligned}
J_1 &= K_1 = 1 \\
J_2 &= K_2 = X\overline{Q}_1 + \overline{X}Q_1 \\
Z &= X\overline{Q}_2\overline{Q}_1 + \overline{X}Q_2Q_1
\end{aligned}
\tag{6.5}
$$

3. 可编程阵列逻辑

可编程阵列逻辑(PAL)的主体部分仍然是与-或阵列，其中与阵列可根据需要进行编程，一般采用熔丝编程工艺，而或阵列是固定的。与阵列的可编程性保证了与门输入变量的灵活性，而或阵列固定使器件得以简化，进一步提高了对芯片的利用率。与 FPLA 相比，PAL 是一种更加有效的 PLD 结构，这种结构后来被许多 PLD 所采用。在目前常见的 PAL 器件中，输入变量最多可达到 20 个，与阵列输出的乘积项最多的有 80 个，或阵列的输出端最多有 10 个，每个或门的输入端最多的达到 16 个。

PAL 器件的输出电路一般是不可编程的，为了扩展器件的功能并增加使用的灵活性，在不同型号的 PAL 中采用了不同结构的输出电路，这些结构主要有以下几类。

1) 专用输出结构

这种结构的输出端只能输出信号，不能兼做输入，例如 4 个乘积项的或非门输出结构如图 6.33 所示。输入信号 I 经过输入缓冲器与“输入行”相连。图中的输出部分采用或非门，输出用$\overline{O}$标记，表示低电平有效。若输出部分采用或门，则为高电平有效。有的器件还用互补输出的或门，则称为互补型输出。专用输出结构的 PAL 中不含触发器，只能用来实现组合电路。

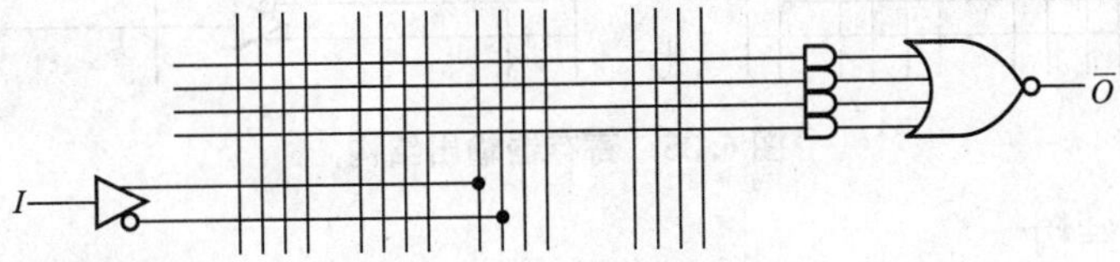

图 6.33 PAL 的专用输出结构

目前常见的 PAL 主要有 PAL10H8、PAL14H4、PAL10L8、PAL14L4 和 PAL16C1。其中，PAL10H8 和 PAL14H4 为或门输出结构，PAL10L8 和 PAL14L4 为或非门输出结构。在 PAL 的型号中，第一个数字代表输入变量的个数，第二个数字代表输出端的个数，两个数字之间的字母 H、L 和 C 分别表示高电平输出有效、低电平输出有效和互补输出。

2) 可编程 I/O(输入/输出)结构

可编程 I/O 结构如图 6.34 所示。在可编程 I/O 结构中，器件端口的工作状态(输入或者输出)是可以控制的。包括一个三态输出缓冲器和一个将端口上的信号送到与阵列上的互补输出缓冲器。不难发现，三态输出缓冲器的使能信号来自于与阵列的输出，是可编程的。在图中所示的编程情况下，当 $I_1=I_0=0$ 时，使能信号 $OE=1$，端口处于输出状态；否则，$OE=0$，三态缓冲器输出为高阻抗，端口处于输入状态。具有可编程 I/O 结构的 PAL 主要有 PAL16L8、PAL20L10 等。

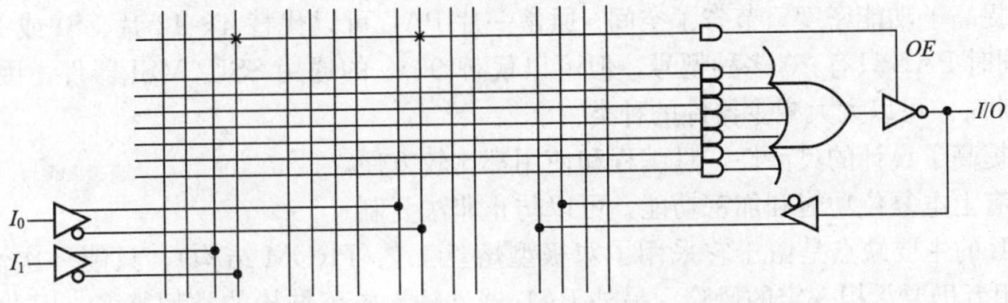

图 6.34 PAL 的可编程 I/O 结构

3) 寄存器输出结构

寄存器输出结构如图 6.35 所示。这种结构在输出三态缓冲器的与-或逻辑阵列的输出之间串入了由 D 触发器组成的寄存器，在时钟上升沿作用下先将或门的输出(输入乘积项的和)寄存在 D 触发器的 Q 端，当使能信号$\overline{OE}$有效时，Q 端的信号经三态缓冲器反相后输出，输出为低电平有效。触发器的 Q 输出还可以通过反馈缓冲器送至与阵列的输入端，因而这种结构的 PAL 能记忆原来的状态，从而实现时序逻辑功能。这种结构的 PAL 产品有 PAL16R4、PAL16R6 和 PAL16R8 等。

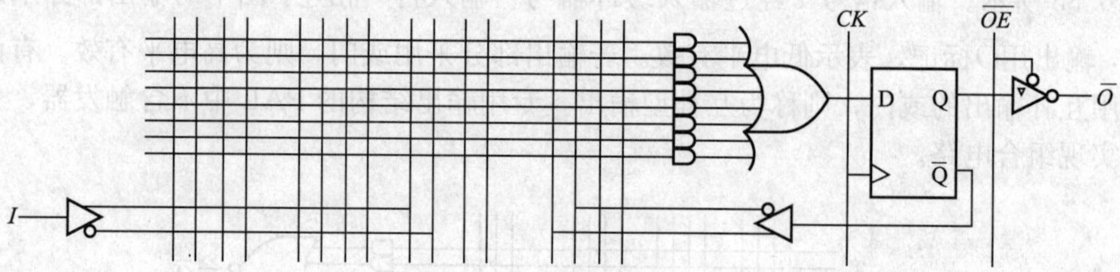

图 6.35　寄存器输出结构

4）异或输出结构

图 6.36 所示的输出结构与寄存器输出结构类似，只不过在或阵列输出与触发器之间又设置了异或门，这种结构被称为异或输出结构。属于异或输出结构的 PAL 主要有 PAL204、PAL208、PAL2010 等。

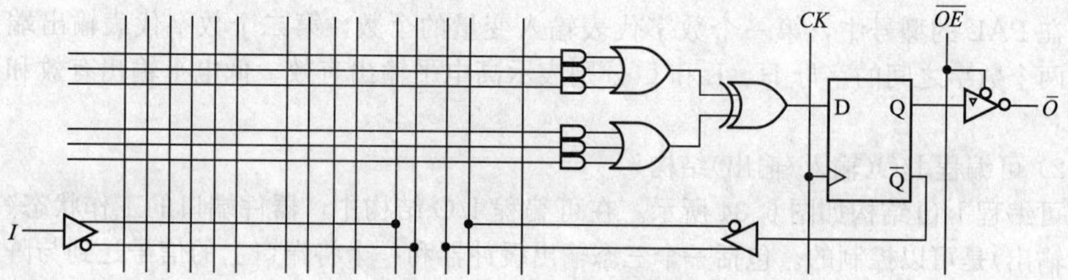

图 6.36　PAL 的异或输出结构

PAL 的特点如下。

PAL 器件是在 FPAL 器件之后第一个具有典型实用意义的可编程逻辑器件。

PAL 和 SSI、MSI 通用标准器件相比有许多优点。

① 提高了功能密度，节省了空间。通常一片 PAL 可以代替 4～12 片 SSI 或 2～4 片 MSI。同时 PAL 只有 20 多种型号，但可以代替 90％ 的通用 SSI、MSI 器件，因而进行系统设计时，可以大大减少器件的种类。

② 提高了设计的灵活性，且编程和使用都比较方便。

③ 有上电复位功能和加密功能，可以防止非法复制。

PAL 的主要缺点是由于它采用了双极型熔丝工艺（PROM 结构），只能一次性编程，因而使用者仍要承担一定的风险。另外 PAL 器件输出电路结构的类型繁多，因此也给设计和使用带来一些不便。

【例 6－8】 用 PAL 实现逻辑函数

$$Y_1(X_1,\ X_2,\ X_3)\sum m(3,\ 4,\ 6,\ 7)$$

$$Y_2(X_1,\ X_2,\ X_3)\sum m(0,\ 2,\ 3,\ 4,\ 7)$$

解：对逻辑函数进行化简得

$$Y_1 = X_3\overline{X}_1 + X_2X_1$$

$$Y_2 = \overline{X}_3X_2 + X_2X_1 + \overline{X_2X_1} \qquad (6.6)$$

图 6.37 是按式(6.6)编程后 PAL 的逻辑图。

4. 通用阵列逻辑

通用阵列逻辑(GAL)是 Lattice 公司于 1985 年首先推出的新型可编程逻辑器件。GAL 是在 PAL 的基础上发展起来的，继承了 PAL 的与-或阵列结构，与 PAL 完全兼容。GAL 与 PAL 最大的不同是用输出逻辑宏单元(OLMC)取代了或门和输出电路，可以通过编程将 OLMC 组态成多种输出结构，大大增强了芯片的通用性和灵活性。另外，GAL 采用 E^2PROM 编程工艺，可以用电擦除并重复编程。

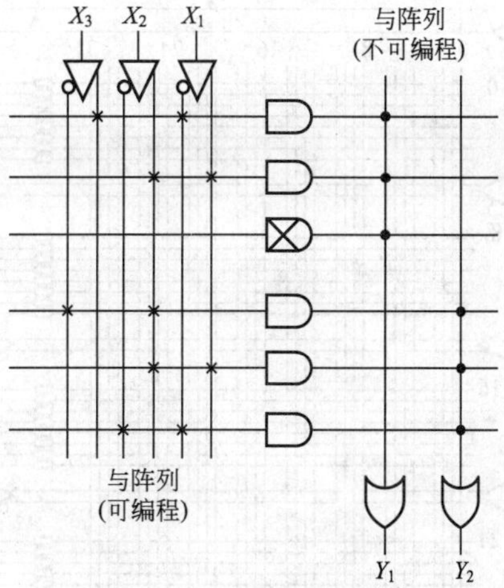

图 6.37 【例 6-8】编程后 PAL 的逻辑图

GAL 器件分两大类：一类为普通型 GAL，其与或阵列结构与 PAL 相似，如 GAL16V8、ispGAL16Z8、GAL20V8 都属于这一类；另一类为新型 GAL，其与或阵列均可编程，与 FPLA 结构相似，主要有 GAL39V8。

1) GAL 的基本结构

图 6.38 是 GAL16V8 的电路结构图，主要由 5 部分组成。

① 8 个输入缓冲器(引脚 2～9 作为固定输入端口)。

② 8 个三态结构的输出缓冲器(引脚 12～19 作为 I/O 端口)。

③ 8 个 OLMC(OLMC(12)～OLMC(19))。

④ 与阵列和 OLMC 之间的 8 个反馈缓冲器。

⑤ 一个规模为 32×64 位的可编程与阵列，共有 32 个输入和 64 个乘积项，平均分配给 8 个 OLMC。

除了以上 5 个部分以外，GAL16V8 还有一个专用时钟输入端 *CK*(引脚 1)、全局输出使能信号 *OE* 输入端(引脚 11)、一个工作电源端 V_{CC}(引脚 20，一般 $V_{CC}=5V$)和一个接地端 *GND*(引脚 10)。在对 GAL16V8 进行编程时，需要用到以下几个引脚：引脚 1 为编程时钟输入端 *SCLK*；引脚 11 为编程电压输入端 *PRLD*；引脚 9 被作为编程数据串行输入端 *SDI*；引脚 12 为编程数据串行输出端 *SDO*；电源端 V_{CC}(引脚 20)和接地端 *GND*(引脚 10)。

2) GAL 的输出逻辑宏单元

① GAL 的输出逻辑宏单元(OLMC)的结构。

GAL 器件的每一个输出端都有一个 OLMC，输出结构取决于对 OLMC 结构控制字的编程。图 6.39 给出了 GAL16V8 的 OLMC 结构图和控制字示意图。

每个 OLMC 包含或门阵列中的一个或门。一个或门有 8 个输入端，和来自与阵列的 8 个乘积项(PT)相对应。其中 7 个直接相连，第一个乘积项(图 6.39(a)中最上边的一项)经 PTMUX 相连或门，输出为有关乘积项之和。

异或门的作用是选择输出信号的极性。当 *XOR*(*n*)为 1 时，异或门起反相器作用，否

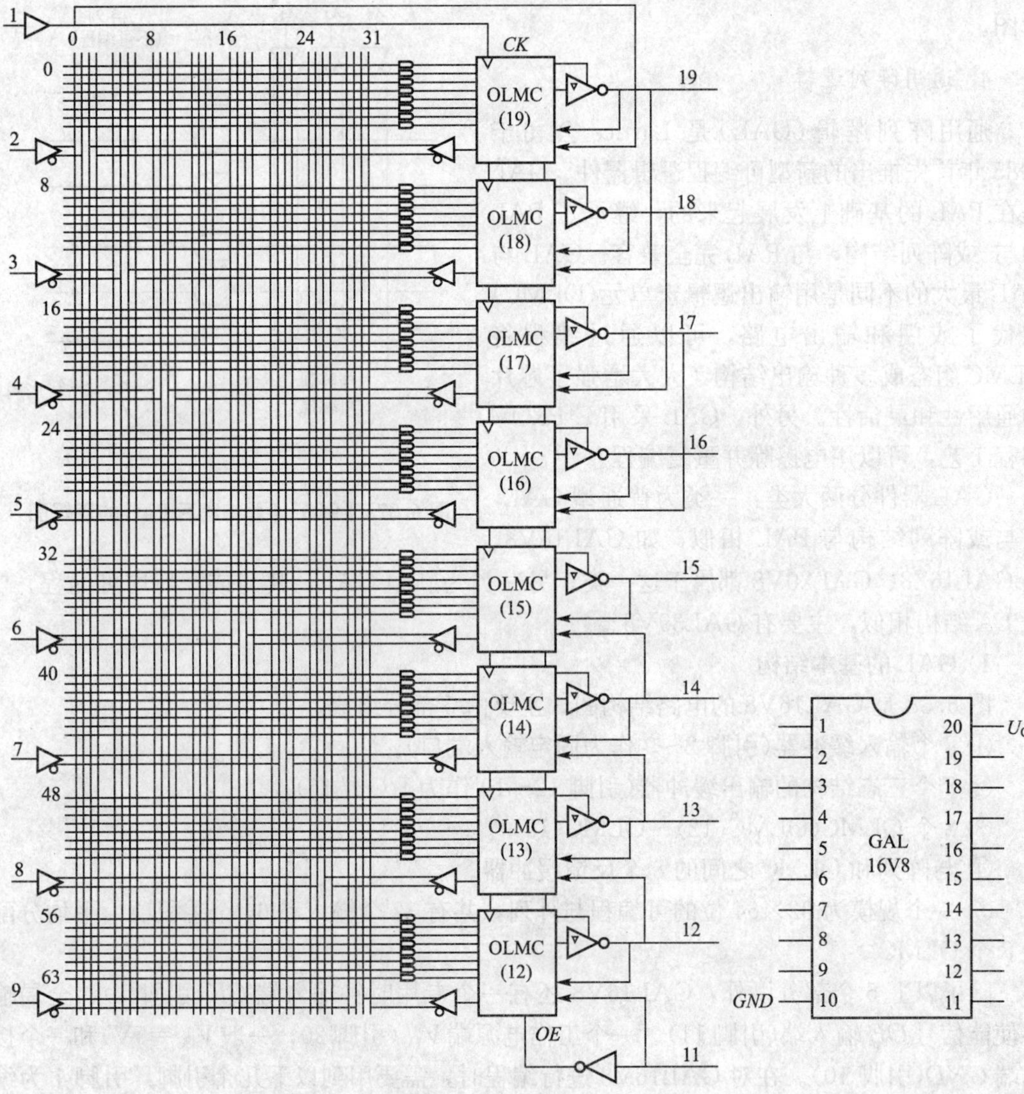

(a) 逻辑图　　(b) 引脚图

图 6.38　GAL16V8 逻辑图及引脚图

则起同相器作用。$XOR(n)$是控制字中的一位，n为引脚号。

D 触发器(寄存器)对异或门的输出状态起记忆(存储)作用，使 GAL 适用于时序逻辑电路。

4 个多路开关(MUX)在结构控制字段作用下设定输出逻辑宏单元的组态。

PTMUX 是乘积项选择器，在 $AC1(n) \cdot AC0$ 控制下选择第一乘积项或地(0)送至或门输入端。

OMUX 是输出类型选择器，在 $AC1(n)+AC0$ 控制下选择组合型(异或门输出)或寄存型(经 D 触发器存储后输出)逻辑运算结果送到输出缓冲器。

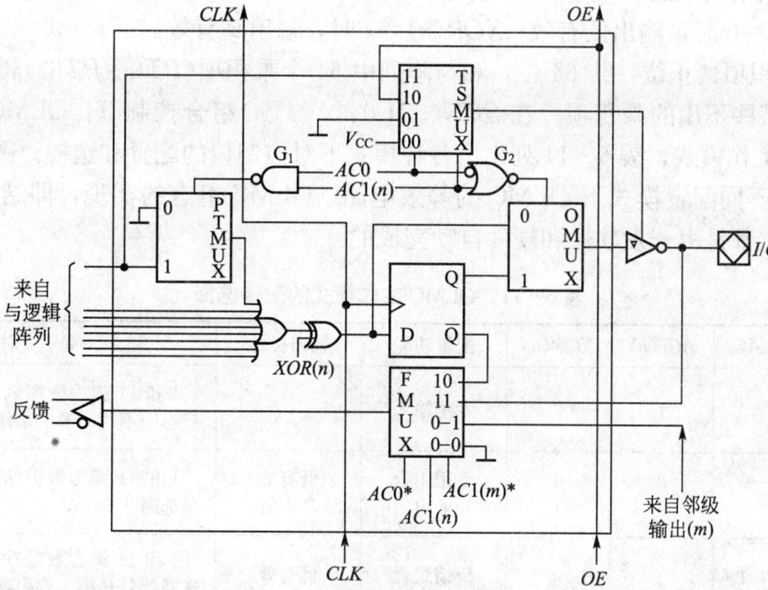

(a) OLMC结构框图

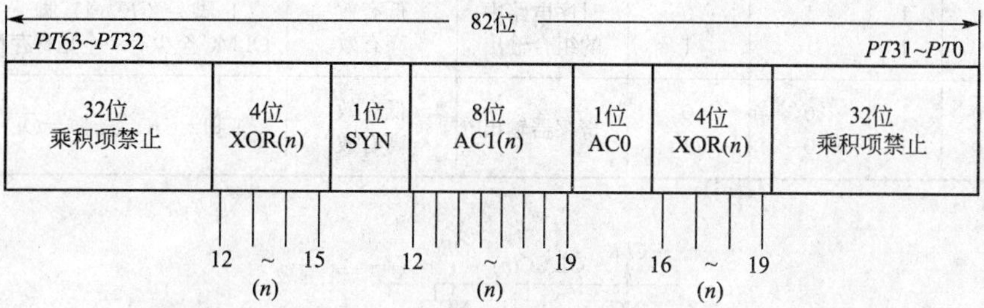

(b) 结构控制字

图 6.39　GAL16V8 的 OLMC 结构框图和结构控制字组成

TSMUX 是三态缓冲器的使能信号选择器，在 $AC1(n)$ 和 $AC1$ 控制下从 U_{CC}、地、OE 或第一乘积项中选择 1 个作为输出缓冲器的使能信号。

FMUX 是反馈源选择器。在 $AC1(n)$、$AC0$ 控制下选择 D 触发器的 Q、本级 OLMC 输出、邻级 OLMC 的输出或地电平作为反馈源送回与阵列作为输入信号。

② 结构控制字。

GAL 的结构控制字共 82 位，每位取值为“1”或“0”，如图 6.39(b)所示。图中 $XOR(n)$ 和 $AC1(n)$ 字段下的数字对应各个 OLMC 的引脚号。

SYN 决定 GAL 器件是具有寄存器型(时序型)输出能力($SYN=0$)，还是纯粹组合型输出能力($SYN=1$)。在 OLMC(12)和 OLMC(19)中，SYN 还替代 $AC1(n)$，SYN 替代 AC0 作为 FMUX 的选择输入，以维护与 PAL 器件的兼容性。

$AC0$、$AC1(n)$ 方式控制位。8 个 OLMC 公用 1 位 $AC0$。$AC1(n)$ 共 8 位，每个 OLMC(n)有 1 位，n 为引脚号(12～19)。$AC0$，$AC1(n)$ 两者配合控制各 MUX 的工作。

$XOR(n)$极性控制位，共 8 位，每个 OLMC(n)有 1 位，它通过异或门来控制输出极性。$XOR(n)=0$ 时，输出低有效；$XOR(n)=1$ 时，输出高有效。

$PT(n)$ 积项禁止位，共 64 位，和与阵列中 64 个乘积项($PT0 \sim PT63$)相对应，用以禁止(屏蔽)某些不用的乘积项。在 SYN、$AC0$、$AC1(n)$组合控制下，OLMC(n)可组态配置成 5 种工作模式，表 6－11 列出了各种模式下对控制位的配置和选择。图 6.40(a)～(e)分别表示不同配置模式下 OLMC 的等效电路。OLMC 组态的实现，即结构控制字各控制位的设定都是由开发软件和硬件自动完成的。

表 6－11　OLMC 工作模式的配置选择

NO	SYN	AC_0	$AC_1(n)$	$XOR(n)$	配置功能	输出极性	备　注
1	1	0	1	/	专用输入	/	1 和 11 脚为数据输入，被组态的三态门不通，输出端作输入使用
2	1 1	0 0	0 0	0 1	专用组合输出	低有效 高有效	1 和 11 脚为数据输入，三态门总是选通
3	1 1	1 1	1 1	0 1	反馈组合输出	低有效 高有效	1 和 11 脚为数据输入，三态门的选通信号是第 1 乘积项，反馈信号取自 I/O
4	0 0	1 1	1 1	0 1	时序电路中的组合输出	低有效 高有效	1 脚 $=CK$，11 脚 $=\overline{OE}$，其余 OLMC 至少有一个是寄存型(时序型)
5	0 0	1 1	0 0	0 1	寄存器输出	低有效 高有效	1 脚$=CK$，11 脚$=\overline{OE}$

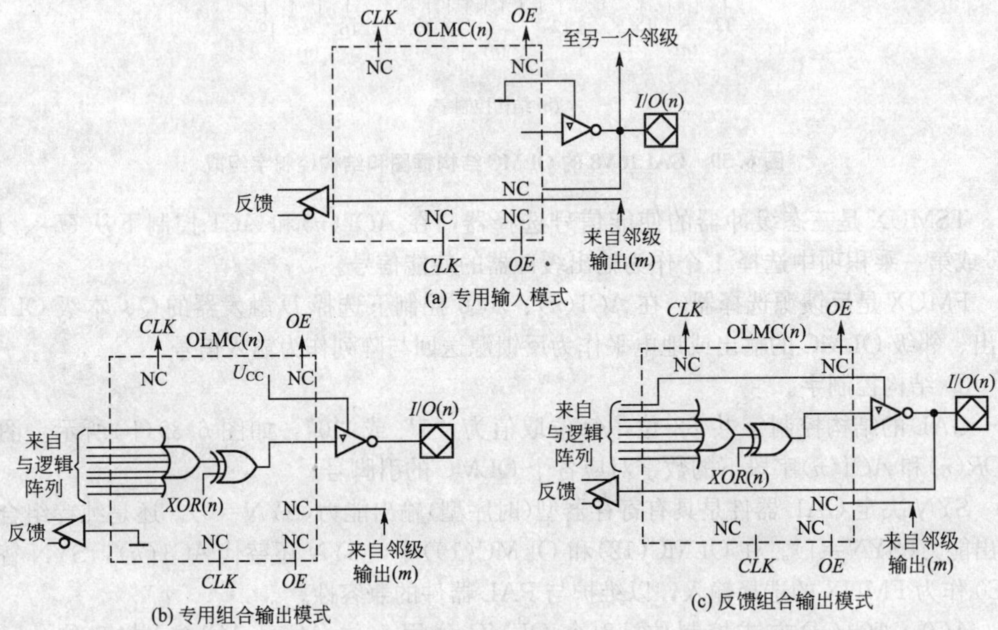

图 6.40　OLMC 的 5 种工作模式的等效电路

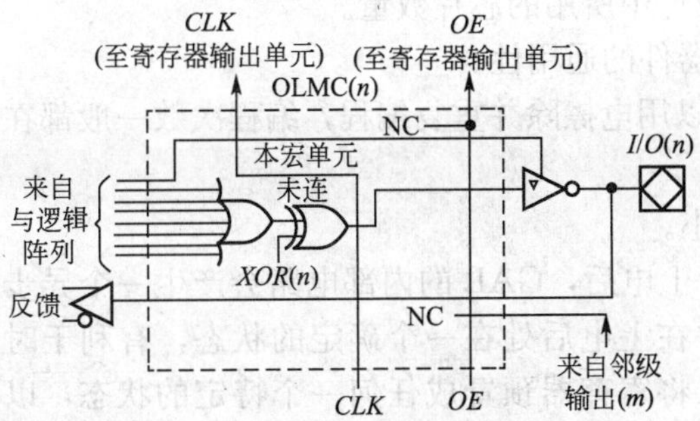

(d) 时序电路中的组合输出模式

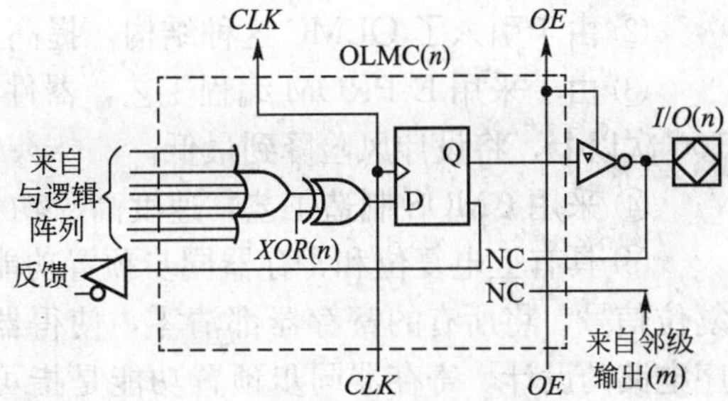

(e) 寄存器输出模式

图 6.40(续)

从以上分析可以看出 GAL 器件由于采用了 OLMC，所以使用更加灵活，只要写入不同的结构控制字，就可以得到不同类型的输出电路结构。这些电路结构完全可以取代 PAL 器件的各种输出电路结构。

3) 行地址映射

GAL 的逻辑功能、工作模式都是靠编程来实现的。编程时写入的数据按行安排，GAL16V8 共分 64 行，供用户使用的有 36 行。图 6.41 表示 GAL16V8 编程单元的地址分配和功能划分情况，因为它并不是实际的空间布局图，所以称为行地址映射图。

第 0～31 行对应与逻辑阵列的编程单元，编程后可产生 0～63 共 64 个乘积项。

第 32 行是电子标签(ES)，供用户存放各种备查的信息。如器件的编号、电路的名称、编程日期、编程次数等。

第 33～59 行是制造厂家保留的地址空间，用户不能利用。

第 60 行是结构控制字，共有 82 位，用于设定 8 个 OLMC 的工作模式和 64 个乘积项的禁止。

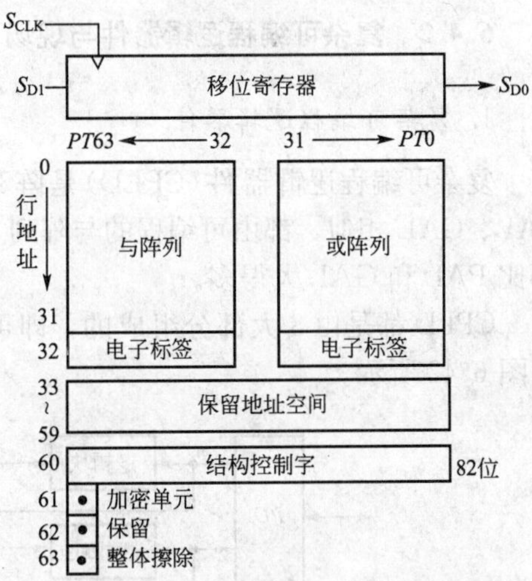

图 6.41 GAL16V8 行地址映射图

第 61 行是一位加密单元。这一位被编程以后，将不能对与逻辑阵列作进一步的编程或读出验证，因此可以实现对电路设计结果的保密。只有在与逻辑阵列被整体擦除时，才能将加密单元同时擦除。但是电子标签的内容不受加密单元的影响，在加密单元被编程后电子标签的内容仍可读出。

第 63 行只包含一位，用于整体擦除。

对 GAL 编程时是逐行进行的，被编程的数据从第 9 脚以串行方式送入 64 位移位寄存器，寄存器装满一次，就对 GAL 阵列写一行。

4) GAL 器件的优缺点

在简单 PLD 中，GAL 是应用最广泛的一种，主要有以下一些优点。

① 与中、小规模标准器件相比，减少了设计中所用的芯片数量。

② 由于引入了 OLMC 这种结构，提高了器件的通用性。

③ 由于采用 E^2PROM 编程工艺，器件可以用电擦除并重复编程，编程次数一般都在 100 次以上，将设计风险降到最低。

④ 采用 CMOS 制造工艺，速度高、功耗小。

⑤ 具有上电复位和寄存器同步预置功能。上电后，GAL 的内部电路会产生一个异步复位信号，将所有的寄存器都清零，使得器件在上电后处在一个确定的状态，有利于时序电路的设计。寄存器同步预置功能是指可以将寄存器预置成任何一个特定的状态，以实现对电路的 100%测试。

⑥ 具有加密功能，可在一定程度上防止非法复制。

但是 GAL 也有明显的不足之处。

① 电路的结构还不够灵活。例如在 GAL 中，所有的寄存器的时钟端都连在一起，使用由外部引脚输入的统一时钟，这样单片 GAL 就不能实现异步时序电路。

② GAL 仍属于低密度 PLD 器件，而且正是由于电路的规模较小，所以不需要读取编程信息，就可以通过测试等方法分析出某个 GAL 实现的逻辑功能，使得 GAL 可加密的优点不能完全发挥。事实上，目前市场上已有多种 GAL 解密软件。

6.4.2 复杂可编程逻辑器件与现场可编程门阵列

1. 复杂可编程逻辑器件

复杂可编程逻辑器件(CPLD)是阵列型高密度可编程控制器，其基本结构形式和 PAL、GAL 相似，都由可编程的与阵列、固定的或阵列和逻辑宏单元组成，但集成规模都比 PAL 和 GAL 大得多。

CPLD 都是由 3 大部分组成的，即可编程逻辑块、输入/输出块和可编程互连资源，如图 6.42 所示。

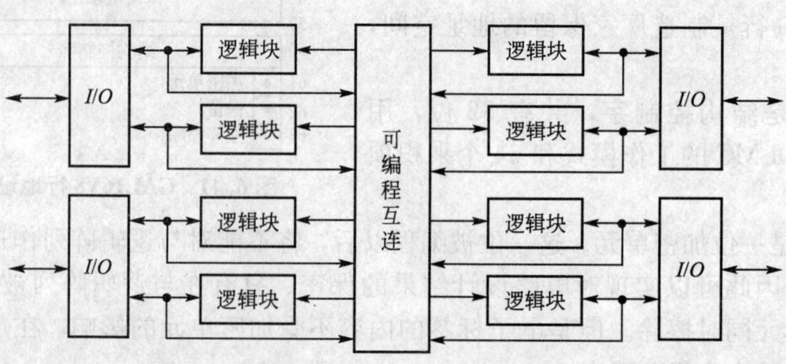

图 6.42 CPLD 的一般结构

CPLD 采用了分区结构，即将整个芯片划分成多个逻辑块和输入/输出块。每个逻辑块都有各自的与阵列、逻辑宏单元、输入和输出等，相当于一个独立的简单 PLD，再通过一定方式的全局性互连资源将这些简单 PLD 和输入/输出块连接起来，构成更大规模的 PLD。简单地讲，CPLD 就是将多个简单 PLD 集成到一块芯片上，并通过可编程连线实现它们之间的连接。

下面以 Altera 公司生产的 MAX7000 系列为例，介绍 CPLD 的电路结构及其工作原理。MAX7000 在 Altera 公司生产的 CPLD 中是速度最快的一个系列，包括 MAX7000E、MAX7000S、MAX7000A 这 3 种器件，集成度为 600～5000 个可用门、32～256 个宏单元和 36～155 个可用 I/O 引脚。它采用 CMOS 制造工艺和 E^2PROM 编程工艺，并可以进行在系统编程。

图 6.43 所示为 MAX7000A 的电路结构，主要由逻辑阵列块(Logic Array Block，LAB)、I/O 控制块和可编程互连阵列(Programmable Interconnect Array，PIA)3 个部分构成。另外，MAX7000A 结构中还包括 4 个专用输入(一个时钟信号、一个清零信号和两个输出使能信号)，既可以作为通用逻辑输入，也可以作为高速的全局控制信号。

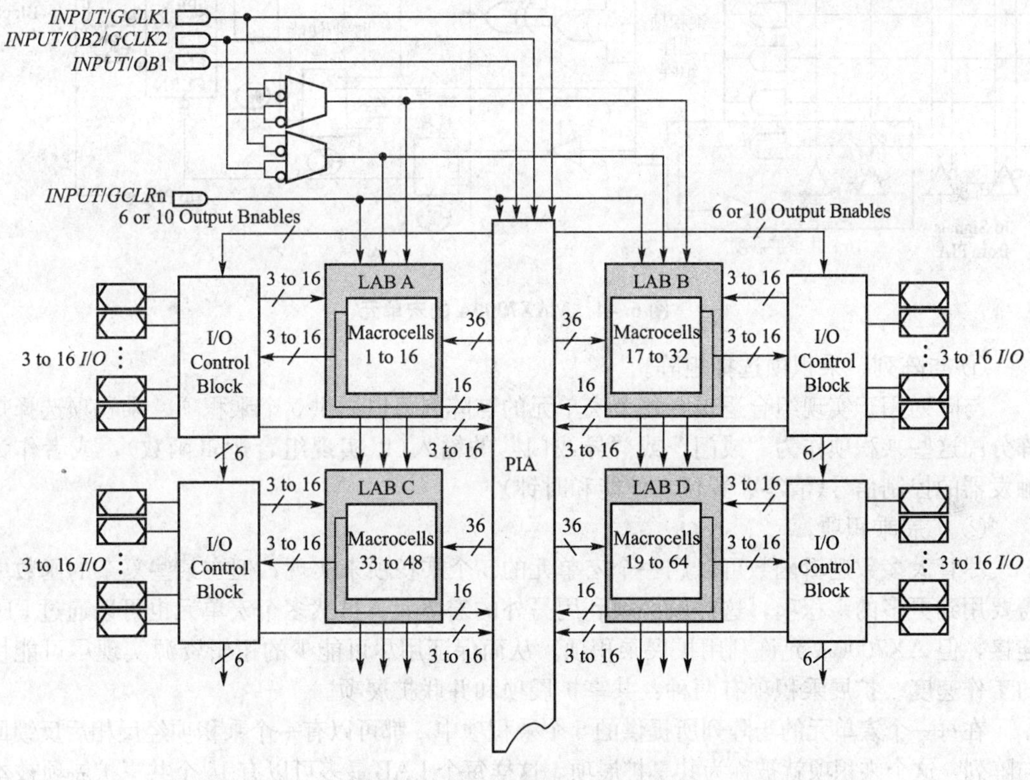

图 6.43 MAX7000A 的电路结构图

1) 逻辑阵列块

MAX7000A 的主体是通过可编程互连阵列(PIA)连接在一起的、高性能的、灵活的逻辑阵列块。每个 LAB 由 16 个宏单元组成，输入到每个 LAB 的有如下信号。

① 来自于 PIA 的 36 个通用逻辑输入。

② 全局控制信号(时钟信号、清零信号)。

③ 从 I/O 引脚到寄存器的直接输入通道，用于实现 MAX7000A 的最短建立时间。LAB 的输出信号可以同时反馈到 PIA 和 I/O 控制块。

2) 宏单元

MAX7000A 的宏单元如图 6.44 所示，包括与阵列、乘积项选择阵列以及由一个或门、一个异或门、一个触发器和 4 个多路选择器构成的 OLMC。不难看出，每一个宏单元就相当于一片 GAL。

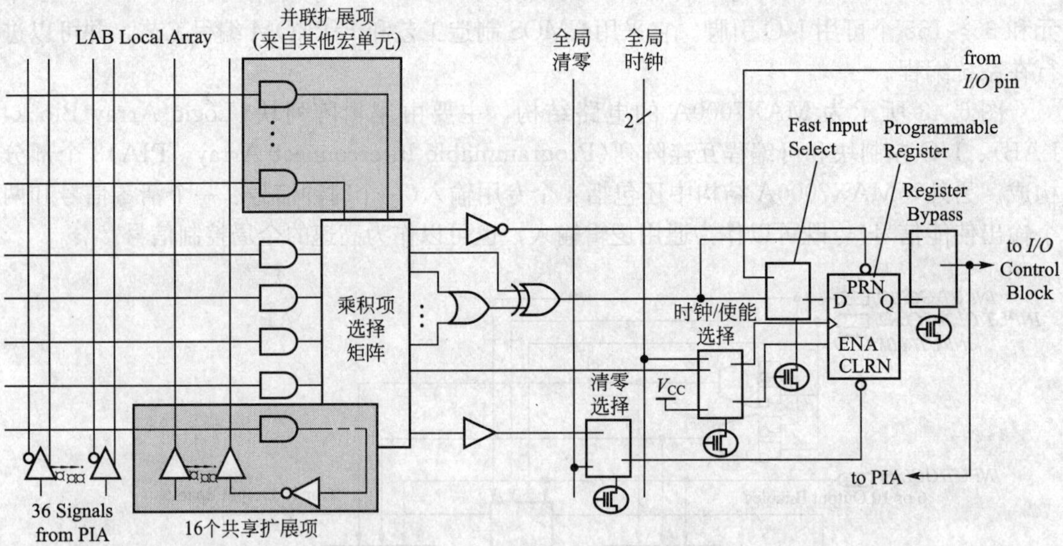

图 6.44 MAX7000A 的宏单元

① 与阵列、乘积项选择矩阵。

与阵列用于实现组合逻辑，每个宏单元的与阵列可以提供 5 个乘积项。乘积项选择矩阵分配这些乘积项作为“或门”或“异或门”的输入(以实现组合逻辑函数)，或者作为触发器的控制信号(清零、置位、使能和时钟)。

② 扩展乘积项。

尽管大多数逻辑函数可以用一个宏单元的 5 个乘积项来实现，但在某些复杂的函数中需要用到更多的乘积项，这样就必须利用另外的宏单元。虽然多个宏单元也可以通过 PIA 连接，但 AX7000A 允许利用扩展乘积项，从而保证用尽可能少的逻辑资源实现尽可能快的工作速度。扩展乘积项有两种：共享扩展项和并联扩展项。

在每一个宏单元的与阵列所提供的 5 个乘积项中，都可以有一个乘积项经反相后反馈回与阵列，这个乘积项就被称为共享扩展项。这样每个 LAB 最多可以有 16 个共享扩展项被本 LAB 的任何一个宏单元所使用。图 6.45 表明了共享扩展项是如何馈送到多个宏单元的。

并联扩展项是指在一些宏单元中没有被使用的乘积项，并且可以被直接馈送到相邻的宏单元的或逻辑以实现复杂的逻辑函数。在使用并联扩展项时，或门最多允许 20 个乘积项直接输入，其中 5 个乘积项由本宏单元提供，另外 15 个乘积项是由本 LAB 中相邻的宏单元提供的并联扩展项。在 MAX7000A 的 LAB 中，16 个宏单元被分成两组，每组有 8 个宏单元(一组为 1～8，另一组为 9～16)，从而在 LAB 中形成两条独立的并联扩展项借出/借入链。一个宏单元可以从与之相邻的较小编号的宏单元中借入并联扩展项，而第 1、9 个宏单元只能借出并联扩展项，第 8、16 个宏单元只能借入并联扩展项。图 6.45(b) 表明了并联扩展项是如何从相邻宏单元借用的。

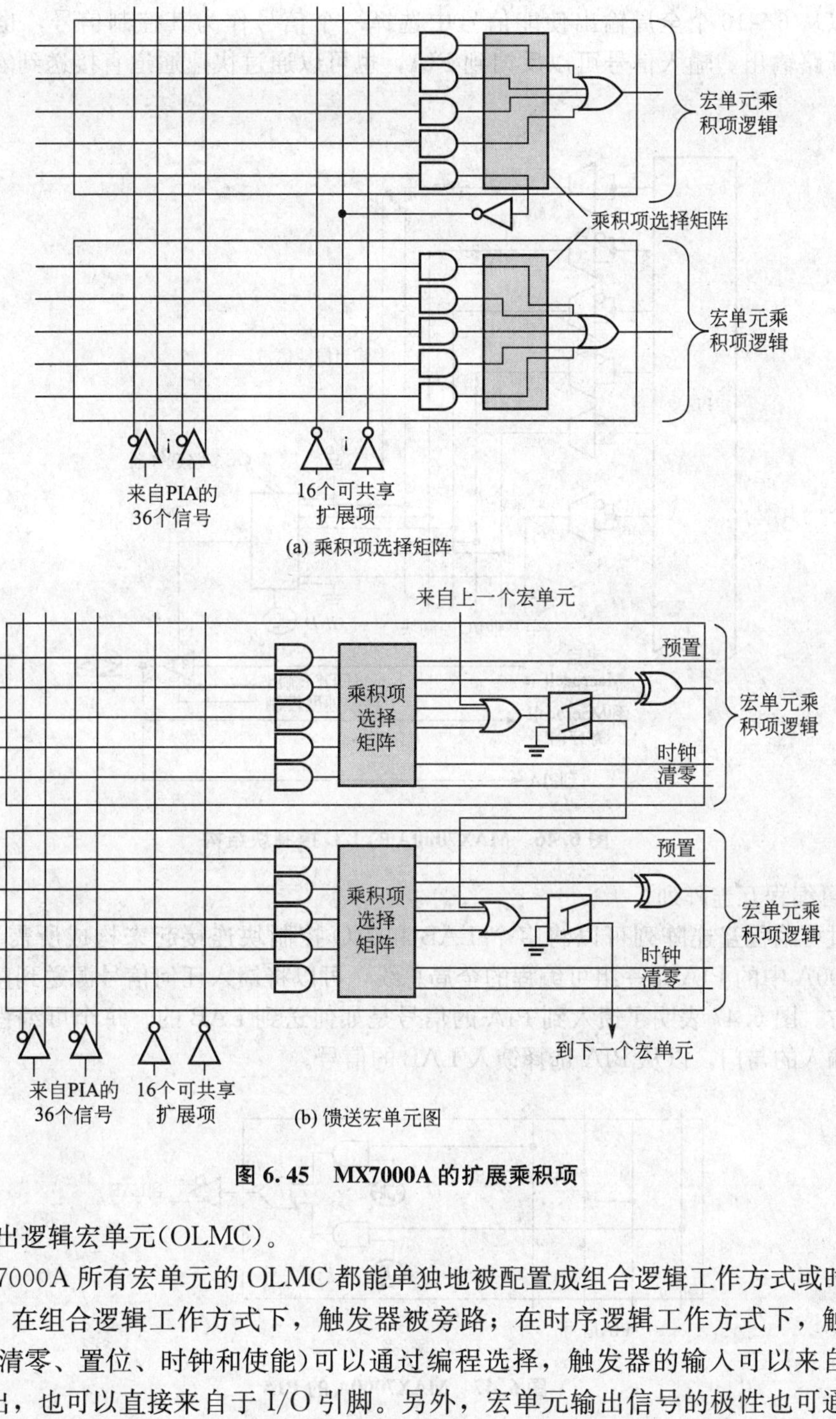

图 6.45　MX7000A 的扩展乘积项

③ 输出逻辑宏单元(OLMC)。

MAX7000A 所有宏单元的 OLMC 都能单独地被配置成组合逻辑工作方式或时序逻辑工作方式。在组合逻辑工作方式下，触发器被旁路；在时序逻辑工作方式下，触发器的控制信号(清零、置位、时钟和使能)可以通过编程选择，触发器的输入可以来自本单元的组合输出，也可以直接来自于 I/O 引脚。另外，宏单元输出信号的极性也可通过编程控制。

3）输入/输出控制块

输入/输出控制块(I/O Control Block)的结构如图 6.46 所示。I/O 控制块允许每个 I/O

引脚单独地配置成输入、输出或双向工作方式。所有的 I/O 引脚都有一个三态输出缓冲器，可以从 6～10 个全局输出使能信号中选择一个信号作为其控制信号，也可以选择集电极开路输出。输入信号可以反馈到 PIA，也可以通过快速通道直接送到宏单元的触发器。

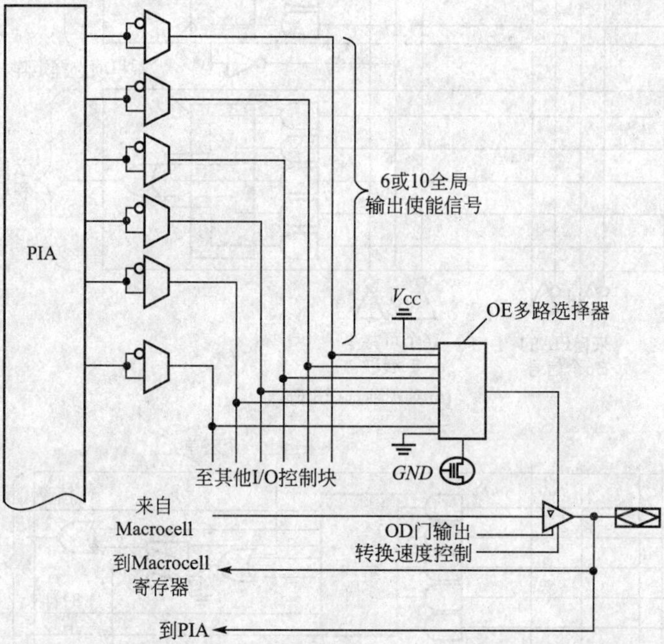

图 6.46　MAX7000A 的 I/O 控制块结构

4）可编程互连阵列

通过可编程互连阵列可以将多个 LAB 和 I/O 控制块连接起来构成所需要的逻辑。MAX7000A 中的 PIA 是一组可编程的全局总线，可以将馈入任何信号源送到整个芯片的各个地方。图 6.47 表明了馈入到 PIA 的信号是如何送到 LAB 的。每个可编程单元控制一个 2 输入的与门，以从 PIA 选择馈入 LAB 的信号。

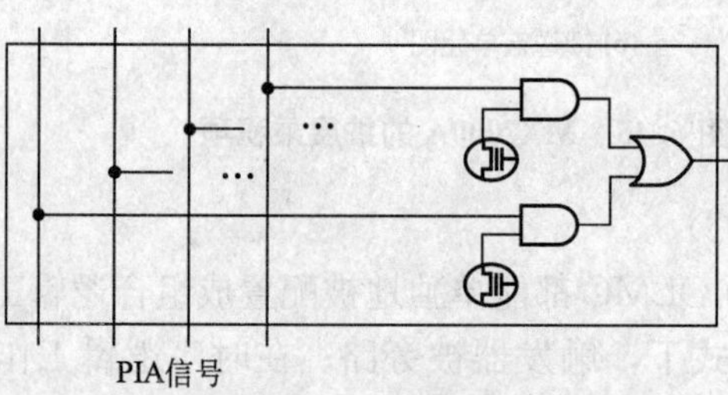

图 6.47　MAX7000A 的 PIA

多数 CPLD 中的互连资源都有类似于 MAX7000A 的 PIA 的这种结构，这种连接线最大的特点是能够提供具有固定时延的通路，也就是说信号在芯片中的传输延时是固定的、可以预测的，所以将这种连接线称为确定型连接线。

2. 现场可编程门阵列

现场可编程门阵列(FPGA)是20世纪80年代中期出现的高密度PLD。

采用类似于掩膜编程门阵列的通用结构，其内部由许多独立的可编程逻辑模块组成，用户可以通过编程将这些模块连接成所需要的数字系统。它具有密度高、编程速度快、设计灵活和可再配置等许多优点，因此FPGA自1985年由Xilinx公司首家推出后，便受到普遍欢迎，并得到迅速发展。

FPGA的功能由逻辑结构的配置数据决定。工作时，这些配置数据存放在片内的SRAM或熔丝图上。基于SRAM的FPGA器件，在工作前需要从芯片外部加载配置数据。配置数据可以存储在片外的EPROM、E^2PROM或计算机软、硬盘中。人们可以控制加载过程，在现场修改器件的逻辑功能，即所谓现场编程。

现场可编程门阵列FPGA的主体不再是与-或阵列，而是由多个可编程的基本逻辑单元组成的一个二维矩阵。围绕矩阵设有I/O单元，逻辑单元之间以及逻辑单元与I/O单元之间通过可编程连线进行连接。因此，FPGA被称为单元型PLD。

Xilinx公司FPGA的基本结构如图6.48所示，主要由3部分组成：可配置逻辑块(Configurable Logic Block，CLB)、可编程输入/输出块(Input/Output Block，IOB)和可编程互连(Programmable Interconnect，PI)。整个芯片的逻辑功能是通过对芯片内部的SRAM编程确定的。

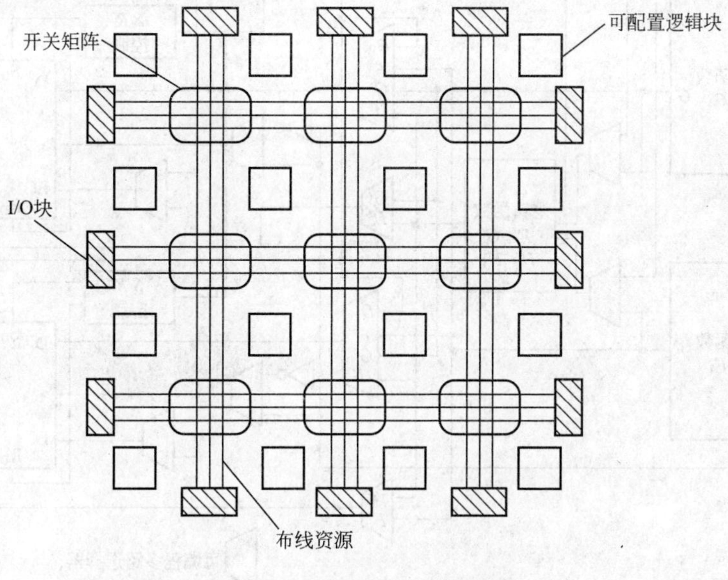

图6.48 FPGA的结构示意图

可配置逻辑块(CLB)是实现用户功能的基本单元，它们通常规则地排列成一个阵列，散布于整个芯片；可编程输入/输出模块(IOB)主要完成芯片上逻辑与外部封装脚的接口，它通常排列在芯片的四周；可编程互连资源(IR)包括各种长度的连线线段和一些可编程连接开关，它们将各个CLB之间或CLB、IOB之间以及IOB之间连接起来，构成特定功能的电路。

FPGA 的功能由逻辑结构的配置数据决定。工作时，这些配置数据存放在片内的 SRAM 或熔丝图上。基于 SRAM 的 FPGA 器件，在工作前需要从芯片外部加载配置数据。配置数据可以存储在片外的 EPROM、E^2PROM 或计算机软、硬盘中。人们可以控制加载过程，在现场修改器件的逻辑功能，即所谓现场编程。

下面以 Xilinx 公司的产品 XC4000E 为例，简要介绍 CLB、IOB 及 IR 的基本特点。

1）可配置逻辑块

可配置逻辑块(CLB)是 FPGA 实现各种逻辑功能的基本单元。可配置逻辑块(CLB)一般有 3 种结构形式：①查找表结构；②多路开关结构；③多级与非门结构。图 6.49 为 XC4000E 中 CLB 的简化结构框图，主要由快速进位逻辑、3 个逻辑函数发生器、2 个 D 触发器、多个可编程数据选择器以及其他控制电路组成。CLB 共有 13 个输入和 4 个输出。在 13 个输入中，G_1～G_4、F_1～F_4 为 8 个组合逻辑输入，K 为时钟信号，C_1～C_4 是 4 个控制信号，通过可编程数据选择器分配给触发器时钟使能信号 EC、触发器置位/复位信号 $SR/H0$、直接输入信号 $DIN/H2$ 及信号 $H1$；在 4 个输出中，X、Y 为组合输出，XQ、YQ 为寄存器/控制信号输出。

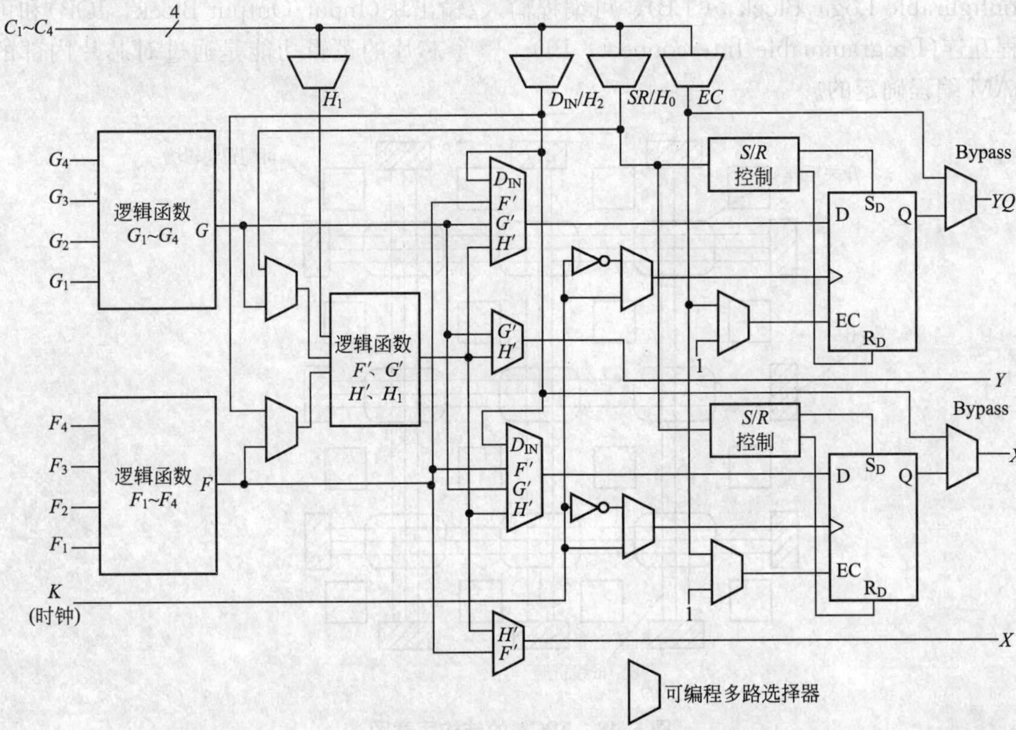

图 6.49 简化的 CLB 结构框图

2）可编程输入/输出块

可编程输入/输出块如图 6.50 所示。IOB 主要完成芯片内部逻辑与外部封装脚的接口，它通常排列在芯片的四周，提供了器件引脚和内部逻辑阵列的接口电路。每一个 IOB 控制一个引脚(除电源线和地线引脚外)，将它们可定义为输入、输出或者双向传输信号端。

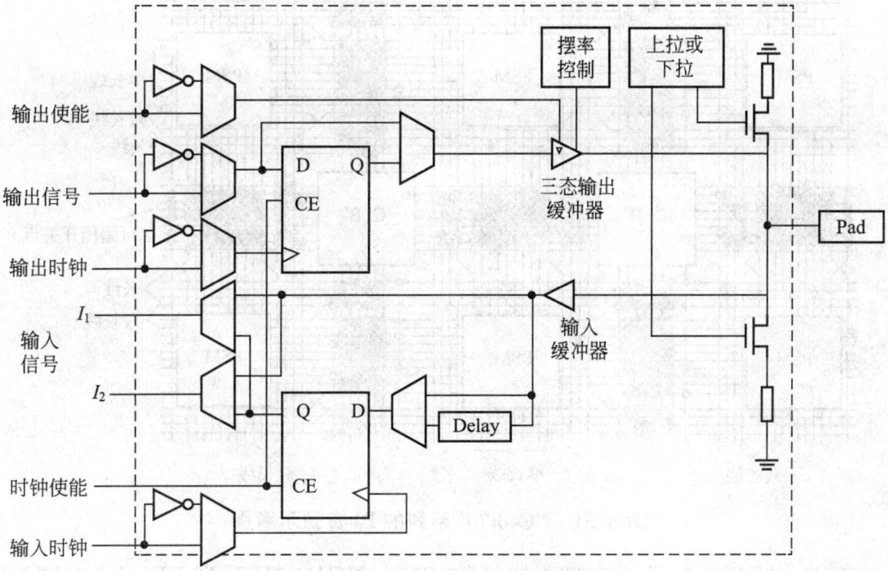

图 6.50 简化的 IOB 原理框图

IOB 中有输入、输出两条通路。当引脚用作输入时，外部引脚上的信号经过输入缓冲器，可以直接由 I_1 或 I_2 进入内部逻辑，也可以经过触发器后再进入内部逻辑；当引脚用作输出时，内部逻辑中的信号可以先经过触发器，再由输出三态缓冲器送到外部引脚上，也可以直接通过三态缓冲器输出。通过编程，可以选择三态缓冲器的使能信号为高电平或低电平有效，还可以选择它的摆率(电压变化的速率)为快速或慢速。快速方式适合于频率较高的信号输出，慢速方式则有利于减小噪声、降低功耗。对于未用的引脚，还可以通过上拉电阻接电源或通过下拉电阻接地，避免受到其他信号的干扰。输入通路中的触发器和输出通路的触发器共用一个时钟使能信号，而它们的时钟信号是独立的，都可以选择上升沿或下降沿触发。

3) 可编程互连

FPGA 芯片内部单个 CLB 输入/输出之间、各个 CLB 之间、CLB 和 IOB 之间的连线由许多金属线段构成，通过可编程开关点或可编程开关矩阵(Programmable Switch Matrix，PSM)相互连接，从而构成所需要的信号通路。连线通路的数量与器件内部阵列的规模有关，阵列规模越大，连线数量越多。

在 XC4000E 系列的 FPGA 中，PI 资源主要有可编程开关点、可编程开关矩阵、可编程连接线、进位/借位链和全局信号线。可编程连接线又分为 3 种类型：单长线(Single Length Lines)、双长线(Double Length Lines)和长线(Long Lines)。

单线和长线主要用于 CLB 之间的连接。在这种结构中，任意两点间的连接都要通过开关矩阵。它提供了相邻 CLB 之间的快速互连和复杂互连的灵活性，但传输信号每通过一个可编程开关矩阵，就增加一次时延。因此，FPGA 的内部时延与器件结构和逻辑布线等有关，它的信号传输时延不可确定。

图 6.51 是 XC4000E 系列的 PI 资源示意图(图中未标出进位/借位链和全局信号线)。

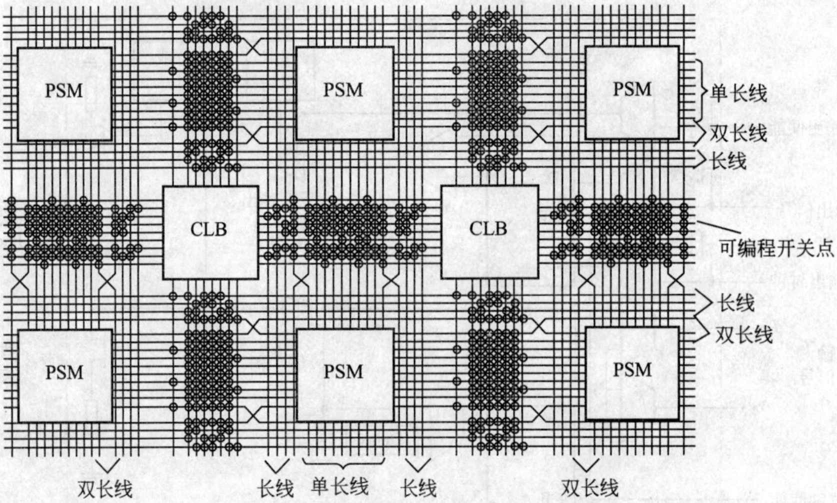

图 6.51　XC4000E 系列的 PI 资源示意图

综上所述，与 CPLD 的确定型连线结构相比，XC4000E 系列 FPGA 的这种互连结构有多种不同长度的连接线，相对比较复杂。它的优点是具有很高的布线灵活性，布线通过率高；缺点是信号在芯片内的传输延时不可预测，两次布线之间同一信号的延时不一定相同。通常将这种结构的连接线称为统计型连接线。

现场可编程门阵列 FPGA 的特点如下。

① SRAM 结构：可以无限次编程，但它属于易失性元件，掉电后芯片内信息丢失。通电之后，要为 FPGA 重新配置逻辑，FPGA 配置方式有 7 种。

② 内部连线结构：HDPLD 的信号汇总于编程内连矩阵，然后分配到各个宏单元。它的信号通路固定，系统速度可以预测。而 FPGA 的内连线是分布在 CLB 周围，而且编程的种类和编程点很多，布线相当灵活，其在系统速度方面低于 HDPLD 的速度。

③ 芯片逻辑利用率：由于 FPGA 的 CLB 规模小，可分为两个独立的电路，又有丰富的连线，所以系统综合时可进行充分的优化，以达到逻辑最高的利用。

④ 芯片功耗：高密度可编程逻辑器件 HDPLD 的功耗一般在 0.5～2.5W 之间，而 FPGA 芯片功耗 0.25～5mW 之间，静态时几乎没有功耗，所以称 FPGA 为零功耗器件。

6.4.3　可编程逻辑器件的开发

1. 可编程逻辑器件的设计过程

PLD 设计流程如图 6.52 所示，下面详细介绍。

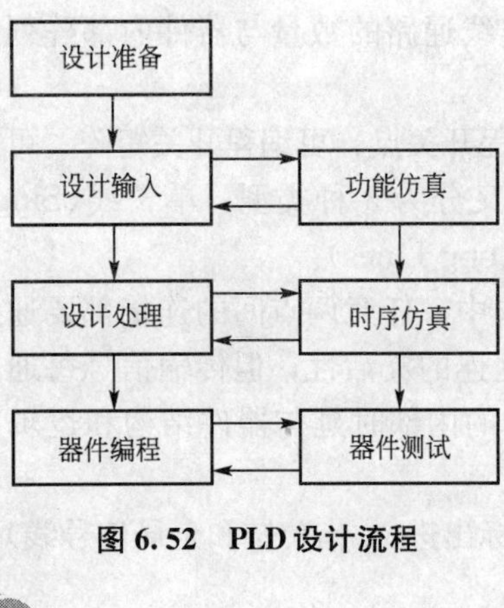

图 6.52　PLD 设计流程

1) 设计准备

采用有效的设计方案是 PLD 设计成功的关键，因此在设计输入之前首先要考虑两个问题：①选择系统方案，进行抽象的逻辑设计；②选择合适的器件，满足设计的要求。

对于低密度 PLD，一般可以进行书面逻辑设计，将电路的逻辑功能直接用逻辑方程、真值表状态图或原理图等方式进行描述，然后根据整个电路输入、输出端数以及所需要的资源(门、触发器数目)选择能满足设计要求的器件系列和型号。器件的选择除了应考虑器件的引脚数、资源外，还要考虑其速度、功耗以及结构特点。

对于高密度 PLD，系统方案的选择通常采用“自顶向下”的设计方法。首先在顶层进行功能框图的划分和结构设计，然后再逐级设计低层的结构。一般描述系统总功能的模块放在最上层称为顶层设计；描述系统某一部分功能的模块放在下层，称为底层设计。底层模块还可以再向下分层。这种“自顶向下”和分层次的设计方法使整个系统设计变得简洁和方便，并且有利于提高设计的成功率。目前系统方案的设计工作和器件的选择都可以在计算机上完成，设计者可以采用国际标准的两种硬件描述语言 VHDL 或 Verilog 对系统级进行功能描述，并选用各种不同的芯片进行平衡、比较，选择最佳结果。

2) 设计输入

设计者将所设计的系统或电路以开发软件要求的某种形式表示出来，并送入计算机的过程称为设计输入。它通常有原理图输入、硬件描述语言输入和波形输入等多种方式。

原理图输入是一种最直接的输入方式，它大多数用于对系统或电路结构很熟悉的场合，但系统较大时，这种方法的相对输入效率较低。

硬件描述语言是用文本方式描述设计，它分为普通的硬件描述语言和行为描述语言。普通硬件描述语言有 ABEL - HDL、CUPL 等，它们支持逻辑方程、真值表、状态机等逻辑表达方式。行为描述语言是指高层硬件描述语言 VHDL 和 Verilog，它们有许多突出的优点，如语言的公开可利用性，便于组织大规模系统的设计，具有很强的逻辑描述和仿真功能，而且输入效率高，在不同的设计输入库之间转换也非常方便。

3) 设计处理

从设计输入完成以后到编程文件产生的整个编译、适配过程通常称为设计处理或设计实现。它是器件设计中的核心环节，是由计算机自动完成的，设计者只能通过设置参数来控制其处理过程。在编译过程中，编译软件对设计输入文件进行逻辑化简、综合和优化，并适当地选用一个或多个器件自动进行适配和布局、布线，最后产生编程用的编程文件。

编程文件是可供器件编程使用的数据文件。对于阵列型 PLD 来说，产生熔丝图文件，即 JEDEC(简称 JED)文件，它是电子器件工程联合会制定的标准格式；对于 FPGA 来说，生成位流数据(Bitstream Generation)文件。

4) 设计校验

设计校验过程包括功能仿真和时序仿真，这两项工作是在设计输入和设计处理过程中同时进行的。

功能仿真是在设计输入完成以后的逻辑功能检证，又称前仿真。它没有延时信息，对于初步功能检测非常方便。时序仿真在选择好器件并完成布局、布线之后进行，又称后仿真或定时仿真。时序仿真可以用来分析系统中各部分的时序关系以及仿真设计性能。

5) 器件编程

编程是指将编程数据放到具体的 PLD 中去。对阵列型 PLD 来说，是将 JED 文件“下载(Down Load)”到 PLD 中去；对 FPGA 来说，是将位流数据文件“配置”到器件中去。

器件编程需要满足一定的条件，如编程电压、编程时序和编程算法等。普通的 PLD 和一次性编程的 FPGA 需要专用的编程器完成器件的编程工作。基于 SRAM 的 FPGA 可以由 EPROM 或微处理器进行配置。ISP 在系统编程器件则不需要专门的编程器，只要一根下载编程电缆就可以了。

2. 在系统可编程技术

在系统可编程(In－System Programmabile，ISP)技术是 20 世纪 80 年代末 Lattice 公司首先提出的一种先进的编程技术。所谓“在系统编程”是指对器件、电路板或整个电子系统的逻辑功能可随时进行修改或重构。这种重构或修改可以在产品设计、制造过程中的每个环节，甚至在交付用户之后进行。支持 ISP 技术的可编程逻辑器件称为在系统可编程逻辑器件(ispPLD)。

ispPLD 不需要使用编程器，只需要通过计算机接口和编程电缆，直接在目标系统或印制电路板上进行编程。ispPLD 可以先装配，后编程。因此 ISP 技术有利于提高系统的可靠性，便于系统板的调试和维修。

ISP 技术是一种串行编程技术，其编程接口非常简单。例如，Lattice 公司的 ispLSI、ispGAL 和 ispGDS 等 ISP 器件，它们只有 5 根信号线：模式控制输入 MODE、串行数据输入 SDI、串行数据输出 SDO、串行时钟输入 SCLK 和在系统编程使能输入 ispEN。PC 可以通过这 5 根信号线完成编程数据传递和编程操作。其中编程使能信号 ispEN＝1 时，ISP 器件为正常工作状态；ispEN＝0 时，所有 IOC 的输出均被置为高阻，与外界系统隔离，这时才允许器件进入编程状态。当系统具备多个 ispPLD 时，还可以采用菊花链形式编程，如图 6.53 所示。图中，多个器件进行串联编程，从而可以实现用一个接口完成多芯片的编程工作，达到高效率。

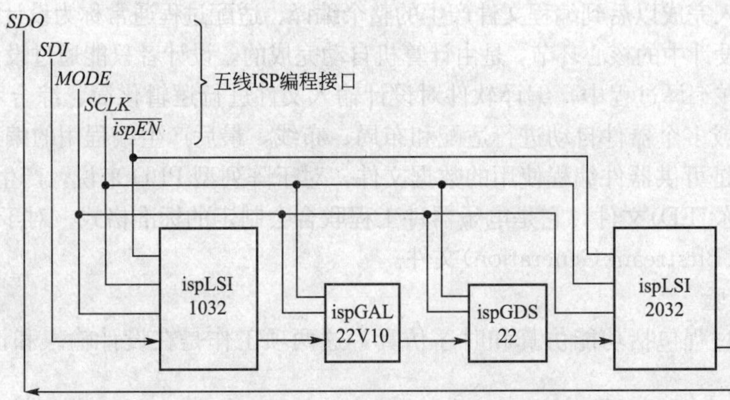

图 6.53　多个 ispPLD 的编程

6.5　阅读材料：可编程逻辑器件的开发软件

全球提供 PLD 开发软件的厂商有近百家之多，此处不可能一一介绍。表 6－12 列出了世界上比较有名的 PLD 厂商提供的用于开发自己研制的 PLD 器件的工具软件。

表 6-12 PLD厂商及其开发软件

PLD厂商	PLD器件	PLD开发软件
Altera	CPLD：MAX系列 FPGA：Stratix系列、Cyclone系列、ACEX系列、FLEX系列、APEX系列、Excalibur系列	MAX+plusⅡ QuartusⅡ
Xilinx	CPLD：Cool Runner系列、XC9500系列 FPGA：Virtex系列、Spartan系列、XC4000系列	Foundation ISE EDK
Lattice	CPLD：ispLSI系列、ispMACH4000系列 FPGA：EC系列、ECP系列	Isp Synario System IspEXPERT System ispDesign EXPERT ispLEVER

QuartusⅡ是Altera公司在21世纪初推出的MAX+plusⅡ的换代产品。相比其他的EDA工具软件，QuartusⅡ的特点较多。

(1) QuartusⅡ内部嵌有VHDL、Verilog HDL、AHDL逻辑综合器，不仅可以定位文本和原理图设计中的错误，而且可以将VHDL、Verilog HDL、AHDL设计转换为便于观察的底层电路，即寄存器传输级(Register Transport Level，RTL)电路图。

(2) QuartusⅡ包含许多可编程配置的LPM(Library of Parameterized Modules，参数模件库)功能模块，如单口RAM、双口RAM、ROM、FIFO、移位寄存器、硬件乘法器、嵌入式逻辑分析仪、内部存储器在系统编辑器等，可用于构建复杂、高级的逻辑系统。

(3) QuartusⅡ不仅可以利用第三方综合工具(如Leonardo Spectrum、Synplify Pro、FPGA CompilerⅡ)和支持第三方仿真工具(如ModelSim)，而且与MATLAB和DSP Builder结合可以进行基于FPGA的DSP系统开发和32位NiosⅡ软核的嵌入式系统设计。

本章小结

1. 半导体存储器是现代数字系统特别是计算机系统中的重要组成部件，它可分为RAM和ROM两大类，绝大多数属于MOS工艺制成的大规模数字集成电路。

2. RAM是一种时序逻辑电路，RAM也称为读/写存储器，具有记忆功能。其存储的数据随电源断电而消失，因此是一种易失性的读/写存储器。它包含有SRAM和DRAM两种类型，前者用触发器记忆数据，后者靠MOS管栅极电容存储数据。因此，在不停电的情况下，SRAM的数据可以长久保持，而DRAM则必须定期刷新。在正常工作时可以随时读出和写入，因而使用灵活、读写方便。

3. ROM是一种非易失性的存储器，它存储的是固定数据，一般只能被读出。根据数据写入方式的不同，ROM又可分成固定ROM和可编程ROM。后者又可细分为PROM、EPROM、E^2PROM和快闪存储器等，特别是E^2PROM和快闪存储器可以进行电擦写，已兼有了RAM的特性。

4. 一片存储器的容量总是有限的，当需要更大容量的存储器时，可将多片ROM或RAM进行位、字或字位扩展，构成一个更大容量的存储器。存储器的应用领域极为广阔，凡是需要记录数据或各种信号的场合都离不开它。此外，还可以用存储器来实现组合逻辑电路。只要将地址输入作为输入变量，将数据输出作为函数输出，就可以实现任何组合逻辑电路。

5. PLD是20世纪80年代以后迅速发展起来的一种数字集成电路，其最大特点是通过编程的方法设置其逻辑功能。

6. PLD有FPLA、PAL、GAL、EPLD、CPLD、FPGA以及ISP-PLD等多种类型。FPLA和PAL是早期应用的两种PLD，基本电路结构为与-或逻辑阵列型。多数采用双极型、熔丝工艺和UVCOMS工艺制成，可靠性好、成本低，适用于实现规模不大的组合逻辑电路和时序逻辑电路。

7. GAL器件是继PAL之后出现的PLD，采用E^2CMOS工艺生产，可以用电信号擦除和改写。GAL的基本电路结构仍为与-或阵列形式。GAL的输出结构为可编程的OLMC结构，能设置成不同的输出电路结构，具有较强的通用性。

8. CPLD是PAL/GAL的结构和功能的扩展，是高密度的PLD，集成度可达上万门。其电路结构类似于GAL，由若干个与-或阵列和OLMC组成，可实现规模较大的数字系统。

9. FPGA是另一种高密度的PLD，一般采用CMOS-SRAM工艺制作，电路结构为单元阵列形式。FPGA的每一个单元都是可编程的，可以组成规模不大的组合或时序逻辑电路。单元之间可以很方便地实现连接，以组成大规模的数字电路。由于FPGA的编程数据是存放在器件内部的SRAM中，一旦断电编程数据即会丢失，所以每次开始工作时需要重新装载编程数据。另外，与CPLD不同的是，FPGA的逻辑单元在连接成复杂的系统时，不同的信号传输途径延迟时间不同，这也是设计时必须考虑的一个因素。

10. 在系统可编程(ISP)逻辑器件及其技术更有利于板级和系统级的设计、制造与编程。ISP使得硬件设计可以通过软件在印制电路板上直接修改、升级，是PLD设计技术的一次革命。

11. 各种PLD的编程都需要在开发软件系统的支持下进行。开发系统的硬件部分由计算机和编程器组成，软件部分由专用的编程语言和相应的编程软件组成。

自我检测题

一、选择题

1. 一个容量为1K×8的存储器有______个存储单元。

   A. 8　　B. 8K　　C. 8000　　D. 8192

2. 要构成容量为4K×8的RAM，需要______片容量为256×4的RAM。

   A. 2　　B. 4　　C. 8　　D. 32

3. 寻址容量为16K×8的RAM需要______根地址线。

   A. 4　　B. 8　　C. 14　　D. 16

   E. 16K

4. 若RAM的地址码有8位，行、列地址译码器的输入端都为4个，则它们的输出线(即字线加位线)共有______条。

A. 8　　B. 16　　C. 32　　D. 256

5. 某存储器具有8根地址线和8根双向数据线，则该存储器的容量为______。

A. 8×3　　B. 8K×8　　C. 256×8　　D. 256×256

6. 采用对称双地址结构寻址的1024×1的存储矩阵有______。

A. 10行10列　　B. 5行5列　　C. 32行32列　　D. 1024行1024列

7. 随机存取存储器具有______功能。

A. 读/写　　B. 无读/写　　C. 只读　　D. 只写

8. 欲将容量为128×1的RAM扩展为1024×8，则需要控制各片选端的辅助译码器的输出端数为______。

A. 1　　B. 2　　C. 3　　D. 8

9. 欲将容量为256×1的RAM扩展为1024×8，则需要控制各片选端的辅助译码器的输入端数为______。

A. 4　　B. 2　　C. 3　　D. 8

10. 只读存储器ROM在运行时具有______功能。

A. 读/无写　　B. 无读/写　　C. 读/写　　D. 无读/无写

11. 只读存储器ROM中的内容，当电源断掉后又接通，存储器中的内容______。

A. 全部改变　　B. 全部为0　　C. 不可预料　　D. 保持不变

12. 随机存取存储器RAM中的内容，当电源断掉后又接通，存储器中的内容______。

A. 全部改变　　B. 全部为1　　C. 不确定　　D. 保持不变

13. 一个容量为512×1的静态RAM具有______。

A. 地址线9根，数据线1根　　B. 地址线1根，数据线9根

C. 地址线512根，数据线9根　　D. 地址线9根，数据线512根

14. 用若干RAM实现位扩展时，其方法是将______相应地并联在一起。

A. 地址线　　B. 数据线　　C. 片选信号线　　D. 读/写线

15. PROM的与陈列(地址译码器)是______。

A. 全译码可编程阵列　　B. 全译码不可编程阵列

C. 非全译码可编程阵列　　D. 非全译码不可编程阵列

16. PROM和PAL的结构是______。

A. PROM的与阵列固定，不可编程　　B. PROM与阵列、或阵列均不可编程

C. PAL与阵列、或阵列均可编程　　D. PAL的与阵列可编程

17. 当用专用输出结构的PAL设计时序逻辑电路时，必须还要具备有______。

A. 触发器　　B. 晶体管　　C. MOS管　　D. 电容

18. 当用异步I/O输出结构的PAL设计逻辑电路时，它们相当于______。

A. 组合逻辑电路　　B. 时序逻辑电路

C. 存储器　　D. 数模转换器

19. PLD器件的基本结构组成有______。

A. 与阵列　　B. 或阵列

C. 输入缓冲电路　　D. 输出电路

20. PLD器件的主要优点有______。

A. 便于仿真测试　　B. 集成密度高

C. 可硬件加密　　D. 可改写

21. GAL的输出电路是______。

A. OLMC　　B. 固定的

C. 只可一次编程　　D. 可重复编程

22. PLD开发系统需要有______。

A. 计算机　　B. 编程器　　C. 开发软件　　D. 操作系统

23. 只可进行一次编程的可编程器件有______。

A. PAL　　B. GAL　　C. PROM　　D. PLD

24. 可重复进行编程的可编程器件有______。

A. PAL　　B. GAL　　C. PROM　　D. ISP-PLD

25. 全场可编程(与、或阵列皆可编程)的可编程逻辑器件有______。

A. PAL　　B. GAL　　C. PROM　　D. PLA

二、判断题(正确的打√，错误的打×)

1. 实际中，常以字数和位数的乘积表示存储容量。( )
2. RAM由若干位存储单元组成，每个存储单元可存放一位二进制信息。( )
3. 动态随机存取存储器需要不断地刷新，以防止电容上存储的信息丢失。( )
4. 用2片容量为16K×8的RAM构成容量为32K×8的RAM是位扩展。( )
5. 所有的半导体存储器在运行时都具有读和写的功能。( )
6. ROM和RAM中存入的信息在电源断掉后都不会丢失。( )
7. RAM中的信息，当电源断掉后又接通，则原存的信息不会改变。( )
8. 存储器字数的扩展可以利用外加译码器控制数个芯片的片选输入端来实现。( )
9. PROM的或阵列(存储矩阵)是可编程阵列。( )
10. ROM的每个与项(地址译码器的输出)都一定是最小项。( )
11. PROM不仅可以读，也可以写(编程)，则它的功能与RAM相同。( )
12. PAL的每个与项都一定是最小项。( )
13. PAL和GAL都是与阵列可编程、或阵列固定。( )
14. PAL可重复编程。( )
15. PAL的输出电路是固定的，不可编程，所以它的型号很多。( )
16. GAL的型号虽然很少，但却能取代大多数PAL芯片。( )
17. GAL不需专用编程器就可以对它进行反复编程。( )
18. PLA是全场可编程(与、或阵列皆可编程)的可编程逻辑器件，功能强大，便于使用，因此被普遍使用。( )

三、填空题

1. 存储器的______和______是反映系统性能的两个重要指标。
2. 常用的可编程ROM有______、______和______类型。
3. 地址码为10位的存储器中存储______________个字。
4. 8192字×32位存储器的地址码是______位，它有______个存储单元。

5. ROM是______阵可编，______阵不可编；PAL是______阵可编，______阵不可编。

6. 半导体存储器按读、写功能可分成______和______两大类。

7. RAM的电路通常由______、______和______这3部分组成。

8. 6116型RAM芯片有______根地址线，______根数据线，其存储容量为______。

9. ROM可分为______、______、______和______几种类型。

10. ROM的电路结构中包含______、______和______共3个组成部分。

11. 若将存储器的地址输入作为______，将数据输出作为______，则存储器可实现组合逻辑电路的功能。

12. 28256型E^2PROM有______根地址线，______根数据线，其存储容量为______位，是以字节存储信息的。

13. EPROM是利用______擦除数据的，E^2PROM是利用______擦除数据的。

14. Flash Memory的基本存储单元电路由______构成，它是利用______保存信息，具有______性的特点。

15. Flash Memory 28F256有______根地址线，______根数据线，其存储容量为______位，编程操作是按字节编程的。

16. 256×4位的存储器有______根数据线，______根地址线，若该存储器的起始地址为00H，则最高地址为______，欲将该存储器扩展为1K×8位的存储系统，需要256×4位的存储器______个。

17. GAL16V8具有______种工作模式。在简单模式下有______种OLMC配置；在寄存器模式下有______种OLMC配置；在复杂模式下有______种OLMC配置。

18. PLD器件的设计一般可分为______、______和______这3个步骤以及______、______和______这3个设计验证过程。

习 题

【6.1】 存储器有哪些分类？各有何特点？

【6.2】 ROM和RAM的主要区别是什么？它们各适用于哪些场合？

【6.3】 Flash Memory有何特点和用途？它和其他存储器比较有什么不同？

【6.4】 某计算机系统的内存储器设置有20位的地址线，16位的并行数据I/O端，试计算它的最大存储容量。

【6.5】 试用4片2114(1024×4位的RAM)和3-8线译码器组成4K×4位的存储器。

【6.6】 试用4片2114RAM连接成2K×8位的存储器。

【6.7】 PROM实现的组合逻辑函数如图6.54所示。分析电路功能，说明当A、B、C取何值时，函数$F_1=F_2=1$；当A、B、C取何值时，函数$F_1=F_2=0$。

$$F_1=\overline{B}\,\overline{C}\,\overline{D}+\overline{A}\,\overline{B}C+A\,\overline{B}C+\overline{A}BD+ABD$$

$$F_2=B\,\overline{D}+A\,\overline{B}D+\overline{A}C\,\overline{D}+\overline{A}\,\overline{B}\,\overline{D}+A\,\overline{B}C\,\overline{D}$$

$$F_3=\overline{A}\,\overline{B}\,\overline{C}D+\overline{A}\,\overline{C}D+AB\,\overline{C}\,\overline{D}+A\,\overline{B}CD+A\,\overline{B}C$$

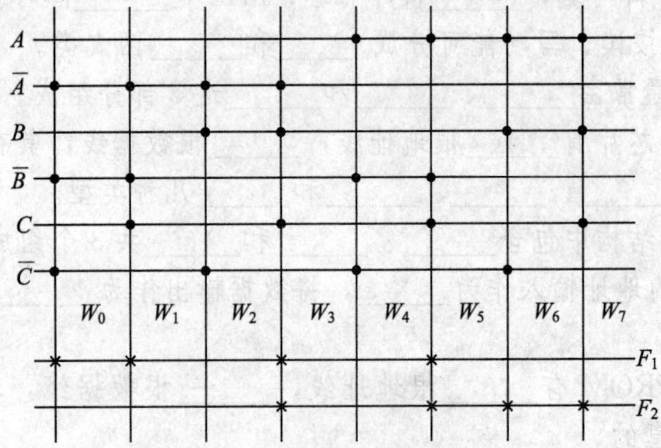

图 6.54

$$F_4=BD+\overline{B}\overline{D}+ACD$$

【6.8】 用一个 ROM 实现如下两个函数：

$$F_1=AB+C\overline{D}+AC+\overline{A}\overline{B}\overline{C}D$$

$$F_2=A+CD+\overline{B}\overline{C}$$

【6.9】 用一个 PLA 实现如下两个函数：

$$F_1=\overline{A}BC+A\overline{B}\overline{C}+AB\overline{C}+ABC$$

$$F_2=\overline{A}\,\overline{B}\overline{C}+\overline{A}\,\overline{B}C+\overline{A}BC+ABC$$

【6.10】 用 PROM 实现全加器，画出阵列图，确定 PROM 的容量。

【6.11】 用 ROM 设计一个 8421BCD 码七段显示译码器电路。

【6.12】 PAL 器件的结构有什么特点？

【6.13】 简述 PAL 与 PROM、EPROM 之间的区别。

【6.14】 选用适当的 PAL 器件设计一个 3 位二进制可逆计数器。当 $X=0$ 时，实现加法计数；当 $X=1$ 时，实现减法计数。

【6.15】 试用 GAL16V8 实现一个 8421BCD 码十进制计数器。

第7章 脉冲产生与整形电路

本章知识架构

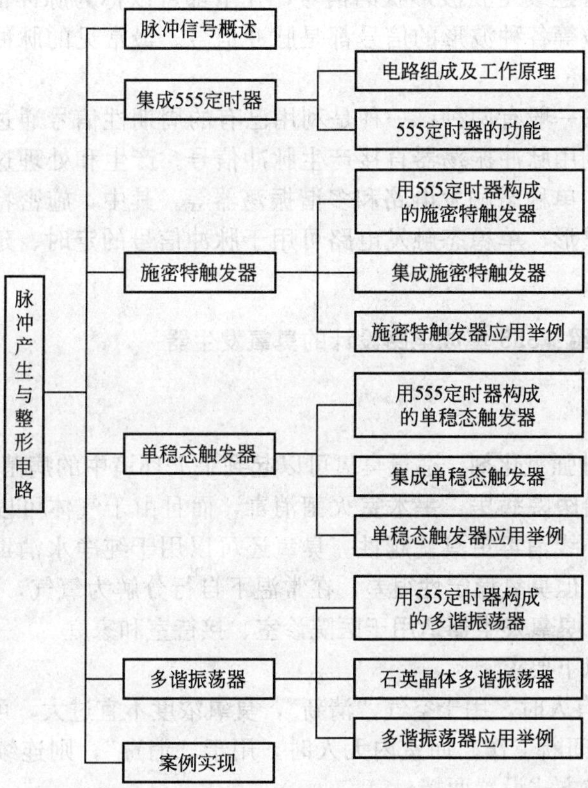

本章教学目标与要求

- 理解集成555定时器工作原理及功能

- 掌握555定时器构成的施密特触发器及其应用
- 熟悉集成施密特触发器
- 掌握555定时器构成的单稳态触发器及其应用
- 了解集成单稳态触发器
- 掌握555定时器构成的多谐振荡器、石英晶体多谐振荡器及其应用

7.1 概　　述

7.1.1 脉冲信号

脉冲信号广泛地存在于数字电路或系统中，如触发器的时钟信号、计数器的计数脉冲信号等。所谓脉冲信号，从狭义上讲，是指一种持续时间极短的电压或电流信号；从广义上讲，凡不具有连续正弦波形状的信号，几乎都可以称为脉冲信号，如矩形波、方波、尖顶波和锯齿波等各种波形的信号都是脉冲信号。最常见的脉冲电压波形是矩形波和方波。

获得脉冲的方法一般有两种：一种是利用已有的周期性信号通过变换整形得到脉冲信号；另一种则是利用脉冲振荡器直接产生脉冲信号。产生和处理这些脉冲信号的电路有施密特触发电路、单稳态触发电路和多谐振荡器等。其中，施密特触发电路能对已有的信号进行变换、整形；单稳态触发电路可用于脉冲信号的定时、延迟；多谐振荡器能直接产生脉冲信号。

7.1.2 案例介绍：555集成电路设计的臭氧发生器

1. 题目概述

臭氧(O_3)是一种强氧化剂。适量臭氧可以起到杀灭环境中的病菌，净化空气的作用；高浓度的臭氧可以给医院病房、手术室灭菌消毒，而且由于气体可以进入任意缝隙和空间，臭氧消毒比紫外线消毒更具优越性。臭氧还可以用于纯净水消毒、游泳池水净化以及工业废水处理等。但臭氧稳定性很差，在常温下自行分解为氧气，所以臭氧不能存储，只能边生成边利用。臭氧发生器适用于医院诊室、接待室和家庭。

设计时应考虑以下要求。

① 一般在室内有人时，用于空气“清新”，臭氧浓度不宜过大，可采用每隔半小时电路提供5min臭氧，间断工作。而室内无人时，用于“消毒”，则连续发生臭氧1小时后自动停机。因此工作方式设置两挡。

② 由于臭氧比空气重，在正常使用时一般将发生器放置在比较高的位置，为方便使用，需要增加遥控切换电路。

2. 设计任务

1）主电路设计

主电路由3部分组成。

(1) 振荡电路，要求振荡频率 f=20～30kHz。

(2) 功率放大电路。

(3) 升压变压器，将输出电压变到 3000V，供电放电器件。这里规定采用电压比为10：30000 的高频变压器。采用高电压下尖端放电或陶瓷沿面放电技术产生臭氧，可以提高效率。本设计规定采用 200mg/h 的陶瓷放电器件，型号 N－20。放电器件符号如图 7.1 所示。采用小型风机将产生的臭氧从机器内排出。

图 7.1 放电器件符号

2) 控制电路设计

(1)“清新”方式：控制振荡器 5min 工作，30min 停止，交替进行。

(2)“消毒”方式：控制振荡器连续工作 1h 后，停止工作。

(3) 两挡的切换应用遥控器控制操作(或用开关手动操作)。

3) 遥控电路设计

(1) 控制“清新”、“消毒”两挡遥控切换。

(2) 简单的切换状态显示。

4) 电源电路设计

本设计供电电源 AC 为 220V，功率不超过 20W。

3. 设计思路与方法参考

根据设计任务要求，用具有一定功能的若干单元电路组成一个整体，满足设计题目提出的各项指标功能。给出本设计的参考原理框图如图 7.2 所示。

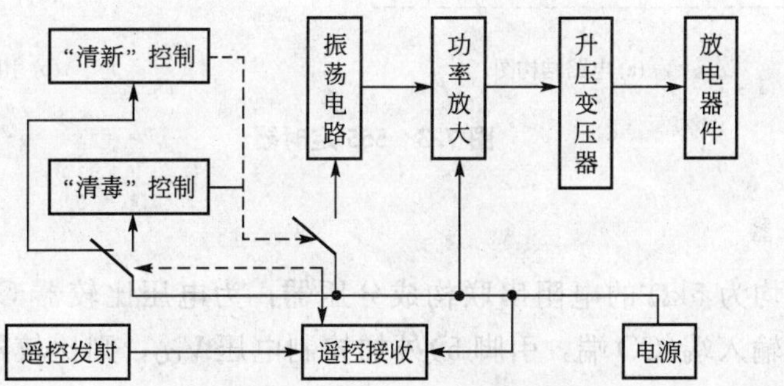

图 7.2 臭氧发生器原理框图

7.2 集成 555 定时器

集成 555 定时器是一种将模拟电路和数字电路继承于一体的电子器件，使用十分灵活方便，只要外加少量的阻容元件，就能构成多种用途的电路，如施密特触发电路、单稳态触发电路、多谐振荡器等。使用的灵活、方便使集成 555 定时器在电子技术中得到了非常广泛的应用。

自从 Signetics 公司于 1972 年推出这种产品以后，国际上各主要的电子器件公司也都相继地生产出了各自的 555 定时器产品。尽管 555 集成定时器的型号较多，但所有双极型产品型号后的 3 位数字都是 555，所有 CMOS 产品型号最后的 4 位数字都是 7555，而且它们的功能和外部引脚的排列完全相同。为了提高集成度，随后又产生了双定时器产品 556(双极型)和 7556(CMOS 型)。下面以国产双极型定时器的典型产品 5G555 为例，介绍其电路结构及功能。

7.2.1 555 定时器的电路结构

图 7.3 所示为国产双极型定时器 555 的电路结构图和引脚排列图，它由以下 5 部分组成。

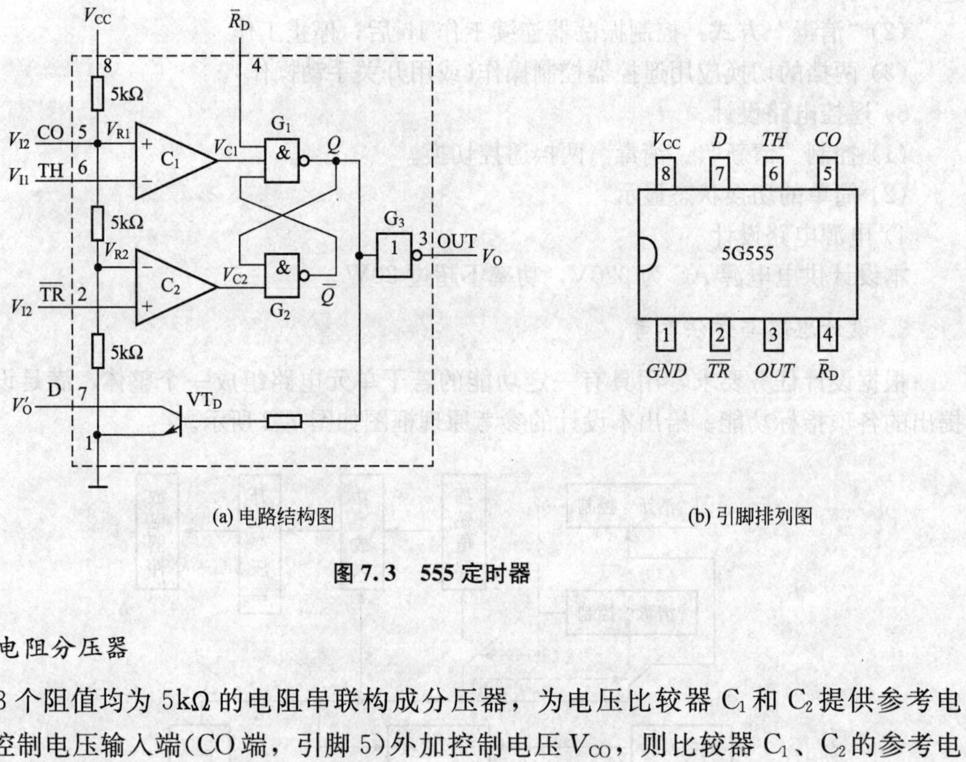

(a) 电路结构图　　　　(b) 引脚排列图

图 7.3　555 定时器

1. 电阻分压器

由 3 个阻值均为 5kΩ 的电阻串联构成分压器，为电压比较器 C_1 和 C_2 提供参考电压。若控制电压输入端(CO 端，引脚 5)外加控制电压 V_{CO}，则比较器 C_1、C_2 的参考电压分别为 $V_{R1}=V_{CO}$，$V_{R2}=\frac{1}{2}V_{CO}$；不加控制电压时，该引出端不可悬空，一般要通过一个小电容(如 0.01μF)接地，以旁路高频干扰。这时两参考电压分别为 $V_{R1}=\frac{2}{3}V_{CC}$，$V_{R2}=\frac{1}{3}V_{CC}$。

2. 电压比较器

C_1 和 C_2 是两个结构完全相同的高精度电压比较器，分别由高增益运算放大器构成。比较器 C_1 的信号输入端为运放的反相输入端(TH 端，引脚 6)，C_1 的同相端接参考电压 V_{R1}；比较器 C_2 的信号输入端为运放的同相输入端($\overline{TR}$端，引脚 2)，C_2 的反相输入端接参考电压 V_{R2}。两比较器的输出分别为 V_{C1} 和 V_{C2}。

3. *RS* 锁存器

两个与非门 G_1 和 G_2 构成 *RS* 锁存器，低电平触发。比较器 C_1 和 C_2 的输出 V_{C1} 和 V_{C2} 控制锁存器的状态，也决定了电路的输出状态。$\overline{R}_D$ 是锁存器的外部复位端，低电平有效。当 $\overline{R}_D=0$ 时，$\overline{Q}=1$，使电路输出(OUT 端，引脚 3)为 0 正常工作时，$\overline{R}_D$ 端应接高电平。

4. 三极管放电开关

三极管 VT_D 构成放电开关其状态受 *RS* 锁存器的 $\overline{Q}$ 端控制。当 $\overline{Q}=0$ 时，VT_D 截止；当 $\overline{Q}=1$ 时，VT_D 饱和导通。此时，放电端(D 端，引脚 7)如有外接电容，则通过 VT_D 放电。由于放电端的逻辑状态与输出 V_O 是相同的，故放电端也可以作为集电极开路输出 V_O'。

5. 输出缓冲器

由反相器 G_3 构成，其作用是提高定时器的带负载能力，并隔离负载对定时器的影响。

7.2.2 555 定时器的功能

当 CO 端不外接控制电压时，555 定时器的功能表见表 7-1。

表 7-1 555 定时器功能表

$\overline{R}_D$	$<\frac{1}{3}V_{CC}$	$V_{I2}(\overline{TR})$	V_O(OUT)	VT_D(放电管)
0	×	×	0	导通
1	$>\frac{2}{3}V_{CC}$	$>\frac{1}{3}V_{CC}$	0	导通
1	$<\frac{2}{3}V_{CC}$	$<\frac{1}{3}V_{CC}$	1	截止
0	$<\frac{2}{3}V_{CC}$	$>\frac{1}{3}V_{CC}$	不变	不变

(1) 只要外部复位端 $\overline{R}_D=0$，不管 V_{I1}、V_{I2} 为何值，都使 $\overline{Q}=1$，因此电路输出 $V_O=0$，放电管 VT_D 导通。正常工作时 $\overline{R}_D=1$。

(2) 当 $\overline{R}_D=1$，且 $V_{I1}>\frac{2}{3}V_{CC}$，$V_{I2}>\frac{1}{3}V_{CC}$ 时，比较器 C_1 输出 $V_{C1}=0$，比较器 C_2 输出 $V_{C2}=1$，从而使 *RS* 触发器的 $\overline{Q}=1$，$V_O=0$，VT_D 导通。

(3) 当 $\overline{R}_D=1$，且 $V_{I1}<\frac{2}{3}V_{CC}$，$V_{I2}<\frac{1}{3}V_{CC}$ 时，比较器 C_1 输出 $V_{C1}=1$，比较器 C_2 输出 $V_{C2}=0$，从而使 *RS* 触发器的 $\overline{Q}=0$，$V_O=1$，VT_D 截止。

(4) 当 $\overline{R}_D=1$，且 $V_{I1}<\frac{2}{3}V_{CC}$，$V_{I2}>\frac{1}{3}V_{CC}$ 时，两个比较器输出均为 1，根据与非门 *RS* 锁存器的特性，其状态保持不变，所以 V_O 和 VT_D 的状态也保持不变。

由以上讨论可知，当$\overline{R}_D=1$时，只要 TH 端(即V_{I1}输入端)加高电平$\left(大于\frac{2}{3}V_{CC}\right)$，$\overline{Q}$总为 1，$V_O=0$，所以称 TH 为高电平触发器。同样，只要当$\overline{TR}$为低电平$\left(小于\frac{1}{3}V_{CC}\right)$时，$Q$总为1，$V_O=1$，所以称$\overline{TR}$为低电平触发器。

555 定时器能在很宽的电源电压范围内工作，并可承受较大的负载电流。双极型 555 定时器的电源电压范围为 5～16V，最大的负载电流达 200mA。CMOS 型 7555 定时器的电源电压范围为 3～18V，但最大负载电流在 4mA 以下。

7.3 施密特触发器

施密特触发器有两个稳态，是一个双稳态电路，但是这两个稳态是靠触发信号来维持的。这是它不同于第 4 章中所介绍的双稳态触发器的本质区别。

施密特触发器是脉冲产生和整形电路中常用的一种电路。在其输入端加入任何形状的波形，在输出端总能获得良好的矩形脉冲。而且由于施密特触发器所具有的滞回特性，所以抗干扰能力很强。

7.3.1 用 555 定时器构成的施密特触发器

1. 电路组成及工作原理

用 555 定时器构成的施密特触发器电路组成及工作波形分别如图 7.4(a)和图 7.4(b)所示。

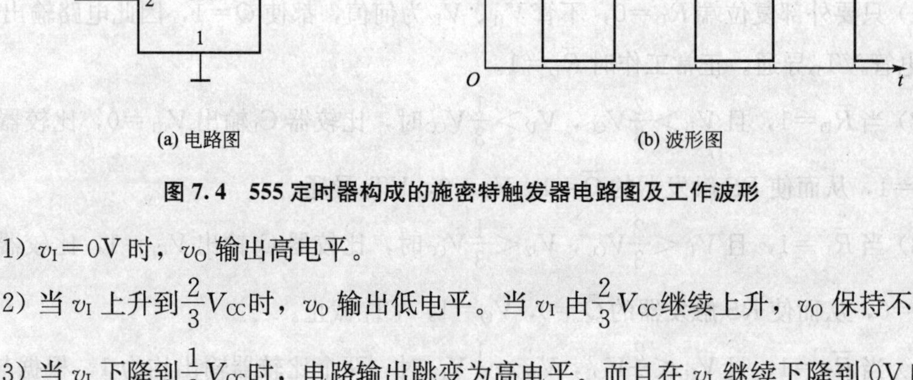

(a) 电路图　　(b) 波形图

图 7.4 555 定时器构成的施密特触发器电路图及工作波形

(1) $v_I=0V$时，v_O输出高电平。

(2) 当v_I上升到$\frac{2}{3}V_{CC}$时，v_O输出低电平。当v_I由$\frac{2}{3}V_{CC}$继续上升，v_O保持不变。

(3) 当v_I下降到$\frac{1}{3}V_{CC}$时，电路输出跳变为高电平。而且在v_I继续下降到 0V 时，电路的这种状态不变。

图中，R、V_{CC2}构成另一输出端 v'_O，其高电平可以通过改变V_{CC2}进行调节。

2. 电压滞回特性和主要参数

1）电压滞回特性

施密特触发器的电路符号和电压传输特性如图 7.5 所示。

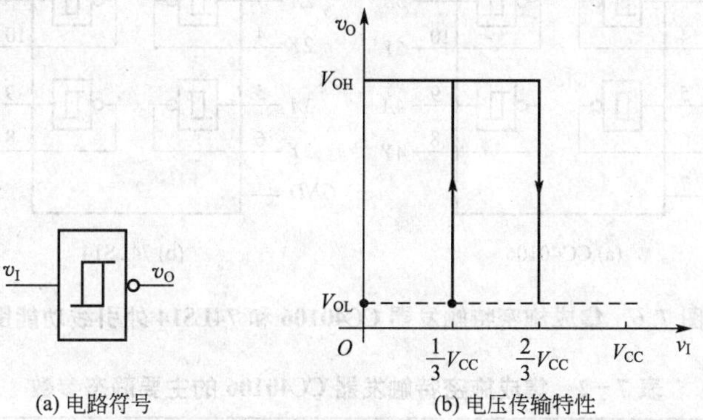

图 7.5　施密特触发器的电路符号和电压传输特性

2）主要静态参数

① 上限阈值电压 V_{T+}——v_I 上升过程中，输出电压 v_O 由高电平 V_{OH} 跳变到低电平 V_{OL}时所对应的输入电压值。$V_{T+}=\frac{2}{3}V_{CC}$。

② 下限阈值电压 V_{T-}——v_I 下降过程中，v_O 由低电平 V_{OL} 跳变到高电平 V_{OH}时所对应的输入电压值。$V_{T-}=\frac{1}{3}V_{CC}$。

③ 回差电压 ΔV_T。

回差电压又叫滞回电压，定义为

$$\Delta V_T=V_{T+}-V_{T-}=\frac{1}{3}V_{CC}$$

若在电压控制端 V_{IC}(5 脚)外加电压 V_S，则将有 $V_{T+}=V_S$、$V_{T-}=V_S/2$、$\Delta V_T=V_S/2$，而且当改变 V_S 时，它们的值也随之改变。

7.3.2　集成施密特触发器

施密特触发器可以由 555 定时器构成，也可以用分立元件和集成门电路组成。因为这种电路应用十分广泛，所以市场上有专门的集成电路产品出售，称为施密特触发门电路。集成施密特触发器性能的一致性好，触发阈值稳定，使用方便。

1. CMOS 集成施密特触发器

图 7.6(a)是 CMOS 集成施密特触发器 CC40106(六反相器)的引线功能图，表 7-2 所示是其主要静态参数。

2. TTL 集成施密特触发器

图 7.6(b)所示是 TTL 集成施密特触发器 74LS14 外引线功能图，其几个主要参数的典型值见表 7－3。

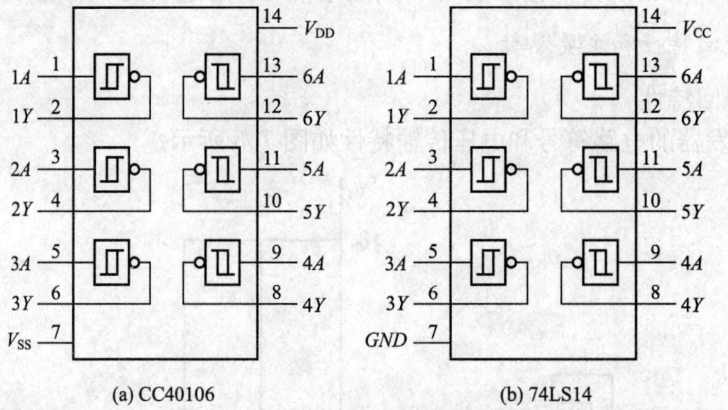

图 7.6　集成施密特触发器 CC40106 和 74LS14 外引线功能图

表 7-2　集成施密特触发器 CC40106 的主要静态参数　　　　单位：V

电源电压 V_{DD}	V_{T+} 最小值	V_{T+} 最大值	V_{T-} 最小值	V_{T-} 最大值	ΔV_T 最小值	ΔV_T 最小值
5	2.2	3.6	0.9	2.8	0.3	1.6
10	4.6	7.1	2.5	5.2	1.2	3.4
15	6.8	10.8	4	7.4	1.6	5

表 7-3　TTL 集成施密特触发器几个主要参数的典型值

器 件 型 号	延迟时间(ns)	每门功耗(mW)	V_{T+}(V)	V_{T-}(V)	ΔV_T(V)
74LS14	15	8.6	1.6	0.8	0.8
74LS132	15	8.8	1.6	0.8	0.8
74LS13	16.5	8.75	1.6	0.8	0.8

TTL 施密特触发与非门和缓冲器具有以下特点。

(1) 输入信号边沿的变化即使非常缓慢，电路也能正常工作。

(2) 对于阈值电压和滞回电压均有温度补偿。

(3) 带负载能力和抗干扰能力都很强。

集成施密特触发器不仅可以做成单输入端反相缓冲器形式，还可以做成多输入端与非门形式，如 CMOS 是 2 输入与非门 CC4093，TTL 是 2 输入与非门 74LS132 和双 4 输入与非门 74LS13，等等。

7.3.3　施密特触发器的应用举例

(1) 用作接口电路——将缓慢变化的输入信号，转换成为符合 TTL 系统要求的脉冲波形，如图 7.7 所示。

(2) 用作整形电路——把不规则的输入信号整形成为矩形脉冲，如图 7.8 所示。

(3) 用于脉冲鉴幅——将幅值大于 V_{T+} 的脉冲选出，如图 7.9 所示。

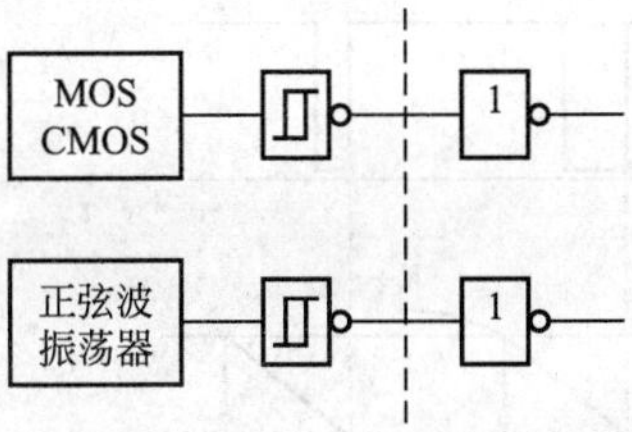

图 7.7 慢输入波形的 TTL 系统接口

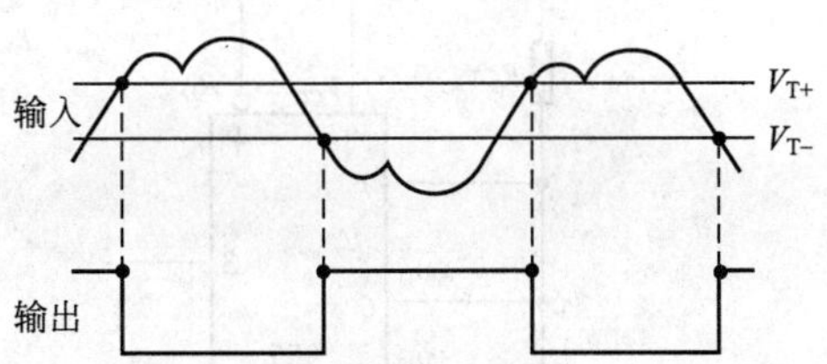

图 7.8 脉冲整形电路的输入/输出波形

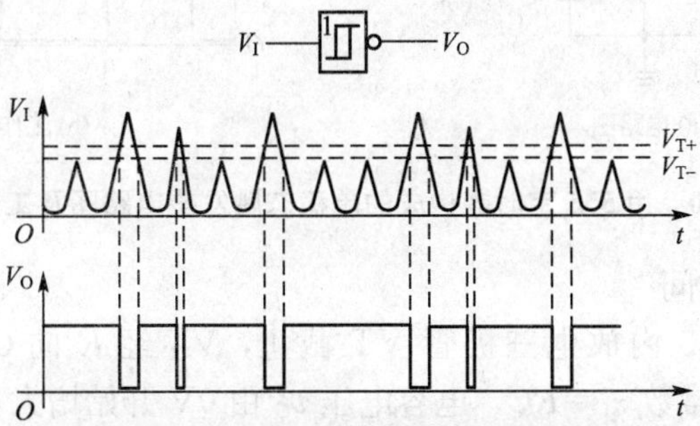

图 7.9 用施密特触发器鉴别脉冲幅度

7.4 单稳态触发器

单稳态触发器的工作特性具有以下特点。

(1) 它有一个稳定状态和一个暂稳状态。

(2) 在外来触发脉冲作用下，能够由稳定状态翻转到暂稳状态。

(3) 暂稳状态维持一段时间后，将自动返回到稳定状态。暂稳态的持续时间就是电路输出脉冲的宽度，它仅取决于电路本身的参数，而与触发脉冲的宽度和幅度无关。

单稳态触发器常用于脉冲整形、定时(产生固定时间宽度的脉冲信号)及延时(产生滞后于触发脉冲的输出脉冲)等。

7.4.1 用 555 定时器构成的单稳态触发器

1. 电路组成及工作原理

用 555 定时器构成的单稳态触发器电路图及工作波形如图 7.10 所示。

1) 无触发信号输入时电路工作在稳定状态

当电路无触发信号时，v_I 保持高电平，电路工作在稳定状态，即输出端 v_O 保持低电平，555 内放电三极管 VT 饱和导通，引脚 7“接地”，电容电压 v_C 为 0V。

2) v_I 下降沿触发

当 v_I 下降沿到达时，555 触发输入端(2 脚)由高电平跳变为低电平，电路被触发，v_O 由低电平跳变为高电平，电路由稳态转入暂稳态。

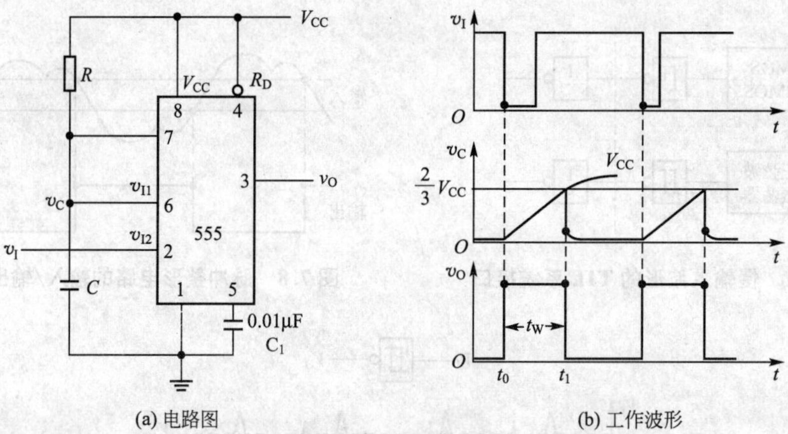

(a) 电路图　　(b) 工作波形

图 7.10　用 555 定时器构成的单稳态触发器电路图及工作波形

3）暂稳态的维持时间

在暂稳态期间，555 内放电三极管 VT 截止，V_{CC} 经 R 向 C 充电。其充电回路为 $V_{CC}\to R\to C\to$地，时间常数 $\tau_1=RC$，电容电压 v_C 由 0V 开始增大，在电容电压 v_C 上升到阈值电压$\frac{2}{3}V_{CC}$之前，电路将保持暂稳态不变。

4）自动返回(暂稳态结束)时间

当 v_C 上升至阈值电压$\frac{2}{3}V_{CC}$时，输出电压 v_O 由高电平跳变为低电平，555 内放电三极管 VT 由截止转为饱和导通，引脚 7“接地”，电容 C 经放电三极管对地迅速放电，电压 v_C 由$\frac{2}{3}V_{CC}$迅速降至 0V(放电三极管的饱和压降)，电路由暂稳态重新转入稳态。

5）恢复过程

当暂稳态结束后，电容 C 通过饱和导通的三极管 VT 放电，时间常数 $\tau_2=R_{CES}C$，式中 R_{CES}是 VT 的饱和导通电阻，其阻值非常小，因此 τ_2 的值也非常小。经过 3～5 个 τ_2 后，电容 C 放电完毕，恢复过程结束。

恢复过程结束后，电路返回到稳定状态，单稳态触发器又可以接收新的触发信号。

2. 主要参数估算

1）输出脉冲宽度 t_W

输出脉冲宽度就是暂稳态维持时间，也就是定时电容的充电时间。由图 7.10(b)所示电容电压 v_C 的工作波形不难看出 $v_C(0^+)\approx 0V$，$v_C(\infty)=V_{CC}$，$v_C(t_W)=\frac{2}{3}V_{CC}$，代入 RC 过渡过程计算公式，可得

$$t_W=\tau_1\ln\frac{v_C(\infty)-v_C(0^+)}{v_C(\infty)-v_C(t_W)}$$

$$=\tau_1\ln\frac{V_{CC}-0}{V_{CC}-\frac{2}{3}V_{CC}}$$

$$=\tau_1 \ln 3$$
$$=1.1RC$$

上式说明，单稳态触发器输出脉冲宽度 t_W 仅决定于定时元件 R、C 的取值，与输入触发信号和电源电压无关，调节 R、C 的取值，即可方便地调节 t_W。

2）恢复时间 t_{re}

一般取 $t_{re}=3$～5 个 τ_2，即认为经过 3～5 倍的时间常数电容就放电完毕。

3）最高工作频率 f_{max}

若输入触发信号 v_I 是周期为 T 的连续脉冲时，为保证单稳态触发器能够正常工作，应满足下列条件

$$T>t_W+t_{re}$$

即 v_I 周期的最小值 T_{min} 应为 t_W+t_{re}，即

$$T_{min}=t_W+t_{re}$$

因此，单稳态触发器的最高工作频率应为

$$f_{max}=\frac{1}{T_{min}}=\frac{1}{t_W+t_{re}}$$

需要指出的是，在图 7.10(a)所示电路中，输入触发信号 v_I 的脉冲宽度(低电平的保持时间)，必须小于电路输出 v_O 的脉冲宽度(暂稳态维持时间 t_W)，否则电路将不能正常工作。因为当单稳态触发器被触发翻转到暂稳态后，如果 v_I 端的低电平一直保持不变，那么 555 定时器的输出端将一直保持高电平不变。

解决这一问题的一个简单方法，就是在电路的输入端加一个 RC 微分电路，即当 v_I 为宽脉冲时，让 v_I 经 RC 微分电路之后再接到 v_{I2} 端。不过微分电路的电阻应接到 V_{CC}，以保证在 v_I 下降沿未到来时，v_{I2} 端为高电平。

7.4.2 集成单稳态触发器

1. TTL 集成单稳态触发器 74121 的逻辑功能和使用方法

图 7.11(a)是 TTL 集成单稳态触发器 74121 的逻辑符号，图 7.11(b)是它的工作波形图。该器件是在普通微分型单稳态触发器的基础上附加以输入控制电路和输出缓冲电路而形成的。

它有两种触发方式：下降沿触发和上升沿触发。A_1 和 A_2 是两个下降沿有效的触发输入端，B 是上升沿有效的触发信号输入端。

v_O 和 $\overline{v_O}$ 是两个状态互补的输出端。R_{ext}/C_{ext}、C_{ext} 是外接定时电阻和电容的连接端，外接定时电阻 R_{ext}(阻值可在 1.4～40kΩ 之间选择)应一端接 V_{CC}(引脚 14)，另一端接引脚 11。外接定时电容 C(一般在 10pF～10μF 之间选择)一端接引脚 10，另一端接引脚 11 即可。若 C 是电解电容，则其正极接引脚 10，负极接引脚 11。74121 内部已经设置了一个 2kΩ 的定时电阻，R_{int}(引脚 9)是其引出端，使用时只需将引脚 9 与引脚 14 连接起来即可，不用时则应让引脚 9 悬空。

表 7-4 是集成单稳态触发器 74121 的功能表，表中 1 表示高电平，0 表示低电平。

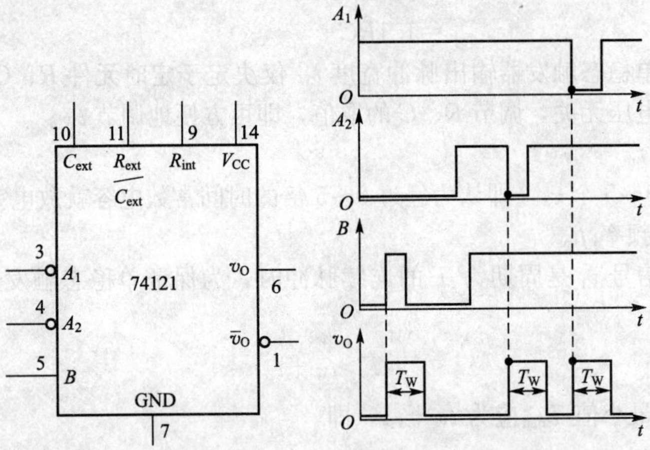

(a) 逻辑符号　　(b) 波形图

图 7.11　集成单稳态触发器 74121 的逻辑符号和波形图

表 7－4　集成单稳态触发器 74121 的功能表

输　入			输　出		
A_1	A_2	B	v_O	$\overline{v}_O$	工作特征
0	×	1	0	1	保持稳态
×	0	1	0	1	
×	×	0	0	1	
1	1	×	0	1	
1	↓	1	⊓	⊔	下降沿触发
↓	1	1	⊓	⊔	
↓	↓	1	⊓	⊔	
0	×	↑	⊓	⊔	上升沿触发
×	0	↑	⊓	⊔	

图 7.12 表明了集成单稳态触发器 74121 的外部元件连接方法，图 7.12(a)是使用外部电阻 R_{ext} 且电路为下降沿触发连接方式，图 7.12(b)是使用内部电阻 R_{int} 且电路为上升沿触发连接方式。

2. 主要参数

1）输出脉冲宽度 t_W

$$t_W = RC \cdot \ln 2$$
$$\approx 0.7RC$$

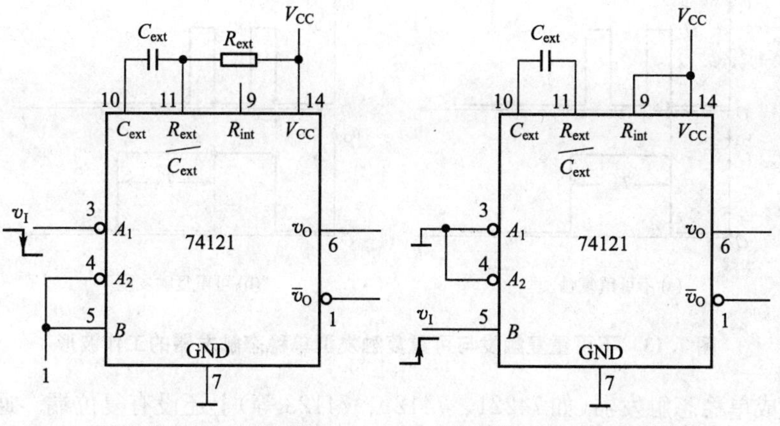

(a) 使用外接电阻R_{ext}(下降沿触发)　　(b) 使用内部电阻R_{int}(上升沿触发)

图 7.12　集成单稳态触发器 74121 的外部元件连接方法

使用外接电阻：　$t_W \approx 0.7R_{ext}C$

使用内部电阻：　$t_W \approx 0.7R_{int}C$

2）输入触发脉冲最小周期 T_{min}

$$T_{min} = t_W + t_{re}$$

t_{re}是恢复时间。

3）周期性输入触发脉冲占空比 q

定义：　$q = t_W / T$

式中 T 是输入触发脉冲的重复周期，t_W 是单稳态触发器的输出脉冲宽度。

最大占空比：　$q_{max} = t_W / T_{min} = \dfrac{t_W}{t_W + t_{re}}$

74121 的最大占空比 q_{max}，当 $R=2\text{k}\Omega$ 时为 67%；当 $R=40\text{k}\Omega$ 时可达 90%。不难理解，若 $R=2\text{k}\Omega$ 且输入触发脉冲重复周期 $T=1.5\mu\text{s}$，则恢复时间 $t_{re}=0.5\mu\text{s}$，这是 74121 恢复到稳态所必须的时间。如果占空比超过最大允许值，电路虽然仍可被触发，但 t_W 将不稳定，也就是说 74121 不能正常工作，这也是使用 74121 时应该注意的一个问题。

3. 关于集成单稳态触发器的重复触发问题

集成单稳有不可重复触发型和可重复触发型两种。不可重复触发的单稳一旦被触发进入暂稳态以后，再加入触发脉冲不会影响电路的工作过程，必须在暂稳态结束以后，它才能接收下一个触发脉冲而转入下一个暂稳态，如图 7.13(a)所示。而可重复触发的单稳态在电路被触发而进入暂稳态以后，如果再次加入触发脉冲，电路将重新被触发，使输出脉冲再继续维持一个 t_W 宽度，如图 7.13(b)所示。

74121、74221、74LS221 都是不可重复触发的单稳态触发器。属于可重复触发的触发器有 74122、74LS122、74123、74LS123 等。

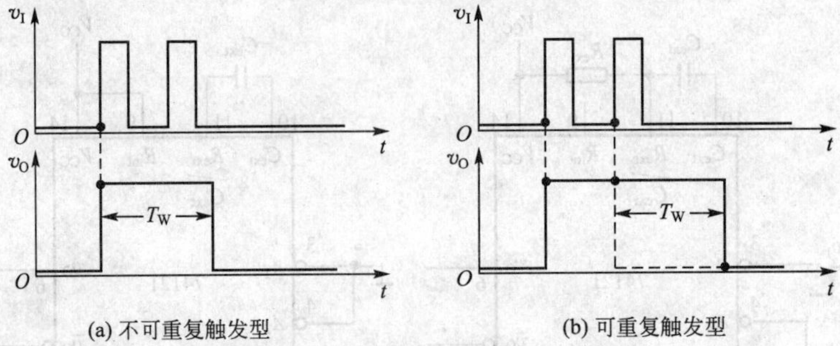

图 7.13　不可重复触发与可重复触发型单稳态触发器的工作波形

有些集成单稳态触发器(如 74221、74122、74123 等)上还设有复位端。通过复位端加入低电平信号能立即终止暂稳态过程，使输出端返回低电平。

7.4.3　单稳态触发器的应用

1. 延时与定时

1）延时

在图 7.14 中，v_O'的下降沿比 v_I 的下降沿滞后了时间 t_W，即延迟了时间 t_W。单稳态触发器的这种延时作用常被应用于时序控制中。

2）定时

在图 7.14 中，单稳态触发器的输出电压 v_O'，用做与门的输入定时控制信号，当 v_O'为高电平时，与门打开，$v_O=v_F$，当 v_O'为低电平时，与门关闭，v_O 为低电平。显然与门打开的时间是恒定不变的，就是单稳态触发器输出脉冲 v_O'的宽度 t_W。

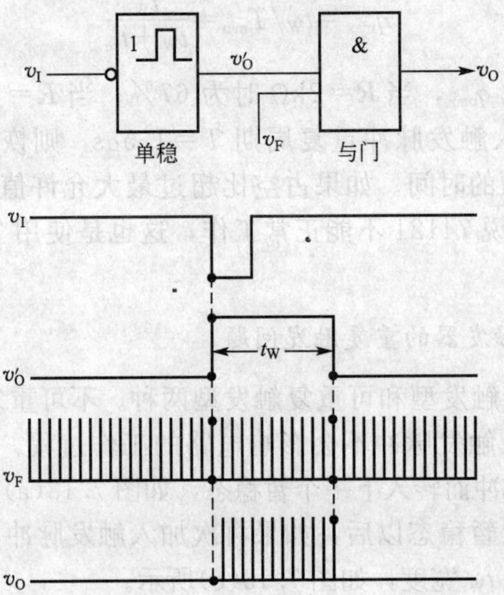

图 7.14　单稳态触发器用于脉冲的延时与定时选通

2. 整形

单稳态触发器能够把不规则的输入信号 v_I，整形成为幅度和宽度都相同的标准矩形脉冲 v_O。v_O 的幅度取决于单稳态电路输出的高、低电平，宽度 t_W 决定于暂稳态时间。图 7.15 是单稳态触发器用于波形整形的一个简单例子。

3. 触摸定时控制开关

图 7.16 是利用 555 定时器构成的单稳态触发器，只要用手触摸一下金属片 P，由于人体感应电压相当于在触发输入端(引脚 2)加入一个负脉冲，555 输出端(引脚 3)输出高电平，灯泡(R_L)发光，当暂稳态时间(t_W)结束时，555 输出端恢复低电平，灯泡熄灭。该触摸开关可用于夜间定时照明，定时时间可由 RC 参数调节。

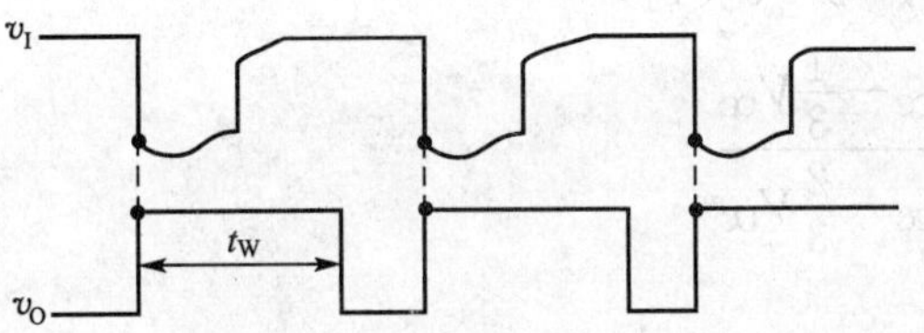

图 7.15 单稳态触发器用于波形整形

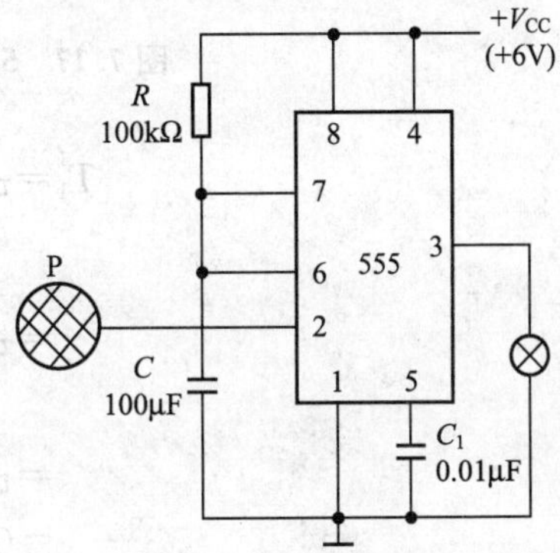

图 7.16 触摸式定时控制开关电路

7.5 多谐振荡器

多谐振荡器是一种自激振荡器，在接通电源以后，不需要外加触发信号，便能自行产生具有一定频率和一定脉宽的矩形波。由于矩形波中包含有丰富的高次谐波分量，所以称为多谐振荡器。和单稳态触发电路或施密特触发电路不同的是多谐振荡器没有稳定状态，只有两个暂稳态。

7.5.1 用 555 定时器构成的多谐振荡器

1. 电路组成及工作原理

用 555 定时器构成的多谐振荡器如图 7.17 所示。

2. 振荡频率的估算

1) 电容充电时间 T_1

电容充电时，时间常数 $\tau_1=(R_1+R_2)C$，起始值 $v_C(0^+)=\frac{1}{3}V_{CC}$，终值 $v_C(\infty)=V_{CC}$，转换值 $v_C(T_1)=\frac{2}{3}V_{CC}$，代入 RC 过渡过程计算公式进行计算

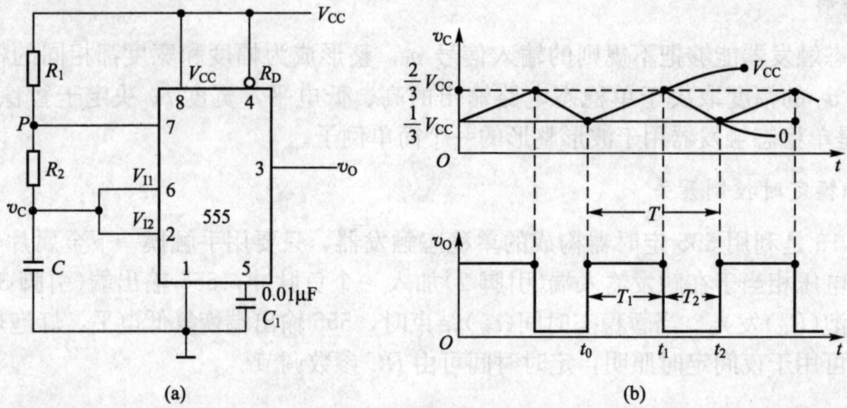

图 7.17　555 定时器构成的多谐振荡器

$$T_1=\tau_1\ln\frac{v_C(\infty)-v_C(0^+)}{v_C(\infty)-v_C(T_1)}$$

$$=\tau_1\ln\frac{V_{CC}-\frac{1}{3}V_{CC}}{V_{CC}-\frac{2}{3}V_{CC}}$$

$$=\tau_1\ln 2$$

$$=0.7(R_1+R_2)C$$

2）电容放电时间 T_2

电容放电时，时间常数 $\tau_2=R_2C$，起始值 $v_C(0^+)=\frac{2}{3}V_{CC}$，终值 $v_C(\infty)=0$，转换值 $v_C(T_2)=\frac{1}{3}V_{CC}$，代入 RC 过渡过程计算公式进行计算

$$T_2=0.7R_2C$$

3）电路振荡周期 T

$$T=T_1+T_2=0.7(R_1+2R_2)C$$

4）电路振荡频率 f

$$f=\frac{1}{T}\approx\frac{1.43}{(R_1+2R_2)C}$$

5）输出波形占空比 q

定义：$q=T_1/T$，即脉冲宽度与脉冲周期之比，称为占空比。

$$q=\frac{T_1}{T}$$

$$=\frac{0.7(R_1+R_2)C}{0.7(R_1+2R_2)C}$$

$$=\frac{R_1+R_2}{R_1+2R_2}$$

7.5.2 石英晶体多谐振荡器

在许多数字系统中，都要求时钟脉冲频率十分稳定，例如在数字钟表里，计数脉冲频率的稳定性，就直接决定着计时的精度。在上面介绍的多谐振荡器中，由于其工作频率取决于电容 C 充、放电过程中，电压到达转换值的时间，因此稳定度不够高。这是因为：①转换电平易受温度变化和电源波动的影响；②电路的工作方式易受干扰，从而使电路状态转换提前或滞后；③电路状态转换时，电容充、放电的过程已经比较缓慢，转换电平的微小变化或者干扰，对振荡周期影响都比较大。一般在对振荡器频率稳定度要求很高的场合，都需要采取稳频措施，其中最常用的一种方法就是利用石英谐振器——简称石英晶体或晶体，构成石英晶体多谐振荡器。

1. *石英晶体的选频特性*

石英晶体有两个谐振频率。当 $f=f_s$ 时，为串联谐振，石英晶体的电抗 $X=0$；当 $f=f_p$ 时，为并联谐振，石英晶体的电抗无穷大。

石英晶体的谐振频率由晶体本身的特性决定：$f_s \approx f_p \approx f_0$(晶体的标称频率)。

石英晶体的选频特性极好，f_0 十分稳定，其稳定度可达 10^{-10}～10^{-11}。图 7.18 给出了石英晶体的电抗频率特性和符号。

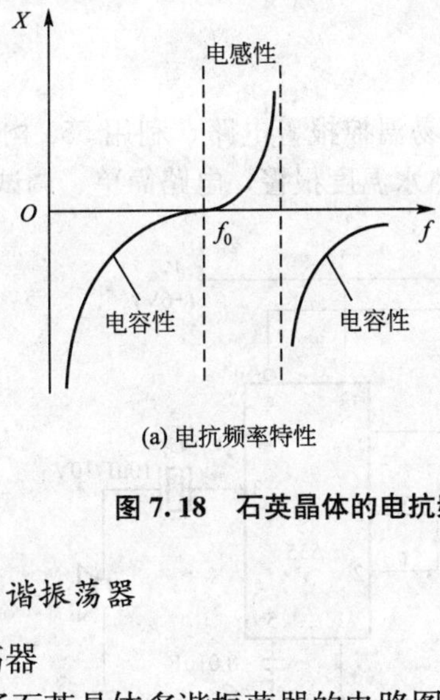

(a) 电抗频率特性

(b) 石英晶体的符号

图 7.18 石英晶体的电抗频率特性和符号

2. *石英晶体多谐振荡器*

1）串联式振荡器

图 7.19 给出了石英晶体多谐振荡器的电路图。

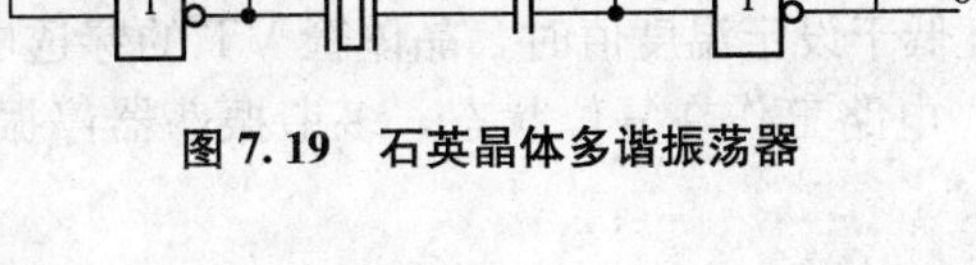

图 7.19 石英晶体多谐振荡器

R_1、R_2 的作用——使两个反相器在静态时都工作在转折区，成为具有很强放大能力的放大电路。

对于 TTL 门，常取 $R_1=R_2=0.7\sim2\text{k}\Omega$，若是 CMOS 门则常取 $R_1=R_2=10\sim100\text{M}\Omega$；$C_1=C_2$ 是耦合电容。

石英晶体工作在串联谐振频率 f_0 下，只有频率为 f_0 的信号才能通过，满足振荡条件。因此，电路的振荡频率$=f_0$，与外接元件 R、C 无关，所以这种电路振荡频率的稳定度很高。

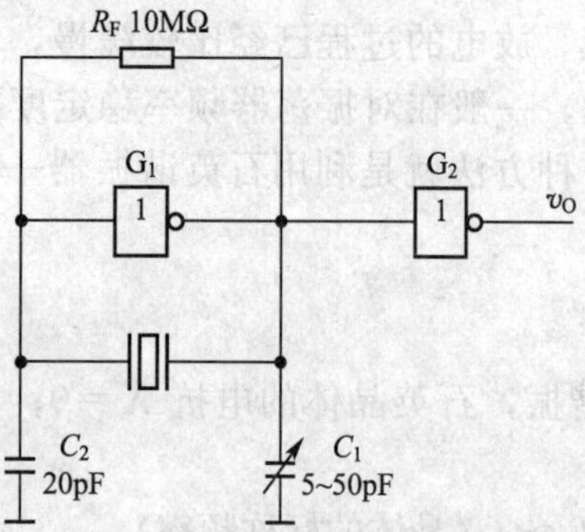

图 7.20　CMOS 石英晶体多谐振荡器

2）并联式振荡器

图 7.20 给出了 CMOS 石英晶体多谐振荡器电路图，R_F 是偏置电阻，保证在静态时使 G_1 工作在转折区，构成一个反相放大器。

晶体工作在 f_s 与 f_p 之间，等效一电感，与 C_1、C_2 共同构成电容三点式振荡电路。电路的振荡频率$=f_0$。

反相器 G_2 起整形缓冲作用，同时 G_2 还可以隔离负载对振荡电路工作的影响。

7.5.3　多谐振荡器应用实例

1. 简易温控报警器

图 7.21 是利用多谐振荡器构成的简易温控报警电路，利用 555 构成可控音频振荡电路，用扬声器发声报警，可用于火警或热水温度报警，电路简单、调试方便。

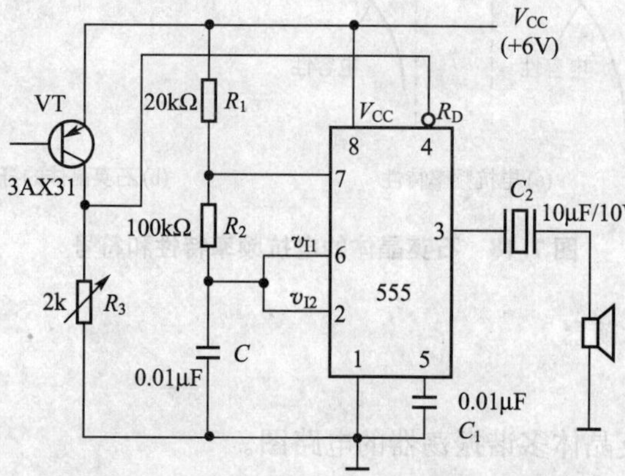

图 7.21　多谐振荡器用作简易温控报警电路

图中晶体管 VT 可选用锗管 3AX31、3AX81 或 3AG 类，也可选用 3DU 型光敏管。3AX31 等锗管在常温下集电极和发射极之间的穿透电流 I_{CEO} 一般在 $10\sim50\mu\text{A}$，且随温度升高而增大较快。当温度低于设定温度值时，晶体管 VT 的穿透电流 I_{CEO} 较小，555 复位端 R_D(4 脚)的电压较低，电路工作在复位状态，多谐振荡器停振，扬声器不发声。当温度升高到设定温度值时，晶体管 VT 的穿透电流 I_{CEO} 较大，555 复位端 R_D 的电压升高到解除复位状态之电位，多谐振荡器开始振荡，扬声器发出报警声。

需要指出的是，不同的晶体管，其 I_{CEO} 值相差较大，故需改变 R_1 的阻值来调节控温点。方法是先把测温元件 VT 置于要求报警的温度下，调节 R_1 使电路发出报警声。报警的音调取决于多谐振荡器的振荡频率，由元件 R_2、R_3 和 C_1 决定，改变这些元件值，可改变音调，但要求 R_2 大于 1kΩ。

2. 双音门铃

图 7.22 是用多谐振荡器构成的电子双音门铃电路。

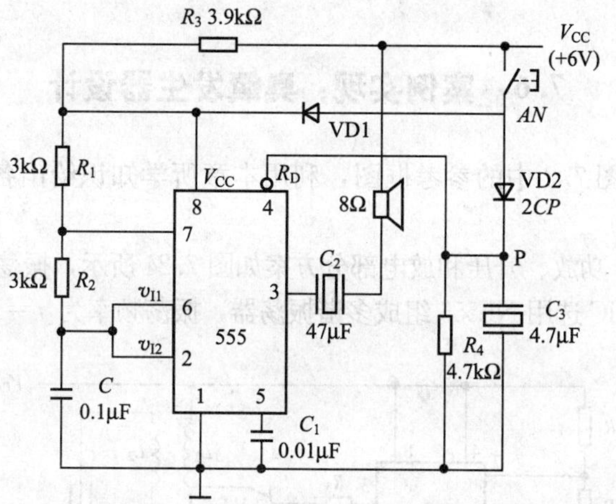

图 7.22 用多谐振荡器构成的双音门铃电路

当按钮开关 AN 按下时，开关闭合，V_{CC}经 VD_2 向 C_3 充电，P 点(4 脚)电位迅速充至 V_{CC}，复位解除；由于 VD_1 将 R_3 旁路，V_{CC}经 VD_1、R_1、R_2 向 C 充电，充电时间常数为$(R_1+R_2)C$，放电时间常数为 R_2C，多谐振荡器产生高频振荡，喇叭发出高音。

当按钮开关 AN 松开时，开关断开，由于电容 C_3 储存的电荷经 R_4 放电要维持一段时间，在 P 点电位降至复位电平之前，电路将继续维持振荡；但此时 V_{CC}经 R_3、R_1、R_2 向 C 充电，充电时间常数增加为$(R_3+R_1+R_2)C$，放电时间常数仍为 R_2C，多谐振荡器产生低频振荡，喇叭发出低音。

当电容 C_3 持续放电，使 P 点电位降至 555 的复位电平以下时，多谐振荡器停止振荡，喇叭停止发声。

调节相关参数，可以改变高、低音发声频率以及低音维持时间。

3. 秒脉冲发生器

图 7.23 是用多谐振荡器构成的秒脉冲发生器电路。

CMOS 石英晶体多谐振荡器产生 $f=32768$Hz 的基准信号，经 T'触发器构成的 15 级异步计数器分频后，便可得到稳定度极高的秒信号。这种秒脉冲发生器可作为各种计时系统的基准信号源。

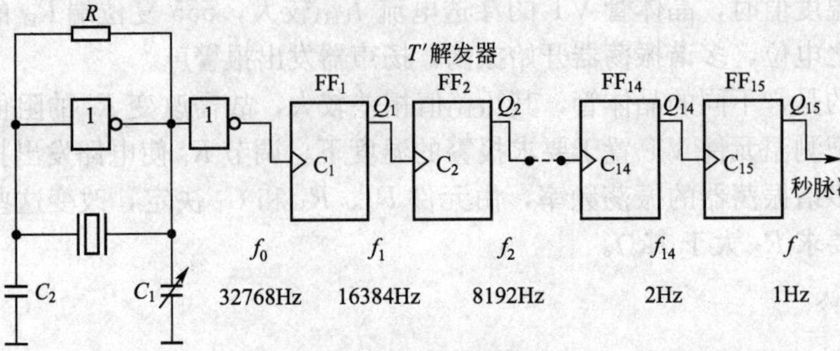

图 7.23 秒脉冲发生器

7.6 案例实现：臭氧发生器设计

根据 7.1.2 节中图 7.2 中的参考框图，利用本章所学知识给出各部分的参考方案和电路图。

(1) 本设计振荡、功放、升压和放电部分方案如图 7.24 所示，振荡频率通过图 7 - 27 (a) (P_{259}) 中的 R_P 调节，IC 选用 NE555 组成多谐振荡器，振荡频率为 $f=1.43/[(R_1+2R_2)C_1]$。

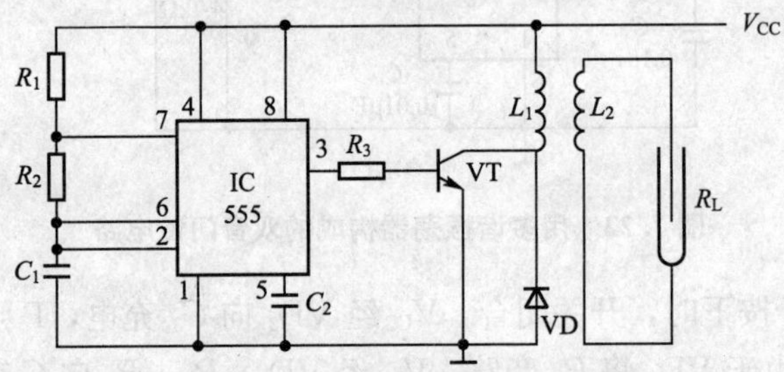

图 7.24 振荡和功率放大电路

(2)“清新”控制电路根据要求采用占空比 1∶7 的多谐振荡器，即 5min 输出高电平，30min 输出低电平，交替循环。这里采用 555 和 R_1、R_2、VD_1、VD_2 组成振荡电路，如图 7.25 所示。

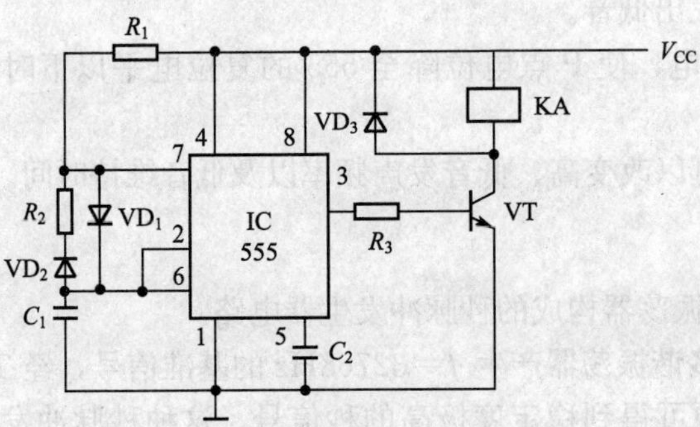

图 7.25 “清新”控制电路

(3)“消毒”控制电路为单稳延时电路，采用555组成单稳态电路，如图7.26所示。

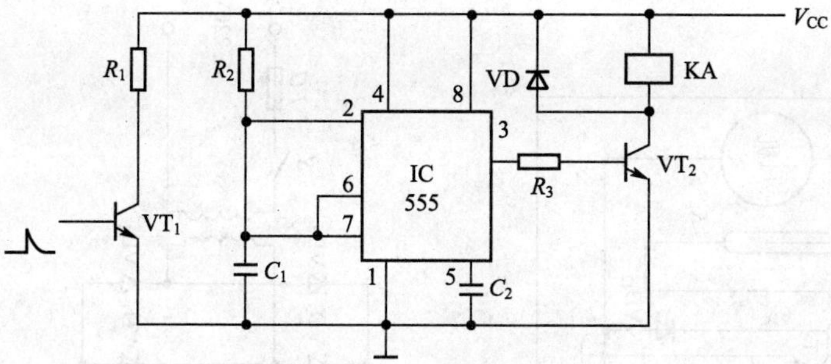

图7.26 “消毒”控制电路

(4) 遥控电路由于设计要求不高，可借用现成的电路和环节稍加改造即可，如图7.27所示。图7.27(a)是发射器，图7.27(b)是接收器。

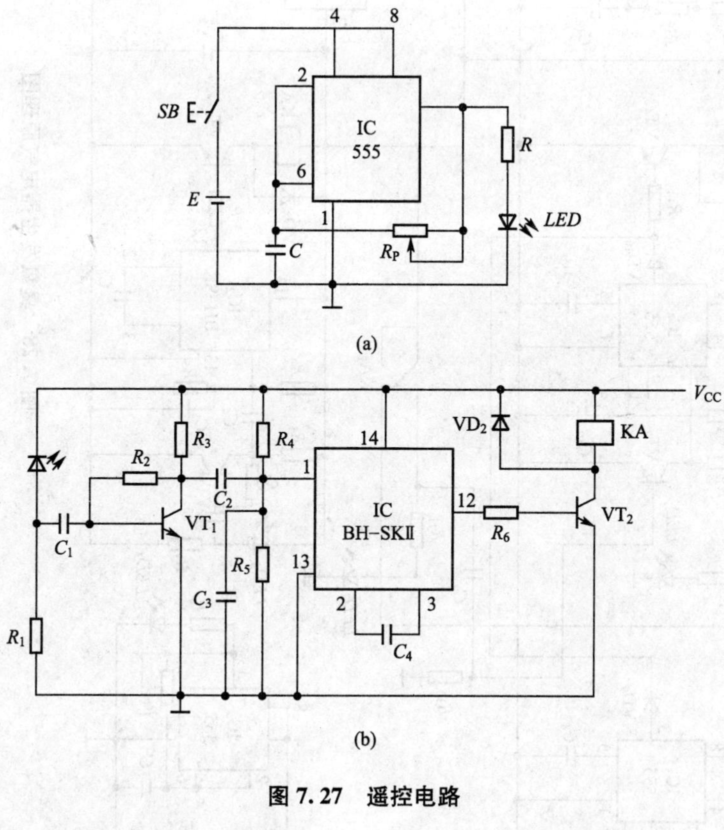

图7.27 遥控电路

(5) 电路对电源的要求不高，采用20～25W变压器，将220V交流电变成15V，经桥式整流，电容滤波，再经三端稳压器W7812稳压，输出12V直流。W7812最大输出电流2A，已经足够给电路供电了。

总原理图设计是在单元电路设计的基础上，将各单元电路有机结合，绘出总电路原理图，如图7.28所示。

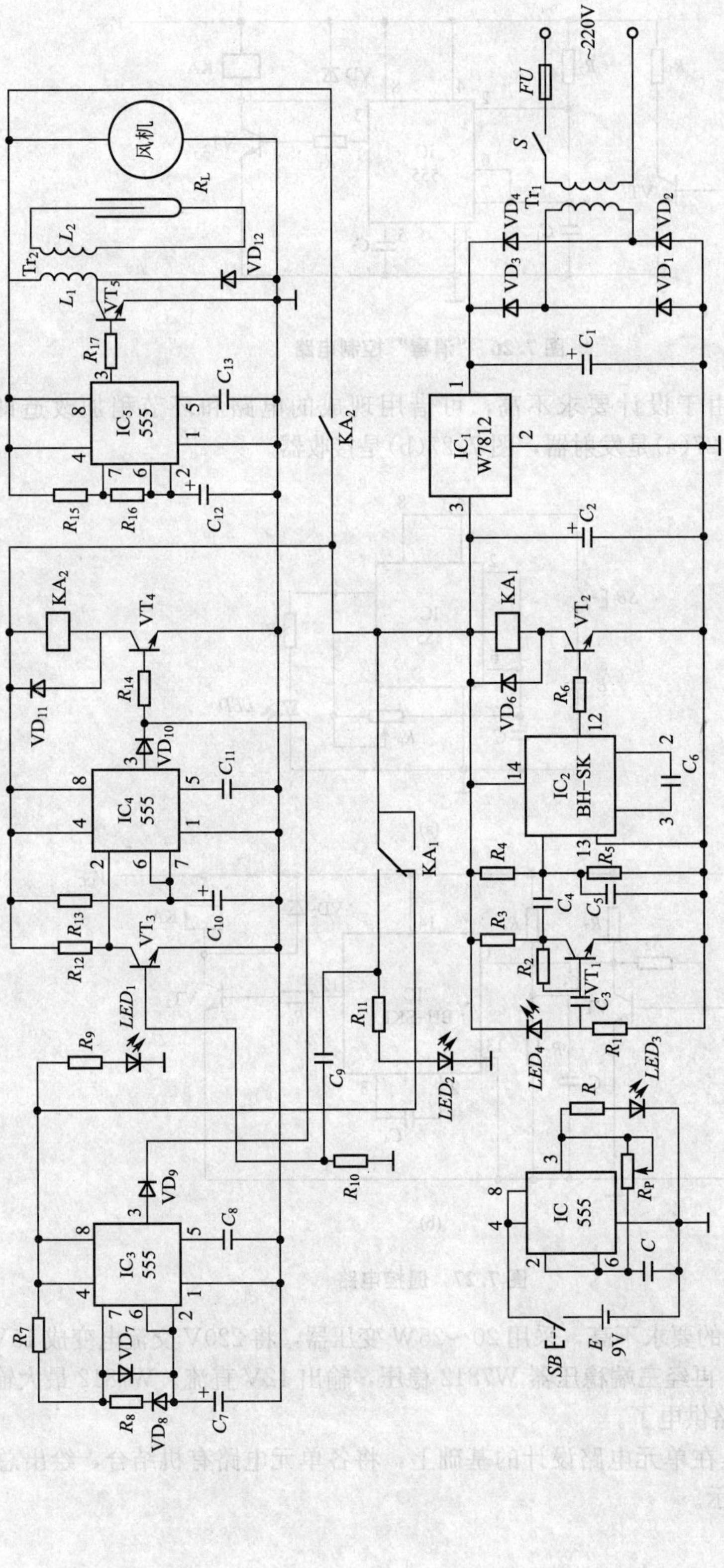

图 7.28　臭氧发生器电气原理图

本章小结

1. 集成555定时器是一种用途很广的集成电路，只需外接少量R、C元件，就可构成施密特触发器、单稳态触发器和多谐振荡器，还可以接成各种灵活多变的应用电路。在测量与控制、家用电器等许多领域中都得到了广泛应用。

2. 施密特触发器是一种能够把输入波形整形成为适合于数字电路需要的矩形脉冲的电路。而且由于具有滞回特性，所以抗干扰能力也很强。施密特触发器可以由分立元件构成，也可以由门电路及555定时器构成。施密特触发器在脉冲的产生和整形电路中应用很广。

3. 单稳态触发器具有一个稳态。由门电路构成的单稳态触发器和基本SR触发器在结构上也极为相似，只有用于反馈的耦合网络不同。单稳态触发器可以由门电路构成，也可以由555定时器构成。在单稳态触发器中，由一个暂稳态过渡到稳态，其“触发”信号也是由电路内部电容充(放)电提供的，暂稳态的持续时间即脉冲宽度也由电路的阻容元件决定。单稳态触发器不能自动地产生矩形脉冲，但却可以把其他形状的信号变换成为矩形波，用途很广。

4. 多谐振荡器是一种自激振荡电路，不需要外加输入信号，就可以自动地产生出矩形脉冲。多谐振荡器可以由门电路构成，也可以由555定时器构成。在多谐振荡器中，由一个暂稳态过渡到另一个暂稳态，其“触发”信号是由电路内部电容充(放)电提供的，因此无需外加触发脉冲。多谐振荡器的振荡周期与电路的阻容元件有关。石英晶体多谐振荡器，利用石英晶体的选频特性，只有频率为f_0的信号才能满足自激条件，产生自激振荡，其主要特点是f_0的稳定性极好。

自我检测题

一、选择题

1. 脉冲整形电路有______。

A. 多谐振荡器　　B. 单稳态触发器
C. 施密特触发器　　D. 555定时器

2. 多谐振荡器可产生______。

A. 正弦波　　B. 矩形脉冲　　C. 三角波　　D. 锯齿波

3. 石英晶体多谐振荡器的突出优点是______。

A. 速度高　　B. 电路简单
C. 振荡频率稳定　　D. 输出波形边沿陡峭

4. TTL单定时器型号的最后几位数字为______。

A. 555　　B. 556　　C. 7555　　D. 7556

5. 555定时器可以组成______。

A. 多谐振荡器　　B. 单稳态触发器　　C. 施密特触发器　　D. JK触发器

6. 用555定时器组成施密特触发器，当输入控制端CO外接10V电压时，回差电压为______。

A. 3.33V　　　B. 5V　　　C. 6.66V　　　D. 10V

7. 以下各电路中，______可以产生脉冲定时。

A. 多谐振荡器　　　B. 单稳态触发器

C. 施密特触发器　　　D. 石英晶体多谐振荡器

二、判断题(正确的打√，错误的打×)

1. 施密特触发器可用于将三角波变换成正弦波。(　　)
2. 施密特触发器有两个稳态。(　　)
3. 多谐振荡器的输出信号的周期与阻容元件的参数成正比。(　　)
4. 石英晶体多谐振荡器的振荡频率与电路中的 R、C 成正比。(　　)
5. 单稳态触发器的暂稳态时间与输入触发脉冲宽度成正比。(　　)
6. 单稳态触发器的暂稳态维持时间用 t_W 表示，与电路中 RC 成正比。(　　)
7. 采用不可重触发单稳态触发器时，若在触发器进入暂稳态期间再次受到触发，输出脉宽可在此前暂稳态时间的基础上再展宽 t_W。(　　)
8. 施密特触发器的正向阈值电压一定大于负向阈值电压。(　　)

三、填空题

1. 555 定时器的最后数码为 555 的是__________产品，为 7555 的是__________产品。
2. 施密特触发器具有__________现象，又称__________特性。单稳态触发器最重要的参数为__________。
3. 常见的脉冲产生电路有__________，常见的脉冲整形电路有__________、__________。
4. 为了实现高的频率稳定度，常采用__________振荡器。单稳态触发器受到外触发时进入__________态。

习　题

【7.1】 555 定时器中缓冲器 G_3 有什么作用？为什么？

【7.2】 在图 7.29(a)所示用 555 定时器接成的施密特触发器中，用什么方法能调节回差电压的大小？

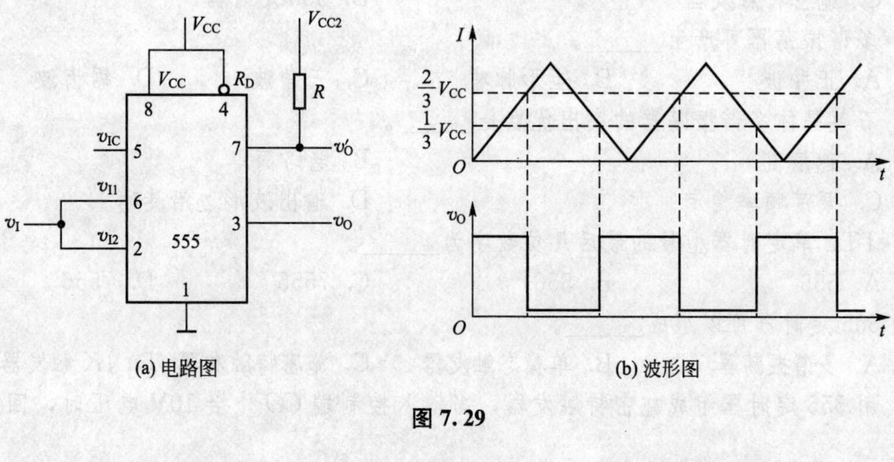

图 7.29

【7.3】 施密特触发器、单稳态触发器、多谐振荡器，各有几个暂稳态、几个能够自动保持的稳定状态？

【7.4】 在图7.29(a)所示的用555定时器接成的施密特触发器中，试问：

(1) 当$V_{CC}=12V$，而且没有外接控制电压时，V_{T+}、V_{T-}和ΔV_T各为多少伏？

(2) 当$V_{CC}=10V$，控制电压$V_{IC}=6V$时，V_{T+}、V_{T-}和ΔV_T各为多少伏？

【7.5】 在图7.29(a)所示施密特触发器中，若V_{IC}端通过0.01μF电容接地，$V_{CC}=9V$，$V_{CC2}=5V$，v_I为正弦波，其幅值$U_{Im}=9V$、频率$f=1kHz$，试对应画出v_O，v_O'的波形。

【7.6】 在图7.30(a)所示用555定时器构成的单稳态触发器中，对输入触发脉冲的宽度有无限制？当输入触发脉冲的宽度大于输出脉冲宽度时，电路应做何改动？

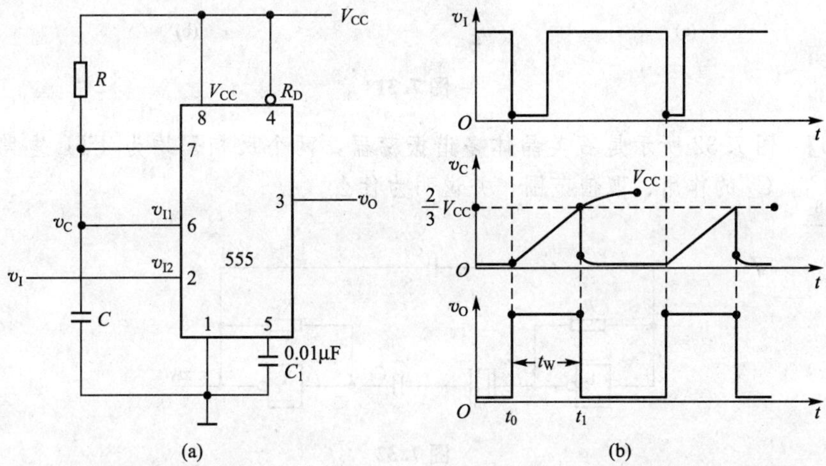

图7.30

【7.7】 在图7.30(a)所示单稳态触发器中，$V_{CC}=9V$，$R=27k\Omega$，$C=0.05\mu F$。

(1) 估算输出脉冲v_O的宽度t_W；

(2) v_I为负窄脉冲，其脉冲宽度$t_{W1}=0.5ms$、重复周期$T_1=5ms$、高电平$U_{IH}=9V$、低电平$U_{IL}=0V$，试对应画出v_O，v_C的波形；

(3) 当$U_{IH}=9V$，为了保证电路能可靠地被触发，v_I的下限值即U_{IL}的最大值应为多少伏？

【7.8】 在图7.31(a)所示多谐振荡器中，$R_1=15k\Omega$，$R_2=10k\Omega$，$C=0.05\mu F$，$V_{CC}=9V$，定性画出v_O，v_C的波形，估算振荡频率f和占空比q。

【7.9】 在图7.31(a)所示多谐振荡器中，欲降低电路振荡频率，试说明下面列举的各种方法中，哪些是正确的，为什么。

(1) 加大R_1的阻值。

(2) 加大R_2的阻值。

(3) 减小C的容量。

(4) 降低电源电压V_{CC}。

(5) 在5端接低于$2V_{CC}/3$的电压。

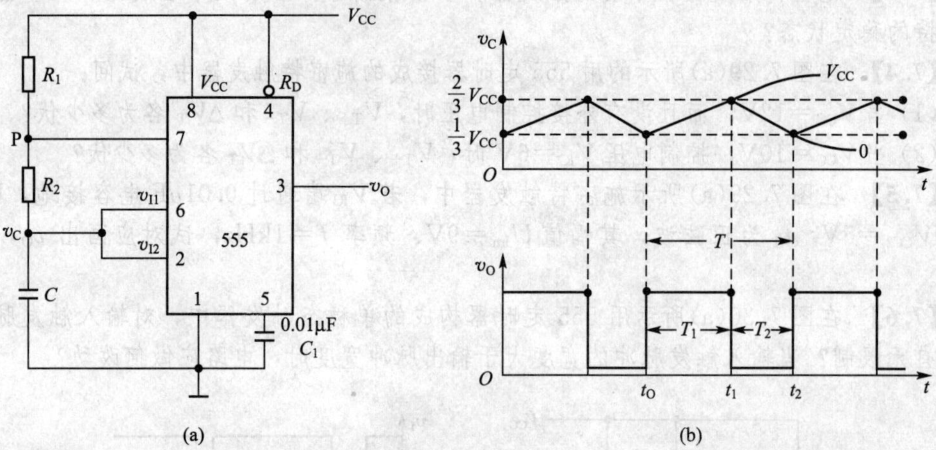

图 7.31

【7.10】 图 7.32 所示是石英晶体多谐振荡器，两个反相器均为 TTL 电路，试简述 R_1，R_2，C_1，C_2 的作用、取值范围，并说明为什么。

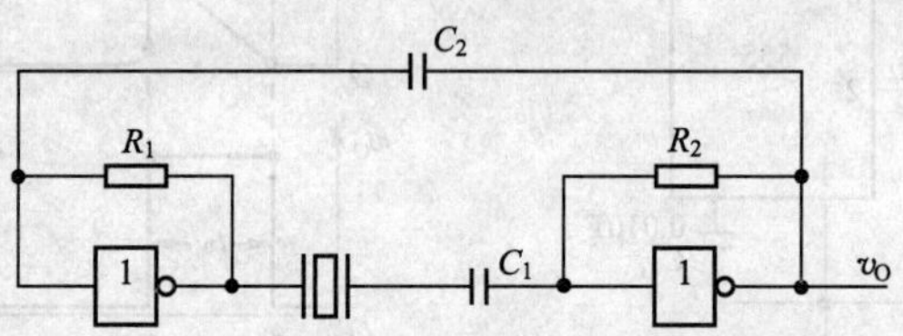

图 7.32

第8章 D/A与A/D转换电路

本章知识架构

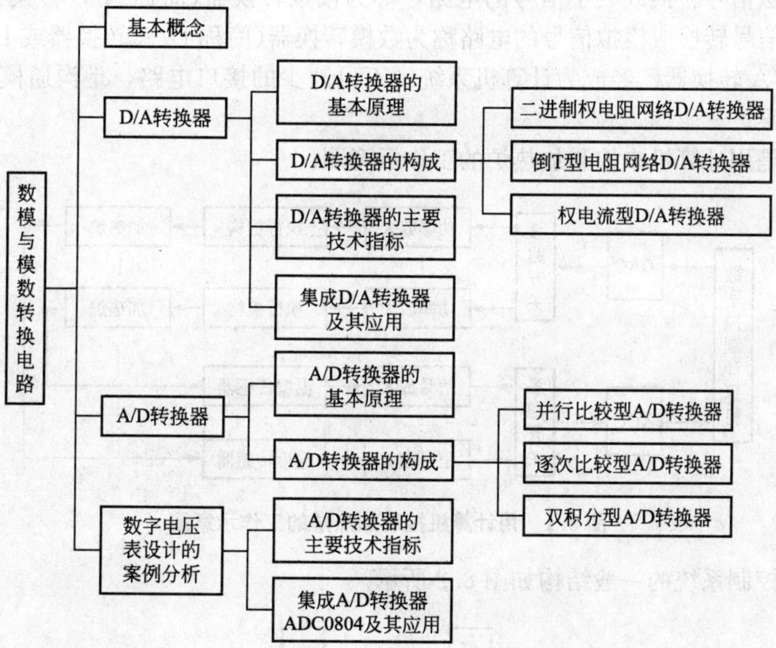

本章教学目标与要求

- 掌握 D/A 转换器(二进制权电阻网络、倒 T 型电阻网络、权电流型)的电路结构及其工作过程
- 掌握 A/D 转换器的主要类型(并行比较型、逐次比较型型、双积分型)及其工作过程
- 掌握 D/A 转换器和 A/D 转换器工作原理、输入与输出关系的定量计算

● 掌握 D/A 转换器与 A/D 转换器的使用方法
● 熟悉 D/A 转换器和 A/D 转换器的主要技术指标及影响它们的主要因素

8.1 D/A 与 A/D 转换电路的基本概念

1. D/A 与 A/D 转换电路的概念与特点

随着数字技术，特别是计算机技术的飞速发展与普及，在现代控制、通信及检测领域中，对信号的处理广泛采用了数字计算机技术。由于系统的实际处理对象往往都是一些模拟量(如温度、压力、位移、图像等)，要使计算机或数字仪表能识别和处理这些信号，必须首先将这些模拟信号转换成数字信号；而经计算机分析、处理后输出的数字量往往也需要将其转换成为相应的模拟信号才能为执行机构所接收。这样，就需要一种能在模拟信号与数字信号之间起桥梁作用的电路——模数转换电路或数模转换电路。

能将模拟信号转换成数字信号的电路，称为模数转换器(简称 A/D 转换器或 ADC)；而能把数字信号转换成模拟信号的电路称为数模转换器(简称 D/A 转换器或 DAC)。A/D 转换器和 D/A 转换器已经成为计算机系统中不可缺少的接口电路，是沟通模拟电路和数字电路的桥梁。

图 8.1 是用计算机来控制加热炉的工作示意图。

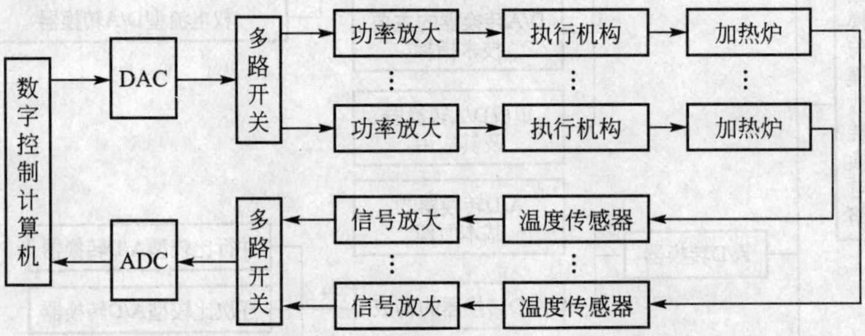

图 8.1 用计算机控制加热炉的工作示意图

计算机控制系统的一般结构如图 8.2 所示。

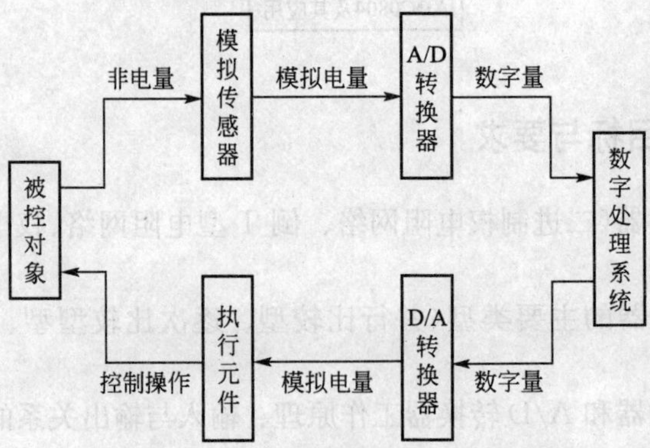

图 8.2 计算机控制系统的一般结构

2. 案例介绍：数字电压表

随着电子科学技术的发展，电子测量成为广大电子工作者必须掌握的手段，对测量的精度和功能的要求也越来越高，而电压的测量甚为突出，因为电压的测量最为普遍。传统的模拟电压表已有百年的发展历史，虽然经过改进，但是仍然远远不能满足测量的需要。近几十年来随着电子技术的发展，经常需要测量高精度的电压，因此数字电压表应运而生，发展的速度很快。

图 8.3　数字电压表

数字电压表的外部形状如图 8.3 所示。

数字电压表一般由模拟部分和数字部分组成，模拟部分的主要功能是获取电压并将其转换为相应的数字量，数字部分完成逻辑控制、译码和显示等功能，数字电压表的核心是 A/D 转换器，A/D 转换器实现了由模拟量向数字量的转换。

数字电压表是数字仪表的基础和核心。电压表的数字化是将连续的模拟量(如直流电压)转换成不连续的离散的数字形式并加以显示，这有别于传统的以指针加刻度盘进行读数的方法，避免了读数的误差和视觉疲劳。

当今，数字电压表正进入一个蓬勃发展的新时期，一方面它开拓了电子测量领域的先河，另一方面它本身正朝着高准确度、智能化、低成本的方向发展。

8.2　D/A 转换器

8.2.1　D/A 转换器的基本原理

数字量是用代码按数位组合起来表示的，对于有权码，每位代码都有一定的权。为了将数字量转换成模拟量，必须将每 1 位的代码按其权的大小转换成相应的模拟量，然后将这些模拟量相加，即可得到与数字量成正比的总模拟量，从而实现了数字-模拟转换。这就是构成 D/A 转换器的基本思路。

图 8.4 所示是 D/A 转换器的输入、输出关系框图，$D_0 \sim D_{n-1}$是输入的 n 位二进制数，v_O是与输入二进制数成比例的输出电压。

图 8.5 所示是一个输入为 3 位二进制数时 D/A 转换器的转换特性，它具体而形象地反映了 D/A 转换器的基本功能。

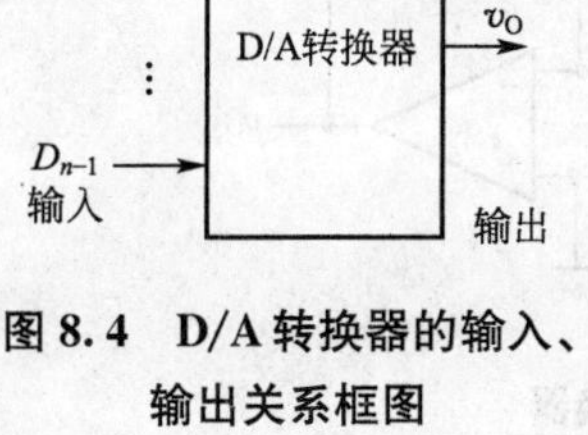

图 8.4　D/A 转换器的输入、输出关系框图

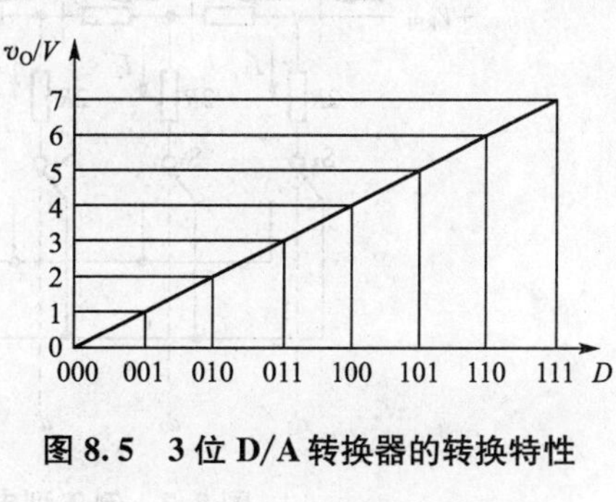

图 8.5　3 位 D/A 转换器的转换特性

8.2.2 D/A 转换器的构成

1. 二进制权电阻网络 D/A 转换器

二进制权电阻网络 D/A 转换器的电路如图 8.6 所示。

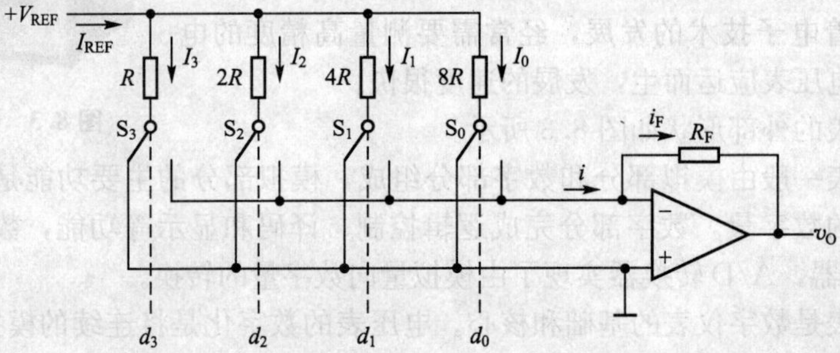

图 8.6 二进制权电阻网络 D/A 转换器

不论模拟开关接到运算放大器的反相输入端(虚地)还是接到地，也就是不论输入数字信号是 1 还是 0，各支路的电流是不变的。

$$I_0=\frac{V_{REF}}{8R}\quad I_1=\frac{V_{REF}}{4R}\quad I_2=\frac{V_{REF}}{2R}\quad I_3=\frac{V_{REF}}{R}$$

$$\begin{aligned}i&=I_0d_0+I_1d_1+I_2d_2+I_3d_3\\&=\frac{V_{REF}}{8R}d_0+\frac{V_{REF}}{4R}d_1+\frac{V_{REF}}{2R}d_2+\frac{V_{REF}}{R}d_3\\&=\frac{V_{REF}}{2^3R}(d_3\cdot2^3+d_2\cdot2^2+d_1\cdot2^1+d_0\cdot2^0)\end{aligned}$$

$$v_O=-R_Fi_F=-\frac{R}{2}\cdot i=-\frac{V_{REF}}{2^4}(d_3\cdot2^3+d_2\cdot2^2+d_1\cdot2^1+d_0\cdot2^0)$$

2. 倒 T 型电阻网络 D/A 转换器

倒 T 型电阻网络 D/A 转换器的电路如图 8.7 所示。

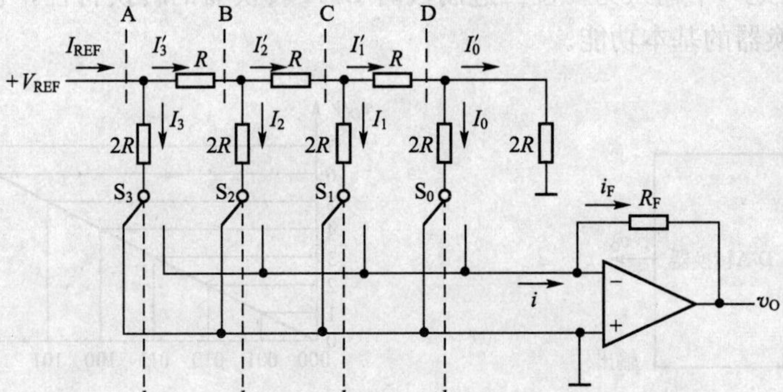

图 8.7 倒 T 型电阻网络 D/A 转换器

(1) 分别从虚线 A、B、C、D 处向右看的二端网络等效电阻都是 R。

(2) 不论模拟开关接到运算放大器的反相输入端(虚地)还是接到地，也就是不论输入数字信号是 1 还是 0，各支路的电流不变。

从参考电压端输入的电流为：$I_{REF}=\frac{V_{REF}}{R}$。

$$I_3=\frac{1}{2}I_{REF}=\frac{V_{REF}}{2R} \quad I_2=\frac{1}{4}I_{REF}=\frac{V_{REF}}{4R}$$

$$I_1=\frac{1}{8}I_{REF}=\frac{V_{REF}}{8R} \quad I_0=\frac{1}{16}I_{REF}=\frac{V_{REF}}{16R}$$

$$\begin{aligned} i &= I_0d_0+I_1d_1+I_2d_2+I_3d_3 \\ &=\left(\frac{1}{16}d_0+\frac{1}{8}d_1+\frac{1}{4}d_2+\frac{1}{2}d_3\right)\frac{V_{REF}}{R} \\ &=\frac{V_{REF}}{2^4R}(d_3\cdot 2^3+d_2\cdot 2^2+d_1\cdot 2^1+d_0\cdot 2^0) \end{aligned}$$

$$v_O=-R_Fi_F=-R_Fi=-\frac{V_{REF}R_F}{2^4R}(d_3\cdot 2^3+d_2\cdot 2^2+d_1\cdot 2^1+d_0\cdot 2^0)$$

3. 权电流型 D/A 转换器

尽管倒 T 型电阻网络 D/A 转换器具有较高的转换速度，但由于电路中存在模拟开关电压降，当流过各支路的电流稍有变化时，就会产生转换误差。为进一步提高 D/A 转换器的转换精度，可采用权电流型 D/A 转换器。

1) 原理电路

权电流型 D/A 转换器的原理电路如图 8.8 所示。

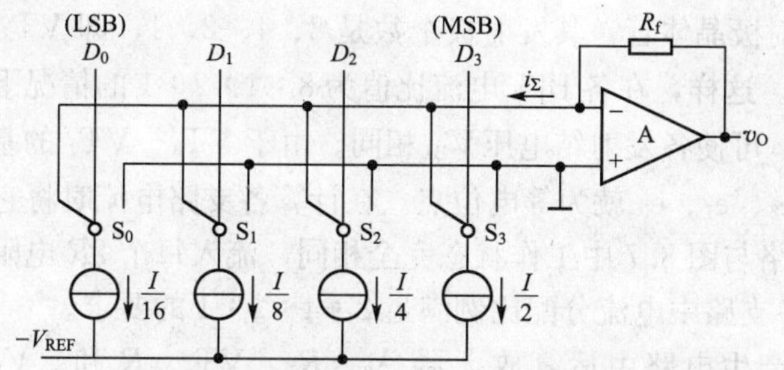

图 8.8 权电流型 D/A 转换器的原理电路

这组恒流源从高位到低位电流的大小依次为 $I/2$、$I/4$、$I/8$、$I/16$。

当输入数字量的某一位代码 $D_i=1$ 时，开关 S_i 接运算放大器的反相输入端，相应的权电流流入求和电路；当 $D_i=0$ 时，开关 S_i 接地。分析该电路可得出

$$\begin{aligned} v_O &= i_\Sigma R_f \\ &= R_f\left(\frac{I}{2}D_3+\frac{I}{4}D_2+\frac{I}{8}D_1+\frac{I}{16}D_0\right) \\ &=\frac{I}{2^4}\cdot R_f(D_3\cdot 2^3+D_2\cdot 2^2+D_1\cdot 2^1+D_0\cdot 2^0) \\ &=\frac{I}{2^4}\cdot R_f\sum_{i=0}^{3}D_i\cdot 2^i \end{aligned}$$

采用了恒流源电路之后，各支路权电流的大小均不受开关导通电阻和压降的影响，这就降低了对开关电路的要求，提高了转换精度。

2）采用具有电流负反馈的 BJT 恒流源电路的权电流 D/A 转换器

权电流 D/A 转换器的实际电路如图 8.9 所示。

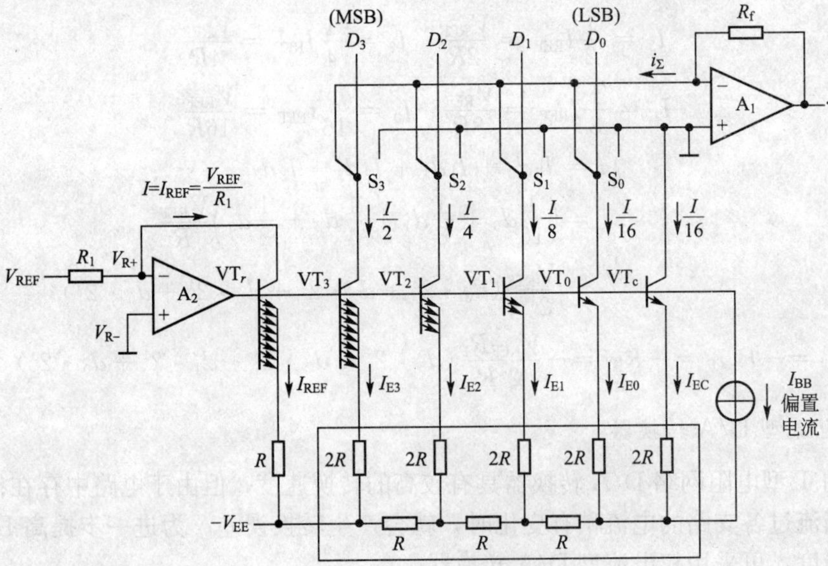

图 8.9　权电流 D/A 转换器的实际电路

为了消除因各 BJT 发射极电压 V_{BE} 的不一致性对 D/A 转换器精度的影响，图中 VT_3～VT_0 均采用了多发射极晶体管，其发射极个数是 8、4、2、1，即 VT_3～VT_0 发射极面积之比为 8∶4∶2∶1。这样，在各 BJT 电流比值为 8∶4∶2∶1 的情况下，VT_3～VT_0 的发射极电流密度相等，可使各发射结电压 V_{BE} 相同。由于 VT_3～VT_0 的基极电压相同，所以它们的发射极 e_3、e_2、e_1、e_0 就为等电位点。在计算各支路电流时将它们等效连接后，可看出倒 T 型电阻网络与图 8.7 中工作状态完全相同，流入每个 2R 电阻的电流从高位到低位依次减少 1/2，各支路中电流分配比例满足 8∶4∶2∶1 的要求。

基准电流 I_{REF} 产生电路由运算放大器 A_2、R_1、VT_r、R 和 $-V_{EE}$ 组成，A_2 和 R_1、VT_r 的 cb 结组成电压并联负反馈电路，以稳定输出电压，即 VT_r 的基极电压。VT_r 的 cb 结，电阻 R 到 $-V_{EE}$ 为反馈电路的负载，由于电路处于深度负反馈，根据虚短的原理，其基准电流为：$I_{REF}=\frac{V_{REF}}{R_1}=2I_{E3}$。

由倒 T 型电阻网络分析可知，$I_{E3}=I/2$，$I_{E2}=I/4$，$I_{E1}=I/8$，$I_{E0}=I/16$，于是可得输出电压为

$$
\begin{aligned}
v_O &= i_\Sigma R_f \\
&= \frac{R_f V_{REF}}{2^4 R_1}(D_3\cdot 2^3+D_2\cdot 2^2+D_1\cdot 2^1+D_0\cdot 2^0)
\end{aligned}
$$

可推得 n 位倒 T 型权电流 D/A 转换器的输出电压

$$v_O = \frac{V_{REF}}{R_1} \cdot \frac{R_f}{2^n} \sum_{i=0}^{n-1} D_i \cdot 2^i$$

该电路特点为，基准电流仅与基准电压V_{REF}和电阻R_1有关，而与BJT、R、$2R$电阻无关。这样，电路降低了对BJT参数及R、$2R$取值的要求，对于集成化十分有利。

由于在这种权电流D/A转换器中采用了高速电子开关，电路还具有较高的转换速度。采用这种权电流型D/A转换电路生产的单片集成D/A转换器有AD1408、DAC0806、DAC0808等。这些器件都采用双极型工艺制作，工作速度较快。

8.2.3 D/A转换器的主要技术指标

1. 转换精度

D/A转换器的转换精度通常用分辨率和转换误差来描述。

(1) 分辨率——D/A转换器模拟输出电压可能被分离的等级数。

输入数字量位数越多，输出电压可分离的等级越多，即分辨率越高。在实际应用中，往往用输入数字量的位数表示D/A转换器的分辨率。此外，D/A转换器也可以用能分辨的最小输出电压(此时输入的数字代码只有最低有效位为1，其余各位都是0)与最大输出电压(此时输入的数字代码各有效位全为1)之比给出。n位D/A转换器的分辨率可表示为$\frac{1}{2^n-1}$。它表示D/A转换器在理论上可以达到的精度。

(2) 转换误差。

转换误差的来源很多，转换器中各元件参数值的误差，基准电源不够稳定和运算放大器的零漂的影响等。

D/A转换器的绝对误差(或绝对精度)是指输入端加入最大数字量(全1)时，D/A转换器的理论值与实际值之差，该误差值应低于LSB/2。

例如，一个8位的D/A转换器，对应最大数字量(FFH)的模拟理论输出值为$\frac{255}{256}V_{REF}$，$\frac{1}{2}\text{LSB}=\frac{1}{512}V_{REF}$，所以实际值不应超过$\left(\frac{255}{256}\pm\frac{1}{512}\right)V_{REF}$。

2. 转换速度

(1) 建立时间(t_{set})——指输入数字量变化时，输出电压变化到相应稳定电压值所需时间。一般用D/A转换器输入的数字量NB从全0变为全1时，输出电压达到规定的误差范围(±LSB/2)时所需时间表示。D/A转换器的建立时间较快，单片集成D/A转换器建立时间最短可达0.1μs以内。

(2) 转换速率(SR)——大信号工作状态下模拟电压的变化率。

3. 温度系数

指在输入不变的情况下，输出模拟电压随温度变化产生的变化量。一般用满刻度输出条件下温度每升高1℃，输出电压变化的百分数作为温度系数。

8.2.4 集成D/A转换器及其应用

图8.10是权电流型D/A转换器DAC0808的电路结构框图，图中D_0～D_7是8位数

字量输入端，I_O是求和电流的输出端。V_{REF+}和V_{REF-}接基准电流发生电路中运算放大器的反相输入端和同相输入端。$COMP$供外接补偿电容之用。V_{CC}和V_{EE}为正负电源输入端。

用DAC0808这类器件构成的D/A转换器时需要外接运算放大器和产生基准电流用的电阻R_1，如图8.11所示。

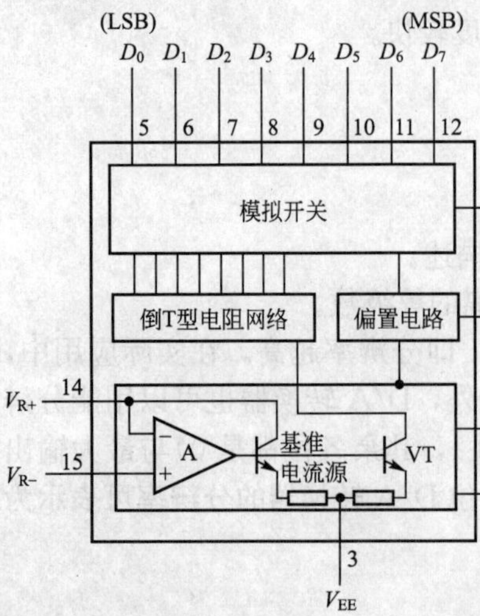

图8.10　权电流型D/A转换器DAC0808的电路结构框图

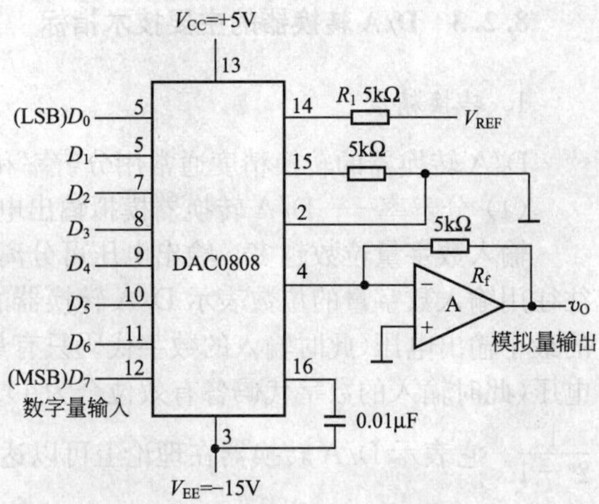

图8.11　DAC0808 D/A转换器的典型应用

在$V_{REF}=10V$、$R_1=5k\Omega$、$R_f=5k\Omega$的情况下，可知输出电压为

$$v_O=\frac{R_f V_{REF}}{2^8 R_1}\sum_{i=0}^{7}D_i\cdot 2^i$$
$$=\frac{10}{2^8}\sum_{i=0}^{7}D_i\cdot 2^i$$

当输入的数字量在全0和全1之间变化时，输出模拟电压的变化范围为0～9.96V。

8.3　A/D转换器

8.3.1　A/D转换器的基本原理

从模拟量到数字量的转换包括4个步骤：采样、保持、量化、编码，如图8.12所示。模拟电子开关S在采样脉冲CP_S的控制下重复接通、断开的过程：S接通时，$u_i(t)$对C充电，为采样过程；S断开时，C上的电压保持不变，为保持过程。在保持过程中，采样的模拟电压经数字化编码电路转换成一组n位的二进制数输出。

1. 采样定理

将一个时间上连续变化的模拟量转换成时间上离散的模拟量称为采样。对输入模拟信号的采样过程如图8.13所示。

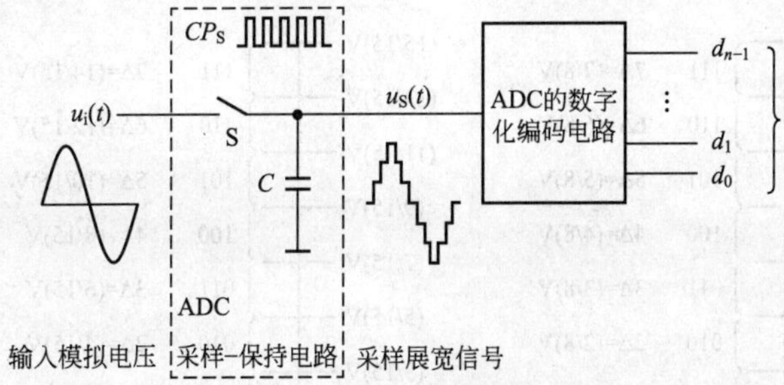

图 8.12 模拟量到数字量的转换过程

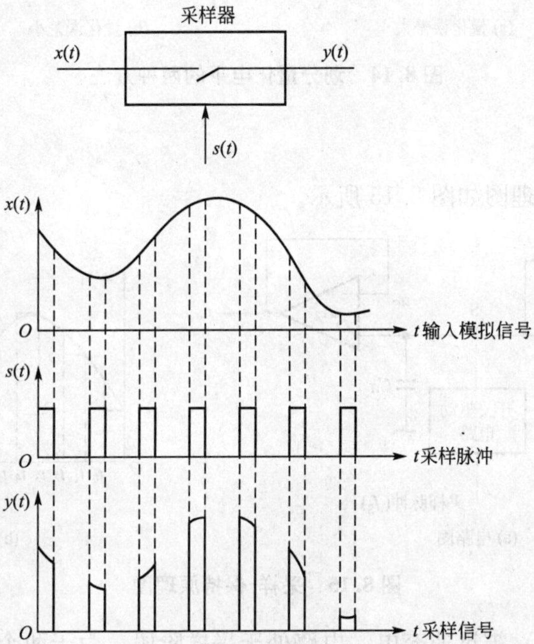

图 8.13 对输入模拟信号的采样

采样定理：设采样脉冲 $s(t)$的频率为 f_S，输入模拟信号 $x(t)$的最高频率分量的频率为 f_{max}，必须满足 $f_S \geqslant 2f_{max}$，$y(t)$才可以正确地反映输入信号(从而能不失真地恢复原模拟信号)。

通常取 $f_S=(2.5\sim3)f_{max}$。

由于 A/D 转换需要一定的时间，在每次采样以后，需要把采样电压保持一段时间。

2. 量化和编码

数字量最小单位所对应的最小量值叫做量化单位 Δ。

将采样-保持电路的输出电压归化为量化单位 Δ 的整数倍的过程叫做量化。

用二进制代码来表示各个量化电平的过程，叫做编码。

一个 n 位二进制数只能表示 $2n$ 个量化电平，量化过程中不可避免会产生误差，这种误差称为量化误差。量化级分得越多(n 越大)，量化误差越小。

划分量化电平的两种方法如图 8.14 所示。

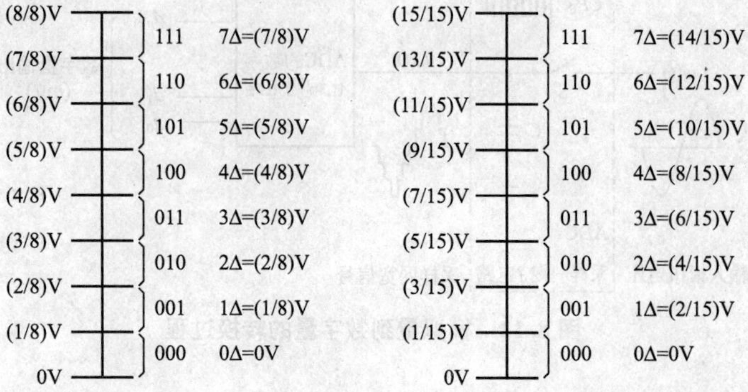

(a) 量化误差大　　(b) 量化误差小

图 8.14　划分量化电平的两种方法

3. 采样-保持电路

采样-保持电路原理图如图 8.15 所示。

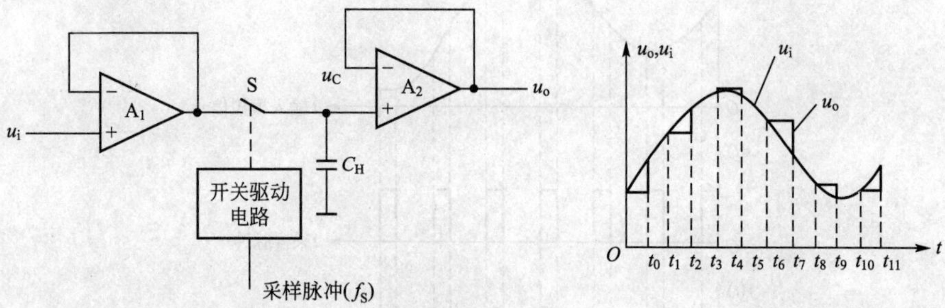

(a) 电路图　　(b) 波形图

图 8.15　采样-保持原理图

t_0 时刻 S 闭合，C_H 被迅速充电，电路处于采样阶段。由于两个放大器的增益都为 1，因此这一阶段 u_o跟随 u_i 变化，即 $u_o=u_i$。t_1 时刻采样阶段结束，S 断开，电路处于保持阶段。若 A_2 的输入阻抗为无穷大，S 为理想开关，则 C_H 没有放电回路，两端保持充电时的最终电压值不变，从而保证电路输出端的电压 u_o维持不变。

8.3.2　A/D 转换器的构成

1. 并行比较型 A/D 转换器

3 位并行比较型 A/D 转换原理电路如图 8.16 所示，它由电压比较器、寄存器和代码转换器 3 部分组成。

电压比较器中量化电平的划分采用图 8.14(b)所示的方式，用电阻链把参考电压 V_{REF}分压，得到从$\frac{1}{15}V_{REF}$到$\frac{13}{15}V_{REF}$之间 7 个比较电平，量化单位 $\Delta=\frac{2}{15}V_{REF}$。然后，把这 7 个比较电平分别接到 7 个比较器 $C_1\sim C_7$ 的输入端作为比较基准。同时将输入的模拟电压同时加到每个比较器的另一个输入端上，与这 7 个比较基准进行比较。

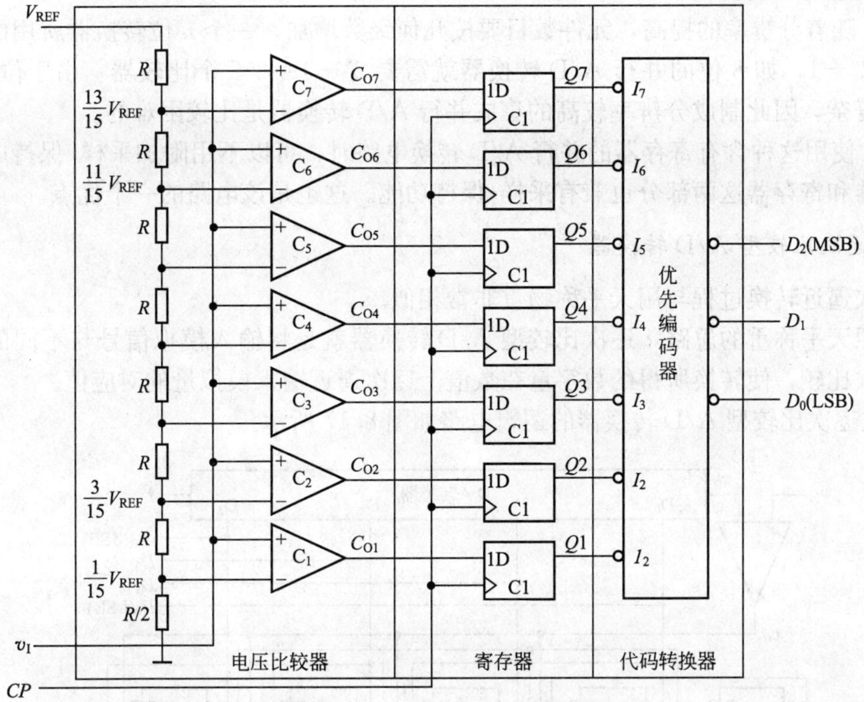

图 8.16　并行比较型 A/D 转换器

3 位并行 A/D 转换器输入与输出转换关系真值表见表 8-1。

表 8-1　3 位并行 A/D 转换器输入与输出转换关系对照表

输入模拟电压 v_I	寄存器状态（代码转换器输入）							数字量输出（代码转换器输出）		
	Q_7	Q_6	Q_5	Q_4	Q_3	Q_2	Q_1	D_2	D_1	D_0
$\left(0\sim\frac{1}{15}\right)V_{REF}$	0	0	0	0	0	0	0	0	0	0
$\left(\frac{1}{15}\sim\frac{3}{15}\right)V_{REF}$	0	0	0	0	0	0	1	0	0	1
$\left(\frac{3}{15}\sim\frac{5}{15}\right)V_{REF}$	0	0	0	0	0	1	1	0	1	0
$\left(\frac{5}{15}\sim\frac{7}{15}\right)V_{REF}$	0	0	0	0	1	1	1	0	1	1
$\left(\frac{7}{15}\sim\frac{9}{15}\right)V_{REF}$	0	0	0	1	1	1	1	1	0	0
$\left(\frac{9}{15}\sim\frac{11}{15}\right)V_{REF}$	0	0	1	1	1	1	1	1	0	1
$\left(\frac{11}{15}\sim\frac{13}{15}\right)V_{REF}$	0	1	1	1	1	1	1	1	1	0
$\left(\frac{13}{15}\sim 1\right)V_{REF}$	1	1	1	1	1	1	1	1	1	1

单片集成并行比较型 A/D 转换器的产品较多，如 AD 公司的 AD9012(TTL 工艺，8 位)、AD9002(ECL 工艺，8 位)、AD9020(TTL 工艺，10 位)等。

并行 A/D 转换器具有如下特点。

(1) 由于转换是并行的，其转换时间只受比较器、触发器和编码电路延迟时间限制，因此转换速度最快。

(2) 随着分辨率的提高，元件数目要按几何级数增加。一个 n 位转换器所用的比较器个数为 2^n-1，如 8 位的并行 A/D 转换器就需要 $2^8-1=255$ 个比较器。由于位数愈多，电路愈复杂，因此制成分辨率较高的集成并行 A/D 转换器是比较困难的。

(3) 使用这种含有寄存器的并行 A/D 转换电路时，可以不用附加采样-保持电路，因为比较器和寄存器这两部分也兼有采样-保持功能。这也是该电路的一个优点。

2. 逐次比较型 A/D 转换器

逐次逼近转换过程与用天平称物重非常相似。

按照天平称重的思路，逐次比较型 A/D 转换器就是将输入模拟信号与不同的参考电压做多次比较，使转换所得的数字量在数值上逐次逼近输入模拟量的对应值。

4 位逐次比较型 A/D 转换器的逻辑电路如图 8.17 所示。

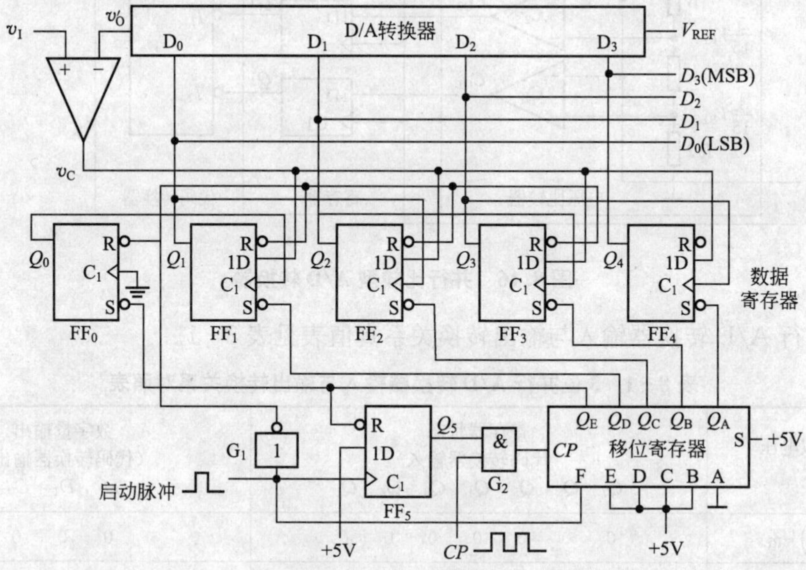

图 8.17　4 位逐次比较型 A/D 转换器的逻辑电路

图中 5 位移位寄存器可进行并入/并出或串入/串出操作，其输入端 F 为并行置数使能端，高电平有效。其输入端 S 为高位串行数据输入。数据寄存器由 D 边沿触发器组成，数字量从 $Q_4 \sim Q_1$ 输出。

电路工作过程如下。

当启动脉冲上升沿到达后，$FF_0 \sim FF_4$ 被清零，Q_5 置 1，Q_5 的高电平开启与门 G_2，时钟脉冲 CP 进入移位寄存器。在第一个 CP 脉冲作用下，由于移位寄存器的置数使能端 F 由 0 变 1，并行输入数据 $ABCDE$ 置入，$Q_AQ_BQ_CQ_DQ_E=01111$，Q_A 的低电平使数据寄存器(Q_4)的最高位置 1，即 $Q_4Q_3Q_2Q_1=1000$。D/A 转换器将数字量 1000 转换为模拟电压 v'_O，送入比较器 C 与输入模拟电压 v_I 比较，若 $v_I>v'_O$，则比较器 C 输出 v_C 为 1，否则为 0。比较结果送 $D_4 \sim D_1$。

第 2 个 CP 脉冲到来后，移位寄存器的串行输入端 S 为高电平，Q_A 由 0 变 1，同时最

高位 Q_A 的 0 移至次高位 Q_B。于是数据寄存器的 Q_3 由 0 变 1，这个正跳变作为有效触发信号加到 FF_4 的 CP 端，使 v_C的电平得以在 Q_4 保存下来。此时，由于其他触发器无正跳变触发脉冲，v_C的信号对它们不起作用。Q_3 变 1 后，建立了新的 D/A 转换器的数据，输入电压再与其输出电压 v_O'进行比较，比较结果在第三个时钟脉冲作用下存于 Q_3。……如此进行，直到 Q_E 由 1 变 0 时，使触发器 FF_0 的输出端 Q_0 产生由 0 到 1 的正跳变，做触发器 FF_1 的 CP 脉冲，使上一次 A/D 转换后的 v_C电平保存于 Q_1。同时使 Q_5 由 1 变 0 后将 G_2 封锁，一次 A/D 转换过程结束。于是电路的输出端 $D_3D_2D_1D_0$ 得到与输入电压 v_I 成正比的数字量。

由以上分析可见，逐次比较型 A/D 转换器完成一次转换所需时间与其位数和时钟脉冲频率有关，位数越少，时钟频率越高，转换所需时间越短。这种 A/D 转换器具有转换速度快、精度高的特点。

常用的集成逐次比较型 A/D 转换器有 ADC0808/0809 系列(8 位)、AD575(10 位)、AD574A(12 位)等。

3. 双积分型 A/D 转换器

双积分型 A/D 转换器是一种间接 A/D 转换器。它的基本原理是，对输入模拟电压和参考电压分别进行两次积分，将输入电压平均值变换成与之成正比的时间间隔，然后利用时钟脉冲和计数器测出此时间间隔，进而得到相应的数字量输出。由于该转换电路是对输入电压的平均值进行转换，所以它具有很强的抗工频干扰能力，在数字测量中得到广泛应用。

图 8.18 是双积分型 A/D 转换器的原理电路，它由积分器(由集成运放 A 组成)、过零比较器(C)、时钟脉冲控制门(G)和定时器/计数器(FF_0～FF_n)等几部分组成。

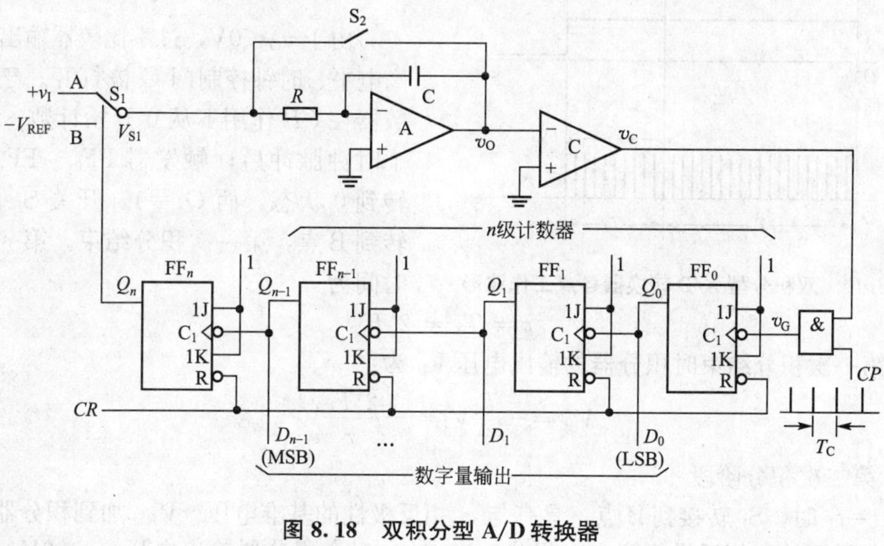

图 8.18 双积分型 A/D 转换器

① 积分器。积分器是转换器的核心部分，它的输入端所接开关 S_1 由定时信号 Q_n 控制。当 Q_n 为不同电平时，极性相反的输入电压 v_I 和参考电压 V_{REF}将分别加到积分器的输入端，进行两次方向相反的积分，积分时间常数 $\tau=RC$。

② 过零比较器。过零比较器用来确定积分器输出电压 v_O的过零时刻。当 $v_O \geqslant 0$ 时，比较器输出 v_C为低电平；当 $v_O < 0$ 时，v_C为高电平。比较器的输出信号接至时钟控制门(G)作为关门和开门信号。

③ 计数器和定时器。它由 $n+1$ 个接成计数型的触发器 $FF_0 \sim FF_n$ 串联组成。触发器 $FF_0 \sim FF_{n-1}$组成 n 级计数器，对输入时钟脉冲 CP 计数，以便把与输入电压平均值成正比的时间间隔转变成数字信号输出。当计数到 2^n 个时钟脉冲时，$FF_0 \sim FF_{n-1}$均回到 0 状态，而 FF_n 反转为 1 状态，$Q_n=1$ 后，开关 S_1 从位置 A 转接到位置 B。

④ 时钟脉冲控制门。时钟脉冲源标准周期 T_C，作为测量时间间隔的标准时间。当 $v_C=1$ 时，与门打开，时钟脉冲通过与门加到触发器 FF_0 的输入端。

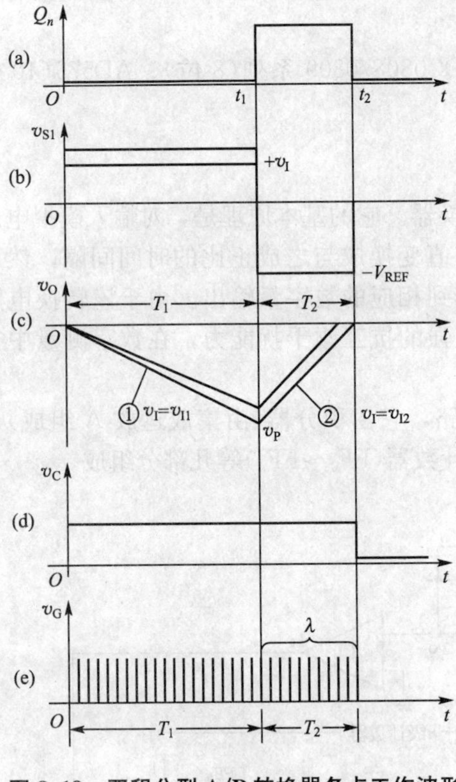

图 8.19　双积分型 A/D 转换器各点工作波形

下面以输入正极性的直流电压 v_I 为例，说明电路将模拟电压转换为数字量的基本原理。电路工作过程分为以下几个阶段进行，各点工作波形如图 8.19 所示。

1）准备阶段

首先控制电路提供 CR 信号使计数器清零，同时使开关 S_2 闭合，待积分电容放电完毕，再使 S_2 断开。

2）第一次积分阶段

在转换过程开始时($t=0$)，开关 S_1 与 A 端接通，正的输入电压 v_I 加到积分器的输入端。积分器从 0V 开始对 v_I 积分

$$v_O=-\frac{1}{\tau}\int_0^t v_I \mathrm{d}t$$

由于 $v_O<0$V，过零比较器输出端 v_C为高电平，时钟控制门 G 被打开。于是，计数器在 CP 作用下从 0 开始计数。经过 2^n 个时钟脉冲后，触发器 $FF_0 \sim FF_{n-1}$ 都翻转到 0 状态，而 $Q_n=1$，开关 S_1 由 A 点转到 B 点，第一次积分结束。第一次积分时间为

$$t=T_1=2^n T_C$$

在第一次积分结束时积分器的输出电压 V_P 为：

$$V_P=-\frac{T_1}{\tau}V_I=-\frac{2^n T_C}{\tau}V_I$$

3）第二次积分阶段

当 $t=t_1$ 时，S_1 转接到 B 点，具有与 v_I 相反极性的基准电压 $-V_{REF}$加到积分器的输入端，积分器开始向相反进行第二次积分。当 $t=t_2$ 时，积分器输出电压 $v_O>0$V，比较器输出 $v_C=0$，时钟脉冲控制门 G 被关闭，计数停止。在此阶段结束时 v_O的表达式可写为

$$v_O(t_2)=V_P-\frac{1}{\tau}\int_{t_1}^{t_2}(-V_{REF})\mathrm{d}t=0$$

设 $T_2 = t_2 - t_1$，于是有

$$\frac{V_{\mathrm{REF}} T_2}{\tau} = \frac{2^n T_{\mathrm{C}}}{\tau} V_{\mathrm{I}}$$

设在此期间计数器所累计的时钟脉冲个数为 λ，则

$$T_2 = \lambda T_{\mathrm{C}}$$

$$T_2 = \frac{2^n T_{\mathrm{C}}}{V_{\mathrm{REF}}} V_{\mathrm{I}}$$

可见，T_2 与 V_{I} 成正比，T_2 就是双积分 A/D 转换过程的中间变量。

$$\lambda = \frac{T_2}{T_{\mathrm{C}}} = \frac{2^n}{V_{\mathrm{REF}}} V_{\mathrm{I}}$$

上式表明，在计数器中所计得的数 $\lambda(\lambda = Q_{n-1} \cdots Q_1 Q_0)$，与在采样时间 T_1 内输入电压的平均值 V_{I} 成正比。只要 $V_{\mathrm{I}} < V_{\mathrm{REF}}$，转换器就能将输入电压转换为数字量，并能从计数器读取转换结果。如果取 $V_{\mathrm{REF}} = 2^n \mathrm{V}$，则 $\lambda = V_{\mathrm{I}}$，计数器所计的数在数值上就等于被测电压。

由于双积分 A/D 转换器在 T_1 时间内采用的是输入电压的平均值，因此具有很强的抗工频干扰能力。尤其对周期等于 T_1 或几分之一 T_1 的对称干扰(所谓对称干扰是指整个周期内平均值为零的干扰)，从理论上来说有无穷大的抑制能力。即使当工频干扰幅度大于被测直流信号，使输入信号正负变化时，仍有良好的抑制能力。在工业系统中经常碰到的是工频(50Hz)或工频的倍频干扰，故通常选定采样时间 T_1 总是等于工频电源周期的倍数，如 20ms 或 40ms 等。另外，由于在转换过程中，前后两次积分所采用的是同一积分器，因此在两次积分期间(一般在几十至数百毫秒之间)，R、C 和脉冲源等元器件参数的变化对转换精度的影响均可以忽略。

最后必须指出，在第二次积分阶段结束后，控制电路又使开关 S_2 闭合，电容 C 放电，积分器回零。电路再次进入准备阶段，等待下一次转换开始。

单片集成双积分式 A/D 转换器有 ADC - EK8B(8 位，二进制码)、ADC - EK10B(10 位，二进制码)、MC14433$\left(3\frac{1}{2}\text{位，BCD码}\right)$等。

8.3.3 A/D 转换器的主要技术指标

1. 分辨率

A/D 转换器的分辨率用输出二进制数的位数表示，位数越多，误差越小，转换精度越高。例如，输入模拟电压的变化范围为 0～5V，输出 8 位二进制数可以分辨的最小模拟电压为 5×2－8＝20(mV)；而输出 12 位二进制数可以分辨的最小模拟电压为 $5 \times 2^{-12} \approx$ 1.22(mV)。

2. 相对精度

在理想情况下，所有的转换点应当在一条直线上。相对精度是指实际的各个转换点偏离理想特性的误差。

3. 转换速度

转换速度是指完成一次转换所需的时间。转换时间是指从接到转换控制信号开始，

到输出端得到稳定的数字输出信号所经过的这段时间。

8.3.4 集成 A/D 转换器 ADC0804 及其应用

在单片集成 A/D 转换器中，逐次比较型使用较多，下面以 ADC0804 为例介绍 A/D 转换器及其应用。

1. ADC0804 引脚及使用说明

ADC0804 引脚图如图 8.20 所示。

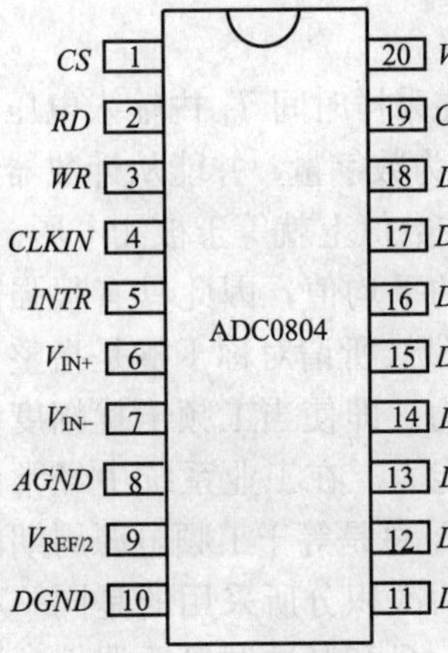

图 8.20 ADC0804 引脚图

ADC0804 是 CMOS 集成工艺制成的逐次比较型 A/D 转换器芯片。分辨率为 8 位，转换时间为 100μs，输出电压范围为 0～5V，增加某些外部电路后，输入模拟电压可为±5V。该芯片内有输出数据锁存器，当与计算机连接时，转换电路的输出可以直接连接到 CPU 的数据总线上，无需附加逻辑接口电路。

ADC0804 引脚名称及意义如下。

V_{IN+}、V_{IN-}：ADC0804 的两模拟信号输入端，用以接收单极性、双极性和差模输入信号。

D_7～D_0：A/D 转换器数据输出端，该输出端具有三态特性，能与微机总线相连接。

AGND：模拟信号地。

DGND：数字信号地。

CLKIN：外电路提供时钟脉冲输入端。

CLKR：内部时钟发生器外接电阻端，与 *CLKIN* 端配合，可由芯片自身产生时钟脉冲，其频率为 $1/1.1RC$。

CS：片选信号输入端，低电平有效，一旦 *CS* 有效，表明 A/D 转换器被选中，可启动工作。

WR：写信号输入，接收微机系统或其他数字系统控制芯片的启动输入端，低电平有效，当 *CS*、*WR* 同时为低电平时，启动转换。

RD：读信号输入，低电平有效，当 *CS*、*RD* 同时为低电平时，可读取转换输出数据。

INTR：转换结束输出信号，低电平有效，输出低电平表示本次转换已经完成，该信号常作为向微机系统发出的中断请求信号。

在使用时应注意以下几点。

1）转换时序

图 8.21 是 ADC0804 控制信号的时序图，由图可见，各控制信号时序关系为：当 *CS* 与 *WR* 同为低电平时，A/D 转换器被启动，且在 *WR* 上升沿后 100μs 模数转换完成，转换结果存入数据锁存器，同时 *INTR* 自动变为低电平，表示本次转换已结束。如 *CS*、*RD* 同时为低电平，则数据锁存器三态门打开，数据信号送出，而在 *RD* 高电平到来后三态门处于高阻状态。

2）零点和满刻度调节

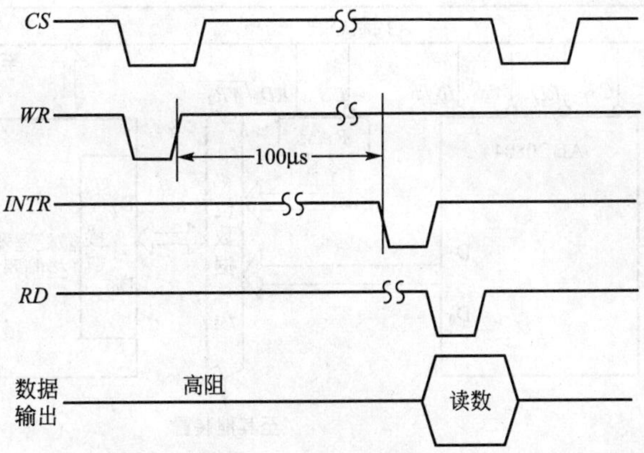

图 8.21 ADC0804 控制信号的时序图

ADC0804 的零点无需调整。满刻度调整时，先给输入端加入电压 V_{IN+}，使满刻度所对应的电压值是 $V_{IN+}=V_{max}-1.5\left[\frac{V_{max}-V_{min}}{256}\right]$，其中 V_{max} 是输入电压的最大值，V_{min} 是输入电压的最小值。当输入电压 V_{IN+} 值相当时，调整 $V_{REF}/2$ 端电压值使输出码为 FEH 或 FFH。

3）参考电压的调节

在使用 A/D 转换器时，为保证其转换精度，要求输入电压满量程使用。如输入电压动态范围较小，则可调节参考电压 V_{REF}，以保证小信号输入时 ADC0804 芯片 8 位的转换精度。

4）接地

模数、数模转换电路中要特别注意到地线的正确连接，否则干扰很严重，以致影响转换结果的准确性。A/D、D/A 及采样-保持芯片上都提供了独立的模拟地(AGND)和数字地(DGND)。在线路设计中，必须将所有器件的模拟地和数字地分别相连，然后将模拟地与数字地仅在一点上相连接。地线的正确连接方法如图 8.22 所示。

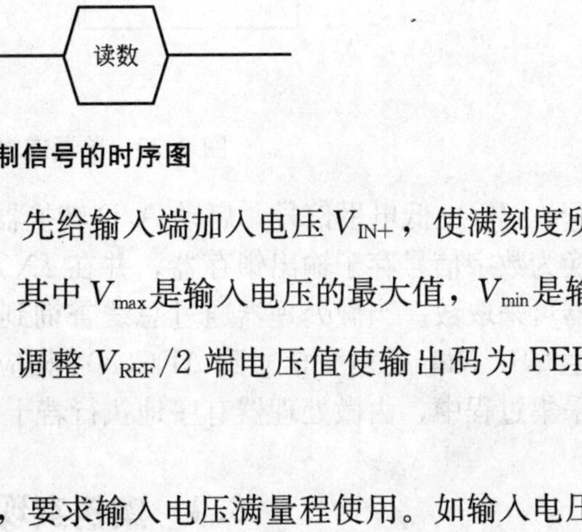

图 8.22 正确的地线连接

2. ADC0804 的典型应用

在现代过程控制及各种智能仪器和仪表中，为采集被控(被测)对象数据以达到由计算机进行实时检测、控制的目的，常用微处理器和 A/D 转换器组成数据采集系统。单通道微机化数据采集系统的示意图如图 8.23 所示。

系统由微处理器、存储器和 A/D 转换器组成，它们之间通过数据总线(DBUS)和控制总线(CBUS)连接，系统信号采用总线传送方式。

现以程序查询方式为例，说明 ADC0804 在数据采集系统中的应用。采集数据时，首先微处理器执行一条传送指令，在指令执行过程中，微处理器在控制总线的同时产生

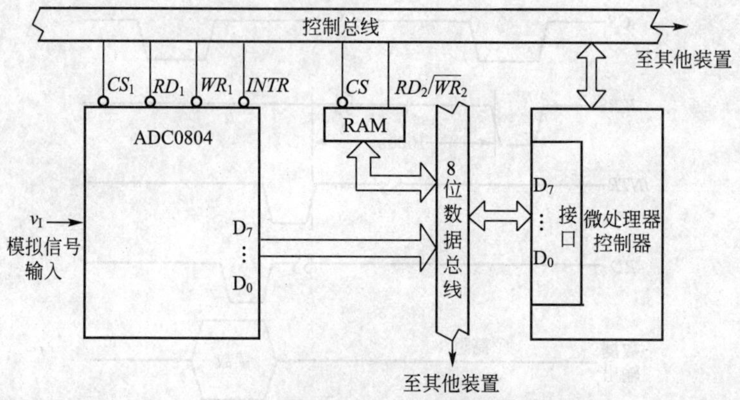

图 8.23　单通道微机化数据采集系统示意图

CS_1、WR_1 低电平信号，启动 A/D 转换器工作，ADC0804 经 100μs 后将输入模拟信号转换为数字信号存于输出锁存器，并在 *INTR* 端产生低电平表示转换结束，并通知微处理器可来取数。当微处理器通过总线查询到 *INTR* 为低电平时，立即执行输入指令，以产生 *CS*、RD_2 低电平信号到 ADC0804 相应引脚，将数据取出并存入存储器中。整个数据采集过程中，由微处理器有序地执行若干指令完成。

8.4　案例实现：数字电压表设计

目前数字万用表的内部核心部件是 A/D 转换器，转换器的精度很大程度上影响着数字万用表的准确度，本设计中数字电压表 A/D 转换器采用 ADC0809 对输入模拟信号进行转换，控制核心 AT89S51 再对转换的结果进行运算和处理，最后驱动输出装置显示数字电压信号，并可以在 LED 上进行显示。

1. 系统总体设计要求

利用单片机 AT89S51 与 ADC0809 设计一个数字电压表，能够测量 0～5V 之间的直流电压值，4 位数码显示。

2. 数字电压表硬件电路设计

1）电路原理图

数字电压表的电路原理图如图 8.24 所示。

2)系统板上硬件连线

① 把“单片机系统”区域中的 P1.0～P1.7 与“动态数码显示”区域中的 *ABCDEFGH* 端口用 8 芯排线连接。

② 把“单片机系统”区域中的 P2.0～P2.7 与“动态数码显示”区域中的 $S_1S_2S_3S_4S_5S_6S_7S_8$ 端口用 8 芯排线连接。

③ 把“单片机系统”区域中的 P3.0 与“模数转换模块”区域中的 *ST* 端子用导线相连接。

④ 把“单片机系统”区域中的 P3.1 与“模数转换模块”区域中的 *OE* 端子用导线相连接。

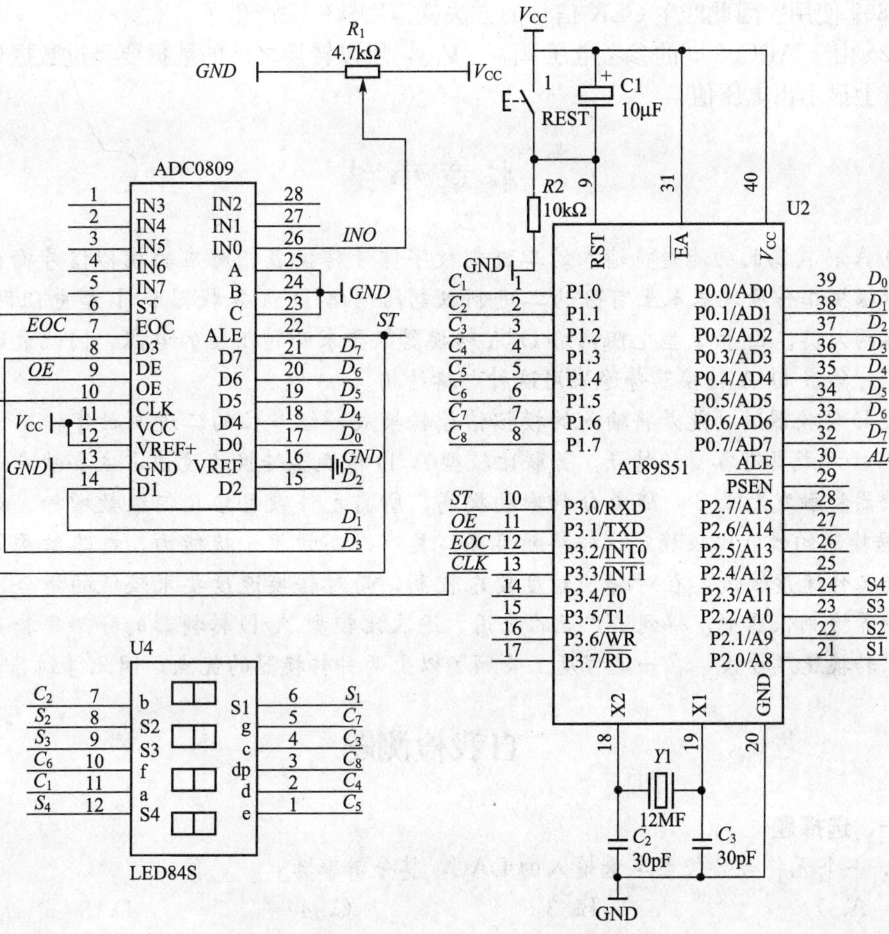

图 8.24 数字电压表的电路原理图

⑤ 把“单片机系统”区域中的 P3.2 与“模数转换模块”区域中的 *EOC* 端子用导线相连接。

⑥ 把“单片机系统”区域中的 P3.3 与“模数转换模块”区域中的 *CLK* 端子用导线相连接。

⑦ 把“模数转换模块”区域中的 $A_2A_1A_0$ 端子用导线连接到“电源模块”区域中的 *GND* 端子上。

⑧ 把“模数转换模块”区域中的 *IN*0 端子用导线连接到“3 路可调电压模块”区域中的 VR_1 端子上。

⑨ 把“单片机系统”区域中的 P0.0～P0.7 用 8 芯排线连接到“模数转换模块”区域中的 $D_0D_1D_2D_3D_4D_5D_6D_7$ 端子上。

3. 程序设计内容

(1) 由于 ADC0809 在进行 A/D 转换时需要有 *CLK* 信号，而此时的 ADC0809 的 *CLK* 是接在 AT89S51 单片机的 P3.3 端口上，也就是要求从 P3.3 输出 *CLK* 信号供

ADC0809 使用。因此产生 *CLK* 信号的方法就得用软件来产生了。

(2) 由于 ADC0809 的参考电压 $V_{REF}=V_{CC}$，所以转换之后的数据要经过数据处理，在数码管上显示出电压值。

本章小结

D/A 转换器的功能是将输入的二进制数字信号转换成相对应的模拟信号输出。D/A 转换器根据工作原理基本上可分为二进制权电阻网络 D/A 转换器和 T 型电阻网络 D/A 转换器两大类。由于 T 型电阻网络 D/A 转换器只要求两种阻值的电阻，因此最适合于集成工艺，集成 D/A 转换器普遍采用这种电路结构。

A/D 转换器的功能是将输入的模拟信号转换成一组多位的二进制数字输出。不同的 A/D 转换方式具有各自的特点。并联比较型 A/D 转换器转换速度快，主要缺点是要使用的比较器和触发器很多，随着分辨率的提高，所需元件数目按几何级数增加。双积分型 A/D 转换器的性能比较稳定，转换精度高，具有很高的抗干扰能力，电路结构简单，其缺点是工作速度较慢，在对转换精度要求较高，而对转换速度要求较低的场合，如数字万用表等检测仪器中，得到了广泛的应用。逐次比较型 A/D 转换器的分辨率较高、误差较低、转换速度较快，在一定程度上兼顾了以上两种转换器的优点，因此得到普遍应用。

自我检测题

一、选择题

1. 一个无符号 8 位数字量输入的 DAC，其分辨率为______位。

A. 1　　B. 3　　C. 4　　D. 8

2. 一个无符号 10 位数字输入的 DAC，其输出电平的级数为______。

A. 4　　B. 10　　C. 1024　　D. 2^{10}

3. 一个无符号 4 位权电阻 DAC，最低位处的电阻为 40kΩ，则最高位处电阻为______。

A. 4kΩ　　B. 5kΩ　　C. 10kΩ　　D. 20kΩ

4. 4 位倒 T 型电阻网络 DAC 的电阻网络的电阻取值有______种。

A. 1　　B. 2　　C. 4　　D. 8

5. 为使采样输出信号不失真地代表输入模拟信号，采样频率 f_s 和输入模拟信号的最高频率 f_{Imax} 的关系是______。

A. $f_s \geqslant f_{Imax}$　　B. $f_s \leqslant f_{Imax}$　　C. $f_s \geqslant 2f_{Imax}$　　D. $f_s \leqslant 2f_{Imax}$

6. 将一个时间上连续变化的模拟量转换为时间上断续(离散)的模拟量的过程称为______。

A. 采样　　B. 量化　　C. 保持　　D. 编码

7. 用二进制码表示指定离散电平的过程称为______。

A. 采样　　B. 量化　　C. 保持　　D. 编码

8. 将幅值上、时间上离散的阶梯电平统一归并到最邻近的指定电平的过程称为______。

A. 采样　　B. 量化　　C. 保持　　D. 编码

9. 若某ADC取量化单位$\Delta=\frac{1}{8}V_{REF}$，并规定对于输入电压$u_I$，在$0\leqslant u_I<\frac{1}{8}V_{REF}$时，认为输入的模拟电压为0V，输出的二进制数为000，则$\frac{5}{8}V_{REF}\leqslant u_I<\frac{6}{8}V_{REF}$时，输出的二进制数为______。

A. 001　　B. 101　　C. 110　　D. 111

10. 以下4种转换器，______是A/D转换器且转换速度最快。

A. 并联比较型　　B. 逐次逼近型　　C. 双积分型　　D. 施密特触发器

二、判断题(正确的打√，错误的打×)

1. 权电阻网络D/A转换器的电路简单且便于集成工艺制造，因此被广泛使用。(　　)
2. D/A转换器的最大输出电压的绝对值可达到基准电压V_{REF}。(　　)
3. D/A转换器的位数越多，能够分辨的最小输出电压变化量就越小。(　　)
4. D/A转换器的位数越多，转换精度越高。(　　)
5. A/D转换器的二进制数的位数越多，量化单位Δ越小。(　　)
6. A/D转换过程中，必然会出现量化误差。(　　)
7. A/D转换器的二进制数的位数越多，量化级分得越多，量化误差就可以减小到0。(　　)
8. 一个N位逐次逼近型A/D转换器完成一次转换要进行N次比较，需要$N+2$个时钟脉冲。(　　)
9. 双积分型A/D转换器的转换精度高、抗干扰能力强，因此常用于数字式仪表中。(　　)
10. 采样定理的规定是为了能不失真地恢复原模拟信号，而又不使电路过于复杂。(　　)

三、填空题

1. 将模拟信号转换为数字信号，需要经过______、______、______、______这4个过程。
2. D/A转换器的转换精度通常用______和______来描述。
3. 3位并行比较型A/D转换原理电路由______、______和______这3部分组成。
4. 采用权电流型D/A转换电路生产的单片集成D/A转换器有______、______等。

习　题

【8.1】 10位倒T型电阻网络D/A转换器如图8.25所示，当$R=R_f$时：(1)试求输出电压的取值范围；(2)若要求电路输入数字量为200H，输出电压$V_O=5V$，试问V_{REF}应取何值?

【8.2】 n位权电阻D/A转换器如图8.26所示。(1)试推导输出电压v_O与输入数字量的关系式；(2)如果$n=8$，$V_{REF}=-10V$，当$R_f=\frac{1}{8}R$时，如果输入数码为20H，试求输出电压值。

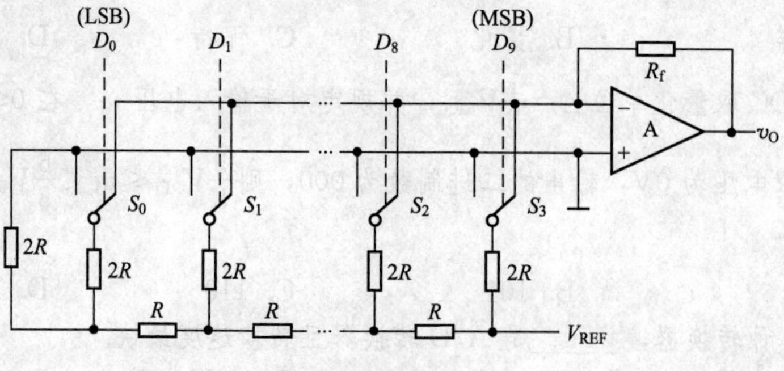

图 8.25

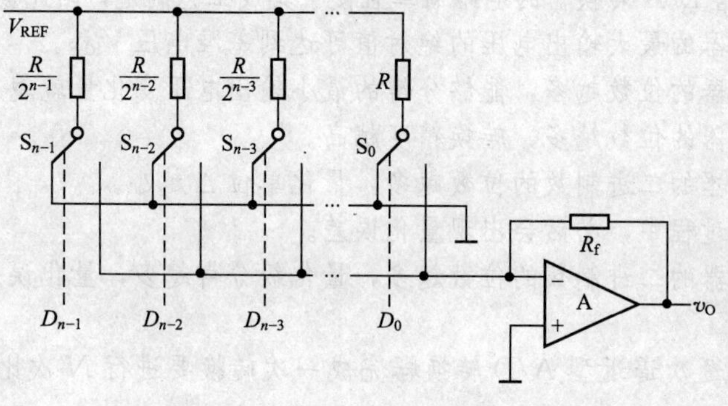

图 8.26

【8.3】 图 8.27 所示电路为一权电阻网络和梯形网络相结合的 D/A 转换电路。

(1) 试证明：当 $r=8R$ 时，电路为 8 位的二进制码 D/A 转换器。

(2) 试证明：当 $r=4.8R$ 时，该电路为 2 位的 BCD 码 D/A 转换器。

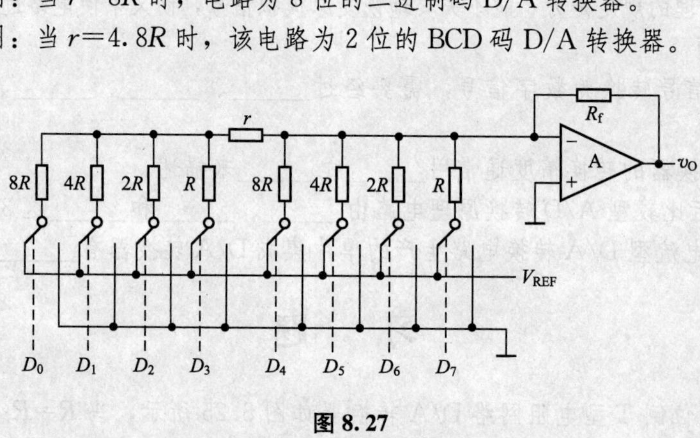

图 8.27

【8.4】 由 AD7520 组成双极性输出 D/A 转换器如图 8.28 所示。

(1) 根据电路写出输出电压 v_O 的表达式。

(2) 试问为实现 2 的补码，双极性输出电路应如何连接，电路中 V_B、R_B、V_{REF} 和片内的 R 应满足什么关系？

【8.5】 某计数型 A/D 转换器如图 8.29 所示，试分析其工作原理。

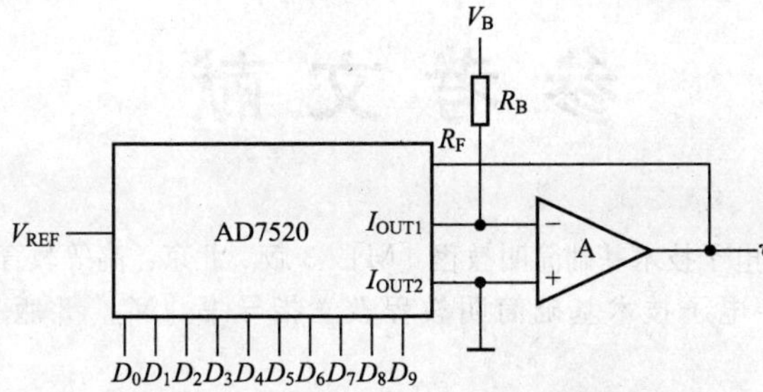

图 8.28

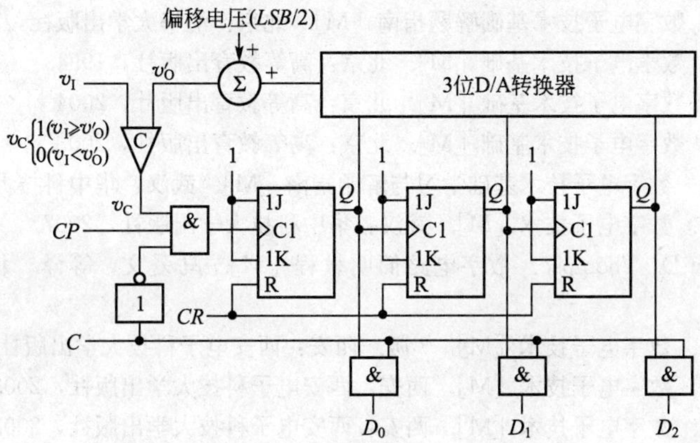

图 8.29

【8.6】 某双积分 A/D 转换器中，计数器为十进制计数器，其最大计数容量为 $(3000)_D$。已知计数时钟脉冲频率 $f_{CP}=30kHz$，积分器中 $R=100k\Omega$，$C=1\mu F$，输入电压 v_I 的变化范围为 0～5V。试求：(1)第一次积分时间 T_1；(2)积分器的最大输出电压 $|V_{Omax}|$；(3)当 $V_{REF}=10V$，第二次积分计数器计数值 $\lambda=(1500)_D$ 时输入电压的平均值 V_I。

参 考 文 献

[1] 余孟尝，等. 数字电子技术基础简明教程 [M]. 3版. 北京：高等教育出版社，2006.

[2] 余孟尝，等. 数字电子技术基础简明教程教学指导书 [M]. 3版. 北京：高等教育出版社，2007.

[3] 康华光，等. 电子技术基础(数字部分) [M]. 5版. 北京：高等教育出版社，2006.

[4] 阎石，等. 数字电子技术基础 [M]. 5版. 北京：高等教育出版社，2006.

[5] 阎石，等. 数字电子技术基础(第5版)习题解答 [M]. 北京：高等教育出版社，2006.

[6] 唐竞新，等. 数字电子技术基础解题指南 [M]. 北京：清华大学出版社，1998.

[7] 周良权，等. 数学电子技术基础 [M]. 北京：高等教育出版社，1994.

[8] 杨志忠，等. 数字电子技术基础 [M]. 北京：高等教育出版社，2004.

[9] 侯建军，等. 数字电子技术基础 [M]. 北京：高等教育出版社，2003.

[10] 陈大钦，等. 数字电子技术基础学习与解题指南 [M]. 武汉：华中科技大学出版社，2004.

[11] 佘新平，等. 数字电子技术 [M]. 武汉：华中科技大学出版社，2007.

[12] [美] Robert D. Thompso. 数字电路简明教程 [M]. 马爱文，等译. 北京：电子工业出版社，2003.

[13] 江晓安，等. 数字电子技术 [M]. 2版. 西安：西安电子科技大学出版社，2001.

[14] 刘守义，等. 数字电子技术 [M]. 西安：西安电子科技大学出版社，2003.

[15] 孙津平，等. 数字电子技术 [M]. 西安：西安电子科技大学出版社，2003.

[16] 张克农，等. 数字电子技术基础 [M]. 北京：高等教育出版社，2003.

[17] 高吉祥，等. 数字电子技术 [M]. 北京：电子工业出版社，2003.

[18] 林涛，等. 数字电子技术基础 [M]. 北京：清华大学出版社，2006.

[19] 庞学民，等. 数字电子技术 [M]. 北京：清华大学出版社，2005.

[20] 王楚，等. 数字逻辑电路 [M]. 4版. 北京：高等教育出版社，2003.

[21] 王永军，等. 数字逻辑与数字系统 [M]. 3版. 北京：电子工业出版社，2005.

[22] 李元，等. 数字电子技术 [M]. 北京：中国林业出版社，北京大学出版社，2006.

北京大学出版社本科计算机系列实用规划教材

序号	标准书号	书　名	主　编	定价	序号	标准书号	书　名	主　编	定价
1	7-301-10511-5	离散数学	段禅伦	28	41	7-301-14503-6	ASP .NET 动态网页设计案例教程(Visual Basic .NET 版)	江　红	35
2	7-301-10457-X	线性代数	陈付贵	20	42	7-301-14504-3	C++面向对象与 Visual C++程序设计案例教程	黄贤英	35
3	7-301-10510-X	概率论与数理统计	陈荣江	26	43	7-301-14506-7	Photoshop CS3 案例教程	李建芳	34
4	7-301-10503-0	Visual Basic 程序设计	闵联营	22	44	7-301-14510-4	C++程序设计基础案例教程	于永彦	33
5	7-301-10456-9	多媒体技术及其应用	张正兰	30	45	7-301-14942-3	ASP .NET 网络应用案例教程(C# .NET 版)	张登辉	33
6	7-301-10466-8	C++程序设计	刘天印	33	46	7-301-12377-5	计算机硬件技术基础	石　磊	26
7	7-301-10467-5	C++程序设计实验指导与习题解答	李　兰	20	47	7-301-15208-9	计算机组成原理	娄国焕	24
8	7-301-10505-4	Visual C++程序设计教程与上机指导	高志伟	25	48	7-301-15463-2	网页设计与制作案例教程	房爱莲	36
9	7-301-10462-0	XML 实用教程	丁跃潮	26	49	7-301-04852-8	线性代数	姚喜妍	22
10	7-301-10463-7	计算机网络系统集成	斯桃枝	22	50	7-301-15461-8	计算机网络技术	陈代武	33
11	7-301-10465-1	单片机原理及应用教程	范立南	30	51	7-301-15697-1	计算机辅助设计二次开发案例教程	谢安俊	26
12	7-5038-4421-3	ASP .NET 网络编程实用教程(C#版)	崔良海	31	52	7-301-15740-4	Visual C# 程序开发案例教程	韩朝阳	30
13	7-5038-4427-2	C 语言程序设计	赵建锋	25	53	7-301-16597-3	Visual C++程序设计实用案例教程	于永彦	32
14	7-5038-4420-5	Delphi 程序设计基础教程	张世明	37	54	7-301-16850-9	Java 程序设计案例教程	胡巧多	32
15	7-5038-4417-5	SQL Server 数据库设计与管理	姜　力	31	55	7-301-16842-4	数据库原理与应用(SQL Server 版)	毛一梅	36
16	7-5038-4424-9	大学计算机基础	贾丽娟	34	56	7-301-16910-0	计算机网络技术基础与应用	马秀峰	33
17	7-5038-4430-0	计算机科学与技术导论	王昆仑	30	57	7-301-15063-4	计算机网络基础与应用	刘远生	32
18	7-5038-4418-3	计算机网络应用实例教程	魏　峥	25	58	7-301-15250-8	汇编语言程序设计	张光长	28
19	7-5038-4415-9	面向对象程序设计	冷英男	28	59	7-301-15064-1	网络安全技术	骆耀祖	30
20	7-5038-4429-4	软件工程	赵春刚	22	60	7-301-15584-4	数据结构与算法	佟伟光	32
21	7-5038-4431-0	数据结构(C++版)	秦　锋	28	61	7-301-17087-8	操作系统实用教程	范立南	36
22	7-5038-4423-2	微机应用基础	吕晓燕	33	62	7-301-16631-4	Visual Basic 2008 程序设计教程	隋晓红	34
23	7-5038-4426-4	微型计算机原理与接口技术	刘彦文	26	63	7-301-17537-8	C 语言基础案例教程	汪新民	31
24	7-5038-4425-6	办公自动化教程	钱　俊	30	64	7-301-17397-8	C++程序设计基础教程	郗亚辉	30
25	7-5038-4419-1	Java 语言程序设计实用教程	董迎红	33	65	7-301-17578-1	图论算法理论、实现及应用	王桂平	54
26	7-5038-4428-0	计算机图形技术	龚声蓉	28	66	7-301-17964-2	PHP 动态网页设计与制作案例教程	房爱莲	42
27	7-301-11501-5	计算机软件技术基础	高　巍	25	67	7-301-18514-8	多媒体开发与编程	于永彦	35
28	7-301-11500-8	计算机组装与维护实用教程	崔明远	33	68	7-301-18538-4	实用计算方法	徐亚平	24
29	7-301-12174-0	Visual FoxPro 实用教程	马秀峰	29	69	7-301-18539-1	Visual FoxPro 数据库设计案例教程	谭红杨	35
30	7-301-11500-8	管理信息系统实用教程	杨月江	27	70	7-301-19313-6	Java 程序设计案例教程与实训	董迎红	45
31	7-301-11445-2	Photoshop CS 实用教程	张　瑾	28	71	7-301-19389-1	Visual FoxPro 实用教程与上机指导（第 2 版）	马秀峰	40
32	7-301-12378-2	ASP .NET 课程设计指导	潘志红	35	72	7-301-19435-5	计算方法	尹景本	28
33	7-301-12394-2	C# .NET 课程设计指导	龚自霞	32	73	7-301-19388-4	Java 程序设计教程	张剑飞	35
34	7-301-13259-3	VisualBasic .NET 课程设计指导	潘志红	30	74	7-301-19386-0	计算机图形技术(第 2 版)	许承东	44
35	7-301-12371-3	网络工程实用教程	汪新民	34	75	7-301-15689-6	Photoshop CS5 案例教程(第 2 版)	李建芳	39
36	7-301-14132-8	J2EE 课程设计指导	王立丰	32	76	7-301-18395-3	概率论与数理统计	姚喜妍	29
37	7-301-13585-3	计算机专业英语	张　勇	30	77	7-301-19980-0	3ds Max 2011 案例教程	李建芳	44
38	7-301-13684-3	单片机原理及应用	王新颖	25	78	7-301-20052-0	数据结构与算法应用实践教程	李文书	36
39	7-301-14505-0	Visual C++程序设计案例教程	张荣梅	30	79	7-301-12375-1	汇编语言程序设计	张宝剑	36
40	7-301-14259-2	多媒体技术应用案例教程	李　建	30					

北京大学出版社电气信息类教材书目(已出版)

欢迎选订

序号	标准书号	书　名	主　编	定价	序号	标准书号	书　名	主　编	定价
1	7-301-10759-1	DSP 技术及应用	吴冬梅	26	38	7-5038-4400-3	工厂供配电	王玉华	34
2	7-301-10760-7	单片机原理与应用技术	魏立峰	25	39	7-5038-4410-2	控制系统仿真	郑恩让	26
3	7-301-10765-2	电工学	蒋　中	29	40	7-5038-4398-3	数字电子技术	李　元	27
4	7-301-19183-5	电工与电子技术(上册)(第2版)	吴舒辞	30	41	7-5038-4412-6	现代控制理论	刘永信	22
5	7-301-19229-0	电工与电子技术(下册)(第2版)	徐卓农	32	42	7-5038-4401-0	自动化仪表	齐志才	27
6	7-301-10699-0	电子工艺实习	周春阳	19	43	7-5038-4408-9	自动化专业英语	李国厚	32
7	7-301-10744-7	电子工艺学教程	张立毅	32	44	7-5038-4406-5	集散控制系统	刘翠玲	25
8	7-301-10915-6	电子线路 CAD	吕建平	34	45	7-301-19174-3	传感器基础(第 2 版)	赵玉刚	30
9	7-301-10764-1	数据通信技术教程	吴延海	29	46	7-5038-4396-9	自动控制原理	潘　丰	32
10	7-301-18784-5	数字信号处理(第 2 版)	阎　毅	32	47	7-301-10512-2	现代控制理论基础(国家级十一五规划教材)	侯媛彬	20
11	7-301-18889-7	现代交换技术(第 2 版)	姚　军	36	48	7-301-11151-2	电路基础学习指导与典型题解	公茂法	32
12	7-301-10761-4	信号与系统	华　容	33	49	7-301-12326-3	过程控制与自动化仪表	张井岗	36
13	7-301-10762-5	信息与通信工程专业英语	韩定定	24	50	7-301-12327-0	计算机控制系统	徐文尚	28
14	7-301-10757-7	自动控制原理	袁德成	29	51	7-5038-4414-0	微机原理及接口技术	赵志诚	38
15	7-301-16520-1	高频电子线路(第 2 版)	宋树祥	35	52	7-301-10465-1	单片机原理及应用教程	范立南	30
16	7-301-11507-7	微机原理与接口技术	陈光军	34	53	7-5038-4426-4	微型计算机原理与接口技术	刘彦文	26
17	7-301-11442-1	MATLAB 基础及其应用教程	周开利	24	54	7-301-12562-5	嵌入式基础实践教程	杨　刚	30
18	7-301-11508-4	计算机网络	郭银景	31	55	7-301-12530-4	嵌入式 ARM 系统原理与实例开发	杨宗德	25
19	7-301-12178-8	通信原理	隋晓红	32	56	7-301-13676-8	单片机原理与应用及 C51 程序设计	唐　颖	30
20	7-301-12175-7	电子系统综合设计	郭　勇	25	57	7-301-13577-8	电力电子技术及应用	张润和	38
21	7-301-11503-9	EDA 技术基础	赵明富	22	58	7-301-12393-5	电磁场与电磁波	王善进	25
22	7-301-12176-4	数字图像处理	曹茂永	23	59	7-301-12179-5	电路分析	王艳红	38
23	7-301-12177-1	现代通信系统	李白萍	27	60	7-301-12380-5	电子测量与传感技术	杨　雷	35
24	7-301-12340-9	模拟电子技术	陆秀令	28	61	7-301-14461-9	高电压技术	马永翔	28
25	7-301-13121-3	模拟电子技术实验教程	谭海曙	24	62	7-301-14472-5	生物医学数据分析及其 MATLAB 实现	尚志刚	25
26	7-301-11502-2	移动通信	郭俊强	22	63	7-301-14460-2	电力系统分析	曹　娜	35
27	7-301-11504-6	数字电子技术	梅开乡	30	64	7-301-14459-6	DSP 技术与应用基础	俞一彪	34
28	7-301-18860-6	运筹学(第 2 版)	吴亚丽	28	65	7-301-14994-2	综合布线系统基础教程	吴达金	24
29	7-5038-4407-2	传感器与检测技术	祝诗平	30	66	7-301-15168-6	信号处理 MATLAB 实验教程	李　杰	20
30	7-5038-4413-3	单片机原理及应用	刘　刚	24	67	7-301-15440-3	电工电子实验教程	魏　伟	26
31	7-5038-4409-6	电机与拖动	杨天明	27	68	7-301-15445-8	检测与控制实验教程	魏　伟	24
32	7-5038-4411-9	电力电子技术	樊立萍	25	69	7-301-04595-4	电路与模拟电子技术	张绪光	35
33	7-5038-4399-0	电力市场原理与实践	邹　斌	24	70	7-301-15458-8	信号、系统与控制理论(上、下册)	邱德润	70
34	7-5038-4405-8	电力系统继电保护	马永翔	27	71	7-301-15786-2	通信网的信令系统	张云麟	24
35	7-5038-4397-6	电力系统自动化	孟祥忠	25	72	7-301-16493-8	发电厂变电所电气部分	马永翔	35
36	7-5038-4404-1	电气控制技术	韩顺杰	22	73	7-301-16076-3	数字信号处理	王震宇	32
37	7-5038-4403-4	电器与 PLC 控制技术	陈志新	38	74	7-301-16931-5	微机原理及接口技术	肖洪兵	32

序号	标准书号	书 名	主 编	定价	序号	标准书号	书 名	主 编	定价
75	7-301-16932-2	数字电子技术	刘金华	30	90	7-301-18352-6	信息论与编码	隋晓红	24
76	7-301-16933-9	自动控制原理	丁 红	32	91	7-301-18260-4	控制电机与特种电机及其控制系统	孙冠群	42
77	7-301-17540-8	单片机原理及应用教程	周广兴	40	92	7-301-18493-6	电工技术	张 莉	26
78	7-301-17614-6	微机原理及接口技术实验指导书	李干林	22	93	7-301-18496-7	现代电子系统设计教程	宋晓梅	36
79	7-301-12379-9	光纤通信	卢志茂	28	94	7-301-18672-5	太阳能电池原理与应用	靳瑞敏	25
80	7-301-17382-4	离散信息论基础	范九伦	25	95	7-301-18314-4	通信电子线路及仿真设计	王鲜芳	29
81	7-301-17677-1	新能源与分布式发电技术	朱永强	32	96	7-301-19175-0	单片机原理与接口技术	李 升	46
82	7-301-17683-2	光纤通信	李丽君	26	97	7-301-19320-4	移动通信	刘维超	39
83	7-301-17700-6	模拟电子技术	张绪光	36	98	7-301-19447-8	电气信息类专业英语	缪志农	40
84	7-301-17318-3	ARM 嵌入式系统基础与开发教程	丁文龙	36	99	7-301-19451-5	嵌入式系统设计及应用	邢吉生	44
85	7-301-17797-6	PLC 原理及应用	缪志农	26	100	7-301-19452-2	电子信息类专业 MATLAB 实验教程	李明明	42
86	7-301-17986-4	数字信号处理	王玉德	32	101	7-301-16914-8	物理光学理论与应用	宋贵才	32
87	7-301-18131-7	集散控制系统	周荣富	36	102	7-301-16598-0	综合布线系统管理教程	吴达金	39
88	7-301-18285-7	电子线路 CAD	周荣富	41	103	7-301-20394-1	物联网基础与应用	李蔚田	44
89	7-301-16739-7	MATLAB 基础及应用	李国朝	39					

请登录 www.pup6.cn 免费下载本系列教材的电子书(PDF 版)、电子课件和相关教学资源。

欢迎免费索取样书，并欢迎到北京大学出版社来出版您的著作，可在 www.pup6.cn 在线申请样书和进行选题登记，也可下载相关表格填写后发到我们的邮箱，我们将及时与您取得联系并做好全方位的服务。

联系方式：010-62750667，pup6_czq@163.com，szheng_pup6@163.com，linzhangbo@126.com，欢迎来电来信咨询。